지리교육과정의
기원을 읽다

지리교육과정의 기원을 읽다

초판 1쇄 발행 2016년 8월 31일

지은이 안종욱

펴낸이 김선기
펴낸곳 (주)푸른길
출판등록 1996년 4월 12일 제16-1292호
주소 (08377) 서울특별시 구로구 디지털로 33길 48 대륭포스트타워 7차 1008호
전화 02-523-2907, 6942-9570~2
팩스 02-523-2951
이메일 purungilbook@naver.com
홈페이지 www.purungil.co.kr

ISBN 978-89-6291-363-7 93980

■이 도서의 국립중앙도서관 출판예정도서목록(CIP)은 서지정보유통지원시스템 홈페이지(http
://seoji.nl.go.kr)와 국가자료공동목록시스템(http://www.nl.go.kr/kolisnet)에서 이용하실 수
있습니다.(CIP제어번호: CIP2016020092)

지리교육과정의 기원을 읽다

안종욱 지음

푸른길

좋아하는 것으로 생계까지 유지한다면 요즘 같은 시대에 남들의 부러움을 사는 것이 당연할 것이다. 그런데 그 '좋아하는' 것의 의미와 가치를 제대로 인정받기보다는 오히려 무시나 해를 당하고 있다는 생각이 든다면?

돌이켜 보면, 대학원에 진학을 한 것도, 그중에서도 우리나라 지리교육과정의 역사에 관한 것을 학위논문 주제로 삼게 된 계기도 좋아하는 지리가 홀대를 받고 있다는 데서 오는 '억울함'이나 '반발심' 때문이라는 생각이 든다. 1994년 말에 교사 임용시험을 치르고, 이듬해 3월 첫 발령을 받은 이후 2011년 현재의 직장으로 전직을 할 때까지 16년 이상을 이른바 '마이너 과목 교사'로 사는 동안, 항상 마음 한구석에 불편하게 자리 잡고 있던 걱정거리는 내 의지와 무관하게 지리가 아닌 다른 과목을 가르치게 되는 것과 정원 조정으로 갑작스럽게 다른 학교로 전보를 가게 되는 것이었다(다행히 그런 상황을 겪지는 않았다.). 그래서인지 2000년대 중반 이후에는 교육과정 개정이 있을 때마다 관심을 갖고 지켜보고, 또 개정 과정에 직접 참여도 했다. 물론 개정의 결과들은 대부분 만족스럽지 못했는데, 지리과가 항상 무엇인가를 빼앗기거나, 찾아야 할 것을 찾지 못하고 있다는 안타까움만을 남겼다.

실제로 제7차 교육과정과 이후 개정 교육과정들을 비교해 보면, 학교 교육과정에서 지리과가 차지하는 존재감이 점점 낮아지고 있다는 것을 알 수 있다. 최근에는 윤리의 합류로 인해, 주로 고등학교 1학년에서 배우던 '사회' 과목이 보다 통합적으로 변화('통합사회')되고 있으며, 지리가 가진 비중도 그만큼 감소하게 되었다. 비중이나 시수의 감소도 걱정이지만, 장기적으로는 교과 고유의 성격이 변화될 수 있다는 것도 고민이 필요한 부분이다. 필수과목에서 '지리'라는 명칭이 사라진 것은 이미 오래전의 일이며(마지막이 제6차 교육과정기의 고등학교 '공통사회(하)-한국지리'다.), '사회과'라는 교과명하에서 사회과학적 특성에 부합하지 않는 지리과 고유의 내용이나 주제, 내용 조직 원리 등이 전반적으로 약화되고 있다. 결국 지리를 선택하는 학생들이 점차 줄어들고 있는 현실을 고려하면, 시간이 지날수록 학교 교육에서 '지리'교과의 정체성과 영향력은 퇴색할 것이고, 일반 성인들 중에도 '지리'가 무엇인지를 제대로 알지 못하는 사람들이 점차 많아지리라는 것을 쉽게 예상할 수 있다.

필자는 현 지리교육과정 체제가 보이고 있는 이와 같은 위기를 문제의식의 출발점으로 삼아 학위논문을 구성하였다. 그리고 학교 교육, 특히 고등학교 교육에서 지리과가 이러한 위기에 처한 연원은 무엇이고, 그러한 연원의 시작 시기는 언제인지, 나아가 어떠한 과정을 거쳐 현 지리교육과정의 기본적 틀이 성립되었는지에 대한 기원을 밝히는 것에 연구의 중점을 두었다. 이를 위해 지리교육과정사에 대한 텍스트-콘텍스트 연속체적 접근, 교육과정 재개념화, 지리교육과정의 '퇴적'과 '발굴' 등의 개념 및 이론을 연구 관점의 정교화와 방법론 구성에 활용하였다. 먼지가 풀풀 날리고 손을 대면 바스러져 나가는 1940~1960년대 각종 문헌과 교과서들을 도서관, 헌책방, 박물관 등에서 찾고 분석하다 보니 논문이 마무리되었고, 가까스로 심사도 통과하였다.

학위논문을 급하게 마무리한 지도 5년이 지났고, 직업도 교사에서 연구기관의 연구원으로 바뀌었다. 논문이 통과될 때만 해도 꾸준히 논문을 보완해 나가면서 기회가 주어진다면 출간해 보겠다는 야심 찬 생각도 있었다. 특히 학위논문의 중심 맥락이 아닌 관계로 다소 미진하게 다루었던 교수요목기 '경제지리' 과목에 대한 후속 연구, 개정에 따른 지리교육과정 및 교과서의 지속적인 변화와 관련한 보완 등은 필요하다고 생각했다. 하지만 바쁜 일상으로 인해 책을 출간할 엄두를 내기가 쉽지 않았으며, 변화상을 쫓아가기 힘들 정도로 너무나도 빨리 개정되고 있는 교육과정과 교과서는 게으름에 대한 좋은(?) 핑계였다. 실제로 논문 최종본을 제출했던 2011년 7월만 해도 2009년 12월에 고시된 2009 개정 교육과정에 따른 고등학교 지리교과서 검정이 마무리되고 있던 시점이었다. 그런데 불과 5년 만인 2016년의 고3 학생들은 그다음번 개정 교과서인 2013년 검정 지리교과서(2012년 교육과정 고시. 이 또한 교육과정 구분으로는 2009 개정 교육과정이라고 하는데, 이것도 기존의 상식으로는 이해가 쉽지 않다.)를 갖고 대학수학능력시험을 준비하고 있다. 2011년 검정 교과서가 실제 학교에서는 4년만 쓰인 것이다. 2015년에 교육과정이 고시되고 현재 교과서가 제작 중이며 올해 말부터 검정이 진행되는 지리교과서가 있으니, 2016년 현재 학교에서 사용되고 있는 교과서 또한 생명이 그리 길지는 않을 것이다.

개정 주기가 이전에 비해 상대적으로 짧다는 것과 함께 비교과 영역에 대한 관심이 이전에 비해 높아지고 있다는 것도 교육과정과 관련한 분명하면서도 중요한 변화라고 할 수 있다. 예를 들어, 진로 교육 강화와 관련한 자유학기제 및 진로 교육 집중 학년·학기제, 비교과 영역의 학교생활기록부 기술 및 대입 전형에의 활용 등이 비교적 최근의 화제이다. 학교에서 이루어지는 학생들의 교육활동 시간은 정해져 있으므로, 비교과 영역에 관심이 집중되고 있다는 것은 학교 교육의 방점이 교과에서 비교과 영역으로 이동하고 있다는 추정을 가능하게 하며, 실제로도 자유학기제 등은 교과 영역의 시간을 상당 부분 활용하고 있다.

성급한 예단일 수도 있지만, 현 교육과정 구성 및 운영 방식이 탄력적이고 조정이 용이한, 그러면서도 그동안 교과적 기반이 없어서 학교 현장에 직접적 영향력을 발휘하기가 쉽지 않았던 교육과정 총론 측 연구자들의 권한이 확대되는

지리교육과정의 기원을 읽다

방향으로 변화되고 있는 것으로 생각된다. 물론 교육관료들의 교육정책 입안 및 집행도 보다 수월할 것으로 보이며, 결국 국어·수학·영어·역사(특히 한국사) 등 상대적으로 규모가 크거나 막강한 외부 지원을 받는 교과(사실상 교육과정 총론 측이나 교육관료들이 함부로 좌지우지하기 어려운 교과)가 아닌 경우에는 교육과정 개정 때마다 위기의식이 높아지게 된다. 일반 회사로 말하자면 언제 정리해고를 당할지 모르는 직원이라고 할 수 있다. 이런 교과는 어떤 과목을, 어느 정도 시수로, 어떤 학교급과 학년에서 가르치게 될지 결정되지 않는 경우가 많다. 그렇기 때문에 교육과정의 내용이나 구성에 집중하기보다는 '교육과정 개정기 = 생존 투쟁 시기'로 인식하게 되고, 남들이 볼 때는 유난스럽고 외견상으로는 '투쟁적'이기까지 하다. 지리도 여기에 해당한다는 생각이다.

이런 상황에서 이 책의 출간이 갑작스럽게 결정되면서, 후속 연구 및 보완이 필요하다고 생각했던 부분을 어떻게 반영할 것인가는 필자의 가장 큰 고민이었다. 앞서 기술한 내용을 비롯한 그동안 관련 연구의 진행 정도도 걱정이었지만, 무엇보다도 교육과정과 관련해서 최근 5년 동안의 간극이 과도하게 반영될 경우, 1950년대를 중심으로 설계된 기존 학위논문 내용 구성의 맥락과 축이 흐트러질 수도 있다는 것이 중요한 문제였다.

이런저런 고민 끝에, 지리교육과정의 기원을 찾는 학위논문의 원래 취지에 큰 영향을 주지 않는 범위 내에서 장·절 재배치를 비롯한 보완을 하는 것으로 결정을 하고, 학위논문 제출 이후 교과서가 출판된 교육과정에 대해서는 관련 자료 소개(또는 교체)가 필요한 부분에 한해서만 수정 또는 추가 기술을 하였다. 다만, 2015 개정 교육과정은 문서상의 교육과정이 실질적으로 구현된다고 할 수 있는 교과서가 현재 개발 중인 관계로 거의 언급을 하지 못했다. 교수요목기와 1950년대의 '경제지리' 과목에 대해서는 해당 주제 자체로 완결성을 가질 수 있도록, 2012년 학술지에 투고한 논문을 간단한 수정·보완을 거쳐 부록으로 실었다.

이 책을 통해 필자가 말하고 싶은 것은, 지리교과가 소위 문과라고 하는 인문사회계 과목으로만 인지되어 그 종합적 특성과 가치를 제대로 인정받지 못하고 있다는 아쉬움이라고 할 수 있다. 이러한 상황은 1950년대, 즉 제1차 교육과정기의 자연지리 영역 축소 및 지학의 등장, 그리고 지리가 갖고 있는 교육적 장점을 제대로 발휘할 수 없는 통합중심의 사회과 구조에 지리가 포함·한정되어 버렸다는 것에 기인한다. 문·이과 통합교육이라는 말이 유행하고 있고, 융합이라는 말이 각광 받는 시기이다. 지리가 축적해 온 자연 및 인문 환경에 대한 포괄적인 관점과 학문적 소산을 바탕으로, 다른 교과와는 차별화된 고유의 특성을 계발하는 방안이 절실하다.

출간되는 모든 책이 그렇겠지만, 이 책 또한 일일이 열거하기 어려울 정도로 많은 분들의 직·간접적 도움을 받았다. 연말 시상식에서 끊임없이 누군가의 이름을 외치는 수상자들의 심정이 지금에야 십분 이해된다. 가족들은 물론 초등학교 때부터 대학원까지의 은사님들, 과거 같이 근무하던 동료 교사들, 대학 및 대학원 선·후배님들, 지리교사모임에서 같이 활동했던 선생님들, 친분이 있는 교수님들, 현 직장 동료들, 그리고 중·고등학교에서 필자가 가르쳤던 많은 학생들이 바로 감사해야 할 그 '누군가'이다.

그중에서도 지도교수이신 서태열 선생님께 먼저 감사를 드린다. 항상 필자가 갖고 있는 능력과 행한 결과보다 더 큰 칭찬으로 자신감을 북돋아 주셨으며, 결정적인 순간에는 꼭 필요한 조언을 통해 학업과 일상에 방향성을 제시해 주셨다. 학위논문의 출간에 결정적인 도움을 주신 손명철 교수님께도 감사 인사를 올린다. 오래전 석사논문도 그 가치를 높게 평가해 주시더니, 박사논문 때는 출판사와 연결을 시켜 주셔서 잊고 있었던 일을 가능하게 해 주셨다. 재미없는 글을 꼼꼼하게 읽고 책으로 엮어 준 (주)푸른길의 김선기 사장님 이하 직원들께도 고마운 마음을 전한다.

가장 큰 감사는 독특한 성격에 항상 바쁜 척까지 하는 아들, 남편, 아버지를 만나서 몸과 마음이 힘들 법한 우리 가족들 몫이다. 결혼 후 20년 가까이 직장과 집을 오가며 가정의 버팀목 역할을 하느라 고생하는 아내 조은주, 대학원 공부한다고 어릴 때 잘 놀아 주지도 못했는데도 나름 잘 큰 고3 수험생 딸 희정, 온 국민이 무서워하는 질풍노도의 시기인 중2를 무사히 넘긴 아들 성혁, 그리고 아버지를 일찍 여읜 아들에게 아버지의 역할까지 해 주며 삶의 절반 이상을 보내신 어머니께 이 책을 바친다.

2016년 8월
안종욱

---

* 이 책에서 가장 핵심적인 단어인 '지리'의 교육과정상 위치를 나타내는 데 있어서, 특정 표기만을 고집하지 않고 지리'교과', 지리 '과목', 지리'과', 지리 '영역' 등 다양한 수준의 용어를 사용하였다. 입장이나 시선에 따라서는 '틀렸다'고 할 수도 있지만, 필자는 맥락과 내용이 용어 선택의 기준이 되어야 할 것으로 판단하였으며, 무엇보다도 '지리'가 앞서 제시한 용어들의 특성 및 의미 범위를 어느 정도는 담보할 수 있다고 생각한다. 혹시라도 읽는 분들이 혼란을 가질지도 모른다는 노파심에서 몇 자 추가해 본다.

차 례

제2부 • 129

1950년대 지리교육과정의 텍스트 – 콘텍스트

I.
지리교육의 현재와 문제 설정

....

1. '언제'부터, 그리고 '왜' 인가?

2002년 제7차 교육과정에 기반을 둔 교과서가 등장한 이후 고등학교에서는 '지리'라는 과목명이 필수과목에서 사라졌다. 선택과목 속에만 이름이 남아 있게 된 고등학교 '지리'는 현재 교사가 전보되거나 학교 교육과정이 개편될 때마다 다른 사회과 선택과목 또는 사회과 이외의 교과와 시수를 놓고 경쟁해야 하는 교과목이다. 이는 지리 교사들에게 교수-학습 및 학생 생활 이외의 영역, 즉 지리 과목 개설 및 지리 시수 확보를 위해 학교 내에서 소모적인 시간 투자를 해야만 하는 상황을 가져왔다. 학생들의 입장에서는 극단적인 경우 중학교와 고등학교 1학년까지 대학에서 지리를 전공한 교사에게 지리를 배우지 못하는 사태를 초래하였다. 나아가 고등학교 2학년과 3학년에서 지리과 선택과목을 선택하지 않을 경우에는 제대로 된 지리 공부를 한 번도 해보지 못한 상태로 중등교육을 마칠 수도 있는 상황이다.

일반적으로 학교 교과목의 지위 하락은 해당 교과목에 대한 인식의 변화가 기반이 되는 것으로 알려져 있다. 예를 들어, 이전에 비해 급변하는 사회의 변화상을 제대로 반영하지 못하거나, 학생들이 마땅히 습득해야 할 지식, 가치, 기능 등에 그다지 도움이 되지 못한다는 인식 등이 그것이다. 그러므로 교과가 지닌 교육적 가치 여부를 외부자적 관점에서 판단하여 교육과정의 전체적인 틀을 조정 및 결정하는 일반 교육과정학계의 시각은 개별 교과 입장에서 중요한 관심사항이 된다. 문제는 교육과정학계의 지리교과에 대한 시각이 그다지 긍정적이지 않다는 점이다. 이는 교육과정 개정 관련 공청회나 워크숍에 참여하는 지리과 이외의 발표자·토론자들로부터 종종 확인할 수 있으며, '지리'에 대해서는 과거 지명과 산물을 열심히 외우기만 하는 소위 '암기과목'이라는 시각이 여전히 널리 퍼져 있다.

그러나 이러한 일반 교육과정학자들의 인식과는 달리 지리교육과정은 꾸준하게 변화되어 왔다. 지리교육이 영국이나 프랑스의 학교 교육에 정착하기 시작하던 19세기 후반[1])과 비교해 보면, 오늘날의 지리교육과 유사점과 차이점이 공존함을 알 수 있다. 이러한 변화의 원인은 다양하다. 국가적·사회적 요구가 반영되어 변화되기도 하고, 모(母)학문인 지리학의 발달이 교육적 내용으로 새롭게 적용되기도 한다. 또한 국내외 교육학계의 사조 변화, 학생들의 흥미, 학부모의 요구 등이 반영되기도 한다. 이러한 요인들이 서로 맞물려 지리 영역의 교과 내용 및 체계, 교과목 수, 과목당 시수 등이 결정되고, 교육과정이 개정될 때마다 이러한 변화가 누적되면서 학생들이 배우는 '지리'가 조금씩 달라지는 것이다.

부연하자면, '지리'와 같은 교과목은 주변 환경과의 상호작용을 통해 지속적으로 변화하는 유기체나 씨실과 날실이 계속해서 교차하면서 생산되는 직물(texture)에 비유할 수 있다. 그리고 이러한 변화는 개별 교과목의 교육과정, 교과서의 내용 변화 및 단위 학교의 개별 수업시간에서 보다 잘 나타난다. 학생들

---

1) 그레이브스 저, 이희연 역, 1984, 『지리교육학 개론』, 교학연구사, p.70(Graves, N. J., 1980, *Geography in Education* (2nd ed.), London: Heinemann Educational Books Ltd.).

지리교육과정의 기원을 읽다

은 일상생활 속에서 접하는 궁금증을 교과 수업을 통해 해결하고, 이를 통해 인지구조의 변화를 겪으며, 다시 변화된 관점을 통해 세상을 바라보고 사고력을 키워 나간다. 이러한 과정을 통해 교사들이 진화하게 되고, 이는 해당 교과목을 아래로부터 변혁시킬 수 있는 원천이 되며, 교육과정과 교과목을 변화시키는 동력으로 작용하는 것이다.

문제는 '교과' 자체가 아니라 '국가적·사회적 변화와 요구를 제대로 반영하지 못하는 교과, 달라지고 있는 학습자에게 지적 자극을 주지 못하는 교과, 교과 내용 및 목표와 관련된 사회적 주제 등을 체계적으로 담아내지 못하는 교과'라고 할 수 있다. 더불어 고려할 것은 첫째, 학습자 및 사회의 요구를 충분히 반영할 수 있는 교과임에도 교과 외부로부터 변화 가능성을 인정받지 못할 수 있다는 것, 둘째, 상황에 따라서는 변화 요구의 수용 자체가 불가능할 수 있다는 것, 셋째, 교과 입장에서 볼 때 바람직하지 못한 방향으로 변화가 강제될 수 있다는 것, 넷째, 바람직한 방향으로 교과의 변화를 추진했다고 생각하더라도 변화된 모습의 가치를 인정받지 못하거나, 오히려 교과 내·외적으로 문제가 발생할 수 있다는 점이다.

이러한 문제의식을 바탕으로 필자는 현 지리교육과정, 구체적으로는 고등학교 지리교과의 내용체계가 어떠한 상황에서, 어떠한 변화과정을 겪으면서 현재에 이르렀으며, 그 이유는 무엇인지를 고찰하는 데 연구의 목적을 두었다. 물론 현재까지의 지리교육 변화과정이 긍정적이며, 국가적·사회적 요구, 학습자의 요구 등을 충실하게 반영하고 있다는 전제에서 출발한 것은 아니다. 앞서도 언급했듯이 우리 사회에서 지리교육의 현재 모습이 위태로운 것은 사실이며, "이러한 현재 모습의 출발이 '언제'이고, '왜' 그런 일이 발생했는가?"라는 의문이 문제의식의 시작이라고 할 수 있다.

이를 위해 먼저, 현 고등학교 지리교육과정의 내용과 체계에 가장 많은 영향을 미친 교육과정 변화 시기를 찾고자 한다. 해방 이후부터 현재까지 국가가 교육과정을 제정·고시하고 교과서 검·인정 작업을 통해 이를 구체화하는 방식을 택하고 있는 우리나라는 국가교육과정이 변화될 때마다 교육내용 및 체계, 교과목에 변화가 나타났다. 물론 각 교육과정 개정 시기마다 변화의 폭과 깊이는 다양하며, 현재 지리교육과정에 대한 영향 정도에도 차이를 보인다. 따라서 이러한 변화의 범위와 정도 및 그 흔적을 추적함으로써 현 고등학교 지리교육과정의 내용과 체계에 가장 큰 영향을 미친 시기를 결정할 수 있을 것으로 생각한다.

다음으로 현 고등학교 지리교육과정 내용체계의 근간에까지 큰 영향을 미치고 있는 주요 변화의 과정, 요인 등을 교육과 관련된 당시의 다양한 텍스트를 통해 고찰하고자 한다. 국가교육과정은 학교와 같은 제도화된 기관에서 가르치는 공식적 지식(official knowledge)으로 규정할 수 있다. 이러한 지식들은 나름의 역사, 긴장관계, 정치경제학적 관점, 계급성, 행정적 필요성과 이해를 갖고 있으므로, 이에 대한 탐구는 해당 시기 그 지식의 내부적·외부적 맥락에 관한 고찰을 포함하게 된다.[2] 당시 지리교육과정의 내용 및 구조, 전체 교육과정에서의 위치 등도 지리교육 내·외부의 다양한 텍스트들과의 연계 속에서 결정되었다고 볼 수 있으므로, 변화를 가져온 원인 및 그 배경에 대한 심도 있는 논의가 요구된다.

나아가 지리교육과정을 포함한 교육과정의 변화가 당시의 사회적 텍스트―콘텍스트와 어떤 관련성을 맺고 있었는지를 살펴보고자 한다. 권력, 지식, 이데올로기, 학교 교육과 같은 요인들은 지속적으로 변화하는 복잡한 패턴 속에서도 상호 연계되어 있으며, 이러한 연결은 근본적으로 사회적·정치적·역사적인 산물이라고 할 수 있다.[3] 국가적·사회적 영향을 받아 형성된 지리교육과정 또한 학교 현장에 정착되는 과정에서 지리 교사의 수급이나 '지리'에 대한 일반인들의 인식에 영향을 주었을 것으로 생각되며, 이러한 영향 중 일부는 현재의 지리교육을 강제하는 현상으로 나타날 수 있을 것으로 판단된다.

---

2) Apple, M. W., 2003, The State and the Politics of Knowledge, in Apple, M. W.(Ed.), *The State and the Politics of Knowledge*, New York: Routledge Falmer, p.7.

3) 지루 저, 이경숙 역, 2001, 『교사는 지성인이다』, 아침이슬, p.75(Giroux, H. A., 1988, *Teachers as Intellectuals: Toward a Critical Pedagogy of Learning*, Westport, CT: Bergin & Garvey).

현재 지리교육계가 당면하고 있는 문제의 답을 이미 지나간 과거의 역사에서 찾는 것은 어떻게 보면 무의미한 일이라고 생각될 수도 있다. 그러나 과거는 현재에 비추어 볼 때 비로소 이해되며, 현재 또한 과거에 비추어 볼 때 충분히 이해될 수 있다.[4] 이러한 입장은 교육과정의 연구에도 적용할 수 있는데, 파이너(Pinar, 2004)는 교육과정 연구에서 과거사의 중요성을 강조하며 다음과 같은 인터뷰 내용을 그의 최근 저작에서 인용하고 있다.

우리가 과거를 반드시 기억해야 이유는, 우리의 현재 상황이 여전히 유사한 상황의 연속이며 결과물이기 때문이다. 이는 과거가 현재를 바꾼다는 것을 이해하기 위해서이며, 끊임없이 발전하는 현재는 과거의 중요성을 변화시킨다.[5]

이러한 문제의식을 토대로 필자는 먼저 우리나라 지리교육과정의 변천 및 이에 따른 교과서 분석과 관련된 기존의 주요 논의들과 그 의의를 검토하고자 한다. 다음으로 지리교과 내용체계에 가장 큰 변화가 나타났다고 판단되는 제1차 교육과정기의 고등학교 지리교육과정(1955년 고시)이 우리나라 지리교육사에서 갖고 있는 의미를 과학과의 '지학' 과목 등장 및 '사회과'라는 통합교과 체제와 관련지어 살펴보고,[6] 나아가 당시의 지리교육과정이 갖고 있는 시대사적 의미와 지리교육의 현재에 미친 영향을 조명하고자 한다.

---

4) 카 저, 서정일 역, 1987, 『역사란 무엇인가』, 열음사, p.65(Carr, E. H., 1971, *What is History?*, London: Penguin Books).

5) 라비노비츠(Rabinowitz)가 미국의 인종차별주의와 관련한 연구를 위해 인터뷰한 킹스턴(Kingston)이라는 사람의 말이다.(파이너 저, 김영천 역, 2005, 『교육과정이론이란 무엇인가?』, 문음사, p.150(Pinar, W. F., 2004, *What is curriculum theory?*, Mahwah: Lawrence Erlbaum Associates)에서 재인용).

6) 제1차 교육과정은 표면적으로 볼 때, 우리 정부가 구성·고시한 최초의 정식 교육과정(교과과정)이라는 의미를 갖고 있는 동시에, 고등학교에서 지리의 위상이 시수나 과목명 등에서 급격하게 축소되었던 시기이다. 그럼에도 그동안 지리교육계 및 사회과 내에서 이 시기 고등학교 지리교육과정에 대한 연구는 미미하며, 기본적 사실 자체가 왜곡되어 기술되어 있는 경우도 있다.

2. 선행 연구의 흐름과 시사점

1) 지리교육 부문

지리교육 연구는 초등 수준에서 고등의 대학 수준에 이르기까지 교육을 위해 가르치고 있는 모든 지리교육 현상을 대상으로 삼으며, 지리교육 연구의 영역은 이 대상에 따라 여러 가지로 분류될 수 있다. 지리교육 현상은 여러 가지 차원에서 파악될 수 있는데, 지리교육이 진행되는 과정을 이루는 요소의 차원에서 살펴볼 수도 있고, 지리교육의 중심적 내용을 이루는 학문적 배경의 차원에서 살펴볼 수도 있으며, 교육체제에 따른 학교급별로 살펴볼 수도 있다. 서태열 (2002)은 지리교육 연구를 주제별로 분류하여 그 동향을 소개하고 있는데, 그에 따르면 지리교육사 및 철학, 지리교육의 목적과 목표, 지리교육과정, 지리 교수–학습, 지리 교수–학습 자료 및 매체, 지리학습 심리 및 인지발달, 지리평가, 범교과 교육 등 8가지로 지리교육 연구 성과가 구분된다.[7]

이 중 본 연구와 관련 있는 지리교육 관련 선행 연구물은 주로 지리교육사 및 철학, 지리교육과정 분야에 해당한다. 서태열(2002)의 연구에서는 일제 식민지 시기까지의 연구들은 지리교육사 분야로, 미군정기 이후에 대한 연구들은 지리교육과정 분야로 구분해서 소개하고 있는데, 이는 교육사 연구에서의 시대 구분에 대한 일반적인 경향성을 나타낸다. 즉, 1945년 해방을 현대 교육의 출발 시점으로 규정하고 있으며,[8] 지리교육 역시 이러한 시대 구분의 틀 안에서 그동안의 연구들을 구분하고 있음을 알 수 있다. 그러나 개화기의 지리교육을 현재의

7) 서태열, 2002, 「지리교육의 발전 과정과 동향」, 한국의 학술연구–인문지리학, 대한민국학술원, pp.245–257.
8) 신천식, 1969, 「한국교육사의 시대구분 문제」, 한국교육사학, 1, 한국교육학회 한국교육사연구회, p.36; 박선영, 1982, 「한국교육사와 시대구분의 본질」, 『한국교육사연구의 새방향』, 한국교육사연구회 편, 한국교육사연구회, 집문당, pp.81–82.

지리교육을 이해할 수 있는 역사적 뿌리로 보는9) 동시에, 현재 지리교육의 출발점을 근대 학교의 지리교육으로 설정한다면,10) 앞서 언급한 대로 지리교육사와 지리교육과정 연구 모두를 이 연구를 위한 선행 연구로 참조할 수 있을 것이다.

이 가운데 지리교육계에서 산출된 박사학위논문인 남상준(1992)의 연구가 중요한데, 그의 연구는 일제 식민 통치기를 사이에 두고 필자의 연구 시기와는 반세기 이상의 차이를 보인다. 그러나 당시의 교육적 상황이 직전 시기와 급격한 변화를 보이며, 이 시기에 나타난 지리교육의 특성들이 현재에도 영향을 주고 있고, 외세의 영향이 교육계 전반에 영향을 미쳤다는 점에서 필자의 연구 시기와 일부 공통점을 갖고 있다. 따라서 남상준 연구의 관점 및 방식 등을 세밀하게 분석해 보면, 필자의 연구 방향성 및 구조를 정교화하는 데 도움을 줄 수 있을 것으로 생각한다.

남상준(1992)은 교육 현상을 다른 사회적 현상과 불가분의 관계에서 파악하고, 교육의 사회적 맥락을 추구하되 항상 교육의 안으로부터 밖을 향해 보는 외향적 시각의 중요성을 강조한다.11) 동시에 지리교육의 형성·발전과정을 기존의 교육과정 변천사 중심의 방식이 아닌, 학교 교육 전체와 국가·사회와의 관련 속에서 살펴보고자 노력하였다. 이를 위해 그는 연구 범위를 학교 제도 교육으로서의 지리교육으로 한정하고, '왜' 개화기에 지리과를 학교 교육에 도입해야 했는가를 주요 탐구 대상으로 설정하였다. 그리고 국가주의와 계몽주의라는 교육사조하에서, 지리교육의 제도적 정착과 내용 선정 및 구성을 학교 체제와 교과서를 중심으로 다루고 있다.

문제는 그의 연구가 국가주의와 계몽주의라는 거대 담론을 미리 설정하고 당시의 학교 체제 및 지리교육 내용을 분석해 나가는 전체적인 구성하에 전개되고

---

9) 남상준, 1992, 「한국 근대학교의 지리교육에 관한 연구」, 서울대학교 대학원 박사학위논문, p.2.

10) 서태열, 2002, 앞의 논문, p.245.

11) 외향적 시각의 연구란 교육과정 변천사 중심의 연구를 지양하고, 지리교육의 형성·발전 과정을 학교 교육 전체, 나아가 국가·사회와의 관련 속에서 살펴보는 것을 말한다.

있다는 것이다. 그러므로 첫째, 거대 담론이 갖고 있는 스펙트럼의 차이와 다양성을 충분히 밝히지 못하고 있으며,[12] 둘째, 당시의 지리교과서가 담고 있는 내용 역시 논문의 앞부분에서 설정한 틀, 즉 국가주의와 계몽주의에 맞추어 분석하는 한계를 보이고 있다. 다시 말해, 남상준의 연구는 '제국주의 침략에 맞선 민족적 저항이 있었고, 자주적 근대화를 모색하는 데 각고의 노력을 기울였다.'는 식의 도식[13]을 지리교육이라는 분야에 적용하고 있다고 볼 수 있다. 세 번째로 들 수 있는 한계점은 그가 정리한 개화기 지리교육사가 현재 지리교육에 던지는 시사점이 그다지 많지 않다는 점이다. 물론 연구의 말미에 지리교육의 현재적 상황[14]을 언급하며, 개화기 지리교육으로부터 물려받은 문제들을 해결하는 데 적극성을 추구해야 한다고 적시하고 있으나, 상술한 문제들의 해결에 개화기 교육에 대한 연구 결과가 어느 정도까지 활용 가능한지에 대해서는 구체적인 언급이 없다.

　현재의 교육이라고 하는 관점 아래 과거를 보는 데서 교육의 역사는 성립될 수 있는 것이고, 따라서 교육사 서술의 주 임무는 과거의 사실들을 기록하는 것에 있기보다는 그 사실들의 교육적 가치를 재평가하고 의미를 부여하는 데 있다고 볼 수 있다.[15] 다시 말하자면, '왜'에 대한 질문은 현재적 상황에서 도출되었을 때, 그리고 현재 당면한 문제를 해결하는 단초를 제공할 수 있을 때 의미를 가질 수 있다고 생각된다. 그러므로 남상준의 연구는 개화기 지리교육의 사료들

---

12) 당시 국가주의와 계몽주의는 개화기 지식인들의 신분 및 지적 배경 등에 따라 다양한 스펙트럼을 나타내며, 일본, 중국, 서구 열강들과 우리나라와의 관계 설정에 대한 견해도 개화기 지식인들 사이에 많은 차이를 보이고 있다. 이와 관련된 자세한 논의는 '박노자, 2005, 『우승열패의 신화』, 한겨레신문사' 및 '슈미드 저, 정여울 역, 2007, 『제국 그 사이의 한국 1895~1919』, 휴머니스트(Schumid, A., 2002, *Korea Between Empires 1895~1919*, Columbia University Press).'를 참조.

13) 이계학 외, 2004, 『근대와 교육 사이의 파열음』, 아이필드, p.102.

14) 남상준이 예로 들고 있는 현 지리교육의 문제점은 지리 과목의 위상과 역할이 국가·사회의 필요에 의해 크게 좌우되었던 점, 목표와 내용 간의 괴리, 사회과 통합과 지리 과목의 역할 문제, 지리교육 내용의 광범위성과 이에 따른 내용의 조직화·구조화가 미흡한 점, 지역지리적 서술방식의 답습, 자연지리 내용과 인문지리 내용의 통합성 결여 등이다.

15) 김인회, 1982, 「한국교육사 서술의 제문제」, 『한국교육사연구의 새방향』, 한국교육사연구회 편, 한국교육사연구회, 집문당, p.40.

을 발굴하고, 근대 지리교육 출발 당시의 모습과 교과로서의 성립 초기 모습을 보여 주었다는 의미를 넘어서지는 못한다고 판단할 수 있다.

앞서도 언급했지만, 해방 이후 지리교육과정에 대한 대부분의 연구물들은 교육사보다는 교육과정 관련 연구로 분류되고 있다. 서태열(2002)은 이를 다시 첫째, 국가에서 고시한 지리교육과정의 변천·해설 및 특징을 기술하고 비교하는 연구, 둘째, 지리교육과정에서 전체 내지 학교급별 내용의 선정 및 조직과 관련된 연구, 셋째, 지리학 분야별 교육내용의 선정 및 조직과 내용의 계열성에 대한 연구로 나누고 있다.[16]

분류상으로 볼 때 이 중 첫 번째에 해당하는 연구들이 필자의 연구 주제와 가장 연관성이 높다. 그러나 이러한 연구는 대체로 각 교육과정 고시 시기에 따라 시수 변화, 지리교육 목표 변화, 내용 변화 등을 시계열적으로 분석하거나, 개정 시기를 중심으로 전·후 교육과정(교수요목)의 목표, 시수, 내용 등의 변화를 비교하는 데 중점을 두고 있다. 또한 이러한 변화상과 함께 동일 교육과정기 교과서들을 구분하여 출판사별로 내용 분량이나 등장하는 개념 등의 빈도를 분석한 연구들이 대부분이다. 분량이나 관점의 측면에서 볼 때, 박광희(1965), 추성구(1967), 예경희(1971), 이찬(1977), 민흥기(1978), 심풍언(1986), 임덕순(2000)의 연구를 주요 연구로 볼 수 있다. 제1차 교육과정기에 대한 서술을 중심으로 이들 연구를 살펴보면 다음과 같다.

일반사회 전공자인 박광희(1965)의 연구는 해방 이후 교수요목기부터 제2차 교육과정 제정 시기[17]까지 대략 20여 년 동안 우리나라 초·중·고 사회과 교육과정의 성립 및 변천 과정을 다루고 있으며, 특히 초기 사회과 성립과 관련된 최초의 연구라는 점 때문에 많은 연구에서 지속적으로 인용되고 있다. 그러나 통합사회가 '발전'이고 '이상(理想)'이라는 전제하에 논의가 전개되고 있으며, 필

---

16) 서태열, 2002, 앞의 논문, pp.260-261.

17) 박광희는 현재 일반적인 교육과정기 구분과는 달리 미군정기 교수요목을 제1차 사회과 교육과정으로 보고 있다. 그러므로 본문의 제2차 교육과정기는 박광희의 연구에 따르면 제3차 사회과 교육과정이다(박광희, 1965, 「한국 사회과의 성립과정과 그 과정변천에 관한 일연구」, 서울대학교 석사학위논문).

자의 연구 대상인 제1차 고등학교 지리교육과정 및 교과서에 대한 내용이 전체 논문에서 극히 일부분이라는 점은 아쉬운 부분이다.

추성구(1967)는 1968년 제2차 교육과정의 인문계 고등학교 전면 실시에 즈음하여 제1차 교육과정기까지 지리교육의 문제점을 정리하였다. 그는 해방 이후 사회생활과의 도입과 지리학 전공자의 부족이 지리과에 시련기를 가져왔다고 주장하며, 제1차 교육과정기 역시 지리와 사회생활과의 애매한 관계와 부족한 시수로 인해 '지리 교사에게 일대 수난기'였다고 기술하고 있다. 또한 지리 교사의 수준과 지리교육에 대한 인식을 가늠할 수 있는 일화가 기술되어 있어 당시 현장 지리교육의 파행성을 파악하는 데 도움을 주고 있다.

예경희(1971)의 연구는 해방 이후 중등학교의 지리교육 변천과정을 시계열적으로 연구한 지리교육계 최초의 논문으로 평가할 수 있다. 그는 교육과정의 검토만으로는 각 시기별 구체적 상황을 파악하기가 쉽지 않다는 전제하에 교과서 내용과 구조까지 분석 대상으로 설정하고 있으며, 지리 학습 목표, 지리 학습 내용, 지리 학습 방법 등의 변천 원인과 경향성을 기술하고 있다. 특히 학교 현장에서 교육과정이 실제 적용되었던 기간이라고 할 수 있는 교과서의 실제 활용기간을 시기 구분의 기준으로 하고 있다는 점, 지리교육이 국가적·사회적 요구를 어떻게 적용하고 있는가에 대한 논의가 나타나 있다는 점 등이 다른 연구와의 차이점이라고 할 수 있다. 또 그는 제1차 고등학교 지리교육과정[18]이 일본의 영향을 받았으며, 경제지리 부분이 강조되고 자연지리 영역의 지형 비중이 감소되었다고 기술하고 있다.

이찬(1977)은 해방 이후 제3차 교육과정까지 고등학교 사회과의 변천에 대한 연구에서 제1차 교육과정이 만들어지는 과정을 소개하고 그 의의를 정리하고 있다. 특히 일반사회 영역의 배당 시간이 급증한 이유를 당시 편수국의 고등학교 통합사회과 실시 시도와 관련하여 설명하고 있다.

---

18) 예경희의 구분 기준이 아닌, 필자가 연구 대상으로 하고 있는 1955년 고시 교육과정을 지칭한다.

민흥기(1978)는 제2차 교육과정기까지의 자연지리 내용 변천을 확인한 다음 대입예비고사와의 연계 정도까지 살피고 있다. 그는 제1차 교육과정기에는 자연지리 내용 구성에 있어 교과서들 간에 심한 불균형을 이루고 있다고 주장하는 동시에, 교수요목 시기에 비해 제1차와 제2차 고등학교 지리교육과정으로 갈수록 자연지리가 양적으로 감소되고 있다고 기술하고 있다. 특히 지구·해양 분야와 지질·지형 분야의 감소가 두드러지는 이유를 지학 과목 등장의 결과라고 말하고 있다.

심풍언(1986)의 연구는 교수요목기부터 제4차 교육과정기까지의 고등학교 지리교육과정을 다루고 있으며, 특히 연구 기간 동안 교육과정기마다 지리·역사·일반사회 각 영역의 하위 과목들의 명칭, 필수·선택 여부, 시수 등이 어떻게 변해 왔는지를 표를 이용하여 일목요연하게 정리하고 있다. 그에 따르면, 제1차 교육과정기의 지리 과목은 다른 교육과정기보다 극히 적은 시수를 배정 받았음을 알 수 있다.[19]

임덕순(2000)은 교육과정의 시기 구분을 실제 학교에서 교수된 내용을 근거로 하여, '지리통론' 시대, '지역지리' 시대, '지역지리'·'인문지리' 병행 시대로 구분하고 있다. 이와 같은 시기 구분은 국가교육과정의 개정 시기에 따라 변화되어 왔던 고등학교 지리교육과정의 조직 방법과 구조에 바탕을 두고 있는데,[20] 이러한 점은 다른 연구들과는 차별적인 특징이라고 할 수 있다. 그는 제1차 교육과정기가 '지리통론' 시대에 해당한다고 주장하면서, 당시의 고등학교 지리교육과정의 내용이 지리일반을 고려한 인문지리 위주로 구성되어 있다고 판단하고 있다.[21]

---

19) 일반계 고등학교 인문계열을 기준으로 할 때, 제1차 교육과정기 지리 과목의 최대 이수 단위는 3단위, 최소 이수 단위는 0단위로, 2·3·4차 교육과정의 최대 10~12단위, 최소 8~12단위에 비해 매우 적다.

20) 임덕순은 조직방법을 논리적 방법과 심리적 방법으로, 조직구조를 고차적(과목형, 광역형, 중핵형), 중차적(계열적 분야형, 비연속적 독립 분야형), 저차적(레슨, 주제, 단원)으로 구분하고 있으며, 이를 바탕으로 교수요목과 제1차 교육과정 시기는 '지리통론' 시대, 제2차 교육과정 시기는 '지역지리' 시대, 제3차 교육과정 시기는 '지역지리'·'인문지리' 병행 시대, 제4·5차 교육과정 시기는 다시 '지역지리' 시대라고 정의하고 있다.

이들 연구를 바탕으로 제1차 교육과정기 고등학교 지리교육은 첫째, 직전 교육과정인 미군정기 교수요목기에 비해 전체 시수가 급감하였고, 둘째, 필수과목이 아닌 선택과목으로 고등학교에서 지리를 배우지 않는 학생들이 존재했으며, 셋째, 자연지리, 특히 지학 과목의 신설로 인해 지구, 해양, 지질, 지형 등의 교과 내용이 많이 삭제되었다는 것으로 정리할 수 있다. 문제는 이러한 연구들이 대부분 기술적 연구 수준에 머무르고 있다는 것이다.

류재명(1988)은 이러한 연구들이 그동안 제도권 지리교육의 시간 수 비교 검토, 교육과정에 나타난 교육목표와 내용 목차의 시대순 나열 및 단순 분석에 치우치고 있다고 비판하며, 전체 사회의 구조적인 틀 속에서 왜 현재와 같은 모습의 지리교육이 나타나게 되었는가 하는 데 연구의 중점이 이루어져야 한다고 주장한다. 나아가 이를 위해 지리교육을 사회·경제사적인 측면에서 연구해야 하며, 지리교육의 패러다임이 무엇이고 이것이 어떻게 지속되고 어떤 과정을 거쳐서 변화하는가를 살펴볼 필요가 있다고 제안한다.[22] 남상준(1999) 또한 이러한 연구들은 '내향적 시각'이라는 한계를 가지며 '왜'에 대한 충분한 대답을 하지 못하므로, 학교 교육에 치우친 미시적 관점을 탈피하는 총체적 접근의 필요성을 제기하고 있다. 그는 당시의 교육과정 문서나 교과서에 표현된 교육내용을 분석하여 당시의 지리교육을 복원하는 것을 넘어, 사회가 언제, 왜, 어떻게 그곳에서 그러한 교육활동을 요구하였는가에 대한 규명이 필요하다고 주장한다. 그리고 이를 위해서 교육 현상을 다른 사회적 현상과의 관계에서 파악하고 교육의 사회적 맥락을 추구하되 항상 교육의 안으로부터 밖을 향해 보는 외향적 시각의 필요성을 말하고 있다.[23]

---

21) 이러한 임덕순의 관점은 교수요목기와 제1차 교육과정기 사이에 나타난 고등학교 지리 내용 및 과목 수의 축소, 자연지리 영역의 내용체계 변화 측면에 대한 고찰이 부족했기 때문이라고 판단된다. 이와 관련된 필자의 주장은 이후 장에 기술되어 있다.

22) 류재명, 1988, 「지리교육사 연구의 과제와 문제점」, 지리교육논집, 19, 서울대학교 사범대학 지리교육과, pp.93-95.

23) 남상준, 1999, 『지리교육의 탐구』, 교육과학사, pp.2-5.

이와 같은 연구 관점이 지리교육사에서 우리가 집중해야 할 시준점을 설정하며, 연구의 전반적인 흐름을 사회구조적인 시각과 동떨어지지 않도록 유지한다는 것을 부인할 수는 없다. 그러나 앞서 남상준의 박사학위논문을 분석하는 단계에서도 지적했듯이 외향적·구조적인 관점을 중심으로 한 교육사 연구는 특정 담론과 부합하는 것들에만 연구의 초점이 집중되는 문제점에 봉착한다. 이는 당시의 교육과정 사조, 정치·경제·사회적 요구 등을 통해 조명하기 힘든 부분을 망각하며, 이질적인 담론들을 규제하고, 다른 담론들의 정당성을 합법화 또는 비합법화시키는 기능을 한다.

미국이나 영국의 지리교육사 관련 연구들은 우리나라 지리교육사 연구에 비해 다양한 주제와 관점으로 접근하고 있지만, 연구 방법 및 관점의 적용 측면에서 시·공간적인 한계점을 갖는다. 또한 특정 시점의 변화를 사회상 등과 심층적으로 연계한 연구는 찾기가 쉽지 않으며,[24] 연구 대상 시기를 장기간으로 설정하고 있는 것이 대부분이다.[25]

그레이브스(Graves, 1980)는 *Geography in Education*이라는 지리교육 개론서의 한 장을 할애하여, 중세 이후 책이 발간되는 시점까지 영국을 중심으로 미

---

24) 예를 들어, 1991년부터 2000년까지로 비교적 연구 대상 시기를 짧게 설정하고 있는 롤링(Rawling, 2001)의 연구는 해당 시기 영국 지리교육과정 변화에 영향을 준 정치적·이데올로기적 이슈들을 다루고 있음에도, 정권 및 정치집단의 이념적 지향점 및 교육정책과 교육과정 변화를 평면적으로만 연계시키고 있다. 사회적으로 '왜' 그런 정치적 이데올로기가 등장하게 되었는지, 그리고 지리교육의 세부 내용 및 구조와의 맥락적 연계상은 어떠한지에 대한 심도 있는 고찰은 찾기 힘들다(Rawling, E. M., 2001, The Politics and Practicalities of Currirulum Change 1991-2000: Issues Arising from A Study of School Geography in England, *British Journal of Educational Studies, the Society for Educational Studies*, 49(2), pp.137-158.).

25) 남상준(1999)은 임덕순(1986)의 지리교수의 여러 가지 방법 중 '역사적 방법'에서 소개된 통사적 방법(diachronic approach), 기간적 방법(periodic approach), 시간횡단면적 방법(cross-sectional approach)을 지리교육사의 시간조직 방법에 적용하여 통사적 시간조직 방법, 시대적 시간조직 방법, 시간단면적 방법으로 소개하고 있다. 통사적 방법은 가장 긴 시기를 대상으로 하며, 시간단면적 방법은 혁신 및 제도 변화 전후의 짧은 단면을 비교하는 데 유리하다. 시대적 방법은 앞서 두 방법의 중간적 성격을 띠고 있다. 남상준의 지리교육사 시간조직 방법에 비추어 볼 때, 많은 연구들이 통사적 또는 시대적 연구 방법을 택하고 있다고 볼 수 있으며, 시간단면적 방법을 적용한 연구들의 경우도 교육정책이나 교육과정 개정 전후에 있어 내용 비교 수준에 그치고 있다(임덕순, 1986, 『지리교육론』, 보진재, pp.92-93; 남상준, 1999, 앞의 책, pp.5-7.).

국, 프랑스 등의 지리교육 변화상에 대해 기술하고 있다. 그의 연구는 각 시기별로 주요 시험제도와의 관계, 지리학 내의 연구 방법 및 성과, 교육학계의 이론 등과 지리교육의 변화를 연계시키는 서술이 돋보인다. 그러나 이러한 주변 맥락의 메타적 관점, 즉 그러한 변화의 요인이 되었던 국가적·사회적 상황이 '왜' 일어나게 되었는지에 대한 논의는 미흡하며, 지리교육에서의 변화와 이들 상황을 기계적으로 연결하고 있을 뿐이다.26)

그레이브스의 연구에 비해 시기를 훨씬 더 세분화해서 다루고 있는 월퍼드(Walford, 2001)의 연구 역시 이러한 비판으로부터 자유로울 수는 없다. 월퍼드의 연구는 지리교과서의 내용, 체제, 교수-학습 방법, 교실 환경 등의 변화 과정을 풍부한 사례를 통해 접근하고 있다는 점에서 그 의의를 찾을 수 있지만, 주변 맥락의 근원적 배경에 대한 심도 있는 고찰이 없는 평면적 기술에 그치고 있다는 한계를 갖고 있다.27) 이러한 유형의 한계점은 지리교육사를 다루고 있는 연구에서 흔히 볼 수 있다.28)

이러한 외국의 연구 중 굿슨(Goodson, 1983a; 1983b; 1987; 1993)이 수행한 일련의 연구들은 상당한 기간에 걸쳐 지속적으로 진행되어 왔다는 점에서 좀 더 자세하게 살펴볼 필요가 있다.

---

26) 그레이브스 저, 1984, 앞의 책, pp.61-87.
27) Walford, R., 2001, *Geography in British Schools 1850-2000: Making a World of Difference*, London: Woburn Press.
28) 사례로 다음 연구들을 들 수 있다. 월퍼드(2001)의 연구에 비해 분량이 적은 관계로 이러한 한계점이 보다 잘 드러난다.
Natoli, S. J., 1986, The Evolving Nature of Geography, in Wronski, S. P., & Bragaw, D. H. (Eds.), *Social Studies and Social Sciences: A Fifty-Year Perspective*, Washington, D.C.: National Council for the Social Studies, Bulletin No. 78, pp.28-42; Libbee, M., & Stoltman, J., 1988, Geography within the Social Studies Curriculum, in Natoli, S. J. (Ed.), *Strengthening Geography in the Social Studies*, Washington, D.C.: National Council for the Social Studies, Bulletin No. 81, pp.22-41; Marsden, B., 1997, The Place of Geography in the School Curriculum, in Tilbury D., & Williams, M. (Eds.), *Teaching and Learning Geography*, London: Routledge, pp.7-14.
이 가운데 나톨리(Natoli, 1986)의 연구에 대해서 남상준(1999: 13)은 정치·경제·사회 변화의 맥락에서 "고등 교육기관에서의 지리교육 위상과 내용의 변화, 그리고 그 변화가 초·중등 지리교육에 미친 영향을 관련지어 살펴보고 있기 때문에" 총체적 관점에서의 연구에 근접하다고 호평을 하고 있다. 그러나 나톨리의 연구 역시 그러한 맥락과 지리교육의 변화를 단순하게 연결하고 있다고 판단할 수 있다.

교육과정사가인 굿슨은 교과 교육과정이 점진적이고 계속적으로 변화한다는 가정하에 영국 학교 교육에서 지리, 생물 등의 교과가 어떻게 정착·변화되어 가는지를 고찰하고 있다. 그는 19세기 후반에 지리가 사립학교(public school),[29] 문법학교(grammar school), 초등학교 등에 처음 등장한 이후, 학회 및 교과협의회 설립, 각종 국가시험과목 책정, 기존 교과와의 연합,[30] 대학 학문 분과로의 진입 등의 노력을 통해 학교 교과로 확립되어 왔다고 주장하고 있다. 이처럼 지리를 보다 높은 지위로 끌어올리려는 공세를 통해 더 많은 재원 및 교원 수를 확보할 수 있게 되었으나, 대학에서 높은 지위와 특권을 가진 학문으로 자리매김하기 위해 점차 학술적으로 정의되기 시작하면서 원래의 교육학적 전통[31]을 포기하게 되었고, 학생들로부터도 점차 재미없는 과목으로 외면 받게 되었다고 말하고 있다. 특히, 그는 지리를 학문적 교과로서 정립하는 과정에서 지리 교사 및 교과전문가들이 높은 지위와 많은 재정 및 자원을 확보할 수 있었으나, 교과 지식 및 정립과 관련된 통제권을 대학의 학자들 및 교육 행정기관에 넘겨주게 되었으며, 각종 시험, 교수요목, 교과서, 교사 연수 등을 통해 자체적으로 통제되는 결과를 가져왔다고 주장하고 있다.

이러한 굿슨의 주장은 나라마다 처한 지리교육의 현실이 다른 관계로, 영국

---

29) 오랜 전통을 가진 영국의 사립 중등교육기관으로 수업료가 고액이며, 주로 13세부터 18세의 학생을 대상으로 한다. 대부분 잉글랜드 지방에 분포해 있는데, 원래는 남학생 기숙학교였다. 설립 초기에는 종교, 직업, 거주지에 따라 입학에 제한을 받지 않는다는 의미에서 'public'이라는 단어를 사용했지만, 차차 최상류층 자제들을 위한 학교로 변하게 되었다. 'public school'은 미국이나 오스트레일리아, 스코틀랜드 등지에서는 공립 초등학교와 중학교를 의미한다. – (위키백과 https://ko.wikipedia.org/wiki/%ED%8D%BC%EB%B8%94%EB%A6%AD_%EC%8A%A4%EC%BF%A8 참조)

30) 매킨더(MacKinder)는 1913년 초등학교 고학년과 중등학교 저학년에서 역사와 지리를 함께 가르치는 형태(a combined subject)를 주장하였는데, 굿슨은 이것이 지리를 안정된 학교 교과로 인정받기 위한 방법이었다고 말하고 있다(Goodson, I., 1993, *School Subjects and Curriculum Change: Studies in curriculum history*(3rd.), Washington, D.C.·London: The Falmer Press, pp.145–149.).

31) 굿슨은 블라이스(Blyth, 1965), 에글스턴(Eggleston, 1978), 레이턴(Layton, 1973) 등의 논의를 바탕으로 교과를 학문적(academic)–실용주의적(utilitarian)–교육학적(pedagogic)이라는 세 가지 전통으로 유형화하고 있다. 학문적 전통에 가까운 교과일수록 대학의 학문적 논리로 구성되고, 상위계층이 배우게 되며, 주요 시험과목에 포함된다. 실용주의적 과목들은 일반적인 직업, 시민의식 등과 관련된 실제적 지식을 다루며, 교육학적인 과목들은 교수–학습 방식들에 초점을 두는 동시에 아동중심적인 가치를 추구하는 것이다(Goodson, I., 1993, 앞의 책, pp.26–29.).

이외의 국가에서 연구 방법 및 결과를 일반화하여 적용하기는 쉽지 않다. 우리나라의 경우, 해방 직후인 1946년에 서울대학교 사범대학에 지리교육 전공이 개설되었지만, 당시의 학과 창립을 초·중등학교 지리교과가 학문적·학술적으로 정립되면서 대학의 학과로 발전한 것이라고는 볼 수 없으며, 전문학회의 압력에 의한 것도 아니다. 또한 통합사회과에 비해 우위에 있던 영국의 지리과와 달리 항상 '사회과'라는 틀 안에서 교육내용의 계열성, 과목, 시수를 고민해야 하는 것이 현재까지 우리나라 지리과의 모습이라고 할 수 있다. 나아가 상·하위 계층 모두 국·영·수 중심의 무한 입시 경쟁에 뛰어들어야 한다는 점은, 다니는 학교 및 배우는 과목이 계층별로 상이한 영국과는 또 다른 맥락이다. 정리하자면, 현재까지도 학교 교육과정에서 나름의 위치를 점유하고 있는 영국의 지리과와 동일한 관점과 방법으로, '교과'는 차치하고 '과목'으로도 살아남기 힘든 상태가 되어 버린 우리나라 지리과를 살펴보는 것은 적절하지 않다는 것이다. 이러한 경우, 우리의 지리교육과정을 둘러싸고 그동안 숨어 있던 담론, 은폐되어 있던 현실을 규명하기는 더욱 어려울 것으로 생각된다.

애플(Apple, 1996)은 교과서나 교실에서 드러나는 교육과정이 중립적으로 보일지도 모르지만, 교육과정은 결코 단순하게 중립적인 지식들을 모은 것은 아니며, 특정한 사람들과 집단이 선택한 전통이자 지식이라고 주장한다. 나아가 어떤 사람들의 지식은 거의 빛을 보지 못하는 반면에, 다른 사람들의 지식은 가장 합리적·공식적인 지식으로 규정되는 것은 그 사회에서 누가 권력을 가졌는지를 말해 주는 중요한 사실이라고 기술하고 있다.[32] 교육과정이 합리적·공식적 지식으로 규정되는 것은 해당 교육과정이 개발−실천되는 과정에도 일어날 수 있지만, 향후 이를 분석하고 연구하는 과정에 더욱 공고화될 수 있다. 특히 교육과정에 참여한 사람들은 이후 다양한 방법으로 그들이 작성한 교육과정을 옹호할 기회가 주어질 수 있는데, 전체 틀의 결정 등에 핵심주체로 참여한 사람들일

---

32) 애플 저, 김미숙 외 역, 2004, 『문화 정치학과 교육』, 우리교육, pp.59−60(Apple, M. W., 1996, *Cultural Politics and Education*, New York: Teachers College Press.).

지리교육과정의 기원을 읽다

수록 그러한 기회는 더욱 많아진다.[33] 또한 참여주체 본인 또는 제자들의 연구를 통해 이미 제정·고시된 교육과정의 정당성이 더욱 확고해질 수 있다. 그러므로 교육과정 개발주체들이 진정한 국가적·사회적 요구를 제대로 진단하지 못했다고 하더라도, 또는 그러한 요구를 교육과정에 반영하지 못했다고 하더라도 이는 은폐될 가능성이 높다. 주로 공식적인 기록 및 연구물에 의존할 수밖에 없는 오래전 교육과정에 대한 연구일수록 이와 같은 은폐 현상은 더욱 심각할 수 있다.

그러므로 외향적·구조적인 연구 관점에 대한 강조와 함께, 해방 이후 지리교육과정 및 교육내용의 변화 과정에서 그간에 간과되었거나 배제되었던 것들을 찾아 새로운 의미를 부여하고 다양한 각도에서 해석해 보는 노력이 필요하다고 생각한다. 또한 치밀한 사료 발굴 및 해석을 통해 당시의 주요 담론들과 연계하는 방식, 즉 실증적인 접근방법의 활용으로 외향적 연구 관점이 갖고 있는 한계를 보완할 수 있을 것이다. 나아가 다른 나라에서는 쉽게 찾을 수 없는 해방 이후 주기적인 개정을 통해 국가교육과정 체제를 유지해 온 우리나라의 교과 교육과정사 연구를 위해서는 우리의 사회적·교육적 현실에 맞는 연구 방법이 필요하다는 생각이다.

이러한 차원에서 그간 교육계 및 지리교육계에서 산출된 교육과정 변천과 관련된 기존 연구물들을 단지 선행 연구 분석이라는 연구 틀 속에서 검토하는 것이 아니라 이의 활용과 관련된 새로운 전환이 요구된다. 단순히 제도권 지리교육의 전·후 교육과정(교수요목)과 목표, 시수, 내용 등을 비교한 연구라 하더라도 이러한 연구물을 면밀하게 분석·해석, 나아가 '해체'[34]함으로써 해당 연구가

---

33) 특히, 과거 군사정부 시기의 교육과정 개편 이후 교육과정 참여자들은 이의 정당성을 주장하는 많은 연구, 강연을 시행했다.

34) 여기서 '해체'의 의미는 모든 것을 무의미하게 만드는 니힐리즘이 결코 아니며, 오히려 그 반대로 다른 가능성을 끊임없이 열어 놓음으로써 무의미하게 배제되었던 것에 새로운 의미를 부여한다는 의미의 다원주의이다. 그리고 이러한 의미의 다원주의라는 목표의 출발점이 텍스트가 된다는 측면에서 데리다(Derrida)의 "텍스트 밖에는 아무것도 없다."라는 말이 성립된다(김기봉, 2000, 『역사란 무엇인가를 넘어서』, 푸른역사, pp.111-112.).

담고 있는 의미들을 최대한 찾는 노력이 필요하다고 볼 수 있다.

즉, 그동안 지리교육계에서 산출된 지리교육과정 변천과 관련한 연구를 살펴보면, 연구자가 연구물을 발표하던 시점의 교육과정 변화상뿐 아니라 교육과정 및 교과서 내용 등을 바라보는 당시의 시각 등을 읽을 수 있다. 예를 들어, 1968년 제2차 교육과정의 인문계 고등학교 전면 실시에 즈음하여 새 교육과정의 내용과 체계를 소개하고 있는 추성구(1967)의 연구에는 당시 현장 지리교육이 겪고 있는 문제를 알 수 있는 일화가 나타나 있다.[35] 또한 이러한 연구들의 일반적 특성인 기계적이며 객관성을 추구하는 진술 속에서 부각되거나 배제·배치되는 연구자들의 평가, 해당 교육과정이 고시된 시기의 사회적·교육적 상황에 대한 인식 등은 당시 지리교육이 처한 상황과 시대적 의미, 현재 지리교육과의 연계성 등을 파악할 수 있는 좋은 지표가 된다.[36] 나아가 이러한 연구물들과 당시의 사회적·교육적 상황들을 알려주는 다른 연구 또는 자료들이 연계된다면 보다 정교한 분석이 가능할 것이며, 지리교육계에서 그동안 기정사실화되어 있는 지식, 사실, 담론 들의 새로운 면을 파악할 수 있는 토대가 될 것이다.

---

35) 제2부 3장 각주 2번 참조.

36) 예를 들어, 1945~1975년 초·중·고 지리교육과정 변천에 관한 연구를 수행한 박정일의 연구를 보면, 1955년에 개정된 제1차 교육과정에 의한 중학교 교과서에서는 북한 지방의 지명이 그 이전 교육과정에 비해 많이 줄어들었으며, 중국 단원의 지명도 절반 정도가 축소되었고, 그동안 교과서에서 먼저 나왔던 북부 지방의 지지 서술 순서가 제일 뒤로 밀린 점 등에 대한 언급이 있다. 이러한 변화는 한국전쟁을 거치면서 더욱 높아진 반공주의와 연결을 지어 해석할 수 있는데, 연구자는 지명 및 사실 위주의 수업방식이 생활중심으로 전환되는 과정이자 과목 내용이 최소화되는 과정의 일환으로만 판단하고 있다. 또한 같은 연구의 제3차 교육과정 관련 서술을 보면 "1960년대부터 우리나라의 근대화를 위한 국가적 염원과 근대적 요청을 실현할 수 있도록 새 교육과정이 구성되었다. 국민교육헌장의 이념 구현에 가장 역점을 두고 민족주체의식의 고양과 전통을 바탕으로 한 민족문화의 창조 및 개인의 발전과 국가의 융성과의 조화를 강조하고 있다. 이러한 교육이념에 근거를 두고 도달 가능한 보다 구체적인 것으로 자아실현, 국가 발전, 민주적 가치의 창조를 일반목표로 설정하였다."는 당시 교육과정에 언급된 글을 해당 장의 머리 부분에서 무비판적으로 인용하고 있다(박정일, 1977, 「사회과 지리교육과정의 변천에 관한 연구: 1945-1975」, 서울대학교 대학원 석사학위논문.).

　　　　　　　　　　　　　　　　　　지리교육과정의 기원을 읽다

2) 사회과 교육 부문

해방 이후 우리나라 지리교육과정에 대한 연구를 사회과 교육과 분리해서 고찰하기란 쉬운 일이 아니다. 그동안 교육과정 개정 시기마다 지리, 역사, 일반사회(공민) 영역이 서로 얽혀 목표, 시수, 체제 등이 이합집산이 된 결과가 현행 사회과 교육과정이라고 할 수 있기 때문이다. 그러므로 지리교육과정의 변화를 사(史)적으로 고찰하기 위해서는 사회과 전체 영역을 대상으로 기술된 연구들을 지리교육과정 관련 연구들과 함께 살펴볼 필요가 있다. 특히 초등 사회과 및 일반사회 영역을 배경으로 하는 연구자들의 연구를 살펴보는 과정을 통해, 지금까지 지리 영역에서 소홀히 하던 '사회과'라는 통합교과 내에서 지리 내용의 위상 변화에 대한 의미 있는 관점이나 단서를 발견할 수도 있다.

최용규(2001)는 사회과 교육사와 관련된 체계적인 검토가 그동안 없었음을 아쉬워하며, 이와 관련된 연구들을 첫째, 사회과 교육의 과거에 대한 회고와 전망의 성격을 지닌 연구, 둘째, 사회과 교육과정 변천사 연구, 셋째, 사회과 교육의 발전과정에 대한 비판적 연구, 넷째, 새로운 자료의 발굴을 통해 단절되거나 망각되었던 과거의 사회과 교육을 부분적으로 복원하는 데 기여한 연구로 구분하고 있다.[37]

이동원(2003)은 한국 사회과에 대한 평가 관점이 주체와 집단에 따라 달라질 수 있다고 주장하며, 첫째, 사회과 도입과정을 미국 문화제국주의의 이식 도구로 이해하는 관점, 둘째, 이와는 반대로 광복 이후 사회과의 도입을 당시 시대적 상황에 따른 현실적 대안으로 이해하는 입장, 셋째, 사회과를 정치권력의 이념 주입의 도구 교과로 바라보는 시각, 넷째, 사회과의 성격·목표·내용과 관련하여 사회과의 형성과 변화 논리를 경험과 학문 간의 대립, 내용중심 사회과와 방법중심 사회과 간의 대립, 통합과 분과를 둘러싼 논쟁으로 보는 시각 등으로 관

---

37) 최용규, 2001, 「사회과 교육사 연구의 동향과 과제」, 사회과교육연구, 8, 한국사회교과교육학회, pp.3-14.

련 연구물들을 분류하고 있다.[38]

최용규와 이동원의 연구 분류는 주로 초등 사회과와 관련되어 산출된 연구물을 중심으로 행해졌다고 볼 수 있지만, 사실 그들이 분류한 연구들이 '초등' 사회과에 해당하는 내용만을 담고 있지는 않다. 예를 들어 최용규가 분석한 권오정의 연구물은 초·중·고 모든 사회과와 관련되어 있다. 그러므로 사회과 3영역을 포괄하고 있는 사회과 교육사 관련 연구들을 검토하는 데 이들의 분류를 활용하는 것이 유용할 것으로 판단된다. 다만, 이동원의 분류는 사회역사적 관점[39]을 도입한 그의 연구 방식에 타당성을 부여하기 위한 것이며, 구분지표를 사회과에 대한 평가적 관점에 두고 있는 관계로 본 연구에서는 최용규의 분류를 기초로 주요 선행 연구를 검토하되, 그의 연구에서 제외되어 있거나 보다 심도 있는 분석이 필요한 연구들을 함께 다루고자 한다. 나아가 그의 분석 중 편향되거나 논란을 갖고 있는 부분들에 대해서도 추가적 해석을 더하고자 한다.

최용규의 첫 번째 분류인 사회과 교육의 과거에 대한 회고와 전망의 성격을 지닌 연구들로는 '한국사회과교육연구학회'의 특집호들을 중심으로 주로 사회과 주도 인사들이 발표한 것들을 들 수 있다. 또한 그의 연구에는 언급되고 있지 않지만, 1990년대 이후 '한국사회교과교육학회'의 학술지에서도 유사한 유형의 연구들을 찾을 수 있으며, 이러한 연구들을 통해 과거 사회과 주도 세력들이 '사회과'라는 교과를 바라보는 관점을 확인할 수 있다.

두 번째, 사회과 교육과정 변천사와 관련된 연구들로 최용규가 들고 있는 사례는 김용만(1987; 1989)의 연구와 권오정(1987)의 연구이다. 이외에도 안천(2003) 등의 연구를 통해 1980년대 후반까지의 시기 구분을 확인할 수 있으며, 이후 교육과정 변천에 따른 시기 구분은 권오정·김영석(2006)의 후속 연구에

---

38) 이와 관련된 주요 연구 분류는 이동원의 논문을 참조(이동원, 2003, 「한국 초등 사회과의 형성과 변화 논리」, 한국교원대학교 박사학위논문, pp.1-2.).

39) 이동원은 사회과의 형성과 변화 과정을 모종의 객관적이고 합리적인 지식의 형식으로 보는 입장에서 탈피하여, 지식사회학적 관점을 수용하고 교과가 사회역사적인 상황 속에서 어떻게 형성되고 변화되는가를 동시에 고찰하는 것을 연구 목적으로 삼고 있다(이동원, 2003, 앞의 논문, pp.2-3.).

지리교육과정의 기원을 읽다

서 언급되고 있다. 김용만은 한국의 사회과 교육을 초기(1946~1963) - 정착기(1963~1981) - 성숙·갈등 시대(1981~)로 크게 구분하고 있으며, 안천은 김용만과 유사한 시점을 기준으로 정초기 - 자생기 - 중흥기로 설정을 하고 있다.[40] 안천은 각 시대별로 당시에 강조되었던 이론 모형을 중심으로 각 시기의 특징을 설명하고 있다는 점에서 김용만의 연구와 차별성을 보이지만, 세 번째 시기를 제외하면 실질적인 차이는 나타나지 않는다. 다만, 1980년대 이후 김용만이 국사와 도덕과의 분리를 사례로 사회과 내 갈등 구도를 부각시키고 있는데 반해, 안천은 도덕교육모형 역시 사회과 내 이론모형의 하나로 인식하며 거시적으로 보면 사회과가 가치교육을 포함해야 하며, 실제로도 분리할 수 없다는 점을 강조한다.

권오정(1987; 2006)은 교육과정 총론의 개정 시기에 따라 초·중등을 망라하여 각 시기별 특징을 표현하고 있다.[41] 또한 그동안 각 시기별 교육과정의 지향점과 내용 구성과의 불일치점이 무엇인지, 어떤 부분이 모순된 구조인지 등을 밝히며, 목표·내용·방법 간의 일관성, 나아가 내용체계의 일관성을 갖추는 것이 시급하다고 말하고 있다. 다만 초등학교, 중학교, 고등학교 모두에 해당하는 시기별 사회과 교육과정의 대표 특징을 잡아내려고 하는 점에서, 다른 연구들에 비해 무리한 일반화를 시도했다는 한계를 보인다. 예를 들어, 그는 제2차 교육과정기 사회과 교육과정을 '통합사회과의 지향'이라는 특징으로 표현했는데, 이는 당시 초등학교의 내용 구성에서 지리, 역사, 일반사회 3영역이 동일 학년에 혼합되어 있다는 것에 기반을 둔 것이다.[42] 그러나 같은 시기 중학교 교육과정

---

40) 안천, 2003, 『신사고 사회과 교육론』, 교육과학사, pp.22-30.
41) 권오정이 부여한 교육과정 시기별 대표특징은 다음과 같다.
　제1차 교육과정 : "한국"사회과의 출발/ 제2차 교육과정: 통합사회과의 지향/ 제3차 교육과정: 과학(학문중심주의)과 이데올로기(국가주의)의 동시 추구/ 제4차 교육과정: 사회과 내용의 "분산적 통합"/ 제5차 교육과정: "무성격의 변화"를 위한 개정/ 제6차 교육과정: 미완의 개혁/ 제7차 교육과정: 수요자 중심의 교육인가? 혼란의 가중인가?(권오정·김영석, 2006, 『사회과 교육학의 구조와 쟁점』(증보판), 교육과학사, pp.166-200.).
42) 권오정·김영석, 2006, 앞의 책, pp.176-177.

이 三자형 구조인 1학년 지리, 2학년 역사, 3학년 일반사회라는 학년별 영역 집중제를 택한 점이나, 고등학교 사회과 내용 편성이 3영역 간 분리가 확연해지고 오히려 일반사회 영역에서 정치·경제 과목이 별도의 과목으로 편성된 것을 보면, 이러한 표현은 적절하지 못하다는 판단이다. 다시 말해, 당시 교육과정 구성에 참여한 사람들이 초·중등 모든 학교급에서 통합사회과를 '지향'했는가에 대해서 의문을 가질 수밖에 없다고 생각되며, 어느 한쪽으로 편향된 표현으로 인해 당시의 다양했던 관점 가운데 특정 일부 측면만 일반화되었다고 생각한다.

세 번째, 사회과 교육의 발전과정에 대한 비판적 연구로 최용규가 언급한 연구는 이진석(1992)과 이(Lee, 1986)의 연구이다. 최용규는 이들 연구에 대해 첫째, 사회과의 도입 과정 및 본질과 관련하여 서로 다른 관점에 대한 비판이 존재하며, 둘째, 교사와 학생들이 사회과를 배우면서 비판적 의식이 길러졌다는 분석을 바탕으로 '비판'이라는 용어를 사용하고 있다. 그러나 이들 연구들이 최용규의 분석에서 말하는 것처럼 과연 '사회과'에 대해 비판적 시각을 제대로 견지하고 있는지에 대해서는 논란의 여지가 있다고 생각한다. 예를 들어, 이진석의 연구는 사회과가 도입기에는 '근대화 우선 민족주의'의 성격을, 성립기에는 한국전쟁 이후 반공주의 등과의 결합을 통해 '분단형 민족주의'의 성격을 갖고 있다는 점을 말하고 있을 뿐이다. 나아가 이진석은 비판적·급진적 교육사회학 연구들의 환원주의적 성격이나 기계적인 구조결정론적 입장을 비판하며, 이러한 관점에 의해 일방적으로 한국 사회과의 성격이 규정되어 왔다고 주장한다.[43]

물론, '한국 사회과의 성립과정에 대한 논의들이 거시적인 구조론에 매몰되었다는 공통점을 갖는다'[44]는 이진석의 비판을 전면적으로 부정하고자 하는 것은 아니다. 그는 투입→전환→산출로 이어지는 체계 분석 기법과 교육과정, 교과서, 당시 원로들과의 대담 자료 등을 이용해 사회과 도입기·성립기의 특성을 전

---

43) 이진석, 1992, 「해방 후 한국 사회과의 성립과정과 그 성격에 관한 연구」, 서울대학교 박사학위논문, pp.6-7.
44) 이진석, 1992, 앞의 논문, pp.18-19.

술한 것처럼 분석한 뒤, 향후 한국 사회과의 올바른 전개를 위해서 '시민성 원리'에 입각한 민주시민성 함양 및 민족 주체적 시각 견지, 사회과 내용 구성방법인 '통합성 원리'의 계승·발전을 강조하고 있다. 이는 '근대화 우선 민족주의'와 '분단형 민족주의'라는 제약 아래서도 나름대로 민주적 내용을 교과 내용에 담고 있었으며, 민주적 학습과정 절차 또한 사회과를 교육하면서 길러졌다는 것에 토대를 두고 있다. 하지만 이러한 관점에 대한 실제적인 분석 및 현장 연구는 체계적으로 이루어지지 않고 있으며, '새로운 국가 건설기에 요구되는 시민성과 다양하고 복잡화되어 가는 사회생활에 능동적이고 종합적으로 대처할 수 있는 통합성의 원리를 토대로 삼는 교과(사회과)의 출현이 예정되어 있었다.'45)는 표현으로 통합사회과의 출현을 정당화하고 있을 뿐이다.

일반적으로 교육과정 영역을 다룬 비판이론 관련 연구 주제들을 살펴보면, 이데올로기와 헤게모니의 개념에 기반한 지배와 피지배 계급 관계의 설명, 이데올로기의 전달 도구로서의 잠재적 교육과정, 사회구조의 재생산 기제로서의 학교 교육과 교육과정, 사회경제적 지위의 교육에 대한 영향, 교육기관 내 불평등한 권력 관계의 변화를 위한 비판적 사고와 비판교육학, 공평(equity)과 평등(equality)에 기반을 둔 해방적 교육 추구46) 등을 들 수 있다. 지루(Giroux, 1981)는 비판적이고 해방적인 교육이론, 나아가 비판적 이해와 스스로 결정하는 행동을 지지하는 교육이론이라면 전통적이고 기계적인 행정과 이에 대한 순응이라는 기존 언어를 뛰어넘는 담론을 생성해 내야 한다고 말하고 있다.47) 비판이론은 현상유지 이데올로기로 이용되는 모든 이론을 전통이론으로 규정하고 비판하며, 인간의 창조성·능동성·자율성을 가로막고 억압하는 사회역사적 상황에 대한 자기반성과 성찰을 통해 구조적 제약으로부터의 해방을 목적으로 한다.48) 이런 관점에서 본다면, 이진석은 '사회과의 도입을 일방적인 미국의 문

---

45) 이진석, 1992, 앞의 논문, p.154.
46) 김영천 편저, 2006, 『After Tyler: 교육과정 이론화 1970년-2000년』, 문음사, pp.402-427.
47) 지루 저, 이경숙 역, 2001, 앞의 책, p.53.

화적 식민주의나 제국주의의 이익 실현을 위한 도구교과로 보는 비판적 시각'49)
에 대한 방어논리를 세운 것에 지나지 않는다는 판단이며, 최용규가 이진석의
논문을 「사회과 교육의 발전과정에 대한 비판이론 연구」라는 제목하에 소개한
것은 적절하지 못하다.

이에 반해, 최용규의 논문에서는 제외되어 있지만, 정주현(1993)은 사회생활
과 도입과정에서 나타난 미국 및 친미적 성향의 교육 주도 세력의 역할을 비판
적으로 검토하고 있다. 그는 미군정청에 의한 사회생활과 도입이 미국식 민주주
의 이데올로기 보급과 정치사회화를 위한 수단이었다고 주장하며, 당시 유행하
던 새교육 운동을 사회생활과를 단기간에 효과적으로 교육시키기 위한 지도방
법 보급 차원으로 바라보고 있다. 즉, 미국식 민주주의 제도 보급 – 진보주의 교
육이론 – 사회생활과 도입 – 새교육 운동을 동일 선상에 놓으면서, 이러한 당시
교육계의 흐름을 하향식 교육 개혁 운동으로 평가하고 있는 것이다. 또한 그는
사회생활과의 도입은 단기적으로는 당시 교육 여건의 미비로 높은 효과를 얻지
못하였지만, 장기적으로 볼 때 미국의 교육이론 및 미국식 민주주의의 이식이라
는 미군정의 의도를 충족시키는 데 기여했다고 주장하며, 그동안 사회과가 정권
유지를 위한 정치사회화의 역할을 해 온 연원을 미군정기 사회생활과의 성격에
서 찾고 있다.50)

역시 최용규의 논문에서는 언급되고 있지 않지만, 안천(1999)의 연구 또한 비
판적 시각에서 사회과를 바라보고 있다. 그는 '사회과 교육이란 무엇인가? 사회
과 교육에서 무엇을 가르칠 것인가? 사회과 교육을 어떻게 가르칠 것인가?' 라
는 세 가지 질문을 던지면서, 미국에 의해 사회과가 도입된 이후 이러한 질문에
대한 답을 사회과가 제시하지 못하고 있다고 주장한다. 그는 사회과의 해체가

---

48) 전경갑, 1993, 『현대와 탈현대의 사회사상』, 한길사, pp.284-289.

49) 이진석, 1992, 앞의 논문, p. i .

50) 정주현, 1993, 「미군정기 사회생활과의 도입과정에 관한 연구」, 이화여자대학교 석사학위논문, pp.vi-
    viii.

필요한 시점이라고 전제한 뒤, 그 이유를 미군정기의 부끄러운 도입 단계, 사회과 교육학회의 파행적 전개, 철학 없는 사회과 편수정책, 사회과 교육 교사 양성의 난맥상, 교육연구의 주변부로 전락한 사회과 교육 등을 원인으로 제시하고 있다. 또한 그는 다소 특이한 주장을 하고 있는데, 사회과 3영역의 제대로 된 통합이 힘들다면 초등은 통합된 현재 상태로 두고 중등은 분리하는 것이 적절하다는 것이다. 이는 현재의 사회과 교육이 당면한 문제에 대한 직접적인 비판의식을 담고 있는 주장이라고 할 수 있다.[51]

사회과를 이처럼 비판적 시각에서 바라본 연구들은 사회과 교육 이외의 분야에서 더욱 활발하다.[52] 예를 들어, 한준상(1987)은 사회과가 친미 교과를 상징하며, 미군정 민주주의를 위한 정치사회화를 의미한다고 평가한다.[53] 또한 한준상·정미숙(1989)의 연구에서는 사회생활과가 전시 국방 교육과 반공 이데올로기 확립에 중요한 역할을 한 것으로 기술되고 있다.[54] 김용일(1999) 역시 '민주주의 교육'이 오히려 미군정기를 거치면서 좌절된 것으로 기술하며, 군정하에서 교육과정과 교수방법의 개혁은 '미국식 민주주의' 교육이념에 기반을 둔 단일한 교육이념과 제도의 이식에 지나지 않는다고 주장한다. 그리고 그 사례로 사회생활과 도입을 위해 군정 당시 문교부가 종전 공민, 역사, 지리로 나누어져 있던 학과들을 합한 것을 들고 있다. 또한 이러한 당시의 흐름은 교육 현실에 대

---

51) 안천, 1999, 「사회과 교육의 20세기와 21세기 – 발전적 해체와 재탄생」, 초등사회과교육 11, 한국초등사회과교육학회, pp.3–25.

52) 다만, 일반교육학 분야 및 역사학계에서는 체계적인 교과 내용 및 구조에 대한 분석보다는 당시 미국의 영향을 받은 한국 사회 및 교육에 관한 하나의 사례 측면에서 접근하고 있는 경향이 많으므로, 사회생활과의 실체를 확인할 수 있는 실질적인 근거가 함께 제시되어 있는 경우는 많지 않다. 또한 연구 시점이 주로 미군정기 사회과 도입기에 한정되고 있는 경우가 대부분이라는 한계를 갖는다.

53) 한준상(1987)은 일제 강점기의 수신·지리·역사 과목을 한데 묶어 공민교과로 만들었다고 기록하고 있으며, 수신 대신 친미 교육 교과인 공민생활을 교과과정에 새로 집어넣었다는 표현도 사용하고 있다. 여기서 한준상이 사용한 '공민'이라는 과목명은 문맥상 '사회과'를 지칭한다고 볼 수 있다. 즉, 한준상은 '공민과=사회과'라고 인식하고 있는데, 이러한 혼동과 오해는 사회과를 제외한 교육계 전반에서 종종 나타나는 현상이며, 현재 사회과가 겪고 있는 문제의 한 단면이라고 할 수 있다. 한준상, 1987, 「미국의 문화침투와 한국 교육」, 『해방전후사의 인식 3』, 한길사, p.572.

54) 한준상·정미숙, 1989, 「1948~53년 문교정책의 이념과 특성」, 『해방전후사의 인식 4』, 한길사, pp.344–367.

한 충분한 이해나 확고한 철학적 기반 위에서 이루어지기보다는 정책 주도 세력의 정치적 수사(修辭)의 성격이 강했기 때문에 근본적인 한계를 갖고 있다고 말하며, 당시 미국의 정책의지가 관철되는 과정에서 우리의 교육이 미국식 민주주의 교육의 시험장으로 전락했다고 평가하고 있다.[55]

교육과정 및 내용적 측면보다 교육 방법적 측면에 중점을 둔 비판적 논문으로는 이(Lee, 1986)의 연구와 전명기(1987)의 연구를 들 수 있다. 이(Lee)는 후진국의 사회과학이 선진국의 사회과학에 의존적으로 발달·적용되어 가는 과정을 사회과 탐구수업방법 도입과정을 사례로 논증하였다. 그는 탐구식 수업방법 도입이 한국의 지식 시스템,[56] 한국교육개발원, 초·중등 사회과 교육과정이라는 맥락하에 이루어졌다고 주장하며, 이러한 체제가 모두 미국에 인적 자원을 의존하고 있거나 미국에 의해 출발되었다는 것에 초점을 맞추고 있다. 결론적으로 이(Lee)는 탐구수업방법의 도입은 대미 의존적인 한국의 지식체제 내에서 '모방'에 지나지 않는다고 주장한다.

최용규(2001)는 이(Lee)의 연구와 관련해서, 미국 사회과의 탐구학습 이론을 한국 사회과에 이식하는 책임을 맡은 지식 중개자가 두 나라 사이의 사회문화적 맥락과 수업환경의 차이를 고려하지 않음으로써, 한국의 사회문화적 배경에 접합될 수 있는 사회과 이론으로 변용되지 못했다고 평가한다. 그러나 이러한 평가는 이(Lee) 연구의 핵심, 즉 '지식 중개자'가 미국의 영향을 받는 주변지식체계에 속해 있기 때문이라는 종속이론에 토대를 둔 비판을 간과하고 있다. 즉, '지식 중개자'에 해당하는 교육지도층은 미국과 한국 간의 차이를 고려하지 않은 것이

---

55) 김용일, 1999, 『미군정하의 교육정책 연구』, 고려대학교민족문화연구원, pp.286-287.

56) 그는 해방 이후 한국의 교육지식체제가 '일제 강점기 동도서기(東道西器)론의 붕괴 → 미국식 교육을 받은 한국인 집단의 형성 → 미국식 교육을 받은 사람들을 지도층으로 발탁 → 미국식 교육을 받은 사람들에게 유리한 사회적 보상체계 형성 → 미국적인 교육인식관점의 일반화 → 미국 모델에 따른 연구기관 및 대학 설립 → 미국 교육을 받은 학자들의 연구기관 및 대학 근무·학생지도 → 미국 편중적인 사회기관망·학문지도층·교육 관계 서적과 자료 → 한국 교육학지식체계의 대미 의존적 주변지식체제화'라는 과정 아래 형성되었다고 주장하며, 사회과의 탐구수업도 이러한 체제 내에서 이루어졌다고 논증한다(Lee Jong Gag, 1986, Transnational Knowledge Transfer: Implementing A U.S. Teaching Innovation in Korea, *The Journal of Social Sciences*, Vol.24, Kangwon National University, pp.147-171.).

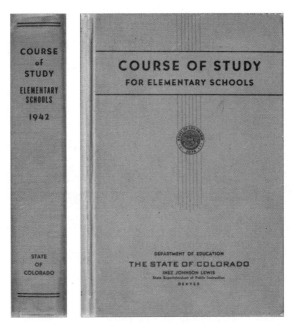

〈그림 1〉 미국 콜로라도 주의 교수요목(1942)

아니라 고려할 수 없었다고 볼 수 있다.

전명기(1987)는 미군정기 사회생활과 교수요목에서는 미국화를 추구하는 내용을 찾기 어렵다고 하며, 내용적 측면에 대한 여러 비판들이 적절치 않다고 기술하고 있다. 다만, 종래의 교과중심적이고 지식습득적인 교과과정에 비해, 사회생활과를 통해 새롭게 도입된 생활중심 교육관에 대한 이해 부족이 사회생활과의 수용을 힘들게 했다고 주장한다. 즉, 그동안의 미국식 일변도라는 지적은 사회생활과의 통합과목적 특성과 교수방법 등에서 찾을 수 있으며, 내용 및 목적 측면과는 관련성이 떨어진다는 평가이다.[57] 그러나 당시 사회생활과는 아동중심교육, 진보주의, 경험주의 교육론에 기반을 둔 새로운 교육철학 및 방법의 적용을 위해 고안된 교과라고 할 수 있으며, '사회생활과'라는 교과 자체가 이전

---

57) 전명기, 1987, 「한국 미군정기 교육정책에 대한 비판적 고찰」, 한국정신문화연구원 석사학위논문, pp.52
   -54.

과는 다른 교육이론을 시행하기 위한 도구 역할을 했다고 볼 때, 이를 내용과 방법이라는 기준에 의해 구분하여 분석한다는 것은 적절치 못하다는 판단이다. 나아가 당시 초등 사회생활과의 교수요목 구조가 8년 연한의 미국 콜로라도 주 교수요목[58]을 별다른 수정 없이 6년으로 압축시킨 것이며, 학년별 주제명에서 미합중국을 우리나라로 바꾼 것 이외에는 학년별 주제의 순서까지 일치하는 점을 볼 때,[59] 내용 및 구조 역시 방법적 측면과 마찬가지로 미국의 영향을 받았다고 보는 것이 적절하다고 생각한다.[60]

네 번째, 새로운 자료의 발굴을 통해 단절되거나 망각되었던 과거의 사회과 교육을 부분적으로 복원하는 데 기여한 연구로 최용규가 소개하고 있는 것은 한국교원대학교를 중심으로 1990년대 후반 이후 산출되고 있는 논문들이다.[61] 이러한 유형의 연구들은 꾸준하게 산출되고 있는데, 주로 한국사회교과교육학회

---

58) Lewis, I. J.(State Superintendent of Public Instruction) etc., 1942, *Course of Study for Elementary School*, Department of Education, the State of Colorado.

59) 한국(1946)과 미국 콜로라도 주(1942) 교수요목의 학년 주제 비교는 다음과 같다.

학년	한국	학년	미국 콜로라도 주
1	가정과 학교	1	가정 및 학교 생활
2	향토생활	2	향토생활
		3	보다 넓은 사회생활
3	여러 곳의 사회생활	4	다른 지방의 사회생활
4	우리나라의 생활	5	합중국의 사회생활
5	다른 나라의 생활	6	합중국의 이웃 나라
		7	다른 대륙의 생활
6	우리나라의 발전	8	콜로라도와 합중국의 발전

자료: 권오정·김영석, 2006, 앞의 책, p.168.

60) 물론 박남수(2001)는 구체적인 내용 구성에 있어서 새로운 단원을 추가 또는 삭제하거나 설문의 형식을 바꾸는 등 주체적인 내용 구성을 시도하고 있다고 평가하고 있지만, 이 역시 '사회생활과'의 전체적인 내용 구조상에서 볼 때 적절한 평가는 아니라고 생각된다.

61) 최용규는 해당 연구물들을 개별적으로는 평가하고 있지 않다. 이 중 사회과 교육사와 관련된 연구들은 다음과 같으며, 한국사회교과교육학회의 《사회과교육연구》에 요약본이 수록되어 있다.
이동원, 1997, 「새교육 운동기 사회과 수업방법의 수용과 실천」, 한국교원대학교 대학원 석사학위논문; 최왈식, 2000, 「한·미 학문중심 사회과 교육과정 자료 비교 연구 - 「MACOS」와 KEDI의 「사회수업지침서」를 사례로」, 한국교원대학교 대학원 석사학위논문; 강창순, 2001, 「한국전쟁기(1950-1953) 사회과 교육 실천에 관한 연구」, 한국교원대학교 대학원 석사학위논문; 박은아, 2001, 「제2차 교육과정기 초등 사회과 수업 실천」, 한국교원대학교 대학원 석사학위논문.

지리교육과정의 기원을 읽다

의《사회과교육연구》및 교원대학교 사회과 교육 전공 학위논문들이다.[62]

이 가운데 방법론과 내용 등의 측면에서 주목할 수 있는 연구로는 류종렬·남호엽(1996)의 연구, 이동원(2001)의 연구, 안영순(2004)의 연구 등을 들 수 있다. 먼저 류종렬·남호엽의 연구는 정식 논문이 아닌 1960년대부터 사회과 교육의 보급을 위해 노력한 교육현장, 특히 사회과교육연구학회 관련 인물과의 인터뷰 자료이다. 이 자료는 다양한 관점에서 분석 및 해석이 가능한 형태로 구성되어 있어, 1960년대 사회과 관련 연구의 경우에는 충분히 활용 가능할 것으로 생각된다.

이동원(2001)은 한국 사회과 변천사를 특징짓는 가장 중요한 주제로 '통합과 분과 논쟁'을 들고 있다. 그는 이 주제가 '사회과의 본질과 성격, 그리고 그에 따른 사회과 교육의 내용 선정과 배열' 문제를 함축하고 있을 뿐만 아니라, 실제 한국사회과교육과정 변천 속에서 가장 많은 논쟁의 대상이었다고 기술하면서, 제6차 교육과정에서 처음 등장한 고등학교 '공통사회' 과목의 신설과정에 관여한 사람들의 역할을 인터뷰와 관련 문헌 등을 통해 규명하고 있다. 특히 공통사회의 탄생에 교육부와 교육개발원에 적을 둔 극소수 인사의 역할이 절대적이었다는 인터뷰 자료와 이에 대한 이동원의 평가를 통해, 우리나라 사회과에서 통합 논의가 관련 영역 교사 및 연구자들에게 개방되어 있기보다는 극히 일부 관련 인사들의 영향하에 이루어져 왔음을 알 수 있다.

안영순(2004)의 연구는 교과 교육사에 있어서 인물사적·연대기적 접근 방법을 통하여 사회과 교육의 변화 과정에 대한 역사적 의미를 찾아내는 데 목적을 두고 있다. 이러한 유형의 연구는 한국 교육에 핵심적 역할을 했던 한 인물의 교

---

62) 최용규의 연구에는 소개되어 있지 않지만, 해당 분류에 적합한 주요 연구로는 다음을 들 수 있다.
최용규, 1996, 「초기 사회과 시대의 '단원학습'에 대한 이해와 실천」, 사회과교육연구, 3, 한국사회과교육학회, pp.11-26; 류종렬·남호엽, 1996, 「한국 사회과 교육의 도입과 보급 - 특집: 장병창 선생과의 대담」, 사회과교육연구, 3, 한국사회과교육학회, pp.207-216; 이동원, 2001, 「'공통사회' 탄생과정을 통해 본 통합·분과 논쟁」, 사회과교육연구, 8, 한국사회과교육학회, pp.83-98; 이동원, 2003, 앞의 논문; 안영순, 2004, 「사회과 교육학자로서의 강우철 연구」, 한국교원대학교 대학원 석사학위논문; 장혜정·김영주, 2005, 「지리교육의 선구자 이찬」, 사회과교육연구, 12(1), 한국사회과교육학회, pp.287-302.

육관과 교육실천이 한국 사회과 교육과정 및 교과서 개발과정과 관련 학회에 어떤 영향을 미쳤는지를 이전의 교육과정 및 교육사 연구 방식과는 상이한 접근 방식을 활용해 고찰했다는 점에서 그 의의를 찾을 수 있다. 다만, 연구 대상 인물의 활동 시기가 그다지 오래전이 아니며, 그 직계 제자들이 여전히 관련 학회 및 교육 관련 기관에서 활동을 하고 있다는 점에서 냉철하면서도 중립적인 연구자의 시각이 요구된다고 할 수 있다.

이상으로 사회과 교육과정 변화와 관련된 초등, 역사, 일반사회와 관련된 연구 중 필자의 연구 방향을 설정하는 데 도움이 되는 것들을 중심으로 살펴보았다. 관련 연구들이 많은 관계로 인해 최용규의 분류(2001)를 이용·검토·보완하는 방식으로 선정하였으며, 차후 연구의 진행과정에서 분석 대상으로 적절한가의 여부도 하나의 기준으로 설정하였다.

분석과정에서도 일부 언급하였지만, 지리과 및 이를 하나의 하위 영역으로 간주하고 있는 사회과 교육과정에 대한 연구물들은 '사회과'라는 통합 교육과정을 다양한 스펙트럼과 관점에서 바라보고 있음을 확인할 수 있다. 이러한 시각들은 현재의 '사회과'를 바라보는 관점에 따라 그 다양성과 폭이 결정될 수 있다고 생각된다. 예를 들면, 미군정기 사회과의 도입 주도 세력을 바라보는 관점은 현재 통합되어 있는 '사회과'를 바라보는 입장에 따라 달라질 수밖에 없다는 것을 확인할 수 있으며, 사회과 교육과정 변천사를 비롯한 교육내용 변화를 바라보는 입장 역시 현재 문제시되고 있는 사회과 통합을 어떤 입장에서 바라보고 있는가에 따라 결정된다고 볼 수 있다.

II.
연구의 층위와 구성

．．．．．．．．．．．．．．．．．．．．．．．．．．．．．

이 연구는 우리나라 교육과정사에서 고등학교 지리교육과정이 현재와 같은 모습을 갖게 된 배경은 무엇이고, 어느 시기, 어떠한 과정을 거쳐 현재 지리교육과정을 구성하는 기본적 틀이 성립되었는지를 파악하는 데 목적을 두고 있다.

이를 위해 먼저 교육과정 개정에 따른 현 학교 지리교육의 위상과 지리 및 사회과 교육과정 관련 기존 연구 논문들을 검토하였다. 그리고 연구 방법론과 대상 시기를 확정하기 위해 교수요목기부터 제7차 교육과정기까지 지리교과서들의 내용량 변화를 살펴보았다. 그 결과 교수요목기와 제1차 교육과정기 사이에 고등학교 자연지리 영역에 큰 변화가 있었으며, 당시의 변화상이 현재의 지리교육과정 구조에 상당 부분 투영되어 있음을 확인하였다. 당시 자연지리 영역의 축소 및 지리교육과정의 변화는 '지학' 과목의 신설, 통합사회의 강화, 한국전쟁 이후의 사회적 분위기, 이항 대립에 기반한 문과−이과 체제 등의 텍스트−콘텍스트의 분석 및 해석을 통해 그 과정을 논의하였다. 각 장들은 이러한 일련의 연구 과정을 텍스트−콘텍스트의 층위별로 묶은 것으로 상세한 내용은 다음과 같다.

먼저 제1부는 지리교육과정 인식의 재개념화와 문제의 재설정이라는 주제로, 지리교육과정의 과거와 현재를 지금까지와는 다른 시선으로 보면서, 지리교육이 당면 문제를 제대로 설정하고 있었는지, 그 기원은 무엇인지 등을 탐색하였다. 제1부 1장은 연구 전체의 방법론과 교육과정을 바라보는 현재 인식의 한계 및 그에 대한 비판을 중심 내용으로 하고 있다. 이 장에서 다루고 있는 '교육과정의 재개념화'는 특정한 대안을 제시하려는 의도에서 사용한 것은 아니며, 보다 의미 있는 문제 설정을 위해서 지리교육과정이 현재 모습을 갖게 된 역사적 배경과 과정에 대한 '이해'가 필요하다는 관점에서 사용하였다. 이는 교육과정 '개발'보다는 '이해'가 중요하다는 재개념화 그룹의 패러다임에서 차용한 것으로 현 지리교육과정에 나타나는 한계점과 문제를 이해하는 '과정'에 초점을 두고자 하는 의도를 반영한 것이다. 또한 지리교육과정의 역사적 이해를 위해 연구 시기로 설정한 1950년대를 중심으로 신문, 교육잡지, 교과서, 교육과정 문서, 관련 연구물 등 필자가 구할 수 있는 각종 자료를 분석·해석하고 통시적·공시적 정합성을 갖는 논리적인 '이야기'를 구성하기 위해 텍스트-콘텍스트 개념을 적용하였다. 이는 교육과정 관련 현상들을 텍스트로 보고자 한 재개념화 그룹의 주장과, 텍스트와 콘텍스트의 경계는 구분이 모호하며 콘텍스트 역시 해석이 필요한 또 하나의 텍스트로 간주하는 신문화사가 라카프라(LaCapra)의 시각에 기반을 두고 있다.[1]

제1부 1장의 마지막 부분은 현 교육과정의 기본 구조를 이해하는 데 필요한 교육과정 개정 시기를 찾기 위해 구안한 방식에 대한 것이다. 여기서는 '시간은 흐르지 않고 퇴적된다'는 노에 게이치(野家啓一)의 주장을 바탕으로 교육과정 변화 시기별로 새롭게 추가되거나 삭제된 개념들을 누적시키는 작업과, 각 시기

---

[1] 이러한 주장에 의하면, 지리교육과정이라는 텍스트, 그리고 교육과정 전체를 구성하는 텍스트들의 사이에는 콘텍스트가 숨겨져 있으며, 이러한 지리교육과정이 포함되어 있는 사회과, 전체 교육과정, 나아가 그러한 교육과정이 등장한 사회적 상황은 이해가 필요한 다양한 국면의 텍스트이자 콘텍스트라고 정의할 수 있다.

별 교육과정의 단원 비교 과정을 통해 교수요목기에서 제1차 교육과정기로 변화하는 기간을 연구 시기로 설정하였다. 연구 대상을 고등학교로 한정한 이유는 지리교육과정에서 내용 및 구조상의 큰 변화가 나타난 시기가 초·중학교와 고등학교가 다르며, 변화의 규모 및 영향력이 미치는 범위가 고등학교에서 더 크다고 판단되었기 때문이다. 예를 들어, 중학교의 경우는 제7차 교육과정기까지 지역지리 중심의 교육과정 구성방식이 지속되었으며, 2007 개정 교육과정에 와서야 계통지리 중심으로 교육과정이 변경되면서 구조적으로 큰 변화가 나타나게 된다. 물론 특정 학년에 집중되던 지리 내용이 2개 이상의 학년으로 분산되기 시작한 시기도 그 이전에 있었지만, 변화의 범위와 영향력은 지리 영역 또는 사회과 내로 한정되었으며, 과학과와 같은 타 교과 영역과의 관련성은 고등학교에 비해 낮은 편이었다고 할 수 있다.

제1부 2장은 현재 고등학교 지리교육과정과 과학과 영역인 '지구과학'의 내용상 혼란을 바탕으로 이러한 혼란의 기원을 지문학과 자연지리의 관계를 통해 파악하였으며, 제1차 교육과정 개정 시기를 중심으로 지리교육과정에서 자연지리의 내용과 구조 변화상을 확인하였다. 그리고 이를 바탕으로 이후 논의를 위한 혼란 상황의 재인식과 문제의 재설정을 제안하였다.

제2부에서는 제1차 교육과정기 고등학교 지리교육과정에 변화를 가져온 다양한 국면과 층위를 지리교과 내부의 분화와 지학의 등장, 지리를 둘러싼 통합사회과의 강화와 그 영향, 다시 이를 둘러싸고 있는 당시 사회적 요인이라는 세 가지 측면으로 구분하여 고찰하였다. 이들 각각은 서로 영향을 주고받으며 해석이 필요한 텍스트-콘텍스트의 층위로 설정하였다.

먼저 제2부 1장은 지리교육과정의 자연지리 영역 일부가 새롭게 등장하게 된 '지학'으로 이전되는 과정과 이러한 상황을 둘러싼 학계의 논의 및 교육 현장의 반응을 살펴보았으며, 많은 논란에도 불구하고 '지학'이 정착해 가는 과정을 교원 자격증과 교사 자격시험 문항을 통해 고찰하였다. 제2부 2장에서는 해방과 함께 등장한 통합사회과가 제1차 교육과정기의 고등학교 교육과정에서 강화되

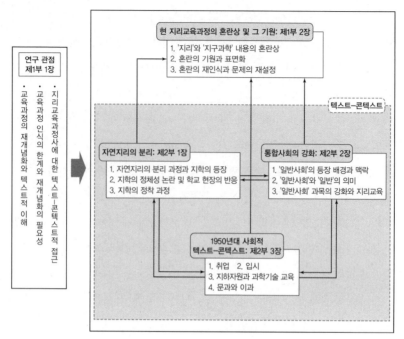

연구 관점
제1부 1장

- 지리교육과정사에 대한 텍스트–콘텍스트적 접근
- 교육과정 인식의 한계와 재개념화의 필요성
- 교육과정의 재개념화와 텍스트적 이해

현 지리교육과정의 혼란상 및 그 기원: 제1부 2장

1. '지리'와 '지구과학' 내용의 혼란상
2. 혼란의 기원과 표면화
3. 혼란의 재인식과 문제의 재설정

텍스트–콘텍스트

자연지리의 분리: 제2부 1장

1. 자연지리의 분리 과정과 지학의 등장
2. 지학의 정체성 논란 및 학교 현장의 반응
3. 지학의 정착 과정

통합사회의 강화: 제2부 2장

1. '일반사회'의 등장 배경과 맥락
2. '일반사회'와 '일반'의 의미
3. '일반사회' 과목의 강화와 지리교육

1950년대 사회적
텍스트–콘텍스트: 제2부 3장

1. 취업   2. 입시
3. 지하자원과 과학기술 교육
4. 문과와 이과

〈그림 2〉 연구 내용의 구성

는 현상과 그 이유, 이러한 상황이 지리교육과정에 미친 영향을 살펴보았으며, 제2부 3장에서는 취업, 입시, 지하자원과 과학기술 교육, 문과–이과의 구분이라는 사회적 텍스트–콘텍스트를 통해 당시 지리교육과정을 이해하려고 하였다. 연구의 내용을 요약·정리하면 〈그림 2〉와 같다.

제1부

지리교육과정 인식의 재개념화와
문제의 재설정

제1장
교육과정의 재개념화와 지리교육과정사

....

1. 교육과정의 재개념화와 텍스트적 이해

1) 교육과정의 재개념화

"교육과정에 대한 정의는 최소한 교육과정에 대한 교재 수 이상이다."라는 그레스와 퍼펠(Gress & Purpel, 1978)의 주장에서 알 수 있듯이,[1] 교육과정의 개념을 어떻게 규정할 것인지는 상당히 어려운 문제이며, 연구자들에 따라 다양한 시각을 갖고 있다.[2] 또한 그러한 시각 역시 시대적으로도 변화되어 왔으며,[3] 각각의 정의에는 시대 상황이 반영되어 있다고 볼 수 있다.

태너와 태너(Tanner & Tanner, 1980)는 여러 가지 교육과정의 정의를 "누적되어 온 조직적 지식의 전통, 사유 양식, 한 사회(종족)의 경험, 경험, (수업 또는

---

1) Gress, James R. and Purpel, David E., (Eds.), 1978, *Curriculum: An Introduction to the Field*, Berkeley, Calif: McCutchan, p.1.
2) 이영덕, 1997, 「교육과정의 개념」, 『교육과정과 교육평가』, 교육과학사, p.4; 홍후조, 2002, 『교육과정의 이해와 개발』, 문음사, p.34.
3) 홍후조, 2002, 앞의 책, p.34.

학습) 계획, 성과 또는 결과 생산 체제"라는 6개 범주로 정리하고 있다.[4] 홍후조 (2002)는 다양한 준거를 바탕으로 교육과정 및 그 유형에 대한 개념정의와 소개를 하고 있다. 그의 구분 기준은 교육과정 결정의 세 축(교과, 사회, 학습자),[5] 교육과정에 대한 정의,[6] 교육과정의 다양한 층위,[7] 교육과정에 대한 관점과 유형[8]이라고 볼 수 있다.

이처럼 교육과정의 정의 및 분류 기준이 다양하다는 것은 이를 둘러싼 연구자들의 주장 및 논쟁이 그만큼 치열하다는 것을 방증한다. 지루·페나·파이너 (Giroux·Penna·Pinar, 1981) 등은 다양한 교육과정 연구자들을 그 관점에 따라 전통주의자(Traditionalists), 개념적·경험주의자(Conceptual·Empiricists), 재개념주의자(Reconceptualists)라는 세 가지 형태로 분류한다.[9] 이러한 분류는 일반적으로 하버마스(Habermas)의 사회적 지식 관련 논의에 기반을 두고 있는 것으로 알려져 있다.[10] 하버마스(1968)에 의하면, 인간은 기술적(techni-

---

4) Tanner, D. and Tanner, L., 1980, *Curriculum development, theory into practice*, New York: Macmillan and Free Press, pp.427-430(김수천, 2003, 교육과정과 교과, 교육과학사, p.16에서 재인용.).

5) 교과 축에 따른 구분: 교과중심·학문중심·성취기준중심 교육과정 / 사회 축에 따른 구분: 중핵·생활적응·직업준비·사회개조 교육과정 / 학습자 축에 따른 구분: 경험중심·인간중심·인지주의·구성주의 교육과정 - 홍후조, 2002, 앞의 책, pp.22-33.

6) 교육과정의 정의를 내용과 활동의 '계획'을 중시하는 입장, 학생과 교사가 만나서 상호작용하는 '과정'을 중시하는 입장, 교육적 상호작용을 통해 학생들에게 최종적으로 길러지는 '결과'를 중시하는 입장, 그리고 이를 보다 '종합적'으로 정의하려는 입장 등 4개의 범주로 구분한다(홍후조, 2002, 앞의 책, pp.34-46.).

7) 교육과정 층위는 다음 표와 같이 정리할 수 있다.

범주	공식화 정도	교육의 진행과정	교육의 일반성 정도	적용과 부과방식	교육의 단기적 목표	교육과정 결정 주체
교육과정	공식적 교육과정 잠재적 교육과정 영 교육과정	계획한 교육과정 실천한 교육과정 경험한 교육과정	일반교육 과정 교과 교육과정 특별활동 교육과정	공통필수 교육과정 상이선택 교육과정	진학준비 교육과정 직업준비 교육과정	세계 교육과정 국가교육과정 지역 교육과정 학교 교육과정 교실 교육과정

자료: 홍후조, 2002, 앞의 책, pp.47-62에서 재정리.

8) 교과중심, 경험중심, 사회중심, 학문중심, 행동주의, 인지주의, 구성주의 교육과정을 소개하고 있다(홍후조, 2002, 앞의 책, pp.153-217.).

9) Giroux, H. A., Penna, A. N., Pinar, W. (Eds.), 1981, *Curriculum & Instruction: Alternatives in Education*, Berkeley, Calif: McCutchan Pub. Corp.

지리교육과정의 기원을 읽다

cal), 실제적(practical), 해방적(emancipatory)이라는 서로 다른 세 종류의 인지적 관심을 갖는다. 지루·페나·파이너의 교육과정 연구자들 분류와 하버마스의 인지적 관심은 '전통주의자-실제적 관심', '개념적·경험주의자-기술적 관심', '재개념주의자-해방적 관심'의 형태로 연결될 수 있다.[11]

전통주의자들은 교육과정 연구의 존재 이유를 '교육실무자들에 대한 봉사(service to practitioner)'로 설명하면서, 교육현장에 대한 직접적인 도움을 강조한다. 전통주의에 해당하는 가장 대표적인 교육과정 이론은 타일러(Tyler)의 원리라고 할 수 있는데,[12] 이는 과학적 직무 관리 기법(Taylorism)을 적용한 보비트(Bobbitt)의 교육과정 개발 원리[13]에 기반을 두고 있다고 볼 수 있다. 타일러는 보비트와 마찬가지로 교육목표 설정이 교육과정 구성의 핵심요소라고 주장하며, 교육목표가 내용 선정과 조직, 수업절차의 구안, 평가 등의 지침으로 기능하기 위해서 명료한 행동목표, 즉 구체적으로 관찰이 가능하도록 내용과 행동이 동시에 진술되어야 한다고 전제한다.[14]

이러한 점에서, 전통주의자들은 과학적·기술적·공학적 합리성과 효율성을

---

10) Schubert, W. H. et al., 2002, *Curriculum books: the first hundred years*(2nd), New York: Peter Lang Publishing, Inc., p.267.

11) 태너와 태너(1981)는 "범주로 구분할 수 있는 서로 다른 탐구 방법과 지식유형들이 존재할 수 있다는 주장은 유용한 방법론적 테제가 아니며 허구"라고 하는 베른슈타인(Bernstein, 1976)의 주장에 근거하여 하버마스의 분류도식을 허구라고 말하고 있다. 나아가 이에 근거한 파이너 등의 분류 역시 허구이며, 환원주의적이라고 비판한다. 이러한 비판에 대해 파이너(1981)는 어떠한 분류 형식에도 부족한 점이 존재 가능하다고 하면서, 태너와 태너의 비판에는 건전한 측면도 있지만 많은 부분은 심리적인 거부라고 재비판하고 있다(Tanner & Tanner, 1981, Emancipation from Research: The Reconceptualist Prescription in Giroux, H. A., Penna, A. N., Pinar. W. (Eds.), *Curriculum & Instruction: Alternatives in Education*, Berkeley, Calif: McCutchan Pub. Corp, pp.387–388; Pinar, W. F., 1981, A Reply to My Critics, in Giroux, H. A., Penna, A. N., Pinar. W. (Eds.), 앞의 책, p.394.

태너와 태너의 연구에 언급된 하버마스와 베른슈타인의 서지는 다음과 같다.

Habermas, 1971, *Knowledge and Human Interests*. Shapiro, J. J., (Trans.), Boston: Beacon, p.vii; Bernstein, R., 1976, *The Restructuring of Social and Political Theory*, New York: Harcourt Brace Jovanovich, p.223.

12) Pinar, W. F., 1981, The Reconceptualization of Curriculum Studies, in Giroux, H. A., Penna, A. N., Pinar. W. (Eds.), 앞의 책, pp.88–90.

13) 홍후조, 2002, pp.101–103.

14) 김수천, 2003, 앞의 책, pp.90–103.

바탕으로 학생들의 표준화된 행동 변화를 가져올 수 있는 일반화된 교육 원리를 교육 현장에 보급하는 것을 목적으로 했다고 볼 수 있다.

개념적·경험주의자들은 연구의 관심을 사회과학의 방법론적 특징인 가설의 개발·분석·검증과 이를 통한 이론화에 두고 있으며, 인간 행동에 대한 과학적 지식의 탐구가 가능하다고 보고 있다.[15] 그들 중 일부는 '교육학'을 하나의 분과 학문이 아닌 여러 학문들에 의해 연구되는 영역으로 규정하며, 학교나 교육 관련 문제들에 대한 연구에 관심을 갖는 심리학자, 철학자, 사회학자로 자신들을 규정하기도 한다. 즉, '개념적'과 '경험적'이라는 말은 사회과학자들이 전형적으로 사용하는 것이며, '개념적·경험주의자'라는 용어 역시 여기에 기반을 두고 있다. 파이너(1981)는 사회과학의 범주를 폭넓게 설정하고 있는데, 이는 방법론의 형식 면에서 인류학적 특성을 보이는 워커(Walker, 1975)의 연구와 인문학(역사학)적 특성을 갖고 있는 매키니와 웨스트버리(Mckinney & Westbury, 1975)의 연구까지 개념적·경험주의에 포함하고 있는 것에서 나타난다. 결국 그는 연구 방법론의 모(母)학문이 사회과학에 포함되거나 연구 구조가 사회과학 구조에 부합하는 경우, 무엇보다도 일반적이고 탈역사적(ahistorical)인 '법칙'을 추구하는 경우 개념적·경험주의자로 분류하고 있다고 볼 수 있다.[16]

재개념주의자들을 이해하기 위한 출발점은 '교육과정의 개발(development)에서 이해(understanding)로'라는 그들의 캐치프레이즈이다. 지금까지의 '교육과정 편성 절차 개발'을 위한 행동주의적·기술공학적 접근에 대한 비판과 함께 새로운 교육과정학 탐구의 토대를 구축하기 위한 일련의 움직임을 '재개념화'라고 볼 수 있다.[17] 일반적으로 슈왑(Schwab, 1969)의 "교육과정 분야가 죽어 가고 있다(the field of curriculum is moribund)."는 경고[18]는 재개념화 운동을

---

15) 김두정, 2002, 『한국 학교 교육과정의 탐구』, 학지사, p.28.

16) Pinar, W. F., 1981, 앞의 논문. pp.90−93.

17) 박승배, 2007, 『교육과정학의 이해』, 학지사, p151.

18) Schwab, 1969, The Practical: A Language for Curriculum, *The School Review*, 78(1), The University of Chicago Press, pp.1−23.

촉발한 것으로 인정된다. 학문의 구조에 대한 지나친 관심, 연방 정부의 지원을 받은 대형 프로젝트들로부터 도출된 교육과정, 측정과 평가 관련 지식과 원리들, 그리고 행동적 교육목표가 '교육과정'이라는 학문을 죽게 만들었다는 것이다. 나아가 기계적인 타일러 모형(Tyler Rationale)의 해석은 교육과정 개발 행위를 경험과학적인 것으로 한정하는 동시에, 교사들을 자율성보다는 책무성의 지배를 받는 취약한 상태에 놓이도록 하였다.[19]

결국, 교육과정이란 무엇인가, 어떻게 기능하고 있는가, 그리고 해방적[20]인 방식으로 기능하는 방법은 무엇인가 등과 관련된 근본적인 재개념화가 요구되며,[21] 이는 교육과정학계의 관심이 '교육과정의 개발'이라는 패러다임으로부터 '교육과정의 이해'라는 패러다임으로 전환되었음을 의미한다.[22]

재개념주의자들의 연구 관점은 한 가지 입장이나 관점으로 환원해서 설명하기 어려울 만큼 다원적으로 복합적인 논의들을 포함하고 있다. 이러한 이유로 재개념주의는 교육과정의 학문적 정체에 대한 혼란 또는 불분명성을 대변하는 것으로 받아들여지기도 한다. 그러나 이는 재개념주의가 가진 한계가 아닌, 인간 삶이 드러내는 본래적인 특성이 한 가지 관점에서 파악되고 강제될 수 없을 만큼 다양하다는 데 있다.[23]

파이너(1981; 1994)는 '재개념화(Reconceptualization)'와 '재개념주의(Re-

19) 김평국, 2006, 「교육과정 연구에 있어서 재개념화의 역사: 1970년대 미국 교육과정 학계의 변화를 중심으로」, 김영천 편저, 앞의 책, pp.51-52.

20) 파이너(1981)에 의하면 '해방'이란 정치적, 경제적, 심리적 불평등으로부터 자신과 다른 사람들을 자유롭게 하는 '과정'으로 의미상 다차원적이며 일시적인 특성을 갖는다. 즉, 끝이 있거나 안정적인 상태를 의미하는 것이 아니며, 궁극적으로 완전하게 해방된 국가, 기관, 개인은 존재할 수 없다는 것이 그의 주장이다(Pinar, W. F., 1994, The Abstract and the Concrete in Curriculum Theorizing, in *Autobiography, Politics and Sexuality: Essays in Curriculum Theory 1972-1992*, New York: Peter Lang Publishing, Inc., p.102.).

21) Pinar, W. F., 1981, The Reconceptualization of Curriculum Studies, in Giroux, H. A., Penna, A. N., Pinar, W., (Eds.), 앞의 책, pp.93-95.

22) 파이너 외 저, 김복영 외 역, 2001, 『교육과정 담론의 새 지평』, 원미사, pp.40-41(Pinar, W. F. et al., 1995 *Understanding Curriculum: An Introduction to the Study of Historical and Contemporary Curriculum Discourse*, New York: Peter Lang Publishing, Inc.).

23) 이근호, 2006, 「현상학과 교육과정 연구」, 김영천 편저, 2006, 앞의 책, pp.224-225.

conceptualism)'를 구별한다. 그는 '재개념주의'란 재개념주의자[24]들 사이에는
존재하지 않는 개념적·방법론적인 통일성을 의미하는 용어라고 말하며, 정당
의 강령이나 독트린에 비유한다. 이에 반해, 재개념화는 교육과정 분야의 근본
적인 재사고 및 이와 관련된 연구들이 늘어나고 있는 현실을 나타내기 위해 사
용했다고 기술하고 있다.[25] 카넬라(Cannella, 1997) 역시 특정한 '주의(主義,
ism)'라고 일컬어질 수 있는 원리나 이론체계를 주장하는 것, 모든 인간에게 적
용할 수 있는 보편적인 진리를 찾아내는 것, 어떠한 바람직한 최종 완결 상태를
가정하고 행하는 것 등은 재개념화와 관련이 없다고 주장한다. 나아가 그녀는
그 방법 또한 한 가지만 있는 것이 아니라 우리가 처해 있는 역사적·문화적·정
치적 맥락과 분리해서 생각할 수는 없다고 말하며, 재개념화를 끝이 없는 지속
적인 비판과 분석 및 개선의 과정, 이러한 과정을 수행할 수 있는 통찰을 계속적
으로 얻어 가는 과정으로 정의하고 있다.[26]

2) 텍스트로서의 교육과정 이해

파이너(Pinar, 1995) 등이 저술한 *Understanding Curriculum*은 교육과정 연
구를 역사, 정치, 인종, 성(性), 현상학, 포스트구조주의·해체·포스트모던, 자
전·전기, 미학, 신학, 제도, 국제 영역으로 구분하고 있다. 이 책의 목차를 보면
각 장의 제목이 'Understanding Curriculum as (   ) Text'의 형태로 기술되어

---

24) 일반적으로 '재개념주의자(Reconceptualist)'란 용어에서 자(者)를 제외한 '재개념주의'라는 용어는
'Reconceptualism'이 아닌 'Reconceptualization', 즉 '재개념화'를 의미한다. 그러므로 '재개념주의'가 단독
으로 쓰일 때와 '재개념주의자'와 같이 재개념화를 주장하는 사람들을 지칭할 때의 의미는 구별할 필요가
있다.

25) Pinar, W. F., 1981, A Reply to My Critics, in Giroux, H. A., Penna, A. N., Pinar. W. (Eds.), 앞의 책,
pp.393-394; Pinar, W. F., 1994, What is the Reconceptualization?, in *Autobiography, Politics and
Sexuality: Essays in Curriculum Theory 1972-1992*, New York: Peter Lang Publishing, Inc., p.71.

26) 카넬라 저, 유혜령 역, 2002, 『유아교육이론 해체하기』, 창지사, pp.306-309(Cannella, G. S., 1997,
Deconstructing Early Childhood Education: Social Justice and Revolution, New York: Peter Lang.).

있으며, (   )에는 앞서 언급한 역사, 정치 등의 용어가 사용되고 있다.[27] 이러한 책의 구성은 파이너 등이 교육과정 분야를, 때로는 서로 교직(交織, intersecting)하고 때로는 개별적인 '담론'들로 구성된 텍스트라고 정의하는 데 기인한다. 그들은 교육과정 연구를 텍스트(text), 즉 교육과정 담론에 대한 연구[28]로, '교육과정 이해'란 텍스트 또는 담론의 의미와 해석에 관한 이슈들을 부각시키는 것으로 보고 있다.[29]

그렇다면 과연 '텍스트'는 어떻게 정의해야 할 것인가? 텍스트 언어학의 시작 초기에는 텍스트를 단순히 문장의 상위 개념으로만 이해했다고 볼 수 있다. 이후 화용론(話用論)[30]의 대두에 힘입어 문장 차원과 화용 차원의 정의가 상보적 통합관계 차원의 정의로 발전되었는데, 예를 들어 원진숙(1995)은 텍스트를 "텍스트 생산자가 소기의 의사소통적 목적을 달성하기 위하여 생산해 내는 문장 이상의 언어 단위"로 정의하고 있다.[31]

텍스트의 개념은 언어학적 관점을 넘어 보다 넓은 의미로 이해될 수 있다. 딜타이(Dilthey)는 글자로 이루어진 문헌만이 텍스트가 되는 것이 아니라 역사적으로 형성된 인간 정신의 산물을 모두 다 텍스트라고 보았다.[32] 이에 따르면, 사회적 관행과 제도, 문화적 유산, 예술적인 창조물 등 인간 행동과 숙고의 결과로 생성된 것은 무엇이든지 텍스트로 읽히고 이해될 수 있으며 의미를 갖게 된

---

27) 예를 들어, 5장의 제목은 'Understanding Curriculum as Political Text'이다.

28) 한성일(2003)은 현실적으로 텍스트와 담론의 차이는 명확하지 못하고 혼용되어 사용되는 실정이며, 그 차이에 대한 주장도 연구자에 따라 다양하다고 말한다. 특히 국내에서는 텍스트와 담론이 같은 의미로 사용되는 것이 일반적이라고 주장하고 있다. 이와 관련된 논의는 다음의 연구를 참조할 수 있다.
  한성일, 2003, 「텍스트 언어학의 개념과 전개」, 이석규 편, 『텍스트 분석의 실제』, 도서출판 역락, pp.19-51; 밀즈 저, 김부용 역, 2001, 『담론』, 인간사랑(Mills, S., 1997, *Discourse*, London: Routledge).

29) 파이너 외 저, 김복영 외 역, 2001, 앞의 책, pp.81-83.

30) 말하는 이, 듣는 이, 시간, 장소 따위로 구성되는 맥락과 관련하여 문장의 의미를 체계적으로 분석하려는 의미론의 한 분야(국립국어원 표준어대사전 http://stdweb2.korean.go.kr). 화자와 청자의 관계에 따라 언어 사용이 어떻게 바뀌는지, 화자의 의도와 발화의 의미는 어떻게 다를 수 있는지 등에 대한 연구도 다룬다(특수교육학 용어사전 http://terms.naver.com/entry.nhn?docId=384327&cid=42128&categoryId=42128).

31) 한성일, 2003, 앞의 책, pp.22-23.

32) 김봉석, 2007, 「교육과정과 교수-학습 과정의 해석학적 재개념화」, 교육과정연구, 25(4), 한국교육과정학회, p.66.

다.[33] 즉, '의미'를 갖는 기호들의 구조 혹은 질서화된 상징체들이 곧 텍스트인 것이다. 텍스트는 특정한 역사적 맥락 속에 살고 있는 주체들이 상호 의사소통 과정에서 '상징'을 조합하고 사용할 때 생겨나는 것으로, 말한 것이나 쓰인 것뿐 아니라 이미지, 조각, 건축형태, 음악, 신체적 운동 등 다양한 형태를 포함하고 있다. 좁은 의미에서 텍스트는 "쓰인 것으로서 고착된 특정한 담론"으로 규정될 수 있지만, 넓은 의미에서 텍스트는 "상징을 표현하는 것 모두"를 지칭한다.[34] 그러므로 교육과정은 물론 이 연구의 주요 대상이 되는 지리교육과정 또한 텍스트로 규정할 수 있다.

텍스트에는 항상 '해석'의 문제가 뒤따르게 된다. 텍스트가 제시하는 기호체들은 어떤 문화적 의미성을 나름대로 품고 있는 동시에 가능한 의미들의 창출을 해석자들에게 맡겨 놓고 있다. 즉, 아직 결정되지 않은 의미의 장, 어떠한 의미 창출도 가능한 공간을 텍스트라고 할 수 있으며, 담겨 있으나 명확하게 드러나 있지 않은 의미를 파악하고 이해하기 위해 해석이 필요하다고 볼 수 있다. 나아가 텍스트가 세계와 인간과 사회에 대한 참모습을 의도적이든 의도적이지 않든 은폐하고 왜곡하는 경우에는, 텍스트의 해석이 숨겨진 저자의 의도를 간파하고 탈은폐화하는 중요한 수단이 될 수도 있다.

가다머(Gadamer)는 텍스트에 대한 이해와 해석의 과정을 '지평의 융합'에 이르는 과정으로 설명한다. 텍스트는 절대 불변하는 고정된 것도 아니고 보편타당성을 갖는 객관적인 것도 아니므로, 다양한 이해와 해석이 가능하며 긴장과 갈등이 수반된다. 가다머는 텍스트의 의미가 저자의 주관(객관주의)이나 독자의 주관(주관주의)에 존재하는 것이 아니며, 텍스트의 의미와 텍스트에 대한 진정한 이해는 대화과정에서 저자의 의도(객관)와 독자의 의도(주관)라는 두 '지평의 융합'에 의해 가능하다고 주장한다. 즉, '지평의 융합' 개념과 그 적용을 통해 객관주의 대 상대주의라는 이분법적 사고를 벗어남으로써 텍스트의 진정한 의미

---

33) McEwan, H., 1992, Teaching and the interpretation of texts, *Educational Theory*, 42(1), p.64.
34) 김왕배, 2000, 『도시, 공간, 생활세계』, 한울, p.134.

를 발견할 수 있다는 것이다.[35]

이와 같이 참된 진리를 대화의 과정을 통해 획득할 수 있다는 가다머의 해석학에 대해, 데리다(Derrida)는 유일하고 고유한 텍스트의 의미 발견에 국한될 수밖에는 없으며, 전체성과 통일성을 추구하는 형이상학과 같다고 비판한다.[36] 나아가 해석학적 이해 소통 이념이란 모두에게 자기의 합리성 모델을 강요하고, 합리성에서 이탈하는 개별성, 차이와 대립을 전체주의적으로 억압하는 형이상학적 권력의지의 영구화라고 주장한다.[37]

데리다는 텍스트를 읽는 방법으로 해체(deconstruction)전략을 제안하고 있다. 그는 언어가 권력을 반영하고 또한 생산하는 기제로서 특정한 이데올로기와 사회적으로 구성된 규준들을 보여 주는 거울이라고 본다. 텍스트 내에서 특정한 어휘나 개념들(기표, signifiers)은 진리로 증명되어 특정한 문화적 표상개념(기의, signified)에 연결됨으로써, 결국 그러한 형태의 존재 방식에 특권을 주게 되는 결과를 낳는다. 다양한 형태로 정의되고 있는 해체론은 사회·문화적 텍스트들을 읽고 해석하는 한 방법론으로서, 현상 속에 숨겨진 의미와 침묵당한 목소리들, 내부적 모순들과 권력의 생산 현장을 드러내 준다. 이 해체 작업의 대상은 역사적인 과거의 것이거나 현재의 현상일 수도 있고, 다방향적(multidirectional) 또는 대화적인(dialogic) 것일 수도 있다. 또한 질적이거나 양적인 것일 수도 있으며, 텍스트에서 메시지가 숨어 있는 장소에 따라 무제한적으로 나타날

---

35) 최명선, 2005, 『해석학과 교육-교육과정사회학 탐구』, 교육과학사, pp.155-157.

36) 박영선, 1999, 「가다머의 해석학과 해체주의」, 한국해석학회 편, 『해석학의 역사와 전망』, 철학과 현실사, pp.264-267; 정기철, 1995, 「해석학과 해체주의-가다머와 데리다 간의 논쟁」, 해석학연구, 1, 한국해석학회, p.304.

37) Groudin, J., 1991, Einführung in die Philosophische Hermeneutik, Darmstadt: Wissenschaftliche Buchgesellschaft, p.174(김영한, 1998, 「해체주의와 해석학 - 데리다와 가다머」, 철학과 현상연구, 10, 한국현상학회, p.280에서 재인용).
  1981년 4월 프랑스 파리에서 있었던 가다머와 데리다 사이의 논쟁은 의미에 대한 분석을 해석적 대화의 방법으로 수행해야 할 것인가, 아니면 해체의 방법으로 수행해야 할 것인가를 두고 입장이 나뉘었다고 볼 수 있다. 사실상 이 논쟁은 딜타이로부터 시작된 해석학과 니체(Nietzsche)의 철학에 뿌리를 둔 해체주의적 전통을 함께 공유하는 하이데거(Heidegger)가 진정으로 형이상학을 극복했는가에 근원을 두고 있다(박영선, 1999, 앞의 논문, pp.264-265.).

수도 있다. 해체 작업은 특정 기표와 기의 간의 전통적인 결합이 얼마나 신빙성 있는 것인가 하는 문제만을 공격하는 것이 아니라, 그러한 결합 관계가 스며들어 있는 사고의 형태들을 공격한다.

따라서 해체 작업은 권력이 '기호'에 의해 생산되는 장소(sites)를 드러내 줌으로써,[38] 세계를 '읽는' 대안적 방법들의 존재를 인정하게 된다. 나아가 지배적인 담론의 형태와 주제들을 드러내고 그 속에 담긴 모순점과 편견들을 노출시키는 과정을 통해, 사회의 현 체제 유지(status quo)를 도와주는 지배적인 준거 체계들(frames of reference)을 분석하는 일로 정의된다. 결국 해체 작업은 헤게모니에 의해 정당화된 진리를 허구의 것으로 노출시키고, 다양한 진리의 가능성을 향해 문을 열어 주는 일이라고 할 수 있다.[39]

박순경(1996)은 다양한 의미의 층을 형성하고 있는 텍스트인 교육과정을 이해하기 위해서는 읽기 방식도 다양해야 한다고 말하고 있다. 그는 숄스(Scholes, 1985)의 아이디어에 기초하여 읽기의 본질에 대해 논의한 체리홈스(Cherryholmes, 1988, 1993)의 연구를 바탕으로, '읽기-해석하기-비판(평)하기'라는 텍스트화 양식을 소개하고 있다.[40] 그에 따르면, 이 세 가지의 양식 가운데 어느 것이 부각될 수는 있지만, 서로 명백하게 구분될 수는 없다.[41] 세 양식의 특성을 정리하면 다음과 같다.

'읽기(reading)'란 신념과 행위의 전제로서 텍스트의 의미를 명료화하는 데 포함된 복합적인 것들을 탐색해 내는 것으로, 주어진 텍스트의 구성에서 작용하고 있던 규약(codes)과 그것을 구성하게 한 역사적 상황에 대한 지식에 기초한다.[42] 체리홈스(1988)에 의하면, '읽기'는 텍스트의 실천과 창출의 한 단계로, 우

---

38) Kincheloe, J. L., 1993, *Toward a Critical Politics of Teacher Thinking*, Westport, CN: Bergin & Garvey, p.90.

39) 카넬라 저, 유혜령 역, 2002, 앞의 책, pp.44-46.

40) 박순경, 1996, 「교육과정에 있어서의 '텍스트 읽기」의 의미, 교육학연구, 34(1), 한국교육학회, pp.209-229.

41) 박순경, 포스트모더니즘과 교과서: 텍스트 읽기(text reading)의 새로운 관점(http://blog.naver.com/sorye1008?Redirect=Log&logNo=100013859345)

리의 사고, 언어, 행위에 있어서 텍스트를 우리 자신의 것으로 만드는 것이다. 숄 스(1985)는 이러한 '읽기'를 '텍스트 내에서(within) 텍스트'를 창출하는 것이라 고 말하고 있다.[43]

'해석(interpretation)하기'에서 '해석'은 어떠한 텍스트에 대한 주제화(the- matizing)라고 할 수 있다. 즉, 텍스트에 내재된 어떤 내러티브나 구체적이고 특 수한 사상(事象)의 차원을 넘어서서, 사회·윤리적 가치라는 보다 일반적인 차 원으로 향하도록 하는 것으로,[44] '텍스트 위에서(upon)의 텍스트'를 창출하는 것으로 볼 수 있다(Scholes, 1985). 즉 텍스트 창출자가 문화적 규약을 확인하는 것에서 나아가 이러한 규약에 대한 입장을 이해하려고 해야 한다.[45]

'비판(평)(criticism)하기'란 텍스트의 객관적·기술적(記述的)인 주장들에 대 한 도전으로서 텍스트의 주제가 다루고 있는 문화적 규약, 가치 있게 평가되는 범주들, 이데올로기적 정향들에 대해 평가하고, 의문을 제기함으로써 텍스트의 바깥에 존재하는 관심거리들을 창출해 낸다.[46] 비평은 해석과정을 한 단계 더 넘어서 주어진 텍스트에 거슬러 회의(懷疑)하고 비판하고 질문을 제기함으로써 텍스트적 실천을 가능하게 하는 실천적인 행위를 포함한다. 따라서 '텍스트에 대항하는(against) 텍스트'를 창출하는 것으로 볼 수 있다.[47]

체리홈스(1988)는 이러한 비평에 대해 구조주의적 비평, 푸코(Foucault)적 비 평, 데리다의 해체와 관련된 비평이라는 세 가지 접근 방식을 제시하고 있다. 그 는 구조주의적 비평은 주제와 특성 면에서 한계를 가질 수밖에 없다고 말하면 서, 현재를 이루어 온 역사와 정치를 창출하며 텍스트와 담론-실천[48]은 권력

---

42) 박순경, 1996, 앞의 논문, p.219.
43) 체리홈스 저, 박순경 역, 1998, 『탈구조주의 교육과정 탐구: 권력과 비판』, 교육과학사, pp.200-203(Ch-erryholmes, C. H., 1988, *Power and criticism: Poststructural investigations in education*, New York: Teachers College Press.).
44) 박순경, 1996, 앞의 논문, pp.219-220.
45) 체리홈스 저, 박순경 역, 1998, 앞의 책, pp.203-206.
46) 박순경, 1996, 앞의 논문, p.220.
47) 체리홈스 저, 박순경 역, 1998, 앞의 책, pp.206-216.
48) 담론은 특정 시공간에서 일어나는 '실천(practice)'으로 정의할 수 있다. 담론은 제도적·물질적 장(場)에

행사의 결과물이라고 하는 푸코적 비평과, 침묵 그리고 가치 있게 인정되는 것과 그렇지 않은 것들 간의 간극 및 침전된 의미를 추적하는 과정을 통해 텍스트와 담론-실천이 갖는 애매모호한 측면을 드러내는 데리다적 비평 간에는 상보적 관계가 존재한다고 말하고 있다. 이는 해체적 방식의 읽기를 통해, 역사가와 고고학자가 질서와 계속성으로 허위 날조하는 역사보다 더 신뢰할 만한 역사를 창출할 수 있다는 리치(Leitch, 1983)의 주장으로 이어진다.[49]

2. 교육과정 인식의 한계와 재개념화의 필요성

1) '교과' 인식 측면

2002년 제7차 교육과정[50]이 고등학교에서 본격적으로 실시된 지 10년 만인 2011년, 고등학교에서는 신입생부터 순차적으로 새로운 교육과정이 도입되었다.[51] 2005년부터 본격화된 교육과정 개정작업은 2007년에 완료되었지만, 제대로 실행되지도 못한 상황에서 2009년 다시 부분 개정되었다. 2009 개정 교육과정[52]에서 고등학교 지리 영역의 가장 큰 변화는 제7차 교육과정에서 부활했

서만 존립하며, 이것이 담론의 물질적 성격을 규정한다. 이는 담론이 있고 그다음에 이를 기초로 한 실천이 이루어지는 것을 의미하는 것이 아니라, 담론이 곧 실천임을 말한다(체리홈스 저, 박순경 역, 1998, 앞의 책, p.4.).

49) 체리홈스 저, 박순경 역, 1998, 앞의 책, pp.206-216; Leitch, V. B., 1983, *Deconstructive Criticism: An Advanced Introduction*, New York: Columbia University Press, p.189.

50) 제7차 교육과정은 1997년 12월 30일 자로 고시되었다.

51) 2015년 9월에 고시된 2015 개정 교육과정(교육부 고시 제2015-74호, 2015. 9, 2018년 3월 1일 고등학교 1학년 적용)은 2016년 현재 대학수학능력시험 출제 방안, 교과서 편찬 등 교육과정 개편에 따른 후속 작업이 진행 중이다. 따라서 2015 개정 교육과정에 대해서는 관련 작업이 마무리되고 교육 현장에 적용된 후, 후속 연구를 통해 상세한 논의를 하는 것이 적절할 것으로 보인다.

지리교육과정의 기원을 읽다

던 경제지리[53])가 다시금 폐지되었다는 점이며, 지리 내용이 절반을 차지하고 있는 '사회' 과목이 10학년 필수과목에서 어떤 학년에서도 이수 가능한 선택과목으로 변경되었다는 것이다.[54])

교육과정의 변화와 함께 고등학교 현장에서의 파급효과가 절대적인 대학수학능력시험 역시 2014년도 대학 신입생부터 변화되는 안이 2011년 1월 26일에 확정·발표되었다. 이에 따라 사회탐구 10개 과목 가운데 지리는 한국지리와 세계지리의 2개 입시 과목을 출제할 수 있게 되었다.[55]) 현행 11과목 중 3개에서 10개 과목 중 2개로 지리 영역의 비율이 감소된 것이다. 또한 사회탐구 영역의 응시과목 수가 현행 4개에서 2개로 줄어들게 되면서,[56]) 전체 교육과정에서 지리 영역의 실질적 비중은 제7차 교육과정기에 비해 대폭 감소하였다.

이처럼 2005년 본격적인 교육과정 개정작업이 시작된 이후 학교 현장에서

---

52) 2009 개정 교육과정은 2011학년도 고등학교 1학년 적용 교육과정(단, 한국지리, 세계지리를 포함한 일부 과목은 2012년부터 적용. 교육과학기술부 고시 제2009-41호, 2009. 12.)과 2014학년도 고등학교 1학년 적용 교육과정(교육과학기술부 고시 제2012-14호, 2012. 07.)으로 대표되며, 두 차례에 걸쳐서 교과서가 발행된 교육과정이다. 2012년 고시된 교육과정은 2009년 고시된 교육과정의 전면수정·보완판에 해당된 다고 할 수 있는데, 2009 개정 교육과정은 전술한 두 차례의 고시 이외에도 중·소규모의 수정이 수차례 존재한다.

53) '경제지리'는 미군정에 의해 고시되었던 교수요목기 중학교 4, 5, 6학년(현행 고등학교) 지리 과목 중 하나 였으며, 제1차 교육과정기에도 실업계 고등학교의 지리 과목으로 교수되었다. 이와 관련한 상세한 논의는 〈부록 1〉 참조.

54) 2015 개정 교육과정(교육부 고시 제2015-74호, 2015. 9)에서 사회는 '통합사회'라는 이름의 필수과목(공통과목)으로 재등장하였다. 이전의 '사회'와는 달리 도덕(윤리) 영역의 내용이 포함되었으며, 단원의 통합 도는 2016년 현재 교과서 미출간으로 인해 교과서 수준에서는 확인할 수 없지만, 교육과정 수준에서는 이 전에 비해 훨씬 높아졌다.

55) 2010년 8월 19일에 제시되었던 대학수학능력시험 개편 초안은 사회탐구 영역의 경우 지리와 일반사회, 한국사, 세계사, 경제, 윤리의 6개의 응시 과목 중 1개를 선택하도록 구성되어 있었다. 한국사와 경제 이외 의 과목은 2009 개정 교육과정 기준으로 2개 과목을 1개 응시과목으로 통합하여 문제를 출제하도록 되어 있었는데, 예를 들어 지리의 경우는 한국지리와 세계지리가 합쳐진 형태였다. 이러한 대학수학능력시험 개 편 초안은 지리교육계를 비롯하여 다양한 영역으로부터 강한 비판과 저항을 받았는데, 그 이유는 첫째, 사 회탐구 영역의 비중이 축소되면서 상대적으로 국·영·수 비중이 증가되어 학생들의 학습 부담이 실질적으 로 증대되는 점, 둘째, 지리, 일반사회 영역을 비롯한 사회과 전체 시수가 극도로 감소됨으로 인해 학생들의 교육내용 편식과 함께 학교별로 교사 수가 대폭 감소하게 된다는 점, 셋째, 해당 과목의 교사 수가 지속적으 로 줄어들면서, 현재 각 대학 지리교육과에 재학 중인 학생들의 교사 임용이 불가능해진다는 점 등이다.

56) 2012학년도와 2013학년도 대학수학능력시험에서는 수험생이 사회탐구 영역의 총 11개 선택과목 가운데 3개 과목에 응시할 수 있다.

지리과는 전반적으로 축소되고 있는 상황이다. 2009 개정 교육과정이 실시된 2011학년도에는 고등학교 '사회'가 선택과목으로 변경되었고,[57] 제2차 교육과정기 이래 고등학교 학생들이 계열에 따라 필수적으로 학습하던 '지리' 내용은 선택을 통해서만 배울 수 있었다.[58] 사실, 해방 이후 우리나라 고등학교 교육에서 '지리'내용이 모두 선택으로 격하되었던 시기는 1956년부터 1967년까지 학교 현장에 적용되었던 제1차 교육과정 실시기를 제외하면 존재하지 않는다.

지리 내용이 선택과목으로 격하되어 가는 동안 지리학계 및 지리교육계에서는 이에 반대하는 지속적인 대응이 있었지만,[59] 지리 이외의 학계 및 사회적 반응은 그리 호의적인 편은 아니었다. 특히 교육 현장에 가장 결정적인 영향력을 발휘하는, 교과목과 시간(단위) 편제에 결정권을 쥐고 있는 교육과정을 중심으로 한 교육학계 및 교육행정가들의 반응은 오히려 부정적인 쪽에 가깝다.[60] 문제는 '지리'라는 한 교과목에 대해서만 부정적인 생각을 갖고 있는 것이 아니라,

---

57) 주 54에서도 기술했듯이 2009 개정 교육과정과는 달리 2015 개정 교육과정(2018학년도 고등학교 1학년 적용)에서는 '통합사회'라는 필수과목(공통과목)이 만들어졌다.

58) 여기서 '필수'라는 용어는 교육과정 편제표 문구상의 필수를 의미하는 것이 아니다. 지리가 선택과목인 경우라도 일반계 고등학교 인문계열의 경우에는 모두 배울 수 있도록 교육과정 편제표가 작성되었다면 '필수'로 구분했다. 예를 들어, 제3차 교육과정기 국토지리와 인문지리는 공통필수는 아니었지만, 편제상으로 인문계열 학생은 모두 선택을 해야 했다.

59) 앞서 언급한 대학수학능력시험 개편안을 포함한 2005년 이후 2012년 정도까지의 교육과정 개편 과정과 관련된 지리학 및 지리교육계의 대응은 (구)전국지리교사모임 홈페이지(http://geoedu.njoyscuool. net) 등을 통해 확인할 수 있다. 현재 전국지리교사모임의 홈페이지는 이전 중인데, 추후 이전이 완료되면 http://geoteacher.net/ 에서 관련 자료 확인이 가능할 것으로 보인다.

60) '총론'이라는 용어의 상대적인 용어로 '각론'을 들 수 있다. 총론은 교육과정 편성과 운영에 대한 사항을 담고 있는 것으로, 주로 교육과정 구성의 방향, 학교급별 교육목표, 편제와 시간(단위) 배당 기준, 교육과정의 편성·운영 지침을 제시하고 있다. 이에 반해 각론은 각 교과 활동에 대응되는 내용을 담고 있는 것으로서, 각 교과에 포함된 여러 과목별 교육과정의 성격, 목표, 내용, 그리고 교수–학습 방법을 제시하고 있다. 현행 우리나라의 국가교육과정 체계에서 총론은 교육과정 전공자들을 중심으로 한 교육학계와 교육부의 담당 부서가, 각론은 개별 교과가 개발을 담당하고 있는데, '총론과 각론의 괴리'가 연구 주제로 다뤄질 정도로 교육과정에 대한 입장차가 큰 것이 현실이다. 이에 대한 의미 있는 연구는 다음과 같다.

소경희, 2000, 「우리나라 교육과정 개정에 있어서 총론과 각론의 괴리 문제에 대한 고찰」, 교육과정연구, 18(1), 한국교육과정학회, pp.201–218; 홍후조, 2006, 「국가 수준 교육과정 개발 패러다임 전환(III): 교육과정 개정에서 총론과 교과 교육과정의 이론적·실제적 연계를 중심으로」, 교육과정연구, 24(2), 한국교육과정학회, pp.183–206; 서태열, 2007, 「교과별 교육과정 제시방안」, (정책연구 중간보고)미래를 준비하기 위한 교육과정체계 개혁방안, 국회의원 이주호, pp.66–88; 김두정, 2014, 「교과 교육과정의 개혁, 어떻게 할 것인가?」, 제3차 국가교육과정 포럼 자료집, 한국교육과정학회, pp.2–17.

학교 현장에서 이루어지고 있는 교육행위의 핵심적 역할을 하는 '교과' 또는 교과중심 교육과정 전반에 대해 그러한 관점을 견지하고 있다는 점이다.

특정 대상과 분야를 체계적으로 탐구하여 그 결과를 집대성해 놓은 학문이나 교과는 각기 자기 교과가 중요(重要)하므로, 독립(獨立)된 영역을 설정해서, 모든 학습자들이 반드시 학습해야 하는 필수(必修)로, 학습자들이 아직 어릴 때부터(早期), 적어도 대학에 진학할 때까지 오래도록(長期), 해당 분야가 포괄하는 것을 가급적 많은 내용과 시간 분량(多量)을 가르치고, 이를 공고히 하기 위해서는 중요한 시험(試驗)과목에 포함하여야 한다고 주장한다. 간단히 줄여서 중독필 조장다시(重獨必 早長多試)라고 할 수 있는데, ……[61)]

사실상 우리 교육과정은 교과 교육과정의 포로가 되어 버린 느낌이다. 교육의 궁극적 목적과 기능을 상실하고 교과의 자기 이익 실현의 마당이 되어 버렸다.[62)]

인용된 글들은 '교과' 또는 '교과 교육과정'에 포함되는 연구자나 교사들은 읽기가 부담스러운 내용이다. 물론 이러한 글은 극단적인 사례이며, 해당 연구 분야 종사자들의 일반화된 관점은 아닐 것으로 생각된다. 그럼에도 불구하고 교육과정 개정과 관련된 워크숍, 공청회, 토론회, 일반 신문기사 등에서 흔하게 듣거나 읽을 수 있는 말이 '교과 이기주의'다. 일반 교사들이나 교과 교육 관련 연구자들이 학교 현장과 관련된 논리적인 주장을 하더라도 '교과 이기주의'라는 말 한마디면 그 주장의 타당성, 적합성 등은 사라지게 된다.

그렇다면 우리나라 교육과정 연구자들은 '교과'라는 것을 어떻게 정의하고

61) 홍후조, 2002, 『교육과정의 이해와 개발』, 문음사, p.25.
62) 백경선, 2007, 「'초·중등학교 교육과정 개정(안)'에 대한 토론」, 초·중등학교 교육과정 총론 개정안 공청회, 교육인적자원부, p.91.

있는가? 소경희(2006)는 학생들에게 제공해야 할 막대한 양의 지식을 교수 (teaching)의 편리를 위해 나누어 비교적 일관적인 학습 영역으로 조직하는 하나의 틀을 '교과'로 인식하고 있다.[63] 김승호(2009) 역시 현재 학교에서 이루어지는 대부분의 교육활동이 교과를 중심으로 이루어지고 있다고 전제하며, 교육 내용 또는 활동을 담아내는 학교 교육의 기본 형식 또는 틀을 교과 교육으로 정의하고 있다.[64] 홍후조(2006)는 학문과 교과의 구분을 통해 '교과'의 의미를 기술하고 있는데, 그는 학문을 학자들이 탐구를 통해 생산한 지식을 체계화한 것이라고 한다면, 학문 가운데 초·중등학교 학생들이 익히기 좋은, 즉 교육적·수련적(discipline) 가치가 있는 것 중에서 학교 교사들이 가르칠 수 있는 것, 학생들이 배울 수 있는 것, 학교와 같은 여건에서 교수-학습이 가능한 것들을 체계적으로 정리한 것을 '교과'라고 정의하고 있다.[65] 그는 교과의 중요한 특징으로 교과가 대변하는 세계에 대한 기술(記述)의 정확성과 포괄성,[66] 내용 조직 체계의 논리 정연성 등을 들고 있다.[67]

이들의 논의를 정리하면, 첫째, 교과는 '학교'라는 공간 또는 제도 속에서 가르쳐지는 것이며, 둘째, '틀'로 표현되는 논리 정연한 질서 및 체계성을 갖고 있다고 볼 수 있다. 셋째, 무엇보다도 중요한 것으로 이들이 말하는 '교과'는 바로 수업시간표 또는 교과편제표 상에 등장하는 국어, 사회, 과학, 수학, 외국어 등을 의미한다.[68] 이러한 주장은 교육 관련 연구자들이 아닌 일반인들의 시각과도

---

63) 소경희, 2006, 「학교지식의 변화요구에 따른 대안적 교육과정 설계방향 탐색」, 교육과정연구, 24(3), 한국 교육과정학회, pp.39-59.
64) 김승호, 2009, 「교과 교육론 서설」, 교육과정연구, 27(3), 한국교육과정학회, pp.83-106.
65) 홍후조, 2006, 앞의 논문, pp.183-206.
66) 학습자에게 외부적 실재를 얼마나 폭넓게 그리고 정확하게 대변해 주는가와 관련된 특성이다.
67) 홍후조, 2002, 앞의 책, p.24.
68) 이는 이들의 연구물에서 직접적으로 언급되기도 하지만, 진술한 글의 맥락을 통해서도 파악할 수 있다. 예를 들어 홍후조(2006: 190)는 국어, 사회, 과학, 수학, 외국어, 기술, 체육, 예술을 '교과'로 묶은 도면을 제시하고 있으며, 김승호(2009: 83-84)는 "초·중·고등학교에는 어느 교실을 막론하고 칠판 옆에는 …… 수업 시간표가 자리 잡고 있다. 그 시간표를 대충 훑어보더라도, 전부까지는 아니지만 하루 일과 중 대부분의 교육활동이 교과를 중심으로 이루어지고 있음을 직감할 수 있다."라고 진술하고 있다. 소경희(2006: 43) 역시 "우리의 학교 교육과정은 '교과'와 '특별활동'으로 구성되어 있으며, 서로 구분된 채로 다루어지는 '교과'가

일치한다.

문제는 교육과정 관련 연구물이나 문서에서 '교과'를 거의 변화되지 않는 고정성이 강한 객체로 인식하거나 표현하고 있다는 점이며, 심한 경우에는 필요할 때마다 만들거나 폐기할 수 있는 목적지향적인 교육적 기획물로 간주하는 경우도 있다는 것이다.[69] 특히 급변하는 미래사회에의 적응 불가 논리는 '교과'를 비판할 때마다 쓰이는 단골 메뉴이다.

학교 교육을 위한 교육과정은 오랫동안 '교과'에 기반해서 설계되어 왔으며, 이러한 교과중심 구조는 수많은 개혁과 비판의 목소리를 견디어 왔다. 교과의 분절화된 성격, 그것에 담겨진 지식의 고정적·일차원적 특성, 학생의 수동적 학습 촉진, 학생들의 실생활 관심사로부터의 거리감 등 교과에 대한 많은 비판적인 논의에도 불구하고 학교 지식의 조직은 교과중심 모델에 고집스럽게 매달려온 것이다.[70]

미래사회는 책이나 머리 속에만 있는 지식이 아니라, 직접적으로 자신의 일상생활에 유의미한 결과를 초래하는 실용적 지식을 추구한다. 그러나 지금의 교과체제는 학생의 능력이나 적성뿐만 아니라 일상생활과 거리가 먼 내용으로 구성되어 있다. 이러한 상황들은 전체적으로 교육의 효율성을 떨어뜨리고, 아울러 미래사회의 원만한 적응을 저해할 수 있다.[71]

이홍우 등(2003)은 '교과'에 대해 이들과는 차별적인 관점에서 접근한다. 그들

학교 교육과정의 핵심을 차지하고 있다."고 기술하고 있으며, 곳곳에 과목명도 제시하고 있다.

69) 소경희, 2010, 「학문과 학교 교과의 차이: 교육과정 개발에의 함의」, 교육과정연구, 28(3), 한국교육과정학회, pp.107−125.

70) 소경희, 2006, 앞의 논문, p.44.

71) 강창동, 2003, 『지식기반사회와 학교지식』, 문음사, p.24. 또한 강창동(2003, 22)은 다음과 같은 표현을 통해 현행 교과 체제에 대해 매우 비판적인 관점을 보이고 있다. "이러한 교과 내용의 구성은 변화하는 세계, 변화하는 지식, 변화하는 학생에 비추어 볼 때 매우 비효율적인 교육적 접근이라 할 수 있다."

은 교과서에 나와 있는 학문적 지식을 '전통적 교과'라는 용어로 따로 정의하며, '교과'라는 말에 '교육을 통해 배워야 할 내용'이라는 포괄적인 의미를 부여한다. 즉, 학문적·이론적 지식을 넘어서서 감각이나 지각, 마음의 기능까지 '교과' 지식에서 다뤄야 하며, 이의 '내면화'를 통해 심성 함양을 하는 것이 중요하다고 주장한다. 그리고 이렇게 형성된 '마음가짐'이 실제 문제를 해결[72]하는 데도 동인이 될 수 있다고 말한다.[73] 김수천(2003) 역시 이홍우 등의 주장과 동일선상에서, 교과관의 차이는 교과와 지식, 교과와 생활, 교과와 학생 간의 관계를 어떻게 설정하느냐에 따라 다양하게 전개될 수 있으며, 흔히 교육과정 논의에서 '교과'와 '경험'을 대립되는 개념으로 이해하는 방식은 진보주의 교육사조의 유산으로 하나의 역사적 유물일 뿐이라고 말하고 있다.[74]

이들의 주장은 '교과'를 협소한 틀에 자리 잡고 있는 하나의 셀(cell)로 인식하기보다 다른 요인·변인들과의 관계 속에서 그 폭·위계·개념 등을 재설정할 필요성이 있다는 것으로 정리할 수 있다. 앞서의 인용문처럼 우리나라 '교과'를 고정적이고 변화에 둔감한 것으로 인지하고 있는 교육학계의 시각은 국가교육과정 개발과정에서 '총론'과 '각론' 간 괴리 현상의 한 축을 이루게 될 뿐이다. 물론 교육과정 개정 때마다 교과의 편제와 시간(단위) 배당을 둘러싼 '각론' 영역, 즉 교과 간의 영역 다툼도 또 하나의 원인이라고 할 수 있지만, 이는 관점에 따라 다르게 해석될 수 있는 부분이다.

국가교육과정 개발과정에서 각 교과 영역의 주장들을 하나의 '담론(dis-

---

72) 현재 학교교과에 대한 불신은 실제 문제 해결에 쓸모가 없다는 비판에 기반을 두고 있다. 이홍우 등(2003)은 이러한 비판을 다음과 같은 3단계의 추론으로 정리한다.
   1) 학교의 교과는 이론적 지식으로 되어 있다. 2) 그런 지식은 일상생활의 문제를 해결하는 데에 아무런 도움이 되지 않고, 또 실지로 누구도 생활의 문제를 해결할 때 그런 지식의 도움을 받으려고 하지 않는다. 3) 그러므로 학교의 교과는 아무 짝에도 쓸모없다.
   이홍우 등은 이러한 비판을 재비판하며, 이론적 지식의 내면화를 통해 함양된 심성은 실제 문제 해결의 동인이 된다고 주장한다. 그들에 의하면, 이러한 마음가짐 없이 문제를 해결하는 것은 기계나 로봇에 지나지 않는다(이홍후·유한구·장성모, 2003, 『교육과정이론』, 교육과학사, pp.57~62.).
73) 이홍후·유한구·장성모, 2003, 앞의 책, pp.9~11, 38~43, 57~62.
74) 김수천, 2003, 앞의 책, pp.17~23.

course)'으로, 영역 다툼을 담론들의 의사소통과정으로 인식할 경우, 국가교육과정 개발과정을 담론들의 경연장으로 파악할 수 있다. 담론은 담론이 이루어지고 있는 제도와 사회적 실천의 종류에 따라서, 그리고 말하는 주체의 위치와 듣는 이의 위치에 따라서 달라지며,[75] 다른 담론 집단과의 대화, 대립, 대조 등을 통해 형성 및 구조화된다.[76] 이 경우 교과들 간의 소위 '영역 다툼'도 교육과정 개발을 위한 단계 또는 과정으로 볼 수 있으며, 교과 역시 고정된 것이 아니라 이러한 과정을 통해 끊임없이 변화되는 것으로 이해할 수 있다. 김수천(2003)은 학교 교과는 인간의 삶과 관련하여 정당화될 수 있어야 하고 그러기에 삶의 모습이 변화함에 따라 달라질 수도 있다고 하면서, 지식에 한정된 교과, 고정된 경주로로서의 교육과정이라는 정의는 바람직하지 않다고 주장한다.[77]

'교과'는 고정되고 정체된 것이 아니다. 구한말 학교 교육에 처음 등장한 지리와 현재의 지리는 분명히 다르며, 제7차 교육과정의 한국지리와 2009 개정 교육과정의 한국지리도 동일하지 않다. 현재의 교과는 학생, 학부모, 수업, 인터넷, 언론, 모(母)학문인 지리학 등 수많은 변인, 동인, 환경의 상호작용을 통해 구성되어 왔다고 할 수 있다.

2) 교육과정 시대 구분 측면

해방 이후, 우리나라의 교육은 국가 수준 교육과정에 의해 각 교과들의 편제, 시수, 내용이 결정되었다. 그러므로 국가 수준 교육과정의 개정 시기별 주요 변화 내용과 각 개정 시기 및 개정에 영향을 미친 국가적·사회적 요인이 무엇인지

---

75) Macdonnell, D., 1986, *Theories of Discourse*, Oxford: Blackwell, p.1.
76) 밀즈(Mills, 1997)는 각각의 집단은 서로를 규정해 주는 담론적 매개변수라고 정의하며, 환경주의자의 담론과 정부의 경제·발전정책이 서로 영향을 주고받으면서 체계화·구조화되는 것을 사례로 들고 있다(밀즈 저, 김부용 역, 2001, 앞의 책, pp.26-27.).
77) 김수천, 2003, 앞의 책, p.24.

〈표 1-1-1〉 교육과정 총론 지향 사조와 고등학교 지리 과목의 변화

교육과정기	고시 연도[1]	총론 지향[2] 교육과정 사조	고등학교(일반계+실업계[3]) 지리 과목
긴급조치기[4]	1945		조선지리 등
교수요목기	1946		자연환경과 인류생활, 인문지리, 경제지리
제1차 교육과정기	1955	교과중심	**인문지리, 경제지리**
제2차 교육과정기	1963	경험중심	**지리Ⅰ, 지리Ⅱ,** 지리, 경제지리, 교통지리
제3차 교육과정기	1973	학문중심	**국토지리, 인문지리,** 지리, 경제지리, 교통지리
제4차 교육과정기	1981	인간중심	**지리Ⅰ, 지리Ⅱ,** 경제지리
제5차 교육과정기	1987	인간중심	**한국지리, 세계지리, 관광지리**
제6차 교육과정기	1992		**공통사회 하(한국지리), 세계지리**
제7차 교육과정기	1997	학생중심	**사회,**[5] **인간사회와 환경,**[6] **한국지리, 세계지리, 경제지리**
2007 개정 교육과정	2007		**사회, 한국지리, 세계지리, 경제지리**[7]
2009 개정 교육과정	2009		**사회,**[8] **한국지리, 세계지리**
2009 개정 교육과정	2012		**사회,**[9] **한국지리, 세계지리**

주: 1) 고시 연도는 교육과정 총론이 고시된 해의 기준이다. 교과서 개발 및 적용은 대체로 고시 연도보다 시기적으로 늦는 것이 일반적이다. 예를 들어, 제1차 교육과정에 의한 고등학교 '인문지리' 교과서는 1967년까지 발간되었으며, 제2차 교육과정에 의한 고등학교 '지리Ⅰ', '지리Ⅱ' 교과서가 처음 발간된 연도는 1968년으로 교육과정 총론 고시 연도보다 5년이 늦으며, 교육과정 고시 이후 15년 정도 지난 1977년까지 출판되었다.

2) 명확한 지향점을 찾기 어렵거나 여러 사조 및 방법적 측면 등이 복합적으로 제시된 경우는 생략하였다. 예를 들어, 2007 개정 교육과정 이후는 다양한 지향점 및 방법적 특성이 동시에 제시되는 경우가 일반적인 관계로 특정한 사조로 분류하기가 쉽지 않을 것으로 보인다.

3) 실업계 고등학교 교육과정은 제2차 교육과정기 문교부령 제122호 '실업고등학교 교육과정(1963)'에 의해 본격적으로 체계화되었으며, 그 이전 교육과정에서는 농업, 공업, 상업, 수산, 가정 등의 명칭을 사용한 각 학교별 총 시간 수와 과목 내용만을 간단히 제시하였다(이정환·박제윤·권영민, 2002: 81). 앞서 경제지리의 경우 제1차 교육과정이 공포된 1955년에 이미 대단원별 목표를 비롯한 단원명이 다른 일반계 과목과 마찬가지로 고시되었다는 점은 당시 이 과목의 중요성을 대변한다고 볼 수 있다. 최근 '실업계 고등학교'는 '전문계 고등학교'나 '특성화 고등학교'로 불리고 있다.

4) 국가가 고시한 교육과정이 없었던 시기로 문교부가 검인정을 실시하기 이전이다. 당시에는 개인이나 출판사가 임의로 제작한 교과서를 학교에서 사용하였다.

5) 제7차 교육과정 '사회'는 지리, 역사(세계사), 일반사회 영역이 통합되어 이루어졌다. 총 10개의 대단원 중, 지리 영역 4개 단원, 일반사회 영역 4개 단원, 통합단원 2개 단원으로 구성되었는데, 역사 영역의 분량은 매우 적었다. 이후 교육과정의 고등학교 '사회'는 일반사회 영역과 지리 영역 비율이 5:5를 차지한다.

6) 각 대단원이 지리, 역사, 일반사회 영역의 3개 중단원으로 구성된 통합과목이다. 일반선택과목으로 대학수학능력시험 과목은 아니었다.

7) 2007 개정 교육과정에서 '경제지리'는 교육과정 내용까지 개발되었으나, 교과서는 개발되지 못했다. 이는 실제 검정이 이루어질 예정이었던 2011년보다 앞서 개정·고시된 2009 개정 교육과정에서 폐지가 확정된 과목이기 때문이다. 참고로 2010년에 검정이 이루어진 고등학교 '사회'는 2007 개정 교육과정이라는 이

름으로, 2011년에 검정이 이루어진 '한국지리', '세계지리'는 2009 개정 교육과정이라는 이름하에 검정이 이루어졌다.

8) 한국교육과정평가원에서 운영하는 국가교육과정 정보센터(http://ncic.re.kr)에서는 교육과학기술부 고시 제2009-10호(2009년 3월 고시)까지는 2007 개정 교육과정으로, 교육과학기술부 고시 제2009-41호(2009년 12월 고시)부터는 2009 개정 교육과정으로 구분하고 있다. 교육과학기술부 고시 제2009-41호의 총론에서는 고등학교 '사회'를 보통교과의 선택과목으로 소개하고 있는데, 사회과 교육과정에는 해당 과목의 교육과정 문서가 포함되어 있지 않다. 다만 2010년에 간행된 교육과정 해설서('교육과학기술부 고시 제2009-41호에 따른 고등학교 교육과정 해설 −사회(역사)')에는 고등학교 '사회'의 교육과정과 해설이 포함되어 있다. 문제는 해설서에 포함된 고등학교 '사회' 과목의 교육과정이 2007 개정 교육과정으로 분류된 교육과학기술부 고시 제2009-10호에 포함된 것과 동일하며, 해당 과목의 지리 영역 내용의 경우는 2007 개정이라는 이름으로 처음 발표되었던 교육인적자원부 고시 제2007-79호(2007년 2월 고시)에 포함된 것과도 같다(단, 해당 과목의 일반사회 영역 내용은 교육인적자원부 고시 제2007-79호에서 교육과학기술부 고시 2009-10호로 되면서 변화되었다.). 결과적으로 2009년 개정된 2009 개정 교육과정의 고등학교 '사회' 과목은 2007 개정 교육과정의 것을 그대로 사용했으며, 교육과학기술부 고시 제2012-3호(2012년 3월 고시)에 와서야 전면 개정되었다.

9) 교육과학기술부 고시 제2011-361호(2011년 8월 고시)에는 존재하지 않다가 교육과학기술부 고시 제2012-3호(2012년 3월 고시)에 갑자기 등장했다. 이와 같은 상황을 볼 때, 당시 교육 당국의 처음 의도는 고등학교 '사회' 과목을 폐지하려고 했던 것으로 보인다.

* 볼드체는 일반계 고등학교에 적용할 목적으로 개설된 과목으로, 제4차 교육과정기부터는 이 중 일부 과목을 실업계에서도 배울 수 있었다. 예를 들어, 제5차 교육과정기의 한국지리는 실업계 고등학교 학생들에게도 필수과목이었다. 볼드체로 표시되지 않은 실업계 과목은 내용 특성에 따라 실업계 전 계열 보통과목(지리), 상업계(경제지리), 수산·해운계(교통지리), 가사·실업계(관광지리) 등으로 구분할 수 있는데, 이 중 일부는 지리 전공자가 저술하지 않은 경우도 존재한다. 다만, 제1차 교육과정기 '경제지리'는 앞서도 언급했듯이 1955년 교육과정 문서에서 '실업학교를 위한 지리과정'이라는 이름으로 제시된 전체 실업계 학교를 위한 과목이었다. 이는 표문화의 '경제지리' 교과서 서문에서도 확인할 수 있는데, 그는 실업계 각 분야별로 보다 중점을 두어야 할 대단원이 있음을 소개하고 있다. 예를 들어, 두 번째 대단원인 '세계 각 지역의 농업과 생산의 특색'은 농업학교에서 특히 학습해야 된다고 기술하고 있다.

를 파악하는 것은 각론에 해당하는 교과 교육의 변화상을 이해하는 데 중요한 역할을 한다.

우리나라의 국가교육과정은 2014학년도부터 실시된 2012년 고시 2009 개정 교육과정을 포함하면 총 10차례의 개정이 있었다.[78] 미군정기 초기와 1946년 교수요목이 발표된 시점을 그 이전의 긴급조치기와 구분할 경우에는 총 11차례의 개정이 있었다고 볼 수 있다. 각 교육과정이 고시된 시점 및 총론에서 지향하는 교육사조, 고등학교 지리과의 과목명 변화는 〈표 1-1-1〉[79]과 같다.

---

78) 2015 개정 교육과정(교육부 고시 제2015-74호, 2015. 9)은 고등학교의 경우 2018학년도부터 적용되는 관계로 위의 횟수에는 포함하지 않았다.
79) 해당 표는 필자의 학위논문(2011)과 관련 연구들(2012, 2015)에 포함된 유사한 주제의 표를 일부 수정을 통해 재구성한 것이다. 관련 연구의 서지는 다음과 같다.

교육학계에서 일반적으로 인식하고 있는 교육과정 시기 구분 및 그와 관련된 내용이 각 교과 교육과정의 이해를 혼란스럽게 할 여지가 있다. 해당 논점은 첫째, 고시 연도를 기준으로 교육과정을 구분하는 것의 타당성, 둘째, 교육과정 차수별, 특히 제1차 교육과정~제5차 교육과정의 총론이 표방하는 교육과정 사조의 적절성 등이다.

이러한 문제 설정은 기존의 사회과 또는 지리교육과정의 변천사를 다룬 연구물들이 앞에 제시한 논점들에 대하여 일치된 관점을 보이지 않는 데서 출발한다. 문제를 어떻게 설정하느냐는 것은 그 문제를 가지고 사고하는 사람들의 사고방식을 제한한다.[80] 제시된 논점들을 파악해 나가는 과정을 통해 총론 위주의 교육과정 변천사가 갖고 있는 문제점이 보다 명확해질 것으로 생각된다.

먼저 첫 번째 논점은 교육과정이 적용된 시기에 학생 및 사회 현상과 같은 다른 변인들과의 상호작용을 제대로 파악하기 힘들다는 점에서 문제가 된다. 현재 교육학계, 교육행정기관은 물론이고 교과 교육 관련 연구에서도 교육과정 시대 구분은 각 교육과정의 총론 고시 시기가 기준이 되고 있다. 김연옥·이혜은 (1999), 박선미(2004), 최용규 외(2005)의 저서 등 대학에서 사회과나 지리과의 교과 교육 관련 교재로 사용될 수 있는 저서 중 우리나라 각 시기 교육과정의 시대 구분 연도가 기재되어 있는 경우는 거의 이러한 기준을 따르고 있다.

그러나 교육과정의 실제 적용 연도는 교육과정이 고시된 해보다 늦어지게 되며 학교급별·학년별로도 차별적이다. 이는 교육과정에 따른 교과서 편찬 및 개별 학교의 교육과정 계획 수립 등에 많은 시간이 소요되기 때문이다. 예를 들어, 제2차 교육과정의 경우 1963년에 고시되었지만, 인문계 고등학교에는 1968년부터 적용되었다. 학문중심 교육과정의 영향을 받는 동시에 유신에 토대를 둔

안종욱, 2011, 「국가교육과정에서 지리교과 내용체계의 역사적 기원」, 고려대학교 박사학위논문; 2012, 「고등학교 '경제지리' 과목의 역사적 기원과 의미」, 한국지리환경교육학회지, 20(3), 한국지리환경교육학회, pp.33-48; 2015, 「세계지리 교과서에 기술된 분쟁 및 갈등 지역의 지명 표기 현황과 쟁점」, 사회과교육, 54(1), 한국사회과교육연구학회, pp.1-14.

80) 이진경, 2002, 『철학과 굴뚝청소부』(2판), 그린비, pp.20-23.

전형적인 국가주의 교육과정으로 인식되고 있는 제3차 교육과정의 경우에도 박정희 대통령이 시해된 1979년에 와서야 고등학교 국토지리와 인문지리교과서가 발간되었으며, 1986학년도 대학 입학생들까지는 이를 배우고 대학입학학력고사에 응시해야 했다. 이후의 교육과정도 고시 시점보다 최소 2년, 길게는 4~5년 이후에야 학교 현장에서 본격적으로 실시되었다. 필자도 〈표 1-1-1〉에 의하면 고등학교 재학 시 제5차 교육과정 교과목을 공부했어야 하지만, 실제로 배운 과목은 제4차 교육과정기의 지리 I 이었다.

결국 교육과정 총론적 관점에서 보면 1960년대의 대부분은 제2차 교육과정기라고 볼 수 있지만, 각론의 입장에서는 제1차 교육과정의 영향을 더 많이 받았던 시기였으며, 제3차 교육과정기는 1970년대라기보다는 1980년대 초·중반이라고 볼 수 있다. 이와 같은 시차는 과거 교육과정의 총론적 특성과 각론의 실시 상황을 종합적으로 분석하거나 해석하기 어렵게 만든다. 즉, 교육과정이 개발되는 시점과 본격적으로 적용되는 시기의 사회적 상황이 서로 유사할 수도 있지만, 차별적일 수도 있다는 것이다. 그러므로 교과 교육과정 관련 연구에서는 총론에 기반한 시대 구분과 함께, 실제 교과 교육과정이 적용되는 시기에 대한 고려도 필수적이라고 판단된다.

앞서 언급한 두 번째 논점은 총론이 표방하는 교육과정의 사조를 개별 교과 교육과정에도 적용할 수 있는가에 대한 것이다. 우리나라 교육과정의 변천에 대한 일반적인 시각은 외국 교육과정 사조의 변화가 우리나라 교육과정 개정에 반영되어 왔다는 것이다. 그리고 이러한 논조는 정도의 차이는 있지만 홍웅선(1971; 1995), 변영계(1993), 김종서(1985; 1997), 이경섭(1997), 윤정일(1997), 유봉호·김용자(1998), 이경환·박제윤·권영민(2002) 등의 저서나 연구를 통해, 교과중심 교육과정(제1차 교육과정) → 경험중심 교육과정(제2차 교육과정) → 학문중심 교육과정(제3차 교육과정) → 인간중심 교육과정(제4·5차 교육과정 이후)라는 형태로 일반화되었다.

이와 같은 교육학계의 일반적인 경향성은 교육학계 내에서도 비판을 받아 왔다. 곽병선(1983)은 제2차 교육과정을 비판하며, 경험중심 교육과정을 추진했다고 알려진 제2차 교육과정이 교육과정에 대한 정의에서부터 당시의 학교 현장을 도외시한 것으로 보고 있다. 즉, 경험이 교육과정이라면 제도적으로 교사에게 교육과정 결정의 재량권이 있어야 하고, 이와 같은 경험중심 교육과정을 시도하려고 했다면, 이전과는 다른 제도적 여건의 개선을 교육과정 개정의 범주 속에 포함시켜야 했다는 것이다.[81]

한만길(1986)은 제3차 교육과정에 대한 비판을 통해 학문중심 교육과정이 유신교육이 가지고 있는 정치 구호적 성격과 논리적으로 결합하기 어렵다는 점을 강조한다. 그는 제3차 교육과정에 학문중심 교육과정과 국가주의적 색채가 공존한다는 입장을 바탕으로 교육과정의 이론적 기초와 실제 교육과정이 정합하지 않는다고 주장하면서, 당시의 강력한 국가권력에 의한 통제로 인해 교육제도의 자율성이 제한되는 동시에 산업화 과정에서 성숙되어야 할 시민사회를 미성숙 단계에 머무르게 만들었다고 비판하고 있다.[82]

교과 교육 전공자들 또한 앞서 언급한 교과중심−경험중심−학문중심−인간중심으로 진행되었다고 보는 교육과정 변화 사조에 대한 총론적 관점을 그대로 수용했다고는 볼 수 없다. 물론 사회과 또는 지리교육과정의 연구물들 가운데 심풍언(1986), 김용만(1987; 1998), 강효자(1990), 정병기 외(1997), 박선미(2004) 등의 연구에는 이러한 경향성이 짙게 나타나고 있지만, 이외의 많은 연구들은 연구자 나름의 시각을 바탕으로 이를 재해석하고 있다.

비록 초등 사회과에 한정하고 있지만 최용규(2004)는 강우철(1991), 김용만(1998), 한면희(2001), 권오정(2003; 2006), 서재천(2004) 등의 사회과 교육과정 시대 구분 관련 연구를 비교·검토·정리한 후, 본인의 시대 구분을 제시한 의미있는 연구를 발표하였다. 최용규는 기존의 연구가 첫째, 시기 구분의 관점이 일관되어 적용되기보다는 '발전'의 과정으로만 이해하는 동시에, 관행적인 용어

---

81) 곽병선, 1983, 『교육과정』, 배영사. pp.157−158.
82) 한만길, 1986, 「교육과정과 국가의 사회통제」, 교육개발, 8(4), 한국교육개발원, p.26.

사용을 통해 상징화하고만 있으며, 둘째, 시기 구분에 있어 다양한 기준이 모호하게 사용되고 있다는 문제점을 갖고 있다고 주장한다. 특히 두 번째의 문제점과 관련해서 특정 시기는 교육과정 사조를, 또 다른 시기는 교수-학습 방법상의 특징을 기준으로 적용하고 있다고 비판한다. 최용규의 시대 구분은 〈표 1-1-2〉와 같다.[83]

1992년 고시된 제6차 사회과 교육과정 해설서에 나타난 관점도 차별적인 특성을 보인다. 제6차 고등학교 사회과 교육과정 해설서의 경우, 교육과정이 외국 교육과정의 일반적 사조 변화에 따른 개정보다는 국내적인 필요성, 특히 정치적 상황의 변화에 따라 개정되어 왔다고 주장하고 있는데, 이와 관련된 자세한 내용은 〈표 1-1-3〉과 같이 정리할 수 있다.[84]

〈표 1-1-3〉의 내용에서도 확인할 수 있듯이, 제6차 고등학교 사회과 교육과정 해설서는 1960년대 초에 개정된 제2차 교육과정이 그 이전까지 일반적으로 받아들여지던 생활중심의 경험주의 영향을 받았다는 것을 인정하지 않고 있다. 오히려 효율성 제고를 강조하는 당시의 군부 통치라는 정치적 상황에 따라,

〈표 1-1-2〉 최용규의 교육과정 시대 구분

교육과정기	초등 사회과 시대 구분
교수요목기	
제1차 교육과정	1. 사회생활과의 형성과 경험중심 교육과정 연구 시기
제2차 교육과정	
제3차 교육과정	2. 민족 주체성의 고양과 사회과 내용의 체계화 시기
제4차 교육과정	3. 사회과의 통합 및 구조화, 지역화 추구 시기
제5차 교육과정	
제6차 교육과정	4. 사회과의 본질 탐색과 개혁 방향 모색 시기
제7차 교육과정	

83) 최용규, 2004, 「초등 사회과 교육의 변천: 반성과 전망」, 한국교육50년: 그 반성과 전망, 한국교원대학교 개교 20주년 기념 논집, 한국교원대학교출판부, pp.184-221.
84) 교육부, 1994, 중학교 사회과 교육과정 해설, pp.26-33; 교육부, 1995, 고등학교 사회과 교육과정 해설, pp.39-50.

〈표 1-1-3〉제6차 사회과 교육과정 해설서상의 주요 교육과정 사조 및 특징

교육과정기	주요 교육사조	주요 특징 및 정치적 영향
제1차 교육과정	교과중심 경험중심	• 미군정기 교수요목 계승 • 미국의 영향을 많이 받은 당시 정치적 상황이 투영됨
제2차 교육과정	교과중심	• 5·16 군사정변 이후 군부의 효율성 제고 강조 • 교과서적 지식 강조
제3차 교육과정	학문중심	• '유신체제'가 요구하는 국가주의적 이념 반영 • 학문중심 교육과정에 반하는 반실증주의적 요소도 포함됨
제4차 교육과정 이후	인간중심	• 사회과의 경우 정부 주도에 의한 통합 지향 • 제6차 교육과정의 경우 탐구활동, 의사결정 능력의 신장과 같은 구체적인 문제들의 교육과정 정착 노력

학습자의 인간 형성 논리보다 교과서적인 지식을 중시하는 교과중심적 성격이 강화되었다고 보고 있다. 제3차 교육과정 역시 학문중심 교육과정의 논리가 일부 적용된 것은 사실이지만, 특히 사회과의 경우 '유신체제'라는 정치적 상황이 요구하는 국가주의적 이념이 강하게 반영되어 있었으며, 실증주의적 사회과학 원리에 기반을 둔 학문중심 교육과정에 반하는 반실증주의적 이념의 토대 위에서 개발된 측면이 존재한다고 기술하고 있다. 나아가 미국에서 개발된 학문중심적 사회과 교육과정인 Taba Social Studies, Holt Data Bank System 등과 우리나라 제3차 교육과정의 비교를 통해 그러한 점을 확인할 수 있다는 주장이 기재되어 있다.[85] 이외에도 제2차 교육과정과 제4차 이후의 교육과정에 대해 제6차 교육과정 해설서는 외국 교육사조의 영향보다는 정치적 상황의 중요성을 보다 강조하고 있다.

지리교육과정의 변천과 관련해서는 일부 연구들을 제외하면, 교육과정 사조와의 관련성에 대해 많은 언급을 하고 있지는 않다. 다만, 제3차 교육과정과 학문중심 교육과정과의 관련성은 대부분의 연구에서 다루고 있다.[86] 문제는 사회

---

85) 교육부, 1995, 앞의 책, pp.41-42. 다른 차수 교육과정에 대한 외국 교육사조의 영향과 관련해서는 연구자들에 따라 여러 관점을 확인할 수 있는 데 반해 제3차 교육과정의 학문중심적 성격은 거의 모든 연구자들이 일치된 의견을 갖고 있다. 그럼에도 불구하고 제6차 고등학교 사회과 교육과정 해설서는 이처럼 독특한 관점을 선보이고 있다.

지리교육과정의 기원을 읽다

과 또는 지리과 교육과정에 대한 많은 연구들이 나름의 관점에 따라 교과 교육 과정의 변화를 기술하고 있음에도, 기본적인 틀을 교육과정 사조 변화에 의존하고 있다는 점이다. 즉, 교육과정 사조 변화의 근거나 영향을 교과 교육과정에서 찾는 것이 일반적인 모습이라고 할 수 있다.

이러한 연구 방식 또는 교육사조 자체에 대한 고려가 무조건 문제가 된다는 것은 아니다. 다만 지역지리, 계통지리를 비롯한 지리교과 특유의 교육과정 조직원리, 내용 및 구성상의 특징 등이 교육과정 관련 사조에 묻혀 교과의 실질적인 변화상과 그 이유를 발견하기가 쉽지 않다는 것이다. 다시 말해, 기존의 지리교육과정 관련 연구들이 개정 시기를 중심으로 교육과정 문서나 교과서에 언급된 시수, 목표, 내용 변화 등의 평면적·시계열적 비교에 중점을 둘 뿐, '왜', '어떤 이유'로 그런 변화상이 나타나고 현재 지리교육과정에 영향을 주고 있는지에 대한 고찰이 미흡했다는 것이다.

어떤 지식이 다른 지식에 비해 더 중요하게 여겨지는가, 어떤 가치체계를 내면화시킬 것인가 등의 문제는 그 자체로서도 정치적일 뿐 아니라, 내용을 결정·통제하는 권위의 소재를 보더라도 정치적 결정임이 틀림없다.[87] 이 경우 "어떤 지식이 가장 가치가 있는가?"라는 스펜서(Spencer)의 유명한 질문은 "누구의 지식이 가장 가치가 있는가?"라는 논쟁적인 질문으로 변화될 수밖에는 없을 것이다.[88] 일반교육학계가 변화의 준거로 삼고 있는 교육사조는 정치적·사회적 요인에 의해 선택적으로 교과 교육과정에 적용해야 할 뿐, 이를 연구의 큰 틀로 의지해서는 안 된다. 물론 각 교과의 교육과정과 외국 교육과정 사조 변화와의

---

86) 관련 연구 중 대표적인 것들로는 심풍언(1986), 강효자(1990), 박선미(2004) 외에 박정일(1977), 이찬 (1977; 1984; 1996), 조광준(1977), 임덕순(1977), 김연옥·이혜은(1999) 등의 연구가 있다. 예경희(1971), 임덕순(2000)의 연구는 지리교육 고유의 내용 및 교육과정 구성 방식을 고려하여 시대 구분을 하고 있다는 점에서 주목할 만하다.

87) 한만길, 1986, 앞의 논문, p.19.

88) 애플 저, 박부권·심연미·김수연 역, 2001, 『학교지식의 정치학』, 우리교육, pp.112-113(Apple, M. W., 2000, *Official knowledge: Democratic Education in a Conservative Age*, (2nd ed.), New York: Routledge).

관련성도 기계적으로 일반화할 수는 없으며, 이러한 교육과정 사조는 물론이고 정치적·사회적 요인에 대한 반응 역시 각 교과별로 차별적이라고 볼 수 있다. 결론적으로 교육과정 변화 연구의 준거는 각 교과가 가진 특성으로부터 찾아야 할 것이며, 지리교육도 예외일 수는 없다고 생각한다.

3. 지리교육과정사에 대한 텍스트-콘텍스트적 접근

1) 교육과정사와 텍스트-콘텍스트

포스트모더니즘의 등장과 함께 역사의 장(field)을 '보편성'에 바탕을 둔 단수의 역사 대신에, 다양한 역사화의 선들이 교차·충돌·분기·통합되는 복수의 '역사'들이 공존하고 충돌하며 명멸하는 장으로 인식하려는 경향[89]이 나타나고 있다. 이러한 경향은 성·지역·인종·계층·세대 등 다원적인 주체에 의해 구성된 역사는 하나가 아니라 복수일 수밖에 없으며,[90] 단수의 보편적인 역사를 쓴다는 것은 소수자들의 역사를 망각하거나 지우는 것이라는 인식에 기반을 두고 있다.[91] 그리고 이러한 인식은 '집합 단수로서의 역사'라는 메타 내러티브를 근대 역사 인식론의 문제로 보고 이의 해체가 필요하다는 관점과 맥을 같이하며,[92]

---

89) 이진경, 2010, 『역사의 공간』, 휴머니스트, pp.59-64.

90) 김기봉, 2008, 「포스트모던 시대에서 역사란 무엇인가」, 김기봉 외, 『포스트모더니즘과 역사학』, 푸른역사, p.57.

91) 이진경, 2010, 앞의 책, p.61.

92) '집합 단수로서의 역사'란 과거, 현재 그리고 미래의 인간 삶 전체를 포괄하여 하나의 일관적 흐름과 목표를 향해 나아가게 만드는 통일적인 체계로서의 역사를 의미한다. 이는 개별적인 사건들의 합을 넘어선 각각의 사건들을 일정한 흐름으로 만드는 역사의 거대 담론을 상정하는 것이다(김기봉, 2000, 『'역사란 무엇인가'를 넘어서』, 푸른역사, pp.130-131.).

지리교육과정의 기원을 읽다

역사적 사건과 역사가의 기록을 언어를 매개로 한 텍스트로 이해하는 동시에, 역사학의 관심을 실제 일어난 역사보다 담론으로의 역사에 두고 있다.[93]

역사에 대한 이러한 관점은 교육과정사에도 적용 가능하다. 과거 우리나라의 교육과정은 교과중심-경험중심-학문중심-인간중심이라는 사조의 변화를 중심으로 고찰되어 왔다고 볼 수 있다. 또한 이러한 흐름을 인정하지 않는다고 하더라도, 전체 교육과정의 기본적 방향성에 연구의 논점을 두고 있는 경우가 많다는 점에서, 많은 교육과정사 연구가 '교육과정 사조 변화'라는 거대 담론을 상정하고 있음을 알 수 있다. 이러한 시각에 따르면, 전체 교육과정을 구성하는 단위 교과 교육과정의 의미는 망각되거나 지워질 수밖에 없는 소수자들의 역사일 뿐이다.

그러나 '재개념화'의 관점에서 교육과정을 텍스트 또는 이를 중심으로 한 담론으로 이해할 수 있는 것처럼, 교과 교육과정, 즉 지리교육과정 역시 이를 구성하는 또 하나의 텍스트로 정의할 수 있다. 이처럼 지리교육과정을 텍스트로 인식할 경우, 각 교육과정 개편기를 중심으로 지리교육과정이라는 텍스트가 '무엇을 의미하는가?'라고 하는 질문과 함께, 당시 상황에서 '어떻게 작용되었는가?'라는 질문을 던질 수 있다. 이를 탐구하기 위해서는 통일성(unity)에 기반을 두고 텍스트의 의미를 캐내는 해석적 전략과 함께, 차이성(difference)을 토대로 텍스트의 생산 양식을 드러내는 해체적 전략에 대한 강조가 요구된다.[94] 이는 실행 가능한 영역에서 통일성의 의미를 새롭고 비판적으로 고려하는 동시에 통일적·일관적인 상에 대한 관념을 역사 서술의 쟁점으로 볼 필요가 있다는 라카프라(LaCapra, 1983)의 주장과 연결된다.[95]

---

93) 김기봉, 2008, 앞의 책, p.37.

94) 역사가는 의미와 작용, 해석과 해체 사이에서 선택을 할 필요도, 선택을 할 수도 없다. 이는 언어(텍스트)의 사용이 단순하게 사회적·정치적 실재를 반영하기만 하는 것이 아니라 실재를 변형시키기 위한 도구이기도 하기 때문이다(헌트 저, 조한욱 역, 1996, 「역사, 문화, 그리고 텍스트」, 『문화로 본 새로운 역사』, 헌트 편저, 소나무, pp.36-37(Hunt, L., 1989, Introduction: History, Culture, and Text, in Hunt, L., (Ed.), *New Cultural History*, the University of California Press.)).

95) LaCapra, D., 1983, *Rethinking Intellectual History: Text, Context, Language*, New York: Cornell

라카프라(1982, 1983)는 텍스트는 단일한 독백이 아니며 상호 관련되어 있으나 때로는 의견을 달리하는 여러 목소리들이 갈등과 긴장을 이루며 모여 있는 공간이라고 하면서, 텍스트를 이해한다는 것은 텍스트 안에 있는 목소리들과 대화를 하는 것이라고 말하고 있다.[96] 그는 기존의 역사 서술 모델을 기록적 혹은 자족적 연구(a documentary or self-sufficient research model)와 급진적 구성주의(radical constructivism)로 구분하는데, 전자는 1차 사료에 바탕을 둔 실증적·객관적 역사 서술을 지향하며, 후자는 '역사가의 특정한 이데올로기적 의미 부여가 투영된 서술구조'나 '미리 고안된 서술전략에 따라 결정되는 주관적인 구성체'로 역사 서술을 간주하고 있다.[97] 이러한 극단적인 역사 이해 및 서술 방식에 대한 비판적 시각에서 그는 역사 담론에 있어서 정확한 재구성과 관련되는 진술적 차원(constative dimension)과 과거에 대한 개입이나 전이적 관계와 연관되는 수행적 차원(performative dimension)의 긴밀한 상호작용을 강조해왔으며, 두 차원 모두 역사 이해에 중요한 역할을 한다고 주장한다.[98]

라카프라의 이와 같은 주장은 텍스트와 콘텍스트 사이의 새로운 관계 모색, 즉 텍스트와 콘텍스트의 전통적 이분법을 해체하는 상호 텍스트성(intertextuality)에 기반을 두고 있다. 텍스트의 이해는 언제나 콘텍스트의 이해를 수반하며, 콘텍스트는 텍스트에 사용된 기의들에 의하여 새롭게 변화된 텍스트의 부산물이므로 이 둘은 단지 편의상 구분되어 있다는 것이다.[99] 그러므로 콘텍스트

University Press, p.60.(조한욱, 2000, 『문화로 보면 역사가 달라진다』, 책세상, p.109에서 재인용.).

96) 라카프라 저, 이광래·이종흡 역, 1986, 「지성사에 대한 반성과 원전 해독」, 라카프라·카프란 편저, 『현대유럽지성사』, 강원대학교 출판부, p.52(LaCapra, D. & Kaplan, L., (Eds.), 1982, *Modern European Intellectual History*, New York: Cornell University Press); LaCapra, D., 1983, 앞의 책, p.312(조지형, 1997, 「도미니크 라카프라의 텍스트 읽기와 포스트모더니즘적 역사서술」, 미국사연구, 6, 한국미국사학회, p.13에서 재인용.).

97) 육영수, 2008, 「기억, 트라우마, 정신분석학: 도미니크 라카프라와 홀로코스트」, 라카프라 저, 육영수 외 편역, 『치유의 역사학으로: 라카프라의 정신분석학적 역사학』, 푸른역사, pp.376-377.

98) 라카프라 저, 이화신 역, 2008, 「전환기의 새로운 지성사」, 라카프라 저, 육영수 외 편역, 앞의 책, pp.291-293.

99) 조지형, 1997, 앞의 논문, p.7.

지리교육과정의 기원을 읽다

적인 요소를 기록하거나 차이점을 드러내는 텍스트의 기록적인 차원과 콘텍스트에 다시 영향을 미치고 차이를 만드는 텍스트의 작업적·수행적인 차원 간에 이루어지는 상호작용에 관심을 기울여야 한다.[100]

많은 역사가들에게 '역사화'는 '콘텍스트화'와 같은 의미라고 할 수 있다. 그들은 텍스트와 콘텍스트 사이의 위계적 이분법을 설정하는데, 텍스트는 추상적이고 사회적 콘텍스트가 본질적인 실재라고 주장한다.[101] 물론 신중하고 자세한 콘텍스트화가 역사 이해에 필요한 것은 사실이지만, 그것을 단순히 역사 이해와 동일한 것으로 간주해서는 안 된다.[102] 라카프라는 콘텍스트 자체를 해석과 비평이 필요한 또 하나의 텍스트라고 말하고 있다.[103] 이러한 주장은 '콘텍스츄얼리즘'이 콘텍스트를 절대화시키는 또 하나의 형이상학적 욕망에 지나지 않는다고 보는 인식에 기반을 둔다.

텍스트는 단순히 콘텍스트를 반영하거나 설명하는 것이 아니라, 이데올로기 효과를 가지면서 콘텍스트를 재생산한다.[104] 다시 말하자면, 텍스트는 단순히 그것이 만들어질 당시의 시대적 콘텍스트를 수동적으로 반영하는 산물이 아니라, 콘텍스트 그 자체를 해체하여 낯설게 재인식할 것을 요청한다는 것이다. 또한 동일한 텍스트라고 하더라도 다른 콘텍스트에서는 새로운 문제의식과 비판 정신을 담고 있다는 사실도 간과할 수 없다.[105] 나아가 하나의 텍스트는 어떤 맥락 속에서도 완전히 해석될 수는 없으며, 그런 것이 존재한다면 그것은 비역사적인 텍스트일 뿐이다. 만약 완벽한 콘텍스트화로 인해 어떤 텍스트라도 그 안

---

100) 라카프라 저, 이화신 역, 2008, 앞의 논문, p.292.
101) 크레이머 저, 조한욱 역, 1996, 「문학, 비평 그리고 역사적 상상력」, 헌트 편저, 『문화로 본 새로운 역사』, 소나무, pp.169-170(Kramer, L. S., 1989, Literature, Criticism, and Historical Imagination: The Literary Challenge of Hayden White and Dominick LaCapra, in Hunt, L.,(Ed.), *New Cultural History*, the University of California Press.).
102) 라카프라 저, 최영화 역, 2008, 「정전(Canon), 텍스트(Text), 콘텍스트(Context)」, 라카프라 저, 육영수 외 편역, 앞의 책, p.38.
103) LaCapra, D., 1983, 앞의 책, pp.95-96(헌트 편저, 조한욱 역, 1996, 앞의 책, p.169에서 재인용.).
104) 조지형, 1997, 앞의 논문, p.8.
105) 육영수, 2008, 앞의 논문, p.379.

에서 해석될 수 있다면, 더 이상의 새로운 텍스트는 나타날 수 없을 것이다.[106] 이처럼 텍스트와 콘텍스트는 서로 영향을 주고받는 밀접한 관계망을 형성하고 있으며, 어느 한편이 다른 한편의 완벽한 해석 및 이해를 담보하거나, 일방적인 영향력을 행사할 수도 없다. 무엇보다도 그 경계 및 범주를 명확하게 구분할 수도 없다.[107]

특정 시기 '교육과정'에는 각 교과 교육과정, 교육과정의 총론적 목표, 시간배당 기준표 등 문서 형태의 텍스트, 당시의 정치적·사회적 상황과 인식 등의 콘텍스트가 복잡하게 얽혀 있다. 지리교육과정이라는 텍스트, 그리고 교육과정 전체를 구성하는 텍스트들의 사이에는 콘텍스트가 숨겨져 있으며, 앞서 콘텍스트를 텍스트로 간주하는 라카프라 주장의 연장에서 볼 때, 이러한 지리교육과정이

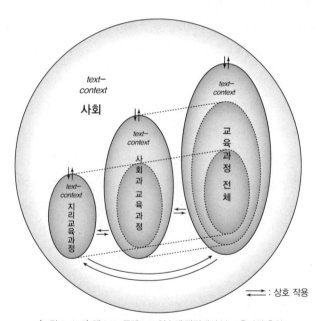

⟨그림 1-1-1⟩ 텍스트-콘텍스트 연속체 관점에서 본 교육과정 층위

---

106) 라카프라의 '정전(Canon), 텍스트(Text), 콘텍스트(Context)'의 번역 글에 대한 역자 주에서 최영화 (2008)가 기술한 내용이다(라카프라 저, 육영수 편역, 앞의 책, p.57.).
107) 헌트 편저, 조한욱 역, 1996, 앞의 책, p.172.

포함되어 있는 사회과, 전체 교육과정, 나아가 그러한 교육과정이 등장한 사회적 상황은 비판, 해석, 해체, 그리고 이를 통한 이해가 필요한 텍스트이자 콘텍스트라고 정의할 수 있다. 이는 사회적 상황을 비롯한 다양한 콘텍스트가 교육과정을 일방적으로 지배한다는 위계적 측면에 기반을 둔 시각과는 차별적인 관점이며, 교육과정에 숨겨진 측면을 이해할 수 있는 방식이라고 할 수 있다.

정리하자면, 텍스트와 콘텍스트의 경계는 구분이 모호하며, 교육과정의 다양한 충위와 단면들은 텍스트−콘텍스트의 연속체로 이해해야 한다(그림 1-1-1). 그리고 당시 사람들의 사고와 행동에 미친 영향력, 즉 텍스트의 역사성[108]과 그것을 둘러싼 담론을 파악하기 위해서는 시·공간적인 배경과 구도를 함께 고민해야 할 것이다. 이러한 관점이 배제된다면 지리교육과정의 역사는 알아도 당시의 교육적 상황, 현재적 맥락은 이해하기 어렵다고 할 수 있다.

2) '시간'의 의미와 교육과정

역사적인 측면에서 교육과정의 변화를 살펴보는 이유는 언제, 왜, 어떻게 특정 지역에서 특정한 교육활동이 이루어졌는가에 대한 규명과 함께, 그러한 교육활동들이 현재의 교육과는 어떠한 관련성을 맺고 있는지를 파악하기 위해서라고 할 수 있다.

앞서도 언급했듯이, 특정 시기의 지리교육과정은 당시 지리학계의 주요 관심 및 연구 성과, 지리교육을 통해 고양시켜야 할 학생들의 능력에 대한 지리교육계의 합의, 학생들의 흥미, 국가 및 사회적 요구 등으로 짜인 관계망이다. 문제는 국가교육과정 개정 시기마다 새롭게 등장하는 개정 취지 및 목표, 시간배당, 교육이 추구하는 인간상 등의 총론적 텍스트와는 달리 각론에 해당하는 교과 교

---

108) 샤르티에 저, 백인호 역, 1998, 『프랑스혁명의 문화적 기원』, 일월서각, p.144(Chartier, R., 1991, *The Cultural Origin of The French Revolution*, London: Duke University.).

육과정의 주요 내용은 이전 시기의 교육과정과 밀접한 연계성을 갖고 있다는 것이다. 즉, 지리교육과정 개정과정에서 당시의 사회적·정치적 상황의 변화, 지리학 및 지리교육 내부의 학문적·교육적 연구 성과 등이 반영되었다고 볼 수 있지만, 개정 시기마다 매번 지리교육과정의 내용 및 성격이 극단적으로 변화된 것은 아니다.[109] 개정 시기를 중심으로 한 다양한 변인들이 나름의 속도와 영향력을 갖고 지리교육과정에 반영되었으며, 그 결과로 어떤 시기에는 급격한 변화가, 대부분의 시기에는 작은 변화가 현재의 지리교육과정을 만들어 왔다고 볼 수 있다. 그러므로 현재의 지리교육과정이 왜, 어떠한 과정을 거쳐서 현재와 같은 모습을 갖게 되었는지를 파악하기 위해서는 우리가 일반적으로 사용하는 개념인 '과거'와 '현재'를 어떤 방식으로 연결시킬 것인가에 대한 고찰이 요구된다.

과거가 어떤 식으로 사고방식이나 사회형태, 유기체의 구조를 형성할 수 있는지와 관련해서 처음으로 사고를 역사화한 로크(Locke)를 비롯한 계몽주의 사상가들은 생득관념이나 인간의 선험적인(a priori) 본성을 거부하고, 인간은 전적으로 역사와 사회에 의해 형성된다는 점을 증명하려고 하였다. 이러한 관점은 19세기에 이르러 콩트(Comte), 헤겔(Hegel), 다윈(Darwin), 스펜서(Spencer), 마르크스(Marx) 등에 의해 철학이나 국가·사회체제·생명체가 시간 속에서 점진적으로 변하여 지금의 모습이 되었으며, 현재의 형태는 지나간 과거의 모든 자취를 포함하고 있다는 생각으로 발전한다.[110]

---

109) 예를 들어, 해방 이후 우리나라 각 교육과정기의 지리 영역 중 우리나라 지지(地誌) 및 계통지리에 해당하는 중학교 교육과정과 교과서의 목차를 살펴보면, 장기적으로 볼 때는 변화의 흐름을 읽을 수 있지만, 바로 직전 교육과정과는 큰 차별성을 보이지 않는 경우가 대부분이다. 다만, 제7차 교육과정과 2007 개정 교육과정의 경우는 지역지리 기반의 과목 구조가 계통지리 중심으로 변경되면서 큰 변화가 나타나고 있다. 이를 제외한다면, 중학교 지리교육과정은 직전 교육과정 내용을 바탕으로 일부 내용이 새롭게 추가·삭제되면서 조금씩 변화된 것이 누적된 것으로 볼 수 있다.

110) 이러한 인식의 기저에는 생물학 및 정신분석학의 발달이 자리하고 있다. 대표적으로 다윈은 과거의 잔여물은 지울 수 없는 흔적으로 생물체의 기관 속에 새겨지며, 그것이 기적과도 같이 고유한 질서 속에서 발현된다고 말하고 있다. 이후 프로이트는 사라진 구조를 찾아 지각(地殼) 속으로 파고드는 고고학자처럼 환자의 신경증의 근원을 드러내기 위해 몇 겹이나 되는 방어기제의 지층을 파 내려갔다. 그에 따르면, 모든 경험은 아무리 하찮은 것이라 해도 반드시 어떤 흔적을 남기게 마련이며, 이 흔적으로 인해 평생에 걸쳐 정신적인 반복과 수정이 계속될 수 있다는 것이다(컨 저, 박성관 역, 2004, 시간과 공간의 문화사(1880~1918),

현재에 대한 과거의 영향과 관련된 이와 같은 비유는 교육과정의 변화에도 적용 가능하다. 클리바드(Kliebard, 1992)는 특정 시기의 교육과정을 주어진 시·공간 내에서 특별한 지위를 점유해 온 중요한 지식, 사회적 가치, 신념 체계 등의 유물로 보고 있다.[111] 특히 학교 교과에 대한 연구를 통해 과거의 구조와 현재적 실행이 일치하지 않는 맥락이 어디인지를 알 수 있는데,[112] 이는 현재 교과의 이미지들이 과거의 편린들이며, 이러한 편린들이 당시의 사회적 구조와 연계되어 있다는 주장[113]과 연결된다.

학생들이 현재 배우고 있는 지리교육과정의 특정 내용이 언제부터 등장하고 사라졌는지, 지리 영역 내 세부 과목과 시수, 과목 구조 등의 변화가 발생한 시점은 언제인지 등의 정보는 지리교육과정의 변화상과 그 원인을 파악하는 데 중요한 의미를 갖는다. 그리고 이러한 변화 가운데는 변화 시점 이후의 시간을 거쳐 현재의 지리교육 성격을 규정하는 데도 결정적인 영향을 미치고 있는 것들도 존재하며, 이러한 변화들이 누적되어 현재의 지리교육과정을 이루고 있다고 볼 수 있다. 즉, 현재의 지리교육과정을 과거의 지리교육과정들이 누적된 퇴적층으로 비유할 수 있다는 것이다.

이와 같은 비유는 노에 게이치(野家啓一, 2005)의 '시간은 흐르지 않고 퇴적된다'라는 역사적 시간에 대한 인식과 맥을 같이한다. 그는 하나의 사건은 뒤에 이어지는 여러 사건과의 사이에 형성되는 관계의 그물망에 포함됨으로써 점차 새로운 의미를 가질 수 있으며, 현재의 시각에서 과거를 재해석하는 역사적 전통의 변용이 가능하다고 말한다. 개개의 사건은 서로 인과적 혹은 지향적 관계

휴머니스트, pp.116-117, 135(Kern, S., 1983, *The Culture of Time and Space*, Harvard University Press.)).

111) Kliebard, H. M., 1992, Constructing A History of The American Curriculum, in Jackson, P. W., (ed.), *Handbook of research on curriculum*, New York: McMillan Publishing Co., p.157.

112) Goodson, I. F., 1983, History, Context and Qualitative Methods in the Study of Curriculum, paper presented at the SSRC Conference, London. p.13.(Marsh, C. J., 1992, *Key Concepts for Understanding the Curriculum*, London: The Falmer Press, p.199에서 재인용.).

113) Gilbert, R., 1984, *The Impotent Image: Reflections of Ideology in the Secondary School Curriculum*, London: The Falmer Press, p.229.

로 연결되어 있으며, 이런 의미에서 사건은 '연쇄'되어 있다고 볼 수 있다. 예를 들어 서로 분절된 교향곡 제1악장을 듣는 것은 제2악장을 듣는 것의 전제이며, 물을 엎지른 것은 걸레로 물을 닦는 것의 원인이 된다. 그러므로 서로 비연속적인 사건이 연속되는 동시에 이전의 사건은 그 이후의 사건 출현으로 '흘러가 버리는 것'이 아니며, 이후의 사건이 이전 사건 위에 '퇴적되는 것'으로 볼 수 있다.[114]

다시당김(Retention)의 연속성에 기반을 둔 이러한 체험적 시간구성 이론[115]을 개인이 체험하지 못하는 역사적 과거에까지 직접 적용할 수는 없다. 그러나 비연속적인 사건의 연속이라는 특징을 지닌 '사건의 연쇄' 논리는 역사적 과거를 바라보는 관점에도 적용 가능하다. '프랑스 혁명', '마드리드 지진', '공룡의 멸종'과 같은 과거의 정치적·사회적·역사적 사건들은 모두 시간적 지속성을 가지며, 사건에서 분리된 사람이나 사물만으로 구성된 역사는 존재할 수 없다.[116] 즉, 퇴적층에 지층이 존재하고 각 지층이 폭을 갖는 것처럼, 역사적 시간개념 또한 미분 가능한 '점'이라기보다 일정한 '폭'과 '두께'를 갖게 된다. 나아가 지층의 두께가 퇴적 환경 및 물질에 따라 다른 것처럼, 서로 다른 시간의 폭 역시 우리의 관심 정도에 따라 달라진다.[117] 노에 게이치는 역사적 시간의 지질학적 지층

---

114) 노에 게이치 저, 김영주 역, 2009, 『이야기의 철학』, 한국출판마케팅연구소, pp.83, 252(野家啓一, 2005, 物語の哲學, 岩波書店.).

115) 노에 게이치는 후설(Husserl)의 시간론을 인용하여, 현재적 시간이 '폭'을 갖고 있다는 점을 설명하고 있다. 후설의 시간론은 지각적 현재의 의식인 '원인상(原印象, Urimpression)'으로부터 출발한다. 원인상은 '모든 의식과 존재의 원천'으로 '지금이라는 단어가 가장 엄밀한 의미로 파악될 경우, 이 단어가 의미하는 것'이다. 이러한 원인상은 곧바로 '지금 막' 부여되었던 인상으로 이행된다. 그러나 이들 인상이 단절된 것은 아니다. 후설에 의하면 우리가 음악을 듣는 경우 이를 체계를 갖춘 하나의 멜로디로 파악하기 위해서는 '지금 현재' 들리고 있음에 의하면, 소리와 함께 '지금 막' 들렸던 소리, 그리고 '지금 곧' 들려올 소리를 동시에 의식 속에 붙잡아 두고 있어야 한다. 이렇게 '지금 막' 지나 버린 소리를 현재 의식 속에 붙잡아 두는 작용을 '다시당김(Retention, 과거 지향)'이라고 부른다. 그에 대응해 '지금 곧' 들려올 소리를 준비하고 기다리고 있는 현재 의식작용을 '미리당김(Protention, 미래 지향)'이라고 부른다. 이처럼 지각적 현재는 '다시당김-원인상-미리당김' 계열의 총합으로 구성되어 있다(노에 게이치 저, 김영주 역, 2009, 앞의 책, pp.245-247.).

116) 노에 게이치 저, 김영주 역, 2009, 앞의 책, pp.250-251, 254.

117) 노에 게이치 저, 김영주 역, 2009, 앞의 책, p.252.

에 대한 비유를 다음과 같이 구체화하여 설명하고 있다.

'퇴적되는' 시간의 이미지를 시각적 비유를 통해 설명해보자. 그것은 한 장 한 장 각각 다른 모양이 그려져 있는 투명한 유리판이 높게 쌓여 있는 이미지이다. 각각의 모양을 각각의 사건에, 쌓여져 있는 유리판의 두께를 시간적 거리에 대입해 생각해볼 수 있다. 우리는 이 중층적 유리판을 위에서 내려다보고 있는 것이다. 물론 가장 선명하게 보이는 것은 가장 위에 있는 유리판에 그려진 모양으로, 그것이 지각적 현재의 사건에 해당한다. …… 밑에 깔린 유리판의 모양은 직접적으로 지각할 수 없으며, 투명한 유리판의 두께(시간적 거리)를 사이에 두고서만 지각할 수 있다. …… 가장 위에 있는 유리판(지각적 현재) 위에 새로운 유리판이 한 장 쌓이게 된다면(지각적 현재에 새로운 사건이 발생한다면) 방금 전 유리판은 과거 사건이 되어 상기의 대상이 된다. 물론 유리판의 두께가 일정 한도를 넘게 되면 하층부의 모양은 희미해지고 결국에는 보이지 않게 될 것이다. 이것이 '망각'이다. 또한 강렬한 색채로 그려져 있기 때문에 보지 않으려고(망각하려고) 해도 어쩔 수 없이 눈에 들어오는 하층부의 모양도 있을 것이다. 때로는 위에 덮인 유리판에 있는 모양의 방해를 받아 보이지 않던 모양이 시선의 방향이나 빛의 각도에 따라 선명하게 모습을 드러내는 경우도 있을 것이다.[118]

3) 퇴적과 발굴의 관점에서 본 지리교육과정

미군정에 의해 교수요목이 고시된 이후 지금까지 국가교육과정 체제를 고수하고 있는 우리나라의 경우, 이러한 지층과 관련된 비유를 교육과정사의 연구에 무리 없이 적용할 수 있다. 개별 교육과정기를 하나의 지층으로 보면, 각 교육과

---

118) 노에 게이치 저, 김영주 역, 2009, 앞의 책, pp.252-253.

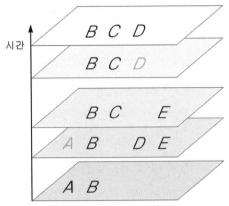
〈그림 1-1-2〉 지리교육과정의 퇴적 – 교육내용의 등장·지속·소멸의 개념도

정기는 독립적인 지속 시간을 갖고 있는 개체화된 비연속적 사건으로 정의할 수 있으며, 이들은 또 다른 비연속적 사건인 다음 시기의 교육과정으로 이어지면서 누적되고 '연쇄'된다. 즉, 각 교육과정기는 독립적인 동시에 다른 차수의 교육과정과 연속되는 것이다. 나아가 개별 교육과정기의 각 교과 상호 간, 그리고 총론과 개별 교과들 또한 서로 영향을 주고받으며 연결되어 있다. 이러한 비유를 고등학교 지리교육과정의 내용 변화에 적용해 보면, 〈그림 1-1-2〉와 같이 표현할 수 있다.

해방 이후 우리나라 교육과정기별 고등학교 지리교육과정의 내용은 첫째, 〈그림 1-1-2〉의 A와 같이 원래 지리교육과정에 포함되었다가 축소된 이후 사라지는 유형, 둘째, B처럼 처음부터 지속적으로 지리교육과정에 포함되는 유형, 셋째, C의 경우처럼 중간에 등장한 이후 지리교육과정에 남게 되는 유형, 넷째, D와 같이 중간에 등장한 이후 사라졌다가 다시 나타나는 유형, 다섯째, E와 같이 중간에 등장한 이후 사라졌다가 다시 나타나지 않는 유형 등으로 크게 구분할 수 있다.[119]

---

119) 기준 설정을 달리함에 따라 또 다른 유형을 구안할 수 있고, 위의 5개 유형 각각을 보다 세분화할 수도 있다. 예를 들어 'A' 유형의 경우는 이후 해당 내용이 다시 나타날 수도 있으며, 'D' 유형의 경우는 그림처럼 단

또한, 실제 지층의 폭에도 차이가 있듯이 개별 교육과정기 사이의 시간 거리역시 다르다. 이러한 차이는 교육과정 지속 기간을 반영할 수도 있지만, 앞서 언급했듯이 각 교육과정기에 대한 우리의 관심 정도, 즉 현 고등학교 지리교육과정에 대한 영향 정도를 반영한다고 볼 수 있다.

이처럼 지리교육과정의 주요 내용이 등장하고 사라지는 변화 과정을 교육과정 시기에 따라 누적한 뒤, 수직적인 횡단면을 파악해 보면, 고등학교 지리교육과정의 변화상을 입체적으로 파악할 수 있다. 부연하자면, 가장 큰 변화가 나타나는 층위, 변화가 거의 없는 층위가 어느 시기인지에 대한 확인이 가능하며, 이러한 층위를 당시의 시대적 콘텍스트 및 현재 지리교육과정에 남아 있는 여러흔적 등과 연계하여 고찰할 경우, 현재의 지리교육에 대한 보다 심층적인 이해가 가능하다.

이러한 시각의 적용 가능성 확인을 위해 필자는 상용화된 스프레드시트 프로그램[120]을 사용하여 교수요목기부터 제7차 교육과정기까지의 인문계 고등학교 지리교육과정의 내용 변화를 누적시켜 보았다.[121] 우선 각 교육과정기에 개설된 인문계 고등학교 지리 과목별로 교과서를 선정한 후,[122] 교수요목기의 교

계적으로 나타나는 것이 아니라 바로 원래 수준으로 재등장할 수도 있다. 그러나 이 연구의 목적이 지리교육과정 내용 변화 과정의 유형화에 있지 않은 관계로 '퇴적과 지층' 관련 비유를 설명하는 데 적합한 수준으로 한정하였다.

120) 마이크로소프트에서 개발한 Excel 2007.

121) 고등학교의 경우 학위논문 제출 당시 2009 개정 교육과정(교육과학기술부 고시 제2009-41호)에 따른 교과서 검정 심사가 완료되지 않은 시점이었다. 따라서 내용 변화 누적에는 제7차 교육과정기까지의 교과서가 사용되었다.

122) 각 과목별로 2종류의 교과서 사용을 원칙으로 하였다. 단, 교수요목기의 '경제지리'는 필자가 연구 과정에서 확인한 1종류(노도양)를 제외하고는 알려진 것이 없는 관계로 1권만을 대상으로 하였으며, '인문지리'는 교과서의 발간 여부를 확인할 수가 없어서 제외할 수밖에 없었다. 제1차 교육과정기는 개설과목이 '인문지리' 1과목인 관계로 총 2권을 대상으로 하였다. 제7차 교육과정의 경우는 고등학교에 개설할 수 있는 지리 관련 과목이 사회, 인간사회와 환경, 한국지리, 세계지리, 경제지리 등 5개이다. 2권씩 선택할 경우 해당 교육과정기만 조사 대상 권수가 급증하는 관계로 과목별 1권씩을 대상으로 하였다. 단, '인간사회와 환경'은 공통필수도 대학수학능력시험 과목도 아니었으며, 역사 및 일반사회 영역과의 통합과목으로 상대적으로 지리 내용량이 적었다. 또한, 다른 지리 과목들과의 내용 유사성도 매우 높은 관계로 조사 대상에 포함하지 않았다. 각 교육과정기별 대상 교과서는 다음과 같다.
   • 교수요목기: 자연환경과 인류생활(노도양, 최복현 외), 경제지리(노도양)

과서부터 순서대로 지리적 개념 및 원리[123]의 등장 여부[124]를 표기하였는데, 그 방법은 〈그림 1-1-3〉과 같다.

먼저, 각 교육과정기별로 1개의 시트를 만든 후에 교수요목기부터 선정된 교과서를 읽어 가면서 등장하는 개념 및 원리와 관련된 용어를 기술한 다음 '1'이 라는 숫자를 교수요목기를 나타내는 열에 표기한다. 교수요목기가 끝난 다음에는 제1차, 제2차, ……, 제7차의 순으로 동일한 과정을 반복한다. 단, 교수요목기에 처음 등장한 용어가 이후 교육과정에 등장할 경우, 중복 기재를 통해 등장 시기가 잘못 기재될 수 있으므로 '찾기' 메뉴를 통해 이전 기재 여부를 확인해야 한다. 만약 이전 교육과정의 교과서에 해당 용어가 등장한 적이 있다면, '찾기' 메뉴를 통해 해당 용어가 처음 등장한 교육과정 시트와 행·열을 검색할 수 있게 되고, 하이퍼링크를 통해 이동할 수 있게 된다. 이 경우 이동해 간 시트의 교육과정차수 가운데 해당 용어가 재등장한 시기를 골라 '1'을 표기해 준다.

이러한 과정의 반복을 통해 〈그림 1-1-3〉과 같은 결과가 나타나게 된다. 예를 들어, 위의 그림을 통해서는 교수요목기에 처음 등장한 내용이 이후 제7차 교육과정기까지 어떤 변화과정을 겪었는지 확인할 수 있으며, 아래 그림을 통해서는 제5차 교육과정기에 처음 등장한 내용의 이후 변화상을 파악할 수 있다.

- 제1차 교육과정기: 인문지리(노도양, 육지수)
- 제2차 교육과정기: 지리 I (최흥준, 이지호, 단, 이지호 저 교과서명은 표준지리 I 임), 지리 II (이찬, 최흥준)
- 제3차 교육과정기: 국토지리(국정교과서), 인문지리(국정교과서)
- 제4차 교육과정기: 지리 I (서찬기 외, 김상호 외), 지리 II (서찬기 외, 조동규 외)
- 제5차 교육과정기: 한국지리(김인 외, 권혁재 외), 세계지리(서찬기 외, 황재기 외)
- 제6차 교육과정기: 한국지리(박영한 외, 서찬기 외), 세계지리(유근배 외, 서찬기 외)
- 제7차 교육과정기: 사회(황만익 외), 한국지리(황만익 외), 세계지리(황만익 외), 경제지리(최운식 외)

123) 조사 대상으로 지명(地名)을 포함시킬 것인가에 대해 많은 고민을 하였으나, 각 교과서별로 편차가 크며, 지지(地誌)적 기술에 사용되는 경우가 대부분인 관계로 배제하였다. 단, 지역 구분 및 다른 개념과 함께 사용된 경우는 포함을 시켰다. 예를 들어, 제1차 교육과정기의 교과서에 처음으로 등장하는 '테네시 강 유역개발(T.V.A)'은 지명이 포함되더라도 '지역 개발'이라는 개념을 설명하는 데 주요 사례지역인 관계로 포함시켰으며, '○○공업지역'과 같은 경우도 이러한 기준을 적용하였다.

124) 특정 개념이나 원리가 해당 교육과정기의 교과서에 게재되었는지 여부는 당시 출간되었던 교과서 가운데 일부 교과서만을 검토해서는 명확하게 판정할 수 없다. 다만, 본 연구에서는 대체적인 경향성을 통해 큰 변화가 나타났던 교육과정기를 찾기 위해 이러한 방법을 사용하였다.

지리교육과정의 기원을 읽다

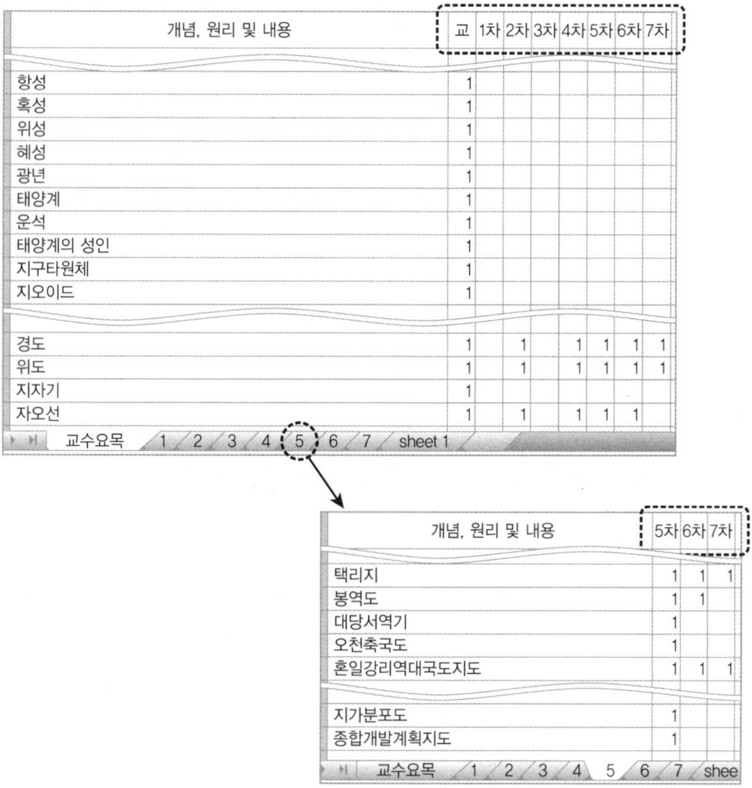

개념, 원리 및 내용	교	1차	2차	3차	4차	5차	6차	7차
항성	1							
혹성	1							
위성	1							
혜성	1							
광년	1							
태양계	1							
운석	1							
태양계의 성인	1							
지구타원체	1							
지오이드	1							
경도	1		1		1	1	1	1
위도	1		1		1	1	1	1
지자기	1							
자오선	1		1		1	1	1	

교수요목 / 1 / 2 / 3 / 4 / 5 / 6 / 7 / sheet 1

개념, 원리 및 내용	5차	6차	7차
택리지	1	1	1
봉역도	1	1	
대당서역기	1		
오천축국도	1		
혼일강리역대국도지도	1	1	1
지가분포도	1		
종합개발계획지도	1		

교수요목 / 1 / 2 / 3 / 4 / 5 / 6 / 7 / shee

〈그림 1-1-3〉 지리교육과정 내용 변화의 누적 과정

교수요목기에 처음 등장한 '항성'의 경우, 조사에 활용된 교과서들에서는 이후 제7차 교육과정기까지 등장한 적이 없으며, '위도'와 '경도'는 제1차와 제3차 교육과정기에는 교과서에서 다루지 않았음을 확인할 수 있다. 그리고 제5차 교육과정기에 처음 등장한 개념들부터 입력이 이루어진 아래 그림에서 볼 때, 『택리지』는 제5차 교육과정기에 처음 등장한 이후 제7차 교육과정기까지 계속 교과서에서 언급되고 있음을 알 수 있다. 이러한 작업 과정은 앞서 노에 게이치의 역사를 보는 관점을 구체화한 것으로 스프레드시트의 [   ]에 해당하는 각 교육과정기는 '지층' 또는 '유리판'에 해당하는 것으로 볼 수 있다.

필자는 특정 내용이 어느 시기에 등장하고 사라졌는지를 확인하는 동시에, 이

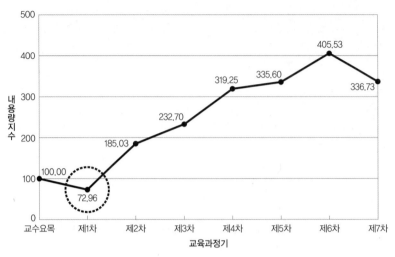

주: 내용량 지수는 교수요목기의 내용량을 100으로 하여 산정함.

〈그림 1-1-4〉 교육과정기별 고등학교 지리교과서의 내용량 변화

의 시각화를 통해 현재의 지리교육과정에 큰 변화가 나타난 층위를 파악하여, 연구 대상 시기를 확정하는 데 활용하였다. 〈그림 1-1-4〉에 나타나 있듯이 조사 대상 교과서에 나타난 교수요목기의 개념 수를 100으로 할 때, 제1차 교육과정기는 제7차 교육과정기와 함께 이전 교육과정기에 비해 내용량이 줄어든 시기이다. 다만, 제7차 교육과정기는 교과서 형태, 디자인 등이 이전과 달라지고 구성주의에 기반한 학생의 탐구 활동이 강조로 인해 교과서에 수록된 개념, 원리 등의 수가 줄어들었지만, 단원 및 내용의 구조 등 지리교육과정의 전반적인 모습은 이전과 큰 차이가 없다고 할 수 있다.

반면 교수요목기에서 제1차 교육과정기로 변화되는 시기에는 앞서 〈그림 1-1-3〉에서도 그 일부를 확인할 수 있듯이 과거 지문학적 특성을 갖고 있던 교수요목기의 '자연환경과 인류생활' 중 천문, 지구물리, 생물과 연관된 내용들이 대폭 축소되었으며, 지리 영역에서 사라진 내용들이 '지학'이라는 신설된 과목으로 이전된 사실을 1955년에 고시된 교육과정 문서와 '지학' 교과서를 통해 파악할 수 있었다.[125] 그러므로 고등학교 지리교육과정의 경우 교수요목기에서

제1차 교육과정기로 변화되는 시기에 내용 및 구조에 있어 가장 주목할 만한 변화가 일어났음을 알 수 있었으며, 당시의 변화상을 현재 지리교육과정의 구조를 결정하는 주요 요인으로 판단할 수 있었다. 제1차 교육과정기 변화의 중요성은 교수요목기 및 제7차 교육과정기의 고등학교 지리교과서 목차 비교를 통해서도 어느 정도는 확인이 가능하다.[126] 결과적으로 교수요목기에서 제1차 교육과정기에 이르는 시점을 연구 대상 시기로 확정할 수 있었다.[127]

클리바드(Kliebard, 1992)는 교육과정사가 진실성이나 타당성을 갖고 있는 지식이 무엇인가를 찾는 것이라기보다는 특정한 시·공간에서 인정받는 지식이 무엇인지를 탐구하는 것이라고 말한다. 나아가 그러한 지식이 '왜', '어떤 환경' 하에서 공식적인 교육과정에 받아들여지게 되었는지를 파악하는 것이 중요하다고 주장한다.[128] 지리교육과정의 변화를 살펴보는 가장 중요한 이유도 사회가 언제, 왜, 어떻게 그곳에서 그러한 교육활동을 요구하였는가에 대한 규명이 필요하기 때문이며, 그러한 것들이 현재의 지리교육에는 어떠한 영향을 미치고 있는지를 파악하기 위해서라고 할 수 있다.

과거는 흘러가는 것이 아니라 하층에 침전되어 있기 때문에, 고문서·고지도·유적·화석·회화·사진과 같은 언어 또는 비언어적인 사료를 단서로 과거 사건의 흔적을 지각할 수 있으며, 과거를 재활성화할 수 있다. 앞서 '시간의 퇴적'이라는 비유의 방법론적 적용을 통해 현재까지도 영향을 미치고 있는 지리교육과정이 급변한 시기를 찾을 수 있었다. 다음 장에서는 당시의 사료들이 현재 지각할 수 있는 여러 증거와 흔적에 모순되지 않는지(통시적 정합성), 또는 이미 알

---

125) 자연지리 영역의 세부적 구조 및 내용 변화는 제1부 2장에서 기술한다.

126) 자세한 내용은 제1부 2장의 관련 내용 참조.

127) 연구 대상 학교급을 고등학교로 한정한 이유는 지리교육과정에서 초·중학교에서 내용 및 구조상의 큰 변화가 나타난 시기와 고등학교에서 큰 변화가 나타난 시기가 다르기 때문이다. 예를 들어, 중학교의 경우는 제7차 교육과정기까지 지역지리 중심의 구성방식을 지속했는데, 2007 개정 교육과정에 와서는 계통지리로 변경되면서 구조적으로 큰 변화가 나타나게 된다. 이는 교육과정기별 중학교 교과서의 단원명 비교를 통해 확인하였다.

128) Kliebard, H. M., 1992, 앞의 논문, p.58.

려져 있는 과거 동시대의 사건들과 어긋나지 않는지(공시적 정합성)를 기준 삼아 합리적으로 이해할 수 있는 역사적 과거를 '사고' 및 '구성'하고자 한다. 이러한 통시적·공시적 정합성을 통해 역사적 과거에 대한 진위 여부를 가릴 수 있으며, 실재성이 보증될 수 있다.[129] 나아가 현재 또는 과거 특정 시대의 지리교육과정이 '왜' 그와 같은 모습을 갖게 되었는지를 이해할 수 있을 것으로 생각한다.

---

129) 노에 게이치 저, 김영주 역, 2009, 앞의 책, pp.256-257.

지리교육과정의 기원을 읽다

제2장
현 지리교육과정의 혼란상과 문제의 재설정

······································

1. '지리'와 '지구과학' 내용의 혼란상

지리 또는 사회 수업을 하다 보면 자연지리 분야, 특히 지형이나 기후를 가르칠 때 학생들의 반응을 살피게 되는 경우가 많다. "선생님, 이 내용은 과학 아닌가요? 왜 지리에서 배우나요?"라는 질문은 기후나 지형을 가르칠 때 가끔씩 받는 질문이다. 일반적으로 학생들 스스로 만들어 온 과목에 대한 인식은 해당 과목의 전반적인 학습 흥미나 학습 결과에 영향을 줄 수 있다.[1] 소위 문과라고 불리는 인문사회과정 학생들이 주로 선택하는 '한국지리'나 '세계지리'의 지형 및

---

[1] 초·중학교 시절에 형성된 교과에 대한 흥미는 쉽게 변하지 않는 경향이 있으므로 학습 초기에 형성된 교과 흥미나 태도 등은 향후 교과 선택과 진로 결정 등에 막대한 영향을 미치게 된다. (김성일·윤미선·소연희, 2008, 「한국 학생의 학업에 대한 흥미: 실태, 진단 및 처방」, 한국심리학회지 사회문제, 14(1), 한국심리학회, pp.187-221.) 또한, 이전 학년의 성취는 이후의 학교 교육에 많은 영향을 미치는 동시에 다른 요인들 (학생의 동기, 부모의 기대 및 교육 정도, 교실 환경 등)의 영향력을 아우를 수 있는 역할을 한다(Reynolds, A. J., 1991, The Middle Schooling Process: Influences on Science and Mathematics Achievement from the Longitudinal Study of American Youth, *Adolescence*, 26, pp.133-158.).

4. 빙하가 만든 지형

높은 산이나 남극 대륙과 같이 추운 곳에서 내리는 눈은 잘 녹지 않고
점차 다져져 얼음으로 변한다. 이 얼음 덩어리가 무거워지면 일부가 떨어
져 나와 흘러내려가는데 이것을 빙하라고 한다. 빙하가 흘러가면서 만든
지형에 대하여 알아보자.

10분 탐구 │ 빙하가 만든 지형

그림 ㉮는 강물에 의해 만들어진 V자곡이다. ㉯계곡의 지형을 ㉮와
비교해 보자.

㉮

㉯

1. ㉯계곡이 V자곡과 다른 점은 무엇인가?
2. ㉯계곡이 만들어진 과정을 생각해 보자.

피오르
U자곡에 해수가 들어가 생긴
좁고 긴 만

㉧(스위스 마터호른)

피오르(노르웨이)

190 │ 5 지각의 물질과 변화

〈그림 1-2-1〉 2010년 중학교 1학년 과학 교과서 지리 내용
(이면우 외, 2010, 중학교 과학1, 천재교육)

지리교육과정의 기원을 읽다

사막 지형과 빙하 지형

| 자료1 |

A

B

| 자료2 | 빙하 지형 모식도

권곡
빙하호
곡빙하

1 A 지형은 어떤 기후 환경에서 만들어진 지형인가? 이 기후 환경에서는 또 어떤 지형을 볼 수 있을까?

2 자료 2를 참고하여 B 지형의 형성 원인을 설명해 보자.

| 기후도 지형을 만든다 |

지구상의 다양한 기후는 독특한 지형을 만드는 데 큰 영향을 미친다. 물이 부족한 사막에서는 식물이 자라기 어렵기 때문에 바람에 의한 지형 변화가 크다. 모래가 바람에 날리고 쌓여서 모래 언덕이 만들어지며, 그 형태는 계속 변한다. 바람에 날린 모래가 바위에 부딪히면서 바위를 깎아 내기 때문에 활동 2의 A와 같은 독특한 모양의 버섯바위가 만들어진다.

빙하는 눈이 녹지 않고 쌓여서 이루어진 거대한 얼음덩어리로 중력에 의해 움직인다. 빙하는 추운 고위도 지방에 주로 분포하지만, 남아메리카의 안데스 산지나 아프리카의 킬리만자로 산과 같이 적도 부근의 고산 지역에도 나타난다. 산의 정상부에서는 빙하가 미끄러지면서 활동 2의 B와 같은 뾰족한 봉우리를 만들고, 이 거대한 얼음덩어리가 골짜기를 천천히 흐르면서 바닥을 깎아 내려 U자 모양의 계곡이 형성된다. 과거 빙기 때 빙하의 침식으로 만들어진 혼, 피오르, 빙하호와 같은 지형은 오늘날까지 남아 아름다운 경관을 보여 주고 있다.

☞ 혼
빙하에 의해 여러 방향으로 깎여서 만들어진 뾰족한 산봉우리이다.

☞ 피오르
빙하의 침식으로 파인 U자 모양의 계곡에 바닷물이 들어와 잠긴 좁고 긴 만으로 경관이 아름답다. 노르웨이 서해안이 대표적이다.

1. 세계의 독특한 지형 경관 **75**

〈그림 1-2-2〉 2011년 중학교 1학년 사회 교과서 지리 내용
(서태열 외, 2011, 중학교 사회1, 금성출판사)

1980년대 들어 성층권의 오존층이 클로로플루오로탄소의 작용으로 파괴되면 성층권이 자외선을 흡수할 수 없게 되어 지구 생명체가 위험해질 수 있다는 것이 알려지면서 이의 사용을 금지하려는 국제적인 노력이 이루어졌다. 1986년 채택된 몬트리올 협약 이후 많은 국가들의 노력으로 오존 구멍을 만드는 기체들인 CFCs와 HCFCs가 1990년대 중반 이후 큰 폭으로 감소하였다. 이후 관측에 의하면, 남극 오존 구멍도 일부 회복되었고 더 이상 커지지 않는다고 보고되고 있다. 그러나 클로로플루오로탄소의 생산과 사용을 중단했더라도 자연 상태의 오존 농도로 복귀하는 데는 앞으로 오랜 시간이 더 걸릴 것이다.

사막화 현상

지구의 여러 곳에서 과거에 경험하지 못한 장기간의 건조 기후와 같은 이상 기후가 발생하여 인간에게 큰 피해를 주고 있다. 전 세계적으로 사막화가 확대되고 있는 것이다. 아프리카 대륙은 사막이 약 40%를 차지하고 있으며, 최근에는 중국의 사막화 확대로 인해 우리나라의 황사 발생 증가 등의 환경 문제가 발생하고 있다. 점점 확대되는 사막화 현상이 주요한 환경 문제로 대두되고 있는 것이다.

다음 탐구를 통하여 세계적으로 사막화가 어느 정도 진행되고 있는지 알아보자.

탐구 사막화

다음 그림은 사막 지역과 사막화가 진행되고 있는 지역을 나타낸 것이다.

■ 사막, 건조 지역
■ 사막화가 심한 지역
■ 사막화가 중간 정도인 지역

정리
1 대부분의 사막은 어디에 분포하고 있고, 그 이유는 무엇인가?
2 사막화의 원인을 자연적 원인과 인위적 원인으로 나누어 생각해 보자.
3 중국을 포함하여 세계 각국의 사막화 피해 상황을 조사해 보자.
4 사막화를 방지하기 위한 대책을 토의하고 정리해 보자.

자외선과 오존
성층권에서 오존층이 자외선을 흡수한다.
적당한 자외선은 피부를 검게 태우고, 살균 작용과 소독 작용을 하지만, 심하면 피부암과 결막염의 원인이 되어 면역 체계를 약화시킨다. 또한 자외선이 계속 증가하면 농작물 생산량과 수중 생물에도 악영향을 미친다.

몬트리올 의정서(1986년, 캐나다 몬트리올)
CFCs, Halon 등 96종의 오존층 파괴 물질을 규제 대상 물질로 정하고, 1994년부터 생산·소비량을 단계적으로 감축하여 2040년부터 생산과 소비를 금지한다는 것을 주요 내용으로 한다.

사막화
사막화가 전 세계의 이목을 받기 시작한 것은 1968년~1973년 사이에 사하라 사막의 남쪽 사헬(Sahel) 지역에서 가뭄과 더불어 식물이 자라지 못하여 수많은 가축과 사람이 죽으면서부터이다.

2. 지구 기후 변화 | 203

〈그림 1-2-3〉 2011년 고등학교 지구과학 I 교과서 지리 내용
(최변각 외, 2011, 고등학교 지구과학 I, 천재교육)

지리교육과정의 기원을 읽다

4 사막화와 건조 지역의 변화

생각 톡톡 사막의 호수가 말라 가고 있다!

지구 살리기의 중요성을 일깨워 주는 환경 시사만평 그림이다. 불과 수십 년 전까지만 해도 호수였던 곳이 사막으로 변하고 있다. 배를 타고 사막을 건너는 모습을 역설적으로 보여 주면서 사막화의 심각성에 대해 경고하고 있다.

◎ 사막화의 심각성을 보여 주는 시사만평 속의 그림

사막화의 원인 사막화는 사막 주변과 스텝 지역에서 주로 나타나며, 기후 변화와 인간 활동 등에 의해 토양이 황폐해져 점차 사막으로 변하는 현상이다. 현재 아프리카 사하라 사막 남쪽의 사헬 지대, 중국 내몽골 지역에서 사막화가 급속하게 진행되고 있으며, 그 주변 지역도 사막화의 영향을 받고 있다. 에스파냐 남부의 알메리아 지역은 사하라 사막의 모래가 바람을 타고 지중해를 건너와 사막화의 영향을 받고 있으며, 에스파냐는 이미 전 국토의 20% 정도가 사막으로 변하였다.

http://www.unccdcop10.go.kr

사막화는 인구의 증가, 과도한 목축과 땔감의 확보, 농지의 개간, 자원 개발 등에 따른 삼림과 초원의 파괴로 인해 발생한다. 지구 온난화에 따른 장기간의 가뭄도 사막화 진행 속도를 빠르게 한다. 그 결과, 물과 식량이 부족하여 많은 사람들이 굶주리거나 난민이 되고 있는 실정이다.

◎ 쿠부치 사막 조림 사업(중국)

사막화에 대한 대책 사막화가 진행되고 있는 지역에서는 사막화를 막기 위해 방목과 경작을 규제하고 있다. 또한 세계 각국의 정부와 기업 등은 사막화가 진행 중인 지역의 난민들을 구호하고, 대규모 조림 사업도 실시하고 있다. 국제 연합(UN)에서도 사막화 방지 위원회를 구성하고, 사막화 방지 협약(UNCCD)을 체결하는 등 많은 노력을 기울이고 있다.

◎ 세계의 사막화 지역

(필립스 세계 지도, 2010)

70 II. 세계의 다양한 자연환경

〈그림 1-2-4〉 2014년 세계지리 교과서
(김종욱 외, 2014, 고등학교 세계지리, 교학사)

2 우리 나라 기후의 특징

일상 생활에서 흔히 사용되는 날씨와 기후라는 용어는 그 의미가 어떻게 다를까? 다음 글의 (　　) 안에 '날씨' 또는 '기후'를 넣어 문장을 완성하면서 두 용어의 차이를 알아보자.

날씨와 기후

어느 지역의 짧은 기간의 대기 상태(기온, 바람, 강수 등)를 날씨라고 하며, 오랫동안 평균한 대기의 상태를 기후라고 한다.

- 어제는 갑자기 비가 오는 (　　)로 야구 경기가 중단되었다.
- 우리 나라의 겨울철은 비교적 맑고 가장 추운 (　　)이다.
- 빙하기에는 지구 전체가 현재보다 훨씬 더 추운 (　　)이었다.
- 아마존 강 유역은 기온이 높고 강수량이 많은 (　　)이므로 열대 우림이 수만 년 동안 변함없이 유지되어 왔다. 이 곳에는 거의 매일 비슷한 (　　)가 반복된다.

우리 나라 사계절의 기후는?

우리 나라는 온대성 기후대에 속하며 거대한 유라시아 대륙의 동쪽에 위치하여 대륙과 해양의 영향을 함께 받는다. 따라서 우리 나라의 겨울철 기후는 대륙의 영향을 받아 춥고 건조하며, 여름철 기후는 해양의 영향을 받아 덥고 비가 많이 내린다. 즉, 우리 나라는 건기와 우기가 뚜렷하게 구별되는 기후 특성을 나타낸다.

토의하기 기후는 우리 생활에 어떤 영향을 줄까?

다음 그림은 우리 나라 남부와 북부 지방의 전통 가옥 구조이다.
❶ 두 지방의 가옥 구조가 다르게 발전한 까닭은 무엇이며, 정주간과 대청 마루는 각각 어떤 역할을 하였는지 설명해 보자.
❷ 두 지방의 의생활과 식생활은 어떤 차이가 있는지 토의해 보자.

그림 15-21 **남부 지방의 가옥 구조**

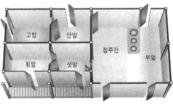

그림 15-22 **북부 지방의 가옥 구조**

306 | V. 지구

〈그림 1-2-5〉 2009년 고등학교 1학년 과학 교과서 지리 내용
(이문원 외, 2009, 고등학교 과학, 금성출판사)

06 _ 우리 나라의 전통 가옥 구조

학습 목표 기후와 전통 가옥 구조와의 관련성을 이해한다.

가옥은 인간 생활이 이루어지는 가장 기본적인 단위이며 삶의 보금자리이다. 가옥은 그 지역의 기후 환경에 잘 맞추어 지어진다. 또한, 가옥은 촌락의 기본 구성 단위로서, 가옥의 구조에는 자연 환경을 극복하려는 사람들의 모습이 나타나 있다. 특히, 우리 나라의 전통 가옥에는 추운 겨울철과 무더운 여름철에 대비한 여러 가지 가옥 구조가 나타난다. 다음 자료를 보고 우리 나라 기후와 전통 가옥 구조와의 관련성을 살펴보자.

1 자료 전통 가옥의 온돌과 대청 마루

▲ 온돌 구조로 만들어진 방

▲ 대청 마루

우리 나라 전통 가옥의 보편적인 특징은 구들(온돌)과 마루가 공존한다는 것이다. 원래 구들은 추운 북쪽 지방에서 내려온 북방 문화의 영향이고, 마루는 습도가 많고 더운 남쪽 지방에서 올라온 남방 문화의 영향이다. 이러한 두 가옥 구조가 서로 만나면서 남·북방 문화의 결합이 이루어졌다. 특히, 여름의 생활 공간인 마루의 면적은 북으로 갈수록 줄어든다.

2 자료 홑집과 겹집

▲ 남부 지방에서 많이 나타나는 일자형 구조인 홑집 가옥의 평면도

▲ 북부 산간 지대에서 많이 나타나는 이중 구조 가옥의 겹집 평면도

〈그림 1-2-6〉 2008년 고등학교 한국지리 교과서
(조성호 외, 2008, 한국지리, 대한교과서)

우리나라의 기온은 지구 온난화와 도시화로 인해 지난 100년간(1906~2005) 약 1.5℃ 상승하였으며, 이 값은 지구 평균 온도 상승률(0.7℃/100년)의 약 2배이다(기상청, 2008). 지구 온난화는 계절에도 영향을 미쳐 1920년대에 비해 1990년대는 겨울이 약 30일 정도 짧아지고, 봄·여름은 약 20일 정도 길어졌다. 서울의 열대야는 1990년대 초 평균 1.1일이었으나 2009년에는 6.6일로 증가하였다.

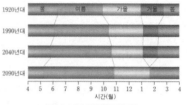

그림 Ⅲ- 27 우리나라의 계절별 길이 변화

20세기 우리나라의 기후 변화 특징은 겨울철 최저 기온의 두드러진 상승이라고 할 수 있다. 그림 Ⅲ-27과 같이 겨울철 기온의 상승으로 겨울은 짧아지고 여름과 봄은 길어지는 변화가 나타나며 서리일, 결빙일 등 추위와 관련된 지수는 감소하고 냉방일, 열대야 등 더위와 관련된 지수는 증가하는 추세이다. 학자들은 2040년대에는 겨울의 길이가 1920년대의 약 $\frac{1}{2}$ 정도로 감소하고, 2090년도에는 겨울이 없어질 것으로 예상하고 있다. 또한 강수 일수는 약간 감소하였지만, 강수량은 약간 증가하는 추세이며, 호우 발생 빈도가 증가하고 있다.

1971~2000년의 평균값을 기준으로 할 때 21세기 말 우리나라의 기온은 약 4℃ 이상 상승하고, 강수량도 약 20% 증가할 것으로 예상된다. 그림 Ⅲ-28은 기후 변화의 영향으로 우리나라에서 일어나고 있는 현상들을 나타낸 것이다.

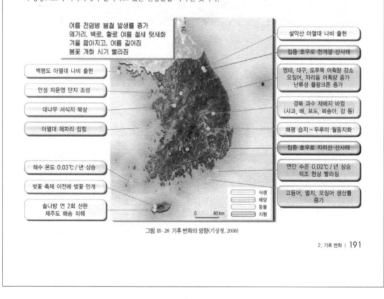

그림 Ⅲ- 28 기후 변화의 영향(기상청, 2008)

〈그림 1-2-7〉 2011년 고등학교 지구과학 I 교과서 지리 내용
(이태욱 외, 2011, 고등학교 지구과학 I, 교학사)

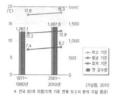

우리나라의 기후 변화 지난 100여 년간 세계의 연평균 기온은 약 0.7℃ 상승하였다. 그러나 우리나라의 연평균 기온은 지구 평균치의 두 배 이상인 1.5℃가량 상승할 정도로 기후 변화가 빠르게 진행되었다. 특히, 서울이나 부산과 같은 대도시 지역에서는 *도시 열섬 현상까지 더해져 연평균 기온이 3℃ 이상 상승하였다. 계절별로는 겨울철의 기온 상승이 두드러져 겨울의 지속 기간은 점차 짧아지고 있다. 이로 인해 기온이 영하로 떨어지는 날이 감소하면서 하천의 결빙일수도 줄어

● 우리나라의 기후 변화 추이

들고 있다. 여름철은 겨울철에 비해 기온 변화가 뚜렷하지 않지만, 고온 현상이 나타나는 날이 증가하면서 *열대야가 발생하는 횟수가 늘어나고 있다.

* 도시 열섬 현상
도시 내부에서 발생하는 인공 열에 의해 주변 지역보다 도심에서 기온이 높게 나타나는 현상이다.

우리나라의 연 강수량도 100년 전에 비해 증가하였지만, 해마다 연 강수량의 변동 폭이 크기 때문에 기온의 상승만큼 뚜렷한 추세가 나타나지는 않는다. 그러나 강수일수는 감소하는 반면, 연 강수량이 증가하는 것은 집중 호우가 내리는 강도가 강해지고 있음을 의미한다.

* 열대야
야간에 일 최저 기온이 25℃ 이상인 현상으로 여름철 무더위를 나타내는 지표로 활용한다.

탐구

한반도 일대의 기후는 어떻게 변화하고 있을까?

자료 ① 한반도의 기온 상승

자료 ② 지구 온난화에 따른 계절의 변화

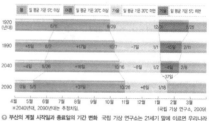

● 부산의 계절 시작일과 종료일의 기간 변화 국립 기상 연구소는 21세기 말에 이르면 우리나라의 연평균 기온이 4℃ 상승하고, 강수량은 20% 증가할 것으로 전망하고 있다. 이로 인해 남해안 일대는 온대 기후에서 아열대 기후로, 중부 지방은 냉대 기후에서 온대 기후로 바뀔 것이다. 또한 이 같은 추세대로라면 2090년의 우리나라는 여름은 길어지고, 겨울은 매우 짧아질 것으로 예상된다.

1 자료❶에서 기온이 높게 상승한 지역을 찾아보고, 그 요인을 설명해 보자.

2 자료❷에 제시된 2090년 부산의 계절별 기간을 비교해 보고, 우리나라의 기후 변화는 어떻게 진행되고 있는지 생각해 보자.

106 Ⅱ. 기후 환경의 변화

〈그림 1-2-8〉 2014년 고등학교 한국지리 교과서
(최규학 외, 2014, 고등학교 한국지리, 비상교육)

기후 관련 내용을 "원래 '과학'과의 내용이 아닌가"라고 생각할 경우에는 필요 이상으로 어려운 내용으로 인식을 할 수도 있다. 이는 지리교과 전반에 대한 흥미 감소를 유발할 수도 있게 된다.[2]

이러한 학생들의 반응이 나타나게 된 이유를 제7차 교육과정 및 이후 2007, 2009 개정 교육과정에 의한 중·고등학교 교과서를 통해 확인할 수 있다. 예를 들어 다음의 사례들을 교과서 제목을 가린 채 제시할 경우 지리(또는 사회) 교과서와 과학 교과서를 구별하기란 쉽지 않다(그림 1-2-1부터 그림 1-2-8).

이러한 상황은 그동안 지리 영역의 지형 관련 내용이 주로 고등학교에 편성되어 있던 이유로 잘 드러나지 않았다. 그러나 2007년과 2009년을 지나면서 개정된 중학교 1학년 '사회'의 지리 영역이 지역지리를 바탕으로 한 그동안의 교육과정 구성에서 계통지리 중심으로 변화되면서 앞서 언급한 혼란이 보다 심화될 수 있는 조건이 만들어졌다. 2009년 검정 심사를 받은 중학교 교과서를 기준으로 할 때, 사회의 경우는 지형 관련 단원을 4월경에, 과학의 경우는 2학기 시작 즈음에 배우는 것이 일반적이었는데, 빙하, 해안, 건조, 하천, 카르스트, 화산 지형은 물론 기후 단원과 심화 정도는 다르지만 판구조론 관련 내용에서도 어렵지 않게 두 과목의 유사성을 확인할 수 있다. 나아가 일부 과학 교과서에는 간척과 관련된 환경 문제와 강화도를 사례로 한 간척의 역사지리적 측면까지 소개되어 있다.[3] 이후 2012년과 2013년에 검정 심사를 통과한 중·고등학교 지리(또는 사회) 교과서와 과학 교과서의 경우도 앞서와 크게 다르지 않다. 다만 기후, 지형, 우리나라 지체구조 등 내용 유사성이 높았던 주제만이 아니라, 온난화, 사막화

---

2) 한국교육개발원(2002)과 윤미선·김성일(2003) 등에 따르면, 학교 학습에서 학년이 올라갈수록 사회교과에 대한 흥미는 높아지는 데 반해, 흥미의 감소는 수학과 과학교과에서 두드러지는 것으로 보고되었다(김성일·윤미선·소연희, 2008, 앞의 논문, pp.187-221; 윤미선·김성일, 2003, 「중·고생의 교과흥미구성요인 및 학업성취와의 관계」, 교육심리학연구, 17(3), pp.271-290; 한국교육개발원, 2002, 「초·중학생의 지적·정의적 발달단계 분석 연구(III)」, 한국교육개발원 연구보고 RR 2002-4.).

3) 이외에도 동일 교과서에는 등고선식 경작, 구하도 등이 각각 한 쪽 분량으로 소개되고 있으며, 각 지형을 보여 주기 위한 사진들도 지리교과서와 거의 동일한 것을 활용하고 있다. 이면우 외, 2010, 중학교 과학1, 천재교육, pp.174-201.

등을 포함한 기후변화 및 자연재해, 각종 환경문제, 에너지 자원(특히 신·재생에너지) 등 사회적 관심이 집중되는 주제에서도 유사성이 심화되고 있다.

2. 혼란의 기원과 표면화

1) 혼란의 기원

자연지리와 과학의 일부 내용 중복은 일시적으로 나타난 현상이 아니며, 두 교과목은 일정 부분 공유 영역을 가진 상태로 변화되어 왔다. 지형학자인 권혁재(1997) 역시 그의 책 『자연지리학』(2판)에서 다음과 같이 기술하고 있다.

> 넓은 의미에서 자연환경은 기권·수권·암석권·생물권으로 구성되어 있기 때문에 자연지리학은 인접과학의 범위가 매우 넓을 수밖에 없다. 그래서 자연지리학은 오늘날 종합과학의 성격을 띠게 되었다. 기권의 이해를 위해서는 기상학(meteorology)과 기후학(climatology), 수권의 이해를 위해서는 수문학(hydrology)과 해양학(oceanography), 암석권의 이해를 위해서는 지질학(geology), 생물권의 이해를 위해서는 생물학(biology)으로부터 필요한 정보를 얻어내야 한다.[4]

이와 같은 자연지리학에 대한 범주 설정은 교육학자들의 인식과도 크게 다르지 않다.

---

4) 권혁재, 1997, 『자연지리학』(2판), 법문사, p.5.

이전에 '자연지리학'이라 불리던 지구과학은 지형학과 지질학을 포함한 지구 토양의 학습, 해양학을 포함한 물의 학습, 기후학과 기상학을 포함한 대기의 학습, 그리고 고생물학(혹은 화석학)이나 천문학을 포함한 생명체 학습에 이르는 교과로 유지되어 왔다.5)

교육학자인 포스너(Posner, 1994)는 현재의 지구과학이 과거에는 '자연지리학'이었다고 기술하면서, 지구과학의 토대를 이루는 내용 영역으로 권혁재가 '자연지리학'을 구성하는 학문이라고 기술했던 것들을 언급하고 있다. 즉, 포스너는 과거 '자연지리(Physical Geography)'라고 불리던 과목의 현재적 형태가 '지구과학(Earth Science)'이라고 주장한다. 이의 근거로 1873년의 자연지리교과서, 1953년·1987년의 지구과학 교과서의 목차를 들고 있다(표 1-2-1).6)

권혁재(1997)는 '자연지리학'의 업적으로 자연현상의 분포를 조사하고 이를 지도화함으로써 자연지역(natural region)의 개념을 구체화한 것을 들면서, '분포와 지도화'에 대한 강조를 통해 '자연지리학'의 지리적인 특성을 부각시키고 있다.7) 그러나 그의 글에서도 볼 수 있듯이, 지구과학과 자연지리가 중복되는 내용 및 학문 영역을 갖고 있다는 점은 분명하다.

구체적으로 교수요목기 지리교과서인 '자연환경과 인류생활'의 첫 번째 내용 대단원인 지구타원체 및 지구의 모양 관련 내용에는 다음과 같은 글이 실려 있다.

해상 혹은 평원에서 시계(視界)가 둥근 것을 보고 지구가 구형임을 짐작한 그

---

5) 포스너 저, 김인식·박영무·최호성 역, 1996, 『교육과정 이론과 분석』, 교육과학사, p.213(Posner, G. J., 1994, *Analyzing the Curriculum*(2nd ed.), McGraw-Hill).

6) 포스너는 1987년에 출판된 지구과학 교과서는 그 이전의 교과서들과는 달리 대기권, 수권, 토양권, 생활권과 같은 네 가지의 '권역'을 일차적이고 기초적으로 사용하기보다는, 주기, 물질, 에너지, 공간, 시간과 같은 개념을 내용 조직의 기초로 사용하고 있다고 기술하고 있다(김인식·박영무·최호성 역, 1996, 앞의 책, p.213.). 그러나 목차를 통해 확인할 수 있는 하위 내용 영역에서는 별다른 차이가 나타나지 않는다.

7) 권혁재, 1997, 앞의 책, p.4.

레시아(Graecia: 라틴어로 그리스, 필자 주)의 고대 지리학자들은 비록 전 지구에 대한 인식은 없었으나 그 사실의 중요성을 깨달았다. …… 지구가 구형임을 발견한 옛날 사람들은 다시 지구가 얼마나 큰가를 알려고 하였으며, 에라토스테네스는 지구의 둘레를 약 46,250km로 계산하였다.[8]

〈표 1-2-1〉 자연지리 및 지구과학의 목차 변화

19세기 자연지리교과서의 내용 목차(Warren, D. M., 1873, Elementary Treatise on Physical Geography, Philadelphia: Conperthwait)		
서론 - 5	Ⅴ. 기후 - 63	────
	Ⅵ. 전기 현상 및 광학 현상 - 64	지도색인
제1부 육지	복습 및 지도문제 - 68	서인도 제도 - 16
Ⅰ. 육지의 일반 구조(전체 구조) - 11		아시아 제도 - 17
	제4부 유기체	호주 제도 - 17
Ⅱ. 육지의 분포 -15	Ⅰ. 식물 지리학 - 69	폴리네시아 제도 - 18
Ⅲ. 기복의 형태 - 19	Ⅱ. 동물 지리학 - 78	태평양 연안의 산맥 체계 - 22
Ⅳ. 대륙의 기본 형태 - 22	Ⅲ. 인류학 - 86	안데스 산맥 - 23
Ⅴ. 화산 현상 - 28	복습 및 지도문제 - 94	유럽의 산지 지역 - 24
복습 및 지도문제 -33		세계의 산맥, 고원, 평야 - 25
	미국의 자연지리	화산 및 화산 지역의 지도 - 30
제2부 물	Ⅰ. 지리적 위치 및 크기-반도, 만 그리고 섬 - 95	
Ⅰ. 수원지(Springs) - 34		강과 호수의 지도 - 40
Ⅱ. 강 - 36	Ⅱ. 지표면의 구조 - 96	세계의 조석 - 45
Ⅲ. 강의 지리학적 분포 - 38	Ⅲ. 강과 호수 - 99	해류도 - 46
Ⅳ. 호수 - 41	Ⅳ. 기후 - 101	등온선도 - 53
Ⅴ. 대양 - 42	Ⅴ. 식물과 동물 - 102	풍향도 - 58
Ⅵ. 대양의 운동(이동) - 44	Ⅵ. 날씨 - 103	식물 분포도 - 74
복습 및 지도문제 - 49	Ⅶ. 알래스카 - 106	동물 분포도 - 84
	Ⅷ. 미국의 광물학 - 106	인종 분포를 나타내는 민족지학적 지도 - 89
제3부 대기	복습 및 지도문제 - 111	일기도 - 105
Ⅰ. 대기의 속성 - 50		알래스카 지도 - 106
Ⅱ. 온도 - 51	────	미국의 지형지도 - 110
Ⅲ. 바람 - 54	일반적인 물음 - 112	
Ⅳ. 대기의 습도 - 59	어휘발음 - 113	
	지리적 표 - 115	

---

8) 최복현·이지호·김상호, 1950, 자연환경과 인류생활, 과학문화사, pp.2-3.

지구는 지구의로 짐작할 수 있는 바와 같이 양극의 방향으로 좀 평평한 타원체인데, 그 적도 반경은 6,378km, 양극 반경은 6,356km이며, 그 차는 불과 1/300이다. …… 지구가 구체라 함은 다음의 여러 일로 증명된다. ① 해상 또는 평원에서 보면 지평선이 원형으로 보이고 시선을 높이면 높일수록 그 원의 면적은 점점 커진다. ② 해안에 접근하는 선박을 보면 우선 수평선상에 돛이 보이고, 그다음에 선체가 보인다. …… ④ 월식 때에 달에 비치는 지구의 그림자가 항상 원호를 그린다. ⑤ 동으로 일직선으로 향하여 출발한 선박은 서쪽으로부터 출발하던 같은 항구로 돌아온다. ⑥ 남북으로 서로 떨어져 있는 두 곳에서 동일한 별의 고도가 다르다. ⑦ 갑지에서 보이는 별이 위도가 다른 을지에서는 보이지 않는다.[9]

앞에서 제시한 내용은 이후 교육과정의 지리교과서에서는 사라졌으나, 과학교과서의 지구과학 관련 내용에서는 지금도 쉽게 찾을 수 있다. 일부를 소개하면 다음과 같다.

구형의 지구: 이미 기원전부터 지구가 구형이라고 생각한 사람들이 있었다. 그리스의 피타고라스는 가장 완전한 형태는 구라는 생각에서 지구를 구형으로 생각하였으며, 아리스토텔레스는 월식은 지구의 그림자가 비친 것이고, 그 그림자로 미루어 볼 때 땅은 구형이라고 설명하였다. 또한 그리스 시대의 많은 항해가들은 그들의 경험에 비추어 볼 때, 북쪽이나 남쪽으로 가면 새로운 별이 보이게 되고 수평선으로 배가 사라지는 모습을 보고 지구가 구형이라는 생각을 널리 받아들이고 있었다.

……

지구의 크기 측정: 그리스의 에라토스테네스는 하짓날 정오에 태양은 시에네

---

9) 노도양, 1950, 자연환경과 인류생활, 탐구당, pp.4-6.

〈그림 1-2-9〉 교수요목기 자연환경과 인류생활 교과서(최복현 외, 1948)

의 우물 속을 바닥까지 환히 비추는 반면에, 시에네의 북쪽에 있는 알렉산드리아에서는 탑의 그림자가 생기는 것을 보고 탑의 끝과 태양 광선이 이루는 각을 측정하여 약 7.2°임을 알았다. 이것은 원둘레의 50분의 1에 해당하므로 시에네에서 알렉산드리아까지의 거리를 재고 50배를 하여 지구의 둘레를 측정할 수 있었다.[10]

이와 같은 지구의 형태 및 크기와 관련된 내용 및 개념은 19세기 자연지리학 관련 교재에서도 처음 부분에서 다루는 경우가 많았다. 게이키(Geikie, 1877)의 *Elementary Lessons in Physical Geography*에도 시작 부분에 다음과 같은 내용이 나온다.

---

10) 정완호 외, 2002, 중학교 과학2, 교학사, pp.71-75.

지구는 태양이나 달과 마찬가지로 구형이다. 이는 다양한 방법으로 입증될 수 있다.

(1) 만약 우리가 영국으로부터 항해를 떠나 서쪽으로 쭉 나아가게 된다면, 결국 영국으로 다시 오게 되는 우리 자신을 발견할 수 있을 것이다. 이를 세계일주라고 부른다. 이는 지구가 구형이 아니라면 불가능한 일이다.

(2) 바닷가에 서서 대양으로 나가는 배를 바라보면 해수면 아래로 점차 가라앉는 것처럼 보인다. 먼저 선체가 사라지고, 그리고 조금씩 돛이 사라진다. 반대로 배가 우리 쪽으로 접근할 때 망원경을 통해서 보면, 멀리 대양의 표면 위로 돛과 마스트의 제일 윗부분이 보인다. 돛은 점차적으로 커지고 마침내 완전한 배가 우리 시야에 들어오게 된다. 이는 지구가 둥글기 때문에 일어나는 현상이다.

(3) 만약 지구의 표면이 평평하다면, 태양은 지구의 모든 장소에서 동시에 떠올라야 한다. 그러나 실제로 일출은 우리가 서쪽 혹은 동쪽으로 여행할 때마다 늦어지거나 빨라진다. 또한 만약 지구가 평평하다면 우리가 높은 산에 올라간다면 지표면 전체를 볼 수 있어야 한다. 그러나 우리가 볼 수 있는 범위는 우리가 올라가는 높이에 달려 있으며, 이는 지구가 구형이기 때문이다.

(4) 지구가 태양과 달 사이에 놓여서 달에 도달하는 태양 빛을 차단할 때를 월식이라고 부른다. 만약 달의 표면으로 조금씩 나아가는 지구의 그림자를 관찰한다면, 그것이 원형이라는 것을 알 수 있게 된다. 그러므로 우리가 사는 혹성이 실제 구형이라는 것을 확인할 수 있게 된다.[11]

20세기 초·중반의 지리 교재에도 이와 같은 순서는 지켜진다. 미국 초등학교 교과서로 사용되었으며, 우리나라에는 『즐거운 세계일주』라는 제목으로 1980년대 초에 번역·소개된 힐리어(Hillyer, 1929)의 책 역시 유사한 내용으로 시작된다.

---

11) Geikie, A., 1877, *Elementary lessons in Physical Geography*, London: Macmillan and Co. pp.8–9.

우리가 살고 있는 이 세계를 아무나 다 마음대로 볼 수는 없습니다. 그야 여러분 주위에 있는 좁은 세계라면 볼 수도 있겠지요. 높은 빌딩 위에 올라가면 더잘 보일 것이고, 높은 산꼭대기에 오르면 더욱더 잘 보일 것입니다. 비행기를 타고 하늘 높이 올라가면 훨씬 더 잘 보일 것입니다. 그러나 세계를 통째로 보려면구름보다도 더 높게, 별이 반짝이는 우주 공간으로 올라가야 하는데, 그것은 우주 비행사가 아니고서는 아무나 할 수 없는 일입니다.[12]

교수요목기 '자연환경과 인류생활'과 그 이전 자연지리 또는 지문학 관련 교과서와의 유사성은 목차 비교를 통해서도 확인된다. '자연환경과 인류생활'의대단원 I~V의 구조는 게이키(1877)의 책이나, 이후 조선 총독부(1914)의 지문학 교과서와 거의 동일한 모습을 보이고 있다(표 1-2-2, 표 1-2-3). 이런 점에

〈표 1-2-2〉 교수요목기 지리교과서 자연지리 영역 목차

노도양, 1950, 자연환경과 인류생활, 탐구당	
Ⅰ. 지구 　1. 우주와 태양계 　2. 지구의 성상 　3. 지구와 달의 운동 　4. 태양일과 표준시와 달력 　5. 지표의 묘사 Ⅱ. 육지 　1. 지표의 형태 2. 지형의 변화 　3. 지형 Ⅲ. 해양 　1. 해양 2. 해수의 운동	Ⅳ. 기후 　1. 대기 2. 기온 3. 기압과 바람 　4. 습도·강우·일기 　5. 기후와 기후구 Ⅴ. 생물 　1. 식물과 환경 　2. 열대지역의 생물 　3. 건조지역의 생물 　4. 습윤지역의 생물 　5. 한대지역의 생물 　　　　　…… **Ⅺ. 자연환경에 대한 우리의 태도**

주: Ⅵ-Ⅹ 단원은 인문지리 단원이므로 생략한다.

---

12) 힐리어 저, 이규직 역, 1983, 『즐거운 세계일주』, 계몽사문고 105, pp.13-14(Hillyer, V. M., 1929, *A child's geography of the world*, New York, London: The Century Co., Revised by Huey, E. G., 1951, *A Child's Geography of the World*, New York: Appleton-Century-Crofts.).

Geikie, 1877, Elementary Lessons in Physical Geography	
I. THE EARTH AS A PLANET	IV. THE LAND
1. The Earth's Form	19. Continents and Islands
2. The Earth's Motions	20. The Relief of the Land Mountains,
3. The Earth and the Sun	Plains, and Valleys
4. Measurement and Mapping of the Earth's	21. The Composition of the Earth
Surface	22. Volcanoes
5. A General View of the Earth	23. Movements of the Land
	24. The Waters of the Land Springs and
II. THE AIR	Underground Rivers
6. The Composition of the Air	25. The Waters of the Land Running –
7. The Height of the Air	Water Brooks and Rivers
8. The Pressure of the Air	26. The Waters of the Land Lakes and Inland
9. The Temperature of the Air	Seas
10. The Moisture of the Air	27. The Waters of the Land The Work of
11. Tne Movements of the Air	Running Water
	28. The Frozen Waters of the Land Frost,
III. THE SEA	Snow-fields, Glaciers
12. The Great Sea-basins	29. The Sculpture of the Land
13. The Saltness of the Sea	
14. The Depths of the Sea	V. LIFE
15. The Temperature of the Sea	30. The Geographical Distribution of Plants
16. The Ice of the Sea	and Animals
17. The Movements of the Sea	31. The Diffusion of Plants and Animals,
18. The Offices of the Sea	Climate, Migration and Transport,
	Changes of Land and Sea

조선 총독부, 1914, 지문학(고등보통학교 지리과 중의 지문학 교과서)*		
Ⅰ. 지구	Ⅲ. 해양	Ⅴ. 地文과 人文
1. 지구의 성인	1. 해저	1. 지형과 인문 2. 해양과 인문
2. 지구와 달과 태양과의 관계	2. 해수의 온도	3. 기후와 인문 4. 지문과 人力
3. 지구의 형상과 크기	3. 해수의 운동	
4. 지표의 측정		부록
5. 지구의 운동	Ⅳ. 공기	1. 지구의 형상
	1. 공기의 제 현상	2. 생물의 분포
Ⅱ. 육지	2. 공기의 온도	3. 조선의 정오통지
1. 대륙과 섬	3. 바람	4. 지진계
2. 육지의 표면	4. 공기 중의 수분	5. 해수의 성분과 색
3. 육지의 변동	5. 천기	6. 산호초의 종류
4. 지각의 구조		7. 대양 중의 深所

자료: * 장보웅, 1971, 「일본통치시대의 지리교육」, 논문집, 4, 군산교육대학, pp.83~117에서 재인용.

서, 교수요목기까지는 '자연지리' 또는 '지문학'이 적어도 우리나라 지리교육자들에게는 동일한 교과목 또는 학문 영역을 의미하는 용어였으며, 학교에서도 관련 내용을 지리 영역에서 가르치고 있었음을 알 수 있다.

2) 혼란의 표면화

고등학교 지리교과서에서 자연지리 내용 변화를 간단하게 기술하는 것은 쉽지 않다. 해방과 함께 미군정에 의한 교수요목이 등장한 이후 현재의 제7차 교육과정에 이르기까지 지리교과서 목차 및 내용이 크게 변화한 시점은 제1차 교육과정[13]의 도입 시기라고 할 수 있다. 이는 1954년 4월에 고시된 제1차 교육과정 각급 학교 시간배당 기준표, 1955년 8월 1일에 고시된 제1차 교육과정 문서 및 그에 따라 제작된 교과서와 교수요목기의 교과서를 비교해 보면 확인할 수 있다.[14]

교수요목기 고급중학교(현재의 고등학교)의 지리과 과목은 교수요목상으로는 총 3과목이었다고 보는 것이 정설이다. 박광희(1965)의 연구에 따르면 당시의 고급중학교 사회과 분야별 시간배당표는 〈표 1-2-4〉와 같으며, 이찬(1977), 박정일(1977), 김연옥·이혜은(1999), 임덕순(2000)[15] 등 지리교육 관련 연구자들도 이를 인용 및 재인용하고 있다.

현재까지는 당시의 지리교과서 가운데 '자연환경과 인류생활'만이 출간되었다고 알려져 있는데, 박정일(1977), 김연옥·이혜은(1999), 임덕순(2000) 역시

---

13) 고시 당시의 명칭은 '교과과정'이다. 이 당시까지는 교육과정 연구활동에서 교과과정의 뜻을 중점적으로 생각하였으므로 이 시기를 교과과정기라고 할 수 있다. 최근에는 이 시기를 교육과정 제1차 시행기(제1차 교육과정기)로 구분하는 것이 통례로 되어 있다(유봉호, 1992, 『한국교육과정사연구』, 교학연구사, p.309.).

14) 현재 미군정기의 중등학교 교수요목은 각 교과별 시간배당과 과학, 국어, 영어, 수학 및 일부 실업과만 남아 있다. 그러므로 현재의 고등학교에 해당하는 고급중학교 지리 내용은 당시의 교과서를 통해서만 확인할 수 있다.

15) 박광희, 1965, 앞의 논문, p.117.

〈표 1-2-4〉 교수요목기 고급중학교(현 고등학교) 사회과 과목과 시간배당표

학년	공민	주당 시수	지리	주당 시수	역사	주당 시수
4(1)	정치편(개론)	2	자연환경과 인류생활[1]	2	인류문화사	2
5(2)	경제편(개론)	2	인문지리	2	우리문화사	2
6(3)	윤리·철학(개론)	2	경제지리[2]	2	인생과 문화	2

주: 1) 박광희 등의 연구에서는 '지리통론'으로 기재되었으나, 교과서명은 '자연환경과 인류생활'이었다.
　　2) 미군정청 학무국은 해방 직후인 1945년 9월에 고시한 중등학교 교과편제 및 시간배당표를 1946년 9월
　　에 다시 개정하였다. 1946년에 개정된 교과편제에서 지리, 역사, 공민이 통합된 사회생활과라는 과목이 공
　　식적으로는 처음 등장하게 되는데, 4, 5, 6학년(현 고등학교 1, 2, 3학년)의 경우 필수와 선택으로 나누어져
　　있었다. 필수의 경우 매 학년 주당 5시간을 학습해야 했으며, 선택의 경우는 다음과 같은 주석이 달려 있다.

　　　　선택과목 중 사회생활은 특수 경제지리를 과하되, 매주 5시간씩 1년간 4, 5, 6학년 어느 학년에서든
　　　　지 교수할 수 있으며, 또 어느 생도나 이를 선택할 수 있음(원문: Special economic geography, one
　　　　year 5 periods per week, and may be open to students in 10, 11 or 12th grades). - United
　　　　States Army Military Government In Korea, 1946-1948, Core Curriculum for Senior Middle
　　　　School, Bureau of Education.

　　　　모든 것이 불확실한 해방 정국에서 이러한 군정청의 의도가 학교 현장에서 제대로 구현되었는지는 확신
　　할 수 없지만, '특수 경제지리를 과하되'라는 표현을 통해 사회생활과 선택과목으로는 경제지리가 유일했
　　음을 알 수 있다. 인용 문서의 생산 연도를 정확하게 확인할 수 없지만, 함종규는 미군정청에서 발간한「문
　　교행정개황」에 동일한 교과편제 및 시간배당표가 전제되어 있다는 사실을 통해 1946년 9월경에 교과편
　　제의 개정이 있었음을 추론할 수 있다(미군정청 문교부 조사기획과, 1946,『문교행정개황』, p.15; 함종규,
　　2003,『한국교육과정변천사연구』, 교육과학사, pp.187-194; 유봉호, 1992, 앞의 책, pp.303-304.).

이러한 주장에 동의하고 있다. 특히 김연옥의 경우는 본인 경험을 바탕으로 '자
연환경과 인류생활' 교과서만 2~3년 동안 학교에서 가르쳤다고 언급하고 있
다.[16] 그러나 (주)미래엔(구 대한교과서)에서 설립한 교과서박물관에서 1948년
인정교과서로 노도양 저 '경제지리'가 출간[17]되었음을 확인하였으며, 해당 교

---

16) 교과서가 구비되지 않은 것이 대부분이고, 교사들의 교육 배경 등으로 경제지리는 실제로 다루어지지 않
　　았다고 주장하고 있다. 나아가 경제지리 교수요목의 실제 구성 여부에 대해서도 의심을 하고 있다(김연옥·
　　이혜은, 1999,『사회과 지리교육연구』, 교육과학사, p.138.).

17) 노도양 저 '경제지리'는 1948년 9월 20일에 출간되었으며, 문교부 인정일자는 1948년 12월 3일이다. 한
　　국교과서연구재단 홈페이지에 의하면, 광복 후 국정, 검정, 인정교과서 제도가 실시되었지만 잘 지켜지
　　는 편은 아니었다고 한다. 이대의(1998)는 검인정 제도의 시작을 1949년 정도로 기억하고 있는데, 이미 시
　　장에 나와 있던 중·고등학교 교과서를 제출시켜 정가를 사정하여 주고는 검인정교과서로 지정해 주었다
　　고 한다. 구체적인 검인정 방법에 대해서는 다음과 같이 기술하고 있다. "내용이 교육적이 아닌 것 이외
　　에는 전부 합격하여, 수정지시만 나오고, 수정하여 내면 검인정교과서가 되는 제도였다. 또 제출시기도
　　수시로 문교부에 접수되었다."(한국교과서연구재단 홈페이지(http://www.textbook.ac/bbs.jsp?req_
　　PAGE=etc1&req_P=view&menu=2&sub=5&bbs_id=c20ad4d76fe97759aa27a0c99bff6710&currPag

〈그림 1-2-10〉 교수요목기 경제지리교과서(노도양, 1948)

과서의 표지에 기재된 인적 사항을 통해 당시 5학년(현재의 고등학교 2학년)에
서 실제 교수되었음을 확인하였다.[18] 그러므로 지리 내용 영역의 대략적 변화
를 살피기 위해서는 교수요목기의 '자연환경과 인류생활', '경제지리' 두 교과서
의 목차와 제1차 교육과정기의 유일한 고등학교 지리교과서인 '인문지리'의 목

---

e=1&searchText=&searchColumn=&searchTextEn=&cate=&no=95); 김진영 외, 2010, 「(연구보고서
2010-2) 교과용도서 국·검·인정 구분 준거 및 절차에 관한 연구」, 사단법인 한국검정교과서, pp.1-8; 이
대의, 1998, 「검인정교과서의 변천사」, 교과서연구 1, 한국교과서연구재단, p.7.).

　　1950년에 대통령령으로 검인정교과서에 대한 구체적인 법적 규정이 최초로 등장하게 되는데, 이 대통령
령에서는 인정교과서를 다음과 같이 정의하고 있다. "인정은 각 학교(대학과 사범대학을 제외)의 정규 교
과목의 교수를 보충심화하기 위한 학생용 도서, 국민학교와 이에 준하는 각종 학교의 정규교과목의 학습을
더욱 효과적으로 지도하기 위한 학생용 도서 및 제1조 제2항에 규정한 궤도, 地球儀類에 대하여 행한다."
(대통령령 제336호 「교과용도서검인정규정」 제3조 - 관보 제340호(1950. 4. 29.)). 이 경우, 인정교과서는
보충심화를 위한 학습자료로서만 인식되는데, 이후 교육법시행령에서 다음과 같은 추가적인 용도를 인정
하고 있다. "국정교과서 또는 검정교과서가 없을 때에는 인정교과서를 교과용도서로 대용할 수 있다."(교
육법시행령 제190조 대통령령 제633조, - 관보 제641호(1952. 4. 23.)).

　　법이나 규정으로의 법제화가 시대적 상황을 반영한다는 것을 감안한다면, 대통령령 및 교육법시행령이
고시되기 이전부터 인정교과서는 보충심화용 학습자료 및 교과용 도서라는 특성을 함께 갖고 있던 것으로
보인다. 노도양의 경제지리의 경우는 형식, 내용 전개, 제본 형태 등을 볼 때, 보충심화용 학습자료라기보
다는 교과용 도서로서의 형식을 갖고 있다.

18) 연구자가 입수한 자료는 1941년에 최초로 설립된 공립홍성중학교 6회 졸업생인 심응식 씨가 5학년 때 사
용한 교과서이다. 홍성중학교는 1951년 8월 교육법 개정으로 홍성고등학교로 변경되었다.

　　　　　　　　　　　　　　　　　　　　　　　　지리교육과정의 기원을 읽다

〈표 1-2-5〉 교수요목기와 제1차 교육과정기 지리교과서 목차 비교

교수요목기		제1차 교육과정기
자연환경과 인류생활, 노도양, 1950, 탐구당	경제지리, 노도양, 1948, 을유문화사	인문지리, 노도양, 1962, 탐구당
I. 지구 　1. 우주와 태양계 　2. 지구의 성상 　3. 지구와 달의 운동 　4. 태양일과 표준시와 달력 　5. 지표의 묘사 II. 육지 　1. 지표의 형태 2. 지형의 변화 　3. 지형 III. 해양 　1. 해양 2. 해수의 운동 IV. 기후 　1. 대기 2. 기온 3. 기압과 바람 　4. 습도·강우·일기 　5. 기후와 기후구 V. 생물 　1. 식물과 환경 　2. 열대지역의 생물 　3. 건조지역의 생물 　4. 습윤지역의 생물 　5. 한대지역의 생물 VI. 인종과 민족 　1. 인류의 출현 　2. 인종과 민족의 성립과 지리적 관계 　3. 인구 4. 언어와 종교 VII. 취락 　1. 취락의 대강 2. 취락의 종류 　3. 취락의 형태 VIII. 산업 　1. 농업 2. 임업 3. 목축업 　4. 수산업 5. 광업 6. 공업 　7. 상업 IX. 교통 　1. 교통의 발달과 지리적 관계 　2. 육상 교통 　3. 수상 교통 　4. 통신 X. 정치 　1. 국가의 형성, 존립과 지리적 관계 　2. 국가의 발전과 지리적 관계 XI. 자연환경의 대한 우리의 태도	I. 지리학 중의 경제지리학 　1. 지리학의 의의 　2. 경제지리학의 개념과 그 임무 　3. 경제지리학의 방법론 II. 환경론 　1. 기후의 제약 2. 지세의 제약 III. 경제인론 　1. 세계의 여러 인종 　2. 인구의 분포 IV. 지역론 　1. 경제지역 설정문제 　2. 자연적 지역 3. 문화적 지역 　4. 경제적 지역 V. 농업론 　1. 농업과 자연의 영향 　2. 농업과 인문적 관계 　3. 농업 각론 VI. 임업론 　1. 임업과 자연의 영향 　2. 임업과 인문적 관계 　3. 삼림의 분포와 목재 생산 VII. 축산업론 　1. 목축업과 자연의 영향 　2. 목축업과 인문적 관계 　3. 목축 각론 VIII. 수산업론 　1. 수산업과 자연적 조건 　2. 수산업과 인문적 관계 　3. 수산 각론 IX. 광업론 　1. 광업과 지리적 환경 　2. 광산 각론 X. 공업론 　1. 공업의 분류와 입지론 　2. 공업 각론 XI. 상업론 　1. 상업과 소비의 지역적 관계 　2. 시장 3. 무역 XII. 교통론 　1. 교통의 발달과 자연환경 　2. 육상 교통 3. 수상 교통 　4. 공중 교통 XIII. 자연환경에 대한 우리의 태도	I. 인간과 환경과의 교섭 　1. 향토의 관찰 　2. 미맥작과 자연의 영향 　3. 우리나라 가옥에서 본 자연과의 교섭 　4. 취락과 자연 　5. 인문 지리학적 입장에서 본 인간과 자연 　6. 인종, 민족과 자연의 요소 　7. 지도의 이해 II. 세계 각 지역의 자연과 인간 　1. 세계의 지역 구분 　2. 열대 기후의 지역 　3. 건조대 기후의 지역 　4. 온대 기후의 지역 　5. 냉온대와 한대 기후의 지역 　6. 산지와 평야, 해양과 도서 III. 세계 각지의 식료와 의료의 생산과 수급 　1. 쌀의 생산과 아시아의 계절풍 지대 　2. 밀의 생산과 이동 　3. 기호품과 그 생산 지역 　4. 세계의 목축지역 　5. 면화와 면방직 　6. 양모, 생사, 화학의료 IV. 근대 공업의 발달 　1. 근대 공업의 성립 　2. 동력 자원의 개발과 이용 　3. 지하자원의 개발과 그 이용 　4. 세계의 공업지대 　5. 근대 산업 발달의 사회적 영향 V. 세계의 결합 　1. 세계 교통의 발달 　2. 세계의 무역 　3. 세계 평화와 국제연합

<표 1-2-6> 교수요목기와 제1차 교육과정기 자연지리 분량의 변화

자연환경과 인류생활(교수요목기)			인문지리(제1차 교육과정기)		
교과서 저자	발행 연도	자연지리 관련 쪽수[1]/전체 쪽수	교과서 저자	발행 연도	자연지리 관련 쪽수[2]/전체 쪽수
노도양	1954	64/168	노도양	1962	58/240
최복현·이지호·김상호	1950	77/161	최복현	1959	34/159
정갑	1949	78/159	김상호	1961	89/236
최흥준	1953	64/143	육지수	1956	65/249
이지호	1954	78/161	이영택	1967	41/214

주: 1) 자연환경과 인류생활: 자연지리 대단원인 Ⅰ~Ⅴ 단원의 쪽수.
  2) 인문지리: 자연지리 대단원인 Ⅱ 단원의 쪽수 + 대단원 Ⅰ 중 지도, 투영법, 그 외 자연지리 관련 쪽수.

차를 비교할 필요가 있다.[19]

목차를 통해 파악할 수 있는 변화는, 대단원명을 기준으로 볼 때 교수요목기 주요 교과서였던 '자연환경과 인류생활'에서 총 11개의 대단원 중 5개를 차지했던 자연지리 관련 대단원이 제1차 교육과정기의 '인문지리'에서는 1개로 축소되었다는 것이다(표 1-2-5). 쪽수 기준으로 보더라도 자연지리학자인 김상호의 '인문지리'를 제외하면 전체 분량이 감소했음을 알 수 있으며, 교과서 전체 쪽수가 늘었다는 점을 감안할 때 자연지리가 차지하는 비중이 대폭 감소했음을 확인할 수 있다(표 1-2-6). 전반적인 교과서의 체제 역시 '자연환경과 인류생활'의 자연지리 관련 내용이 19세기 후반의 자연지리학 또는 지문학과 유사한 구조를 갖고 있는 데 반해, 제1차 교육과정기의 '인문지리'는 최근 교과서의 구조와 큰 차이가 나타나지 않는다.

교수요목기의 '경제지리'는 과목 특성상 자연지리에 많은 분량을 할당하고 있지 않으며, 전체 13개 대단원 가운데 관련 대단원의 수도 1개에 지나지 않는다.

---

19) 교수요목기와 제1차 교육과정기의 지리교과서는 교수요목기의 '인문지리'와 '경제지리'를 제외하면 상당히 많은 수의 교과서가 남아 있다. 이 중 내용 변화 비교를 용이하게 하기 위해서, 교수요목기의 '자연환경과 인류생활'과 '경제지리', 제1차 교육과정기의 '인문지리'를 모두 저술한 노도양의 교과서를 제시하였다.

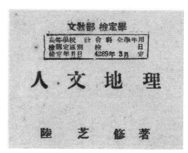

〈그림 1-2-11〉 제1차 교육과정기 인문지리교과서(육지수, 1956)

다만, 나머지 대단원 대부분에서 중단원 1개 정도를 각 산업과 자연환경과의 관련성 서술에 할애하는 점은 특이하다고 할 수 있으며, 환경결정론적 측면은 물론 자연환경의 이용 측면에서 '경제지리'를 바라보고 있음을 알 수 있다. 이를 자연지리 관련 내용으로 분류할 경우 그 내용의 비중은 급격하게 높아진다. 지역구분과 관련해서도 쾨펜(Köppen)의 기후지역 구분을 상당히 자세하게 소개하고 있다. 사실 '자연환경과 인류생활'에도 쾨펜이라는 학자의 이름이 거의 등장하지 않는 점[20]과 쾨펜의 기후지역 구분이 현재까지도 지리교과서 기후단원의 주요 내용이라는 점에서 주목할 만하다.[21]

보다 세부적으로 교수요목기와 제1차 교육과정기에 다루는 자연지리 관련 개념들의 차이를 확인해 보면 〈표 1-2-7〉과 같다. 교과서별로 다루는 개념들

---

20) '자연환경과 인류생활'에서의 쾨펜 언급은 연구자가 확보한 교과서 중에서는 최흥준의 것이 유일하다. 다만, 기후대별 분류기준은 현재 쾨펜의 분류기준으로 알려진 것과는 약간의 차이를 보인다.

21) 교수요목기 및 제1차 교육과정기의 '경제지리'에 대해서는 〈부록 1〉 참조.

〈표 1-2-7〉 교수요목기와 제1차 교육과정기 자연지리 내용의 변화

제1차 교육과정기에 새로 추가된 내용(노도양·육지수)

암빈해안, 기후요소, 기후인자, 클라이모그래프, 지방풍, 푄, 보라, 시로코, 블리자드, 산지와 대지, 특수지형, 퇴적평야, 침식평야, 배후습지, 곡저평야, 구조평야, 단층해안, 퇴적해안, 고산 기후, 가상대륙, 쿠릴해류, 레구르토, 융기, 평탄화, 조산 운동, 모암(母岩), 라테라이트, 테라로사, 선정, 선단, 선앙, 선측, 영구동토층, 빙설(빙설기후), 기온체감, 태양 복사, 지구 복사, 비열, 기계적풍화, 외래하천, 염호, 용승, 밀도류

교수요목기와 제1차 교육과정기에 동시에 있는 내용

인류에 대한 자연환경의 영향, 양도, 육도, 외적영력, 내적영력, 화산 활동, 용암대지, 화산탄, 화산재, 환태평양 화산대(조산대), 알프스-히말라야 화산대(조산대), 지진, 단층, 지반의 승강, 찬정, 석회암층, 석회동굴, 돌리네, 카르스트 지형, 하천의 침식작용, 홍함평야, 선상지, 하안 단구(하성 단구), 삼각주, 빙하지형의 형성, 빙하, 대륙 빙하, 피오르, 퇴석, 빙하호, 해류, 해식동, 해식애, 사취, 석호, 육계도, 침강해안, 리아스식 해안, 융기 해안, 해안 평야, 풍화 작용, 사막, 에르그, 하마다, 사구, 바르한, 와디, 황토, 혈거, 산호초, 거초, 보초, 환초, 지형 윤회, 습곡, 배사, 고원(고위평탄면), 대지, 습곡 산맥, 단층 산맥, 침식 산맥, 충적 평야(충적지), 삼각주, 분지, 단층 분지, 침식 분지, 산간 분지, 자유 곡류, 구하도, 우각호, 해수의 염도, 빙산, 대륙붕, 해구, 조석, 조차, 취송류, 난류, 한류, 적도 해류, 적도 반류, 멕시코 만류, 쿠로시오 해류, 래브라도 해류, 대양, 부속해, 기온, 대륙성 기후, 해양성 기후, 등온선, 해면경정, 일교차, 연교차, 기압, 저기압, 고기압, 대기대순환과 바람의 방향, 탁월풍, 무역풍, 편서풍, 계절풍, 육풍, 해풍, 태풍, 절대 습도, 상대 습도, 서리, 취우(소나기, 스콜), 기후지역, 열대다우, 초원, 사막, 온대동우, 온대하우, 온대상우, 아한대, 한대, 열대 기후, 아열대 기후, 지중해 기후, 중국 기후, 사막 기후, 계절풍 기후, 온대 기후, 한대 기후, 열대지역의 생물, 상록활엽수림, 툰드라, 지의류, 선태류, 침엽수림, 열대림, 사바나, 팜파스, 온대림, 적산 온도, 한대림, 기후대, 쾨펜의 기후구분, 헌팅턴의 기온과 능률

교수요목기에 있고 제1차 교육과정기에는 가르치지 않는 내용(노도양·최복현 외)

항성, 혹성, 위성, 혜성, 광년, 태양계, 운석, 태양계의 성인, 지구 타원체, 지오이드, 지구의 크기, 지구의 비중, 경도, 위도, 방위, 지자기, 자오선, 방위각, 극광, 흑점, 자전, 공전, 원일점, 근일점, 남회귀선, 북회귀선, 달의 모양 변화, 일식, 월식, 항성일, 진태양일, 평균 태양일, 지방시, 표준시, 날짜변경선, 태음력, 태양력, 윤달, 윤년, 천구, 대척점, 지각평형, 화구원, 이중 화산, 기생 화산, 화구호, 칼데라, 활화산, 휴화산, 사화산, 슈나이더의 화산체 분류, 추가령 지구대, 온천, 간헐천, 지진, 정단층, 역단층, 단층선, 경동 지괴, 지루 산맥, 쓰나미, 진앙, 해안 단구, 해수의 침입, 케스타, 침식 기준면, 하방 침식, 측방 침식, 포트홀, V자곡, 조족상삼각주, 폭포의 후퇴, 설선, 만년설, 곡빙하, U자곡, 현곡, 권곡, 양배암, 빙하의 이동속도, 파랑, 해식작용, 해진, 해퇴, 종식해안, 해식 대지, 융기삼각주, 풍식 작용, 삼릉석, 해안 사구, 산호충, 유공충, 규조토, 호상 열도, 퇴적산맥, 호수분지, 단층호, 종곡, 횡곡, 선행성유로, 하천 쟁탈, 감입 곡류, 유빙, 해수분자의 원운동, 쇄파, 조석의 원인, 조류, 간석지, 해소, 삼각강, 대기의 구성, 대류권, 성층권, 생물의 호흡작용, 식물의 동화작용, 등압선, 적도 무풍대, 회오리바람, 이슬, 구름의 종류(권운, 적운, 층운, 우운), 우박, 강수의 지역차, 생물과 자연환경, 건조 지역의 생물, 습윤 지역의 생물, 야노스, 아열대림, 수서동물군, 육서동물군, 열대동물군, 온대동물군, 한대동물군

주: 지도 및 도법 관련 개념 및 내용은 제외하였으며, 출판사 및 저자에 따라 교과서 내용에서 약간의 차이가 나타날 수 있다.

지리교육과정의 기원을 읽다

〈표 1-2-8〉 제1차 교육과정기와 제7차 교육과정기의 자연지리 영역 구조 비교

제1차 교육과정기, 김상호, 1956, 인문지리, 일조각	
Ⅱ. 세계 각 지역의 자연과 인간생활	3. 산지와 평야
1. 자연환경의 구성	1) 산지 2) 평야
1) 기후 중심의 환경 2) 지형 중심의 환경	4. 해양과 도서
2. 기후상으로 본 세계의 여러 지역과 생활의 특징	1) 해양 2) 도서
1) 기후 지대 2) 열대 지방 3) 건조 지방	
4) 온대 지방 5) 냉대 지방 6) 한대 지방	

제7차 교육과정기, 사회	제7차 교육과정기, 한국지리	제7차 교육과정기, 세계지리
Ⅱ. 자연환경과 인간생활	Ⅱ. 국토의 자연환경	Ⅰ.세계와 지리 中
1. 지형과 인간생활	1. 기후와 생활	2. 세계의 자연환경
(1) 산지와 고원	(1) 우리나라의 기후 특색	(1) 기후요소
(2) 하천과 평야	(2) 계절의 변화와 주민생활	(2) 기후의 지역차
(3) 해안과 해양	(3) 지역 간의 기후차	(3) 식생과 토양
2. 기후와 인간 생활	(4) 국지 기후의 특색	(4) 세계의 대지형 형성과
(1) 우리나라와 세계의 기후 특	(5) 식생분포	분포
색	(6) 토양분포	(5) 세계의 주요 지형
(2) 기온 분포와 주민생활	(7) 식생과 토양의 보존	(6) 해양과 해류
(3) 강수 분포와 주민생활	2. 지형과 생활	
3. 환경과 자연재해	(1) 한반도의 지형 형성 과정	
(1) 지진과 화산활동	(2) 산지의 지형과 생활	
(2) 홍수와 가뭄	(3) 하천과 평야의 지형과 생활	
(3) 태풍	(4) 해안지형과 생활	
	(5) 화산 및 카르스트 지형과 생	
	활	

에 약간씩 차이가 있는 것을 감안하더라도 상당히 많은 내용 변화가 교수요목기와 제1차 교육과정기 사이에 나타난 것으로 판단되며, 가장 큰 변화로는 태양계, 우주, 지구와 달의 운동 등과 관련된 내용과 동·식물과 관련된 내용 중 일부가 완전히 사라졌다는 것을 들 수 있다. 이외의 다른 내용이나 개념들은 이후 교육과정에 다시 등장하는 경우가 많다. 그러나 이후 고등학교 교과서 및 교육과정에도 나타나지 않는 내용들은 지학을 거쳐 지구과학 쪽의 교과 내용으로 옮겨간 것들이다.

이러한 자연지리의 내용 변화와 동시에 구조 또한 이전과는 달라진다. 〈표 1-2-8〉을 보면 알 수 있듯이, 제1차 교육과정기 김상호(1956)의 '인문지리' 교과서는 지형과 기후라는 2개의 큰 주제로 구분한 다음, 각 기후대에 바탕을 둔 기후지역 및 그 생활상을 하나의 중단원으로 정리하고 있다. 그리고 산지-평야-해양 등의 순으로 관련된 지형, 해류, 이와 관련된 생활상 등을 주요 내용으로 제시하고 있다. 예를 들어, 지금까지도 대부분의 교과서에서 다루고 있는 습곡 및 단층산지, 조산대, 지형도, 선상지·삼각주를 비롯한 충적지형, 사취·사주·석호·육계도 등의 해안지형을 이 부분에서 다룬다. 이러한 구조 및 내용은 제7차 교육과정과 비교해도 큰 차별성을 보이지 않는다. 제7차 교육과정 10학년 사회 교과서의 자연지리 관련 목차를 보면, '환경 및 자연재해'라는 중단원이 추가된 것만 달라졌을 뿐 거의 유사한 내용 구조를 보이고 있다. 나아가 심화 선택과목인 한국지리와 세계지리의 경우도 일부 내용이 추가된 것을 제외한다면 동일한 내용 구조가 반복된 것이다. 자연지리 내용의 이러한 경향은 제1차 교육과정기에서 제7차 교육과정기에 이르는 대부분의 교육과정에서 나타나고 있다.22)

결론적으로 교수요목기에서 제1차 교육과정기로 넘어가는 1950년대 중반은 우리나라 지리교육의 측면에서 볼 때, 자연지리 영역의 내용 및 구조가 변화된 중요한 시점이라고 할 수 있다. 그리고 이러한 자연지리 영역의 변화로 인해 고등학교 '지리'과의 전체적인 과목 구조 또한 크게 변화하게 된다.

---

22) 다른 교육과정기의 구체적인 목차는 교육개발원의 사이버교과서 박물관(http://www.textlib.net/)의 각 교육과정기별 교과서 검색을 통해 확인할 수 있다.

3. 혼란의 재인식과 문제의 재설정

1) 혼란의 재인식

앞서의 논의와 관련해서, 제1차 교육과정기부터 시작된 '지학' 과목의 후신인 '지구과학' 쪽의 입장은 지리 영역과 다를 수 있다. 즉, '지구과학' 관련 연구자들의 '지문학'에 대한 생각은 '지리' 관련 연구자들과 상이하다. 이면우(1996)는 지구과학이 단순히 미국이나 일본의 영향으로 급조된 교과라는 관점을 비판하며, 개항 이후 국권 침탈 직전까지 계몽적 과학서의 내용 중 상당 부분이 지구과학 영역이라는 것을 그 근거로 들고 있다. 그는 특히 '지문학' 교과서의 출현을 종합적 지구과학 교육의 출발과 동일시하고 있는데, 이의 연장선에서 남상준(1992)이 '지문학'을 지리교과의 일부로 다루는 것에 대해 비판하고 있다.[23] 실제로 남상준(1992)은 강윤호(1973)의 연구[24]를 인용하면서 일제의 통감부 설치 이후 민족계 사학들이 운영하는 학회에 발표된 지리교육 관련 논문들이 추후 지리교과서의 원고 초안으로 활용되었다고 기술하고 있는데, 사례로 들고 있는 논문들의 상당수가 '지문학' 및 '기후'·'지질' 관련 내용으로 이루어져 있다.[25]

여기서의 논점은 지문학의 정체성을 어떻게 봐야 하는가에 있다고 할 수 있다. 과연 지문학은 자연지리학인가, 아니면 지구과학인가? 이면우·최승언(1999)은 후속 연구를 통해 국권피탈 직전의 지문학 관련 교과서들을 분석하고 있지만, 현재 본인의 학문적 배경이 지구과학계에 놓여 있음에도 불구하고 명쾌한 결론을 내리지 못하고 있으며, 대부분이 '지문'을 지리교과의 하나로 인정하

---

23) 이면우, 1996, 「한국 근대교육기(1876-1910)의 지구과학교육」, 서울대학교대학원 박사학위논문.

24) 강윤호, 1973, 「개화기의 교과용 도서」, 교육출판사.

25) 지문 및 기후, 지질 관련 논문의 제목들은 다음과 같다. 「지각발달을 논함」, 「대기의 受熱과 기후의 변이」, 「지문론」, 「지문학-지구의 운동」, 「지문문답」, 「지문학설」, 「지문학문답」, 「대기의 성질及작용」 등으로 남상준이 제시한 16개의 논문 가운데 8개를 차지하고 있다.

는 가운데 지문학을 '이과'에 포함시킨 실업계 학교 관련 칙령이나 일부 논문 및 교과서를 '탁월하다'라는 식으로 평가하고 있는 정도이다.[26]

지리 교사였던 필자 역시 지리교육에 배경을 두고 있는 관계로 이러한 방식의 논쟁을 지속할 경우 보편타당한 결론을 도출하는 것은 불가능하며, 이면우·최승언의 연구 결과와 별반 다를 바 없을 것으로 생각된다. 다시 말해, 동일한 개념과 유사한 내용 구조를 갖고 있는 지리(자연지리)와 지구과학의 문제는 이처럼 '원조가 누구냐'의 논쟁으로부터 벗어나야 한다고 생각한다.

예를 들어, 대상의 특징에 의해 학문을 분류했던 분트(Wundt)는 자연과학에 대비되는 학문 분류로 정신과학을 설정하였는데, 이 가운데 심리학을 정신과학의 기초가 되는 학문, 즉 여러 정신과학에 대비하여 일반 정신과학이라고 칭하였다. 근대 심리학의 원조로 분트가 거론되는 것을 볼 때, 학문 분류에 분류자의 주관이 개입되는 것은 어쩔 수 없는 상황이라고 할 수 있다. 달랑베르(d'Alembert) 또한 백과전서를 편찬할 때 베이컨(Bacon)의 자연과학 분류에 본인의 전공과목인 수학을 집어넣었다.[27] '학문의 분류'가 당대 학문의 상황과도 관련을 가진다는 장상호(1997)의 주장 또한 분류자나 관련 연구자가 처한 사회적·문화적·시대적 상황에 의해 결정된다는 의미를 담고 있다.[28] 따라서 "지문학이 지구과학의 특성을 가지는가, 자연지리학의 특성을 가지는가?"는 '현재'라는 시대를 살고 있는 연구자에 의해 판단될 뿐이며, '누구나 옳다고 생각하는' 결론을 찾을 수는 없다.

체계 안에 놓여 있으면 그 체계는 '상식'처럼 보이기 마련이며, 무엇이든지 이미 알려진 것은 그것을 알고 있는 사람에게는 항상 체계적인 것으로, 또 증명된, 적절한, 자명한 것으로 보인다.[29] '자명한 것을 문제 삼는 것'은 자명한 것에 '거

26) 이면우·최승언, 1999, 「한국 근대교육기(1876–1910) 지문학 교과」, 한국지구과학회지, 20(4), 지구과학학회, pp.351–361.

27) 장상호, 1997, 『학문과 교육(상) – 학문이란 무엇인가』, 서울대학교 출판부, pp.466–468.

28) 장상호, 1997, 앞의 책, p.466.

29) Fleck, L., 1935, *Genesis and Development of a Scientific Fact*, Bradley, F. & Trenn, T. J. (Trans.),

리를 두는' 작업인 동시에 그것을 '낯설게 만드는 작업'이다.[30] 세계와 친숙한 관계를 유지하고 있을 때 우리는 생각하지 않으며, 세계가 낯설게 다가올 경우에만 생각이란 말에 걸맞게 사유하기 시작한다.[31] 지리교과서 역시 가르치는 교사나 배우는 학생 모두 현재 내용들에 대해 '당연하고', '친숙하게' 생각한다. 그 결과 이에 대한 심도 있는 논의가 이루어지지 못하고 있다. 앞서 구체적인 사례를 통해 언급했지만, 현재 중학교~고등학교에서 배우는 지리교과서 안의 '자연지리' 내용 상당수는 지구과학의 일부 내용과 유사하거나 동일한 내용이나 개념들로 이루어져 있다. 이를 당연하게 보는 것보다는 낯설게 봄으로써, 새로운 문제를 설정하고 이에 대한 해결 방안을 모색하는 것이 가능하다고 생각한다.

2) 문제의 재설정

포스너(Posner)에 따르면 교육과정 조직은 하나의 문화적 구성물인 관계로 얼마든지 변화할 수 있다.[32] 시대에 따라 교육과정 조직이 변화할 수 있다는 그의 주장에는 충분히 동의 가능하지만, 문화란 시간적으로만이 아니라 공간적으로도 다양하게 나타날 수 있다는 점에서 교육과정 조직에 대한 '문화적 구성물'이라는 은유는 공간적 또는 시·공간적 모두에 적용 가능하다. 즉, 교육과정 조직의 편차는 동일한 공간에서도 시대에 따라 달라지는 것은 물론, 동일한 시대라도 서로 다른 공간이라면 충분히 달라질 수 있다. 나아가 시대와 공간이라는 두 변수가 함께 작용한다면 교육과정 조직의 편차는 더욱 심화될 수 있다. 다시

1981, University Of Chicago Press, p.22(버크 저, 박광식 역, 2006, 지식, 현실문화연구, pp.14-15(Peter Burke, 2000, Social History of Knowledge: from Gutenberg to Diderot, Polity Press Ltd. Cambridge, UK.)에서 재인용).

30) 강신주, 2006, 『철학, 삶을 만나다』, 이학사, pp.12-13.

31) 강신주, 2006, 앞의 책, pp.47-48.

32) 포스너 저, 김인식·박영무·최호성 역, 1996, 앞의 책, pp.212-217.

말해, 미국과 우리나라에서 바라보는 교과목으로서의 '지리'는 기본 내용 구성상 다를 수 있으며, 미국에서는 현재 '지구과학'으로 분류되는 것이 우리나라에서는 '지리'로 분류된다 하더라도 이상한 일은 아니다. 그리고 동일한 내용 영역이라도 교과목이 어떤 상황 및 요인에 의해 형성·변화되었는지에 따라서 서로 다른 교과의 내용 조직에 포함될 수도 있을 것이다.

결국, 우리나라의 현행 교육과정에서 지리와 지구과학의 내용 중복 문제는 어느 시기에, 왜 이러한 상황이 나타나게 되었는가, 어떠한 과정을 거쳐서 고착되었는가에 초점을 두고 고민해야 한다. 그리고 이후 그러한 변화와 그 이유가 지리교과(특히 자연지리)의 내용 구조에 어떠한 영향을 미치게 되었는지를 파악하는 것이 필요하다고 볼 수 있다.

이러한 의문에 대한 심도 있는 고찰 없이 피상적으로만 문제를 인식하고 설정할 경우 오히려 현 상황을 악화시키는 결론에 도달할 수도 있다. 역사적 고찰이 배제된 채 교육과정 구성의 헤게모니를 장악하고 있는 일부 교육학자들이 선입견을 바탕으로 특정 교과에 해당 내용을 몰아주는 행태가 그 대표적인 사례이다.[33] 이처럼 중복을 이유로 어느 한쪽에서 특정 내용을 무조건 삭제할 경우에는 보다 복잡한 개념이나 원리의 이해가 불가능해질 수 있으며, 상위의 교육목표를 달성하지 못하는 경우도 발생할 수 있다. 부연하자면, 앞서 논의를 통해 자연지리 영역을 중심으로 한 현 지리교육과정 혼란의 기원과 시작을 확인했다면, 이제는 그러한 혼란이 나타나고 고착화되는 '과정'을 고찰할 필요가 있다고 생각된다. 교육과정이 변화되어 온 과정과 변화의 주요인, 제대로 된 현재 상황의

---

33) 2011년 초, 교과 간 중복 내용 통합이라는 미명하에 중학교 사회와 과학 간의 내용 조정이 진행 중이라는 교육과학기술부 발표가 있었다. 문제는 이러한 작업이 지리와 지구과학 전문가들 사이에 이루어지기보다는 교과 내용을 피상적으로만 인지하고 있는 일부 교육과정학자들의 주도로 이루어지고 있다는 점이다. 해당 기사 내용은 다음과 같다.

초·중학교의 경우 창의성과 인성을 함양하기 위한 다양한 수업방법을 적용하기 위해, 학생발달 수준에 비해 너무 쉽거나 어려운 내용이나 다른 교과·학년과 중복된 내용을 중심으로 교과 내용의 약 20%를 감축한다. 예를 들어 현행 중1 사회 '국가별 기후 특징'과 중3 과학 '기상' 교과 간에 중복된 부분을 통합하게 된다. "초·중 교과서 2014년부터 20% 얇아진다―교과부, 창의 교육 강화 위해 중복 내용 통합"―한국일보, 2011. 1. 24.

파악을 통해서만 현재 지리교과의 지식체계에 대한 비판적인 분석이 가능하고, 향후 합리적인 교육과정 및 교육 내용 조직의 해법을 찾을 수 있을 것이다.

제2부

1950년대 지리교육과정의
텍스트 - 콘텍스트

제1장
1950년대 '지학'의 등장과
지리교육과정의 변화

···

1. 자연지리의 분리 과정과 지학의 등장

1) 1953년 교육과정 시간배당 기준표(안)의 구성

교수요목기에 '자연환경과 인류생활: 지리통론', '인문지리', '경제지리'의 3개 과목으로 편성되었던 고등학교 지리과는 제1차 교육과정기에 '인문지리'라는 이름의 1개 선택과목으로만 남게 된다. 과목의 구조가 이와 같이 변화되고 축소되는 과정을 파악할 수 있는 자료는 한국전쟁 등의 시대적 상황으로 인해 거의 남아 있지 않다. 다만, 문교부가 '국민학교·중학교·고등학교·사범학교 교육과정 시간배당 기준령[1])'을 제정·고시한 1954년보다 약 1년 먼저 발표된 '교육과

---

1) 문교부령 제35호로 1954년 4월 20일에 제정됨(관보 제1095호(1954. 4. 20.)). 〈부록 2〉에 제시한 사범학교·고등학교 교육과정 시간배당 기준표(안) 참조.

정 개정의 기본 방침'을 통해 당시의 논의 과정과 상황을 유추할 수 있다.[2]

사실, 해방 이후 교육과정의 변화를 다루고 있는 많은 연구물 및 대학교재는 1954년 제정·고시된 교육과정 시간배당 기준령을 전재하거나 해당 교과목의 내용만을 발췌하여 다루고 있으며,[3] 1953년에《새교육》지를 통해 발표된 '교육과정 개정의 기본 방침'을 인용한 중등 교육 관련 연구물은 아직까지 발견하지 못한 상태이다.[4] 이러한 이유가 공식적으로 제정·고시되지 않은 '안'이기 때문에 교육과정사에서 그다지 큰 의미가 없기 때문인지, 아니면 사료를 발견하지 못했기 때문인지는 판단하기 힘들다. 그러나 한국전쟁 등의 이유로 제1차 교육과정의 전반적 제작과정에 대한 자료가 부족한 상황에서, 1953년 '교육과정 개정의 기본 방침'은 지리교과의 입장에서 보면 매우 의미 있는 정보를 담고 있는 자료라고 할 수 있다.

이 기본 방침에 나타난 시간배당 기준표(이후 1953년 안)[5]를 보면 지리는 인문지리를 중심으로 주당 5시간(3년간 총 175시간) 정도를 2학년 또는 3학년에

---

2) 이 기본 방침은 제1차 교육과정 확정안(1955)보다 약 2년 먼저 제시된 것으로 편집자 주로 다음과 같은 글이 실려 있어서 당시 교육과정 개정 위원회의 논의가 매우 치열했음을 짐작할 수 있다. "본 방침은 지난 3월 이래 문교부 장관이 소집하여 토의 중인 교육과정 개정 위원회 안으로서 각 학교 교육과정 시간배당 기준표를 둘러싸고 각 위원 간에 백열적인 논쟁이 계속되고 있으므로 결정까지에는 상당한 변모가 있을 것이다. 한 가지 유감인 것은 전란으로 인해서 지방에서는 위원이 나오지 못한 것이다."(문교부, 1953, 「교육과정 개정의 기본 방침」, 새교육, 5(2), 대한교육연합회, pp.45~52.).

3) 대표적 연구물은 다음과 같다.
  교육부, 1995, 고등학교 사회과 교육과정해설; 권오정·김영석, 2006, 『사회과 교육학의 구조와 쟁점』, 교육과학사; 김연옥·이혜은, 1999, 『사회과 지리교육연구』(개정판), 교육과학사; 박은종, 2008, 『한국 사회과 교육과정탐구』, (주)한국학술정보; 유봉호, 1992, 『한국교육과정사 연구』, 교학연구사; 유봉호·김용자, 1998, 「한국 근·현대 중등 교육100년사」, 한국교육학회교육사연구회, 교학연구사; 이경섭, 1997, 『한국현대교육과정사연구(상)』, 교육과학사; 임덕순, 2000, 『지리교육원리: 이론과 적용』(제2판), 법문사; 함종규, 2003, 『한국교육과정변천사연구』, 교육과학사.

4) 초등 교육과 관련해서는 김기석·강일국(2004)의 연구에 1953년 국민학교 시간배당 기준표 시안과 간단한 분석이 실려 있다. 김기석·강일국은 1953년 안은 1954년 고시된 기준령에 비해 초등학교 교과기준이 광역화되어 있었다고 하면서, 1954년 시간배당 기준령은 학교의 자율적 운용 가능성이 더 많은 제약을 받게 되는 동시에 당시 교육계의 화두였던 교육과정 개조운동에 대한 지원보다는 통제의 측면을 더 많이 갖고 있다고 주장하고 있다(김기석·강일국, 2004, 「1950년대 한국교육」, 문정인·김세중 편, 『1950년대 한국사의 재조명』, 선인, pp.552~553.).

5) 〈부록 2〉에 제시한 사범학교·고등학교 교육과정 시간배당 기준표(안) 참조.

지리교육과정의 기원을 읽다

<표 2-1-1> 우리나라 사회과·과학과 1953년 교육과정 시간배당 기준표(안)

과목	1학년	2학년	3학년	과목	1학년	2학년	3학년
일반사회*	105(3)	105(3)		일반과학*		175(5)	
국사		175(5)		물리		175(5)	
세계사		175(5)		화학		175(5)	
인문지리		175(5)		생물		175(5)	
시사		175(5)		자연지리			175(5)

주: * 필수과목

<표 2-1-2> 일본 사회과·과학과 시간배당 기준표(1948, 1951)

과목	1학년	2학년	3학년	과목	1학년	2학년	3학년
일반사회*	175(5)			物理		175(5)	
국사(일본사)**		175(5)		化學		175(5)	
세계사		175(5)		生物		175(5)	
인문지리		175(5)		地學		175(5)	
시사문제		175(5)					

주: * 필수과목, ** 1948년 안은 국사, 1951년 개정안은 일본사.

서 배우게 되어 있으며, 이는 세계사 및 '시사'와 동일한 분량이다. 국사 역시 동일한 시간이 배정되어 있는데, 1, 2, 3학년 모두에서 배울 수 있도록 되어 있다는 점에서 약간의 차이가 난다.[6] 이에 반해 일반사회는 주당 3시간씩 2개 학년에서 배우게 되어 있으며, 고등학교 3년 동안 학습할 총 시간 수가 210시간이 된다. 그리고 일반사회, 국사, 세계사, 인문지리, 시사[7]의 총 5개 사회과 과목 가운데 일반사회만 필수로 지정되어 있다(표 2-1-1).

---

[6] 1개 학년에서 5시간 모두를 이수해도 되고 이를 적절하게 나누어서 이수해도 된다.

[7] '시사'라는 과목의 정의와 성격은 시간배당 기준표(1953년 안)의 내용 부분과 당시 문교부 편수관이던 이상선(1953)의 글을 통해 확인할 수 있다. 이상선은 "시사문제의 문제성을 인식하면서 그 시사문제의 해결책을 강구하는 요령과 태도 및 그 결과로서 얻어진 결론에 대응하는 실천적 태도에 이르는 일련의 과정을 체험시키는 데 있는 것"이라고 이 과목의 목적을 기술하고 있다(이상선, 1953, 「시사교육」, 새교육, 5(3), 대한교육연합회, pp.48~56.).

이와 같은 1953년 안은 1948년 및 1951년 일본 학습지도요령의 교과과정표[8]와 거의 일치하는 형태다. 실제 두 안을 비교하면 과목명, 과목당 총 시수, 필수 과목 등에서 일치하거나 유사한 점을 확인할 수 있다.[9] 특히 사회과의 경우는 과목명이 전부 일치하는데, 우리나라 1953년 안에서 일반사회를 1학년과 2학년에서 나누어 이수하며 총 시수가 35시간(주당 1시간) 많다는 점, 국사의 경우 1학년에서도 가르칠 수 있다는 점이 차이가 날 뿐이다(표 2-1-2).

이상선(1953)은 이 중 '시사' 과목을 소개하는 글에서 우리의 시사 과목이 정치문제까지도 포괄하고 있다는 점을 들며, 경제문제·사회문제·도덕문제에 국한된 내용을 다루는 일본의 '시사문제'와는 다르다고 주장하고 있지만, 일본의 교과과정표를 기반으로 하지 않는 이상 이와 같은 일치점이 나타날 수는 없다고 생각된다.[10]

우리나라의 1953년 안에서 지리는 2개로 나누어져 있는 것이 확인된다. 하나는 사회과의 인문지리, 다른 하나는 과학과의 자연지리이다. 일본 교과과정표의 경우 우리의 과학과에 해당하는 '이과'에 '지학'이 있는데, 비교를 해 보면 이 과목이 바로 우리나라의 '자연지리'에 해당한다고 볼 수 있다. 결국 1953년 안에 비추어 볼 때, 지리 영역 2개 과목, 공민 영역 2개 과목, 역사 영역 2개 과목으로 현행 사회 3과는 동일한 과목 배분을 했었다고 볼 수 있다. 문제는 1년 뒤인 1954년 정식 시간배당 기준령이 고시될 때 '자연지리'가 '지학'으로 바뀌게 되었다는 데 있다.

---

8) 1947년 학습지도요령 개정을 목적으로 만들어진 것이 1948년 안으로, 이에 대한 전국적인 조사 결과가 반영되어 1951년 학습지도요령 개정시안이 만들어졌다(文部省, 1948, 新制高等學校敎科課程の改正について; 文部省, 1951, 高等學校地學の單元とその展開例, 中學校·高等學校學習指導要領理科編(試案) 改訂版(http://www.nicer.go.jp/guideline/old/)).

9) 예를 들어, 일본의 교과과정표와 우리나라의 시간배당 기준표(1953년 안)에는 모두 '일반수학'이라는 과목이 등장하는 동시에, 수학과의 하위 과목 역시 동일한 과목명과 시수로 구성되어 있다.

10) 이상선은 '시사' 과목의 도입이 미국의 영향을 받았다고 주장하며, 일본의 그것과는 차별적이라는 점을 강조하고 있다(이상선, 1953, 앞의 논문, pp.48-56.).

지리교육과정의 기원을 읽다

2) 일본 지문학의 도입과 변화

우리나라 교수요목기의 '자연환경과 인류생활'의 구성이 과거 지문학과 유사하다는 것은 앞서 언급한 바 있다. 그러므로 일제 강점기는 물론 교수요목기 이후 제1차 교육과정의 구성 과정에서 직·간접적인 영향력을 행사한 일본에서의 '지문학'의 등장과 변화 과정을 통해 자연지리와 지학 간의 관계를 이해할 수 있다.

일본에서 '지문학'과 관련된 최초의 교육은 나가사키[11]에서 네덜란드 해군사관에 의해 행해졌는데, 메이지유신 직후 지리교과서로 사용되던 『여지지략(輿地誌略)』의 저자인 우치다 마사오(內田正雄, 1842~1876)가 그곳에서 지문학을 수강했다는 기록이 있다.[12] 지리학이 독(讀), 서(書), 산(算) 다음으로 중요하다고 주장한 후쿠자와 유키치(福澤諭吉)는 메이지유신 직후 초등학교 지리교과서로 사용된 『세계국진(世界國盡)』(1869) 6권에서 "지리학은 천문의 지리학(astronomical geography), 자연의 지리학(physical geography), 인간의 지리학(political geography)[13]으로 구성[14]된다."고 말하고 있는데, 이러한 구조는 지문학을 거쳐 우리나라 교수요목기의 '자연환경과 인류생활'에서도 나타나는 특성이다. 이후 일본에서는 1886년 중학교령 제정으로 5년제 심상중학교에서 '지문'과 '정치지리', 이후 구제(舊製) 고등학교에 해당하는 고등중학교에서 '만국지리'와 '지문' 교과서를 활용한 기록이 있는데,[15] 이를 통해 당시 일본 지리교육

---

11) 나가사키는 쇄국정책을 실시하던 에도막부의 유일한 해외 창구 역할을 하던 곳이다. 네덜란드의 경우 막부에서 금지한 기독교 선교를 하지 않았던 관계로 나가사키를 통해 일본과의 교역이 가능했으며, 네덜란드를 통해 들어온 유럽의 학문, 기술, 문화를 '난학(蘭學)'이라고 한다.

12) 地學史編纂委員會·東京地學協會, 1993, 西洋地學의 導入(明治元年~ 明治24年)〈その2〉, 地學雜誌, 102(7), p.881.

13) 19세기 후반 일본의 정치지리는 인문지리를 의미한다.

14) 이처럼 우주 안의 지구로부터 시작해서 자연지리와 인문(정치)지리를 다루는 구조는 바레니우스(Varenius)의 「일반지리학(Geographiagemmlis)」(1650)에도 나타나는 오래된 것으로, 지리학의 범위에 천문학(또는 星學)을 포함하고 있다(地學史編纂委員會·東京地學協會, 1993, 앞의 논문, p.882.).

15) 地學史編纂委員會·東京地學協會, 1993, 앞의 논문, pp.883-884.

의 구조상 특색을 地誌(일본지지, 외국지지), 인문지리(정치지리), 지문학(수리지리, 자연지리)의 3개로 구분할 수 있다.

메이지유신 이후 일본 지리교육에 가장 큰 영향을 미친 책은 앞서도 언급한 게이키(Geikie)의 *Elementary lessons in physical geography*(1877)로 후지타니 타카오(富士谷孝雄)가 1887년에 처음 편역했고, 시마다 유타카(島田豊)가 1888년에 다시 번역하여 검정 후 교과서로 사용되었다.[16] 19세기 후반 영국 교육 현장에는 다윈의 진화론에 기반을 둔 헉슬리(Huxley)의 지문학 체계가 널리 보급되어 있었지만,[17] 일본에서는 게이키의 책이 최신의 자연지리학을 기술한

---

16) 이면우·최승언, 1999, 「한국 근대교육기(1876-1910) 지문학 교과」, 한국지구과학회지, 20(4), 지구과학회, pp.352-353. / 또한 이면우·최승언(1999)은 같은 논문에서 게이키의 이 책이 이후 일본 지문학의 표본이 되었으며, 우리나라 지문학 목차도 이를 따르고 있다고 기술하고 있다. 게이키의 저서 이외에 메이지유신 전후부터 19세기 말에 이르기까지 일본에 번역·도입된 지문학 관련 서적 중 중요한 것은 다음과 같다.

　　Cornell, S. S., 1873, *Cornell's physical geography*; Warren, D. M., 1873, *Elementary treatise on physical geography*; Huxley, T. H., 1878, *Physiography*; Maury, M. F., 1864, *Physical geography*; Johnston, K., 1871, *Handbook of physical geography*(3rd).

17) 이면우·최승언(1999), 권정화(2005) 등은 19세기 일본의 지문학이 주로 영국의 영향을 받았다고 말하고 있다. 영국의 지문학은 헉슬리에 의해 체계화 및 보급되었는데, 그는 다윈의 진화론에 기반을 두고 지구의 암석권, 대기권, 생물권 등에 대한 일반적이고 종합화된 상식과 기본적 원리, 자연현상의 개관을 가르치는 것이 '지문학'의 목적이라고 하였다. 새롭게 등장한 지문학이 19세기 후반 영국 전역에서 선풍적인 인기를 끌게 되었던 데 반해, 이전부터 있었던 자연지리는 교과 측면에서 볼 때 여전히 '너무 관념적·피상적이며, 산만하고 광범위한 정보들의 집합체'로 비판받고 있었다. 점차 지문학이 지리학을 대체해 나가는 상황이 되자, 헉슬리의 지문학이 갖고 있던 사실에 근거한 합리적 경험주의 및 이의 연장선인 실물교수에 대한 강조, 통합적·인과적 교과 구조 등에 호의적 입장을 갖고 있던 매킨더(Mackinder)는 입장을 선회하게 된다. 한때 지리학의 한 분과학문으로서 지문학을 강조하고, 이의 보급을 위해 노력했던 매킨더는 자연과학 전반에 대한 지문학의 관심이 지리적인 것이 아닐 수 있으며, 지리학의 신뢰성에 오히려 위해가 될 수 있다고 주장한다. 또한 전문화된 교육 및 학문 영역이 요구되는 산업사회에서, 일반과학적 속성을 강조한 헉슬리의 지문학은 설 자리가 점차 줄어들 수밖에 없었다. 나아가 지문학으로 인해 위축되어 있던 지리학의 인문적 속성이 '신'지리학에서는 보다 강조되면서, 지구 표면의 형상과 변화 과정에 대한 연구는 지형학이 담당하게 되었다. 헉슬리 지문학의 성쇠와 이에 대한 매킨더의 입장 변화에 대한 논의는 다음 연구물들을 통해 확인할 수 있다.

　　Mackinder, H., 1887, On the Scope and Methods of Geography, *Proceedings of the Royal Geographical and Monthly Record of Geography*, New Monthly Series, 9(3), The Royal Geographical Society(with the Institute of British Geographers), pp.141-174; Mackinder, H., 1921, Geography as a Pivotal Subject in Education, *The Geographical Journal*, 57(5), The Royal Geographical Society(with the Institute of British Geographers), pp.376-384; Stoddart, D. R., 1975, 'That Victorian Science': Huxley's Physiography and Its Impact on Geography, *Transactions of the Institute of British Geographers*, 66, The Royal Geographical Society(with the Institute of British Geographers), pp.17-

것으로 평가되면서 메이지유신 이후 문부성으로부터 중학교 사범학교용 교과서로 간행되었으며, 목차는 제1부 2장의 〈표 1-2-3〉에서 확인할 수 있다. 목차에서 보듯이 지문학 또는 지문학적 특징이 많이 반영된 자연지리학은 전체로서의 지구에서 시작하여 측지학·기상학·해양학·지형학·지질학·생물학[18]을 포함하고 있다. 이에 반해, 광물학은 식물학·동물학과 함께 '박물학'에 포함되어 있었으므로, 결국 메이지 시대에는 오늘날의 '지학'에 해당하는 내용이 '지리학'과 '박물학'으로 나뉘어 있었다고 할 수 있다.[19]

이러한 내용 분할은 20세기 초까지도 이어진다. 1902년에 고시된 '중학교 교수요목'에 의하면, '지리'는 '일본지리', '외국지리', '지문'으로, 이과 과목인 '박물'은 '광물계', '식물', '생리위생', '동물'로 구분된다. 이 중 '지리'의 '지문'은 태양계, 지구(운동·형태·크기·밀도·지열·일식 및 월식·경위도·표준시·지도), 육지(지형·지질·변동·토지발육), 대기(기상), 바다(지형·염분·온도·파랑·해류·조석 등), 생물(분포·식물경관)을 포함하며, '박물'의 '광물계'는 광물·암석 외에 지각의 구조, 단층, 습곡, 암석의 분해·붕괴, 지각변동(지진·화산 등), 대기, 기상, 일식, 월식 등의 내용으로 구성되어, 지질적 요소가 가미되면서 '지문'과 공통되는 내용을 포함하게 되었다. 1911년 개정된 '중학교령시행규칙'에 의하면, '지리'는 1·2학년 '일본지리', 3·4학년 '외국지리', 5학년 '자연지리 개설', '인문지리 개설'의 4개 영역으로 구분된다. 여기서 '자연지리 개설'의 내용은 이전의 '지문'과 같으며, '박물' 안의 '광물'의 내용은 주요 암석 및 조암광물(화성암·수성암·변성암), 지각구조 개요, 지사 개요, 조암광물 이외의 주요한 유용 광물로 되어 있다.[20]

40; 이면우·최승언, 1999, 「한국 근대교육기(1876~1910) 지문학 교과」, 한국지구과학회지, 20(4), 지구과학학회, pp.351-361; 권정화, 2005, 『지리사상사 강의노트』, 한울; Inkpen, R., 2005, *Science, philosophy and physical geography*, New York: Routledge.

18) 지금의 '생물학' 가운데 생태학이나 생물지리학 분야도 지문학에서 다루어지고 있었다.

19) 地學史編纂委員會·東京地學協會, 1993, 앞의 논문, pp.882-884.

20) 地學史編纂委員會·東京地學協會, 2000, 「日本地學の展開(大正13年~昭和20年)〈その1〉」, 地學雜誌, 109(5), pp.734-737.

이처럼 20세기 초반까지 일본 중등 교육에서는 현재 지구과학에서 다루고 있는 내용들이 '지리' 영역으로 구분되는 '지문' 또는 '자연지리'와 오늘날의 과학 교과에 속하는 '박물'로 나뉘어 다루어지는 것이 일반적인 상황이었다. 이러한 구조에 가장 큰 변화가 나타나게 된 것은 1942년 '물상'과 '생물'의 등장이다.[21] 1932년 '일반이과'로 일부 통합되었던 '박물'이 완전히 해체되면서, 기존의 물리·화학에 광물이 더해진 것이 '물상', 동물·식물·생리를 합해서 '생물'이 탄생하게 된 것이다.[22] 이는 무생물 현상은 '물상', 생물 현상은 '생물'로 나뉘게 된 것인데, 이 두 과목은 수학과 함께 '이수과'에 편입된다. 종전 후인 1947년, '물상'이 '물리', '화학', '지학'의 3과목으로 분할되면서, '이과'는 '물리', '화학', '생물', '지학'의 4영역이 되었고, 현재까지도 이러한 체제는 유지되고 있다.[23]

지리는 1930년대에 들어서면서 국민 의식 육성의 주요 수단으로 간주되면서 국가주의적 색채를 갖게 된다. 이러한 특성은 제2차 세계대전이 시작되고 중등 교육에서 '지리'가 '수신', '일본어', '역사'와 함께 '국민과'에 포함되면서 더욱 강화되었다.[24] '국민과'는 '황국신민의 연성'을 중핵으로 한 통합교과[25]로 주요 목적은 국가의 도덕·언어·역사·국토·국세(國勢)를 습득하며, '국체(國體)의 정화(精華)'를 밝혀 국민정신 함양과 황국의 사명을 자각하는 것이었다.[26] 당시 국민과, 이수과 등의 '교과'는 독립되어 있는 개개의 학문적 체계를 의미하는 것

---

21) 교과서는 이후 순차적으로 발간되었다. 예를 들어, 지학의 원조격인 '물상 5 제2류'는 1944년에 발간되었다.

22) 地學史編纂委員會·東京地學協會, 2000, 앞의 논문, pp.734-737.

23) 岡山縣敎育センター, 2003, 硏究紀要第244號 地學的な時間と空間の感覺を育てるための指導の工夫, pp.2-4.

24) 地學史編纂委員會·東京地學協會, 2000, 앞의 논문, pp.734-737.

25) 일본의 중등학교령(1943. 1)을 우리나라에 적용시키기 위해 1943년 3월에 고시한 제4차 조선교육령에서 당시 일본 및 일본의 식민 지배를 받는 지역에서 행해진 '국민과'라는 교과의 특성을 확인할 수 있다.
  국민과는 아국의 문화 및 중외의 역사와 지리에 관하여 습득시키고 국체의 본의를 천명하여 국민정신을 함양하며 황국의 사명을 자각시켜 실천에 이바지하는 것을 요지로 한다. 국민과는 이것을 나누어 수신, 국어(일본어), 역사 및 지리의 과목으로 한다. – 중학교 규정 제3조(유봉호, 1992, 앞의 책, p.247.).

26) 이명화, 2010, 「일제 황민화교육과 국민학교제의 시행」, 한국독립운동사연구, 35, 독립기념관 한국독립운동사연구소, p.330.

이 아니라, 일제의 교육 목표 구현을 위해 도야 내용이 유사하고 밀접한 관련이 있는 과목을 종합하여 교과로 통합시킨 것이다. 지리는 국민과 내의 일개 과목이었으므로, 한정된 시수 내에서 지문(또는 자연지리) 내용이 설 자리는 없었다.[27] 결국 '황국신민의 연성', '대동아 공영권'과 같은 제국주의 및 전시체제 교육이념에 지리가 이용되면서 지문(또는 자연지리) 관련 내용은 점차 약화되는 동시에, 제국주의 일본의 영토 및 국세에 대한 내용을 중심으로 지리 과목의 성격과 내용이 재편성되었다고 볼 수 있다.[28]

정리하자면, 첫째, 일본의 '지학'은 '자연지리'와 '박물'의 내용을 바탕으로 구성된 과목이라고 볼 수 있다. 둘째, 19세기 중반~20세기 초 일본에 소개된 '지문학'은 중등학교에서 지지, 인문지리 등과 함께 지리 과목으로 인식되었으며, 1910년대 이후에 내용상의 변화가 거의 없는 상태로 '자연지리'로 변경되었다. 셋째, '자연지리' 내용의 축소는 종전(終戰) 이후 미국의 영향도 중요하지만,[29] '지리'가 '국민과'라는 교과에 편입되는 등 일제의 제국주의 및 군국주의 교육에 이용되는 과정에서 '자연지리'의 중요도가 축소되는 동시에 그 내용의 상당 부분이 '물상'을 거쳐 패전 이후 '지학'으로 이전되었기 때문이라고 할 수 있다.

---

27) 즉, 지리가 국가주의나 군국주의 교육에 활용되면서, 지문(또는 자연지리) 관련 내용보다는 제국주의 일본의 전체 국세와 이를 통한 '일본적'인 의식화 교육이 보다 필요했으며, 지리라는 교과목의 목표를 이러한 쪽으로 집중할 수밖에는 없었을 것으로 생각된다. 1930년대 후반부터 나치 독일의 국민교육에 대해 관심을 갖고 분석·연구를 진행한 일본은 나치가 "독일 제국을 멸망으로부터 구하고 국가를 갱생시켰다."고 높이 평가하면서 일본도 나치의 국민교육과 같은 전체주의적 교육을 실시하여야 하며, 그 성공 여부에 일본의 장래가 달려 있다고 분석하였다. 당시의 나치즘은 일본의 전통 무사도와 결합하였고, 천황과 국민, 국가, 국토와 불가분의 관계로 연결되어 일본국체(日本國體)의 이데올로기 형성에 도용되었다. 국체에 대한 논의는 원래 메이지유신 시기까지 소급될 수 있지만, 1930년대 중일전쟁의 확대과정에서 관념적 차원이 아니라 정부 주도로 현실화되었으며 국민 개개인의 정신으로 결정화(結晶化)하는 수준까지 요구되었다(이명화, 2010, 앞의 논문, pp.323-326.).

28) 地學史編纂委員會·東京地學協會, 2000, 앞의 논문, pp.734-737.
    1937년 문부성 훈령에 따른 구제 고등학교 지리교수 사항은 다음과 같다. "1. 지리사상의 발달 2. 인류의 거주지 지표 3. 세계의 주민 4. 인구와 취락 5. 세계의 문화 6. 교통의 지리적 고찰 7. 경제의 지리적 고찰 8. 국가의 지리적 고찰 9. 현재의 국제정세 10. 세계에서의 우리나라 지위"(地學史編纂委員會·東京地學協會, 2000, 앞의 논문, p.738.). 이러한 상황은 당시 초등지리에서도 마찬가지로 나타난다(岡山縣教育センター, 2003, 앞의 논문, p.3.).

29) 이미 미국에는 '지학'이 존재하고 있다는 점과 사회과 도입 등을 들 수 있다(岡山縣教育センター, 2003, 앞의 논문, p.4.).

3) 전후 일본 '지학'의 내용 구성

앞서도 언급했듯이, 제1차 교육과정 중 '지학' 교과과정은 1951년 일본 학습지
도요령 개정시안의 '지학' 과목과 상당 부분 일치한다. '지학'이라는 과목에 대한
소개 단원을 전면에 배치한 것은 물론, 학습목표가 거의 일치하는 단원도 존재
한다. 〈표 2-1-3〉은 '지학'에 대한 소개 역할을 하는 대단원의 학습목표와 학습
내용 비교이다.[30]

〈표 2-1-3〉 우리나라(1955)와 일본(1951)의 '지학' 도입대단원 학습목표 비교

우리나라 지학(1955)	일본 지학(1951)
도입대단원 지도목표	도입대단원 목표
1. 지학에서 학습할 내용의 대요를 알게 한다.	1. 지학에서 학습하는 내용의 대요, 지학 현상의 종류에 대한 지식을 획득한다.
2. 지학과 다른 자연과학과의 관계를 이해시키고 지학의 중요성을 인식시킨다.	2. 지학과 다른 자연과학과의 관계를 이해한다.
3. 지학과 인생과의 관계를 이해시킨다.	3. 지학과 인생과의 관계 이해를 통해 지학의 중요성을 인식한다.
4. 지학이 어떻게 발달해 있는가의 대요를 이해시킨다.	4. 지학 발달과정의 대요를 이해한다.
5. 지학 현상에 대한 관심을 높인다.	5. 지학 현상에 대한 관심을 높인다.
6. 지학 학습에 필요한 태도와 기초적인 능력을 기른다.	6. 지학 현상에 관한 문제를 발견하고, 이를 해결하는 방법에 대한 지식을 획득한다.
	7. 지학 학습에 필요한 태도와 기초적인 기능을 기른다.

이러한 유사성을 통해 우리나라 '지학' 과목의 등장 및 내용 구성이 상당 부분
일본의 영향을 받았음을 알 수 있다. 일본의 경우도 제2차 세계대전 패전 이후
미군의 점령하에서 '지학'이라는 과목이 처음 등장했는데, 당시 일본에서의 '지
학' 등장 과정을 통해 우리나라 '지학' 등장 배경을 미루어 짐작할 수 있다.
지학사편찬위원회와 동경지학협회(地學史編纂委員會 · 東京地學協會)의
전후 일본 지학에 대한 연구는 지리학, 지질학, 측지학, 광산학, 기상학, 지진

---

30) 文部省, 1951, 앞의 책.; 문교부령 제 46호, 1955, 고등학교 및 사범학교 교과과정.

학, 화산학, 지구물리학, 지구화학, 해양 등 다양한 학문 분야의 당시 상황을 함께 비교하고 있는데, 특히 교육 관련 부분에서는 논문 제목에 등장하는 '지학(地學)'이라는 명칭과는 달리 각 학교급의 교과 가운데 '지리'와 '지학'의 변화를 동시에 비교·분석하고 있다.[31] 고등학교급과 대학의 일반 교양과목의 경우, 종전 이후부터 1950년대까지의 논의의 중심은 '인문지리'와 '지학'의 등장 및 내용 구조·변화라고 할 수 있다. 종전 이후 등장한 신제(新制) 고등학교 '인문지리'는 그동안 암기 위주라고 비판을 받던 '지리'의 인문·사회과학적 특성을 보다 강화하였는데, 지지나 자연지리 부문이 경시된다는 비판을 받기도 하였다.[32]

교과목으로서 '지학'이라는 과목명은 1942년 고등학교 과목 정리로 인해 종래의 박물이 생물과 지학으로 구분되면서 처음 등장한다. 1943년 지학 교수 요령에서는 '지학'을 "지구의 전체적 성질과 상태, 광물, 지질 현상 및 암석, 광상, 지질구조의 해석, 지사(地史)의 편성, 지구 내부에 대한 연구, 지학의 이용" 등의 내용을 다루는 과목으로 기술하고 있다.[33] 1946년 12월 '고등학교 고등과 교수 요강(초안)'에서는 지학과를 "지각을 구성하는 주요한 물질에 대해 정확한 지식을 제공하는 동시에 지구 전체 각 부분의 성질 및 일반의 지학적 현상을 이해하게 하는 일을 요지로 한다."라고 규정한다.[34] 즉, 교과목으로서 '지학'의 초기 모습은 우주 및 천문 관련 내용이 배제된 상태였다. 천문학 관련 내용은 이후 지학의 범위를 보다 넓혀야 된다는 의견에 힘입어 기상학, 해양학 등과 함께 1947년 '학습지도요령'부터 반영되기 시작하였다.

1947년 제작된 잠정 지학 교과서의 내용은 전쟁 말기인 1944년 발간된 '물상

31) 地學史編纂委員會·東京地學協會의 지학관련 연구는 『일본지학사』 편찬을 목적으로 추진된 연구 사업이다. '서양지학의 도입(1868~1891)', '일본지학의 성립(1892~1923)', '일본지학의 발전(1924~1945)', '전후의 일본지학(1945~1960)'이라는 시대 구분을 바탕으로 1992년 이래 2010년까지 총 16편의 논문으로 작성되어 지학잡지(Journal of Geography)에 발표되었다.

32) 渡邊 光, 1960, 「日本の地理學の戰後の動向」, 地學雜誌, 69, p.150.

33) 地學史編纂委員會·東京地學協會, 2000, 앞의 논문, p.739.

34) 地學史編纂委員會·東京地學協會, 2009, 戰後日本の地學(昭和20年~昭和40年)〈その2〉, 118(2), 地學雜誌, p.292.

교과서 표지   판권지

검정 확인   〈그림 2-1-1〉 일본의 '물상 5 제2류' 교과서(1944)

지리교육과정의 기원을 읽다

5 제2류'를 전용한 것이다. 즉, 종전 이후 '지질'과 '광물'을 중심으로 '지학' 과목의 내용을 구성하려고 했으나, 신제 고등학교의 교과목으로 자리매김을 하기 위해서는 내용 범위를 넓히는 동시에 문화인 양성을 위한 교양적 측면의 중요성이 강조되어야 한다는 요구가 있었다.[35] 결국, 종전 직전에 구성된 '물상 5 제2류'의 과목 구조에 지질 및 광물, 고생물 관련 내용이 강화 또는 부가되면서 '지학'의 초기 구조가 만들어졌다고 할 수 있다.[36]

4) 자연지리 내용 구조의 변화

지리가 사회과와 과학과에 '인문지리'와 '자연지리'라는 2개의 계통지리 과목으로 나뉜 것이 우리나라 제1차 교육과정의 초기 안이었다는 사실은 당시 교육과정 결정 세력이 갖고 있던 지리에 대한 시각을 파악할 수 있다는 점에서 매우 중요하다. 이러한 생각에 대해 지리 관련 연구자들과 교사들의 생각이 어떠했는지, 즉 찬성과 반대 중 확실히 어느 입장이었는지에 대해서는 남아 있는 기록이 없어서 현재로서는 확인하기 어렵다.[37] 다만, 이를 통해 교육과정 결정 세력인

---

35) 地學史編纂委員會·東京地學協會, 2009, 앞의 논문, 118(2), pp.284, 293. 이는 전체적으로 볼 때, 지질학·광물학보다는 지문학이나 지리통론 전반부의 교수요목과 유사한 형태로 귀결된 측면이 강하다(地學史編纂委員會·東京地學協會, 2000, 앞의 논문, p.734.). 다만, '지학'이라는 과목이 처음부터 지문학을 토대로 발전되었기보다는 종착점이 동일했다고 보는 것이 타당할 것이다.

36) '物象 5 第二類'의 목차는 다음과 같다. Ⅰ. 기상 – 대기, 기상요소, 기온, 공기의 팽창과 온도, 수증기의 응결, 비와 눈, 기압과 바람, 불연속선, 공기의 상하이동, 일본의 기상과 천기예보, 대기의 환류. Ⅱ. 해양 – 해양, 바다의 깊이, 해저물질, 해수, 해수의 온도, 해류. Ⅲ. 천상 – 항성과 천체, 적경·적위, 항성시와 경도, 황도, 혹성, 태양, 달, 조석, 력(曆) 항성의 거리와 빛. Ⅳ. 지구 – 침식과 퇴적, 융기와 침강, 퇴적암, 고생물, 퇴적암의 생성, 지진, 화산, 화성암, 변성암, 지하자원, 지구, 육수(中等學校敎科書株式會社, 1944, 物象 5 第二類.).

37) 서울사대 교수들을 중심으로 한 《교육》과 대한교육연합회의 《새교육》 모두에서 교육과정이 개편된 1955년 전후에 이에 대한 지리학 및 지리교육계의 입장이 확인되지 않고 있다. 또한 1950년대 중반에 창간되기 시작한 각종 지방 교육지에도 이러한 입장과 관련된 글은 찾아볼 수 없다. 다만, '자연지리'가 '지학'으로 변경·확정된 이후인 1950년대 후반부터 이와 관련된 글이 조금씩 나타난다. 이에 대해서는 이후 논의하고자 한다.

1949년 판 교과서 표지

1950년 판 교과서 표지

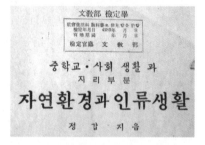
문교부 검정도서 확인

〈그림 2-1-2〉 교수요목기 '자연환경과 인류생활'
교과서(정갑, 1949, 1950)

문교부 장학관과 편수관, 그리고 지리 관련 인사들이 '지리'라는 학문 또는 교과목이 갖고 있던 정체성을 사회과학(또는 인문학)과 자연과학적 속성이 결합된 것으로 바라보고 있었다는 점을 추론할 수는 있다.

이러한 추론을, 뒷받침하는 것으로 교수요목기 교과서인 정갑(1949)의 '자연환경과 인류생활' 서론에 등장하는 지리학 분류를 들 수 있다. 그는 지구를 인류의 거주지로 보고 "지구와 인류와의 관계와 서로 관련된 영향을 논하는 학문"을 지리학으로 정의하였는데, 그에 의한 지리학 분류는 다음과 같다.

지구를 자연계의 한 물체로 연구하는 부문을 자연지리학(Natural geogra-phy=지문학)이라 하고, 지구를 인류의 한 거주지로 보고 거기서 일어나는 현상을 연구하는 부문을 인문지리학(Human geography)이라 한다. 이 두 가지를 합하여 지지(Regional geography)에 대칭하여, 지리학 통론(General geography)이라 일컫는다. …… 자연지리학은 지구의 자연적 현상과 그 사이에서 일어나는 여러 가지 현상을 연구하는 학문인데, ① 우주(Universe)상의 지구의 위치와 다른 천체와의 관계를 구명하고 ② 또한 지구의 운동과 물리학상의 성질을 밝히고 ③ 다음, 육계, 수계, 기계의 현상과 이 각 현상 사이에서 일어나는 모든 현상·영력(營力) 등을 설명하고 ④ 따라서 지구상에 생육되는 생물의 분포에까지 논급한다.[38] 이에 따라서 인문지리학은 복잡한 인사(人事)와 관련되는 지리적 현상을 구명하는 학문인데, 지구상에 거주하는 인류의 ① 인종·언어·종교와 그 성쇠 과정 및 문화 현상과 ② 여러 주민·민족은 일정한 토지를 영유하고 생업에 종사하며 교통로를 개척하여, 취락·촌락·도시를 형성하며 국가를 창조하고 식민지를 개발 영유하는 것에까지 논급한다.[39]

그는 이와 같은 분류 내용을 〈그림 2-1-3〉과 같이 정리하고 있다. 이를 1953년 시간배당 기준표(시안) 상의 지리과 과목과 연관시키면, 중학교 사회생활과 지리 영역에서는 지지(地誌), 고등학교 사회과에서는 인문지리학, 과학과에서는 자연지리학을 담당하는 것으로 귀착된다. 요약하자면, 1949년 즈음의 지리학 분류에 대한 인식이 제1차 교육과정기 지리 교과목의 초기 설계안 설정에 반영되었다고 할 수 있다.

문제는 1954년 교육과정 시간배당 기준령 고시에서는 사회과와 과학과 모두에서 1953년 시안처럼 '○○지리'라는 과목명이 사용되지 못했다는 점이다. 앞서도 언급했지만, 사회과에서는 '인문지리'라는 과목명이 유지되었지만, 과학과

---

38) ①~④는 일본 구제 중학교의 '지문학' 또는 '자연지리'와 유사하다.
39) 정갑, 1949, 자연환경과 인류생활, 을유문화사, pp.6-7.

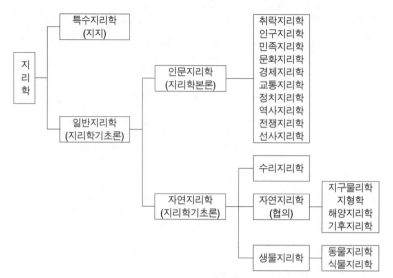

〈그림 2-1-3〉 정갑의 지리학 분류(1949)

(정갑, 1949, 자연환경과 인류생활, 을유문화사, p.7.)

에서는 '자연지리' 대신에 '지학'이라는 일본식 용어가 사용되었다는 점이다.

이러한 변화의 원인에 대한 단초는 김상호(1955)의 연구를 통해 어느 정도 확인이 가능하다.[40] 김상호는 훔볼트(Humboldt)와 리터(Ritter) 및 그 이후 지리학자들의 연구를 중심으로 근대지리학의 발달과정을 논하는 가운데 자연지리와 인문지리, 그리고 이를 종합한 지역지리 연구의 중요성을 강조한다. 특히 자연지리와 관련한 당시 연구 동향의 변화를 다음과 같이 소개하고 있다.

우리는 금일의 자연지리 경향이 전일의 그것이 아님을 잘 안다. 예를 들면, 지형을 취급하는 태도에 있어서 산형(山形)을 중심으로 데이비스적 개념을 적용하여 만족하던 것이 금일에는 인간 활동의 중심무대인 평야에 중점을 두게 되

---

40) 김상호, 1955, 「지리학의 방향」, 교육 2, 서울대학교사범대학교육회, pp.135~144. 원래는 1954년 11월에 쓴 글로 보이지만 이듬해 3월 《교육》지를 통해 발표되었다. 이 시기는 교육과정 시간배당 기준표의 고시와 교과과정 고시(1955. 8.)의 중간 즈음에 해당된다고 할 수 있으며, 제1차 교육과정 제작과정 중 자연지리가 '지학'이라는 이름으로 변경된 이후라고 할 수 있다.

었고 같은 기후를 다루더라도 기상의 장기예보라든지 하는 관점에서가 아니라 인간 활동의 초점에서 취급된다. 같은 사력층을 보더라도 지질적 지형학자는 그것을 지질적 시대 구분에 의하여 보고 지리학·지형학에 있어서는 그 지역의 인간 활동이 그것을 어떻게 이용하고 있는가에 보다 더 관심을 두게 된다.[41]

당시 자연지리에 대해 김상호가 가진 인식의 핵심은 "인간 활동과 보다 관련성이 높은 방향으로 자연지리 연구 대상과 방법이 집중되어야 한다."는 것이다. 이는 지리학의 영역을 천문학, 기상학, 해양학, 지구물리학, 지질학, 생물학 등의 일부 영역을 포괄하는 방식으로 이해했던 정갑의 인식과는 지리교육적 측면을 볼 때 배치되는 주장이다. 김상호가 정부 수립 직후 잠시나마 문교부 편수관을 지냈고,[42] 이지호·최복현과 함께 서울대학교 지리교육과 설립의 주역을 담당[43]했다는 것을 볼 때, 그의 이러한 인식은 지리학계 내에서의 자연지리 위상뿐 아니라 지리교육의 범위 설정 부분에서도 중요한 역할을 했을 것으로 추정된다.[44]

결국 1954년 정식 시간배당 기준표의 고시 때는 1953년 안과는 달리 지리학의 일반적 분류방식에 기반을 둔 '자연지리'라는 교과명이 '지학'이라는 교과명으로 바뀌게 된다. 당시 '지학'은 1948년 일본의 고등학교 교과과정표에는 등장

---

41) 김상호, 1955, 앞의 논문, p.143.

42) 홍웅선, 1999, 「미군정기와 교수요목기」, 한국교육과정·교과서 연구회 편, 『인물로 본 편수사』, 대한교과서주식회사, pp.1-15.

43) 권혁재, 1976, 「지리학」, 『한국현대문화사대계 II』, 고려대민족문화연구소, pp.210-255.

44) 김상호는 1918년 제주도 제주시 출생으로 1940년 경성사범학교 연습과를 졸업하고, 이듬해 일본 문부성 중등교원 검정시험 지리과에 합격하였다. 청주사범학교에서 지리 및 역사 교사(교유)로 재직(1941~1942) 중, 일본의 건국 신화 가운데 아마테라스 오미카미(天照大臣) 관련 신화를 허구라고 한 수업으로 1년 6개월간 옥고(1942~1944)를 치른다. 해방 이후 중등교원과 문교부 부편수관으로 근무하였으며, 1950년부터는 서울사대 지리과에서 강의를 시작하였다. 1954년 서울사대 지리과 전임강사로 발령을 받은 이후 1984년 정년퇴임을 할 때까지 서울대학교 사범대학과 사회과학대학의 지리과 교수로 근무하였다. 지형학, 자연지리학, 지리학 방법론 등을 주로 강의하였으며, 한국 침식 지형 연구의 선구자 역할을 하였다(형기주, 2006, 「잊을 수 없는 일들(2)-한국의 지리학계 1945~1969」, 대한지리학회보 91. p.2; 서울대학교 지리학과 50주년 추진위원회, 2008, 『서울대학교 지리학과 50년사』, 서울대학교지리학과, pp.62-65; 청주교육대학45년사 편집위원회, 1986, 『청주교육대학 45년사(1941~1986)』, 청주교육대학교, pp.54-58.).

했지만, 우리나라 1953년 안에서는 찾아볼 수 없는 과목이었다. 그리고 교수요목기 지리 영역의 내용 중 천문, 해양, 지질 등과 관련된 많은 개념들이 새로 만들어진 '지학' 쪽으로 넘어가게 되었다.

교과목의 내용 가운데, 더 이상 교육적 의미가 없기 때문에 교과 자체에서 다루지 않는 것[45]과 다른 영역으로 그 내용이 이전되는 것은 다른 의미를 갖는다. 즉, 후자의 경우는 이전되는 이유에 따라 다를 수 있지만, 원래 그 내용을 가르쳤던 교과목이 축소되는 경우가 많다. 당시 지리의 경우도 교수요목기에서 제1차 교육과정기로 넘어가면서 이와 같은 상황을 겪었다. 그리고 한번 다른 영역으로 넘어간 내용이 다시 돌아오는 경우는 거의 없다. 어떤 경우에는 동일한 내용을 같이 가르치는 상황까지 나타나게 된다. 최근 지리가 담당해 오던 지역개발, 인구 관련 내용을 일반사회 영역에서도 어렵지 않게 찾을 수 있다는 것이 이의 대표적 사례라고 할 수 있다.

2. 지학의 정체성 논란 및 학교 현장의 반응

1) 지학의 정체성 논쟁

제1차 교육과정의 도입과 함께 처음으로 등장한 지학은 일반인들은 물론 학생들과 교사들에게도 그 정체성이 혼란스러운 과목이었다. 1959년 9월 9일과 10일 양일간 조선일보에는 '지학과 지리학'이라는 주제로 서울대 문리대 교수로 있던 손치무[46] 교수의 칼럼이 게재되었는데, 이 칼럼은 지방에 근무하는 어느

---

45) 이 경우는 전체 학교 교육에서 그 내용이 빠지면서 교과 차원에서 해당 내용을 가르치지 않는 것을 의미한다.

교사[47])의 세 가지 질의에 대해 답을 하는 형태로 구성되었다. 신문편집자가 정리한 질문의 내용은 첫째, 우리나라 지학교육의 목적, 둘째, 지학과 지리학의 차이점, 셋째, 지학과 타 자연과학과의 관계였으며, 이는 당시 사람들이 '지학'이라는 과목에 대해 갖고 있던 의문들을 대표한다고 볼 수 있다. 또한 비록 문답 형태를 띠고 있지만, 지금과 비교할 때 이러한 의견을 제시할 매체가 그다지 많지 않았던 시절임을 감안한다면, 중앙일간지에 이러한 주제의 기사가 실릴 수 있었다는 점은 주목할 만하다. 1954년 4월 제1차 교육과정 시간배당 기준표 상에 처음 '지학'이라는 이름이 등장하였고, 이후 연차적으로 교육과정과 교과서가 발간되었음에도, 최초 등장 이후 5년이 지난 시점인 1959년에 신문기사를 통해 현직 중등교사에 대한 안내가 필요할 정도였다는 점은 앞서도 언급했듯이 당시 교육계 전반에 '지학'의 정체성이 꽤 심각한 문제였음을 유추할 수 있다.

기사의 주요 내용 중 먼저 지학교육의 목적과 관련된 일부분을 인용하면 다음과 같다.

• 지학교육의 목적: (지학교육의) 직접적인 목적인 지학적 지식의 전수로서 국민생활을 향상시키려는 데 있다고 봅니다. 문명국가에 있어서는 항공, 항해, 지하자원 개발, 수산자원 획득, 교량·각종 댐의 건설, 치산·치수 등은 국민생활의 향상과 불가분의 관계에 있는 것이며 이들 과제는 지학적 지식의 기반 위에서

---

46) 손치무는 1911년(원래는 1910년생이라고 한다.) 평안남도 평양 출신으로 1954년 학술원 회원으로 선임되었다. 평양광성고보, 일본의 우베고등농림학교(宇邊高農)를 거쳐, 1941년 일본 홋카이도제국대학 지질광물학과를 졸업하였으며, 1945년까지 조선인광(朝鮮燐光), 조선광업진흥(朝鮮鑛業振興) 등의 회사에서 근무하였다. 광복 직후 경성대학교 이학부 채광학과 교수를 시작으로 퇴임 때까지 서울대 지질학과 교수로 근무하였으며, 1970년 서울대학교에서 이학박사 학위를 수여받았다. 우리나라의 지질계통 확립과 광물자원탐사 연구에 평소 많은 관심을 갖고 있었으며, 문경 탄광 및 태백산 지역의 지질구조와 지하자원 조사에 직접 참여하였다. 서울대학교 부설 중등교원 양성소 부소장(1951~1958), 교원 자격고시위원회 위원(1955~1960), 국정교과서용 도서편찬위원회 위원(1957~), 교수요목 제정심의회 위원(1957~) 등 중등 교육과 관련된 일에도 많은 노력을 기울였다(대한민국학술원, 2004, 『앞서 가신 회원의 발자취』, 대한민국학술원, pp.503~506; 대한민국 학술원 홈페이지(http://www.nas.go.kr/member/all/all.jsp); 손치무, 1976, 『한국지질학발전의 발자취』, 지질학회지, 12(2), 대한지질학회, pp.101~102.).
47) 경북문경중학교 교사 최병식.

만 그 실천이 가능한 것이라고 하여도 과언이 아니기 때문에……[48]

이처럼 '직접적'인 목적으로 지학 과목의 도구적 활용에 초점을 두고 있다는 점은 당시 발간된 지학 교과서에서도 강조되고 있는 내용이다. 1955년 고시된 과학교육과정을 보면 각 과목의 첫 번째 대단원을 해당 과목의 소개로 할당하고 있다. 각 대단원의 주제는 '생물은 어떻게 연구할 것인가?', '물리는 어떤 학문인가?', '화학은 어떤 학문인가?', '지학은 무엇을 공부하는 학문인가?'와 같이 기술되어 있는데, 생물의 경우는 과목의 방법적 측면을, 다른 세 과목의 경우는 과목의 본질이 무엇인가에 중점을 두고 있다. 그 가운데서도 지학은 질문의 초점을 과목이 다루는 '대상'을 소개하는 데 두고 있음을 알 수 있다.

이와 같은 교육과정 구성은 교과서에 그대로 반영되는데, 앞서 신문기사를 통해 답변을 했던 손치무가 대표저자로 되어 있는 교과서를 비롯하여, 당시 출간된 검정교과서에 기술된 내용을 보면 다음과 같다.

…… 이와 같이 인류 생활 향상과 문화 발전에 있어 지학의 원리와 지식이 필요할 것이며, 모든 생산재(生産財)의 원료를 제공하는 지하자원은 오로지 지학적 지식에 의하여 개발될 것이다. 요약하건대, 지학의 광범한 지식과 이용이 국토 개발 계획의 기초가 되며, 나아가서는 국가 운명을 좌우하는 요소가 된다.[49]

…… 수해를 방지하기 위하여 저수지를 만든다든가, 배수로를 만드는 데는 토목, 지질, 지형, 기상, 하천과 호수 등 각 방면의 연구가 필요하며 식량 증산에는 우선 관개용의 저수지와 관개 수로의 정비를 비롯하여 토지 개량, 간척사업과 황무지의 개간이 절실한 문제이다. 임산 자원의 애호에는 사방 공사, 산림녹화, 개발의 합리화가 필요하고, 지하자원의 개발에는 지질조사가 선결문제이며, 과

---

48) 손치무, 1959. 9. 9, 지학과 지리학 (상), 조선일보.
49) 손치무 외, 1956, 지학, 장왕사, p.15.

학적인 탐광법(探鑛法)과 향상된 기술이 필요하다. 그리고 철도, 도로, 수로, 터널 같은 토목 공사에서는 지학이 가르치는 방법에 적응하는 것이 가장 안전하다. 이와 같이 지학의 진흥과 이용은 국민경제의 재건이나, 국가 민족의 발전에 크나큰 관계를 가지고 있다.[50]

인용된 교과서 본문은 1959년 조선일보 기사와 별반 다를 바 없는 내용 구성을 보인다. 당시 지학 교과서가 다루기를 원하는 '무엇', 즉 '대상'은 국가 경제 발전, 특히 자원 및 국토 개발에 활용될 수 있는 지식이었다고 할 수 있다. 이는 교과목으로서 '지학'의 정체성이 한국전쟁 이후 경제적 복구의 필요성을 강조하는 당시의 사회적 분위기 속에서 만들어졌다는 측면을 반영하는 동시에, 제1차 교육과정이 사회재건주의의 영향을 받았다는 것을 보여 준다.[51] 교육과정 및 각 교과목에 대한 이와 같은 도구적 활용의 강조는 경제개발계획이 본격화된 1960년대 들어서면서 보다 심화된다. 이는 당시의 사회 분위기하에서, 실용성을 강조하는 '과학'이라는 분류하에 편입된 자연지리의 일부 내용이 지리과와 단절되는 동시에, 지리과에 남겨진 자연지리 내용의 도구적 발전을 가로막는 계기가 된다. 당시 '지학'은 자연지리 가운데 도구적으로 유용한 지식, 즉 사회적 요구에 보다 직접적으로 부응할 수 있는 내용을 거의 모두 가져갔다고 볼 수 있다.

조선일보 기사의 두 번째 측면은 지학의 정체성 가운데서도 자연지리와의 차별성에 대한 것이다. 손치무는 이에 대해 다음과 같이 진술하고 있다.

- **지학과 지리학의 차이**: 김상호 교수가 저술한 지리학개론에 의하면 "지리학은 기능관계에 의한 자연 대 인간의 관련성 파악을 목표로 환경론·경관론을 지향하고 또……"[52]로 되어 있어 동 교수의 견해에 의하면 지리학의 목표는 자연

---

50) 최복현, 1956, 지학, 민중서관, p.8.
51) 사회재건주의와 관련된 자세한 논의는 다음 장에서 다루고자 한다.
52) 손치무가 김상호의 '지리학개론'에서 인용한 부분의 전체 문장은 다음과 같다. "현재의 지리학은 기능관계에 의한 자연 대 인간의 관련성 파악을 목표로 환경론·경관론을 지향하고 또 단순한 분포론에서 종합적인

대 인간의 연관성을 추구하는 데 있는 것으로 환경론·경관론은 목적을 위한 방편으로도 해석됩니다. 환경론에 관련되는 지리학의 일 분야인 학문이 자연지리학일 것으로 생각되는데, 자연지리학에서 취급되는 내용에 지학에서 취급되는 내용과 동일한 것이 있어 지리학과의 차이를 불분명하게 만들고 있다고 봅니다. 그러나 학문의 영역이라는 것은 그 학문을 연구하는 대상과 방법 및 목적에 따라서 어느 정도 정해지는 것으로 지학과 자연지리학과의 차이점도 이러한 점에서 밝혀지리라고 봅니다. 지학과 지리학이 다 같이 지구를 상대로 하는 학문임에는 틀림없으나, 그 연구목적에 있어서는 판이한 것입니다. 예로 '알프스' 산맥을 들어 설명한다면, (자연지리학에서는) 알프스 산맥의 위치, 고도, 산형, 구성암석, 이 산맥이 기후에 미치는 영향 등이 조사연구의 초점이 될지 모르나 알프스 산맥의 형성과정, 형성시대 등은 흥미의 대상이 될지 몰라도 연구의 초점이 될 수도 될 필요도 없는 것입니다. 또한 위치, 고도, 산형, 구성암석 등을 조사연구하는 경우에 있어서도 자연지리학에서는 인간생활에 미치는 영향을 중심으로 하는 것이지만, 지학에서는 그 산맥의 형성 시대를 중심으로 하여 암층의 지질 구조, 지질 시대 구명에 중점을 두게 되는 것으로 연구방법도 다른 것입니다. 지리학에 있어서는 지학적 사실을 사실 그대로 인식하는 데 그치는 것이며, 그 사실과 인간과의 관계를 추구하는 것이 궁극의 목적일 것으로 봅니다. 그러나 지학에서는 그 사실 속에 숨어 있는 어떤 무엇을 찾아내려는 데 있는 것입니다. 산맥 자체만의 파악에서 끝내는 것이 아니고 모든 산맥에서 얻어진 무엇을 종합하여 지구의 구조를 해명하고 지구의 성인을 구명하는 데까지 이끌어 간다는 원대한 목표가 지학에는 있다는 점이 자연지리학과의 차이점이라 하겠습니다. 지학은 독자적인 연구목적을 갖는 학문이지만 자연지리학은 김상호 교수의 견해에 의한다면 방편적인 학문에 불과한 것으로 해석되는 바입니다.[53]

분포 한계를 정한 후 기능관계까지 해명하기 위하여 지역론을 추구하게 된 것이다."
53) 손치무, 1959. 9. 9, 앞의 신문기사.

손치무는 이 글을 통해 지학과 자연지리의 연구의 대상은 일치할 수 있지만, 연구의 초점, 목적, 방법에서 차별적 특성을 갖기 때문에 둘은 서로 다른 학문이라고 주장하고 있다. 이 기사에서 손치무가 정의한 '지학'과 '자연지리'를 기사에 나온 대로 '학문'으로 정의하고 그 의미를 파악해야 하는지, 아니면 '교과' 또는 '과목'으로 바꾼 다음 의미를 파악해야 하는지에 대해서는 혼란스러운 면이 존재한다. '학문'이라고 이해할 경우 앞의 기사 내용에서 '지학'이 지칭하는 의미는 우리가 흔히 '지질학'이라고 알고 있는 학문에 국한된다.[54] 이 경우, 당시 지학교육과정 및 교과서에서 다루고 있는 천문, 기상 및 기후, 광물, 해양은 기사에서 사용된 '지학'에서는 제외되며, 중등교사의 질문에 대한 대답 형태로 구성된 기사의 원래 취지로부터도 벗어나게 된다.

그러므로 기사 내용의 '지학'과 '자연지리'는 교과 또는 과목으로 파악할 필요가 있다. 홍후조(2002)에 의하면, 교과는 교육과정의 핵심이 되는 내용을 제공하는 동시에, 교과가 대변하는 대상 세계의 표상에 있어서 포괄성과 정확성[55]이 있어야 하며, 내용과 활동이 논리적으로 잘 조직되어 있어야 한다. 또한 개별 교과에 주어진 시간은 제한되어 있기 때문에, 각 교과는 표상하는 세계를 가장 경제적으로 조직해 보여야 한다. 남상준(1999)은 학문으로서 지리교육학의 정당성을 논의하면서 교육과 학문의 차이점, 즉 지리교육과 지리학의 차이점을 가치(價値)의 문제에 두고 있다. 즉 교육은 가치 자체를 교육내용으로 삼는다는 점과 지리학의 많은 내용체계와 방법론 가운데 교육내용을 선정하는 과정에 가치판단이 개입하게 된다는 것이 그의 주장이다.[56]

---

54) 기사 내용 가운데 "지학에서는 그 산맥의 형성 시대를 중심으로 하여 암층의 지질 구조, 지질 시대 구명에 중점을 두게 되는 것", "산맥 자체만의 파악에서 끝내는 것이 아니고 모든 산맥에서 얻어진 무엇을 종합하여 지구의 구조를 해명하고 지구의 성인을 구명하는 데까지 이끌어 간다는 원대한 목표가 지학에는 있다는 점이 자연지리학과의 차이점이라 하겠습니다." 등을 통해 이를 확인할 수 있다.

55) 여기서 말하는 포괄성과 정확성이란 교과의 정당화와 관련된다. 즉, 교육과정에 포함된 교과의 정당성 여부는 교과가 담고 있는 내용이 학생의 좁은 경험을 넘어 외부적 실재를 얼마나 폭넓게 그리고 정확하게 대변해 주는가에 달려 있다(홍후조, 2002, 『교육과정의 이해와 개발』, 문음사, pp.24-27.).

56) 남상준, 1999, 『지리교육의 탐구』, 교육과학사, p.34.

교과목으로서는 초기 상태였던 '지학'과 '자연지리' 가운데 홍후조(2002), 남상준(1999)이 제시한 교과목 기준에 적합한 것이 어떤 과목인지를 쉽게 판단할 수는 없다. 다만, 손치무의 글에서 주장하는 '지학' 과목의 내용 중 상당 부분은 지학 등장 이전, 교수요목기 교과과정의 지리과 과목 중 하나였던 '자연환경과 인류생활'에서 다루던 것이다. 이는 중단원 수준의 목차 비교를 통해 확인할 수 있다(표 2-1-4). '지학'과 '지리'가 일반인은 물론 교사 집단에게 혼동을 가져온 이유도 바로 지리에서 다루던 내용이 '지학'이라는 이름으로 변경되어 '과학', 나아

〈표 2-1-4〉 '지학'과 '자연환경과 인류생활'의 단원 비교

손치무. 1956, 지학, 장왕사 / (제1차 교육과정)	
1. 지학이란 무엇을 배우는 학문인가?	6. 광물과 암석
(1) 지학의 내용과 그 연구 방법	(1) 지각의 구성 성분
(2) 자연과학에 있어서의 지학의 위치	(2) 광물 (3) 암석
(3) 지학 발달의 역사	(4) 광물, 암석의 식별
(4) 지학과 인생과의 관계	7. 풍화와 침식
2. 태양계와 지구	(1) 풍화 (2) 침식작용
(1) 태양계의 탄생과 구성	(3) 토양
(2) 지구의 성질	(4) 운반 및 퇴적
(3) 지구의 내부	8. 지각 운동
(4) 지각의 구조	(1) 지진, 화산, 온천
3. 우주	(2) 지각 운동
(1) 별 및 성단, 성운	(3) 지질 구조
(2) 우주의 구조	9. 지구의 역사
(3) 우주의 팽창설	(1) 지구 역사의 연구 방법
(4) 시간과 달력	(2) 지질 시대의 구분
4. 대기 및 대기 중에 일어나는 현상	(3) 지질 시대 중의 육지 및 생물의 변화사
(1) 기권의 구조 (2) 대기의 성분	10. 지학과 경제
(3) 바람과 대기 환류	(1) 광상
(4) 고기압과 저기압	(2) 우리나라의 지하자원
(5) 강수현상	(3) 지학과 공학
(6) 일기예보 (7) 기후	11. 지도
5. 수권 및 수권 중에 일어나는 현상	(1) 지도의 종류
(1) 수권의 구성과 성분 (2) 바다	(2) 지형도
(3) 호수 (4) 내와 지하수	(3) 지질도
(5) 물과 인생	(4) 지도의 이용

지리교육과정의 기원을 읽다

정갑, 1949, 자연환경과 인류생활, 을유문화사 / (교수요목기)	최복현 외 1950, 자연환경과 인류생활, 과학문화사 / (교수요목기)

제1편
1. 환경의 의의
2. 지리학의 뜻
3. 지리학의 발달
 	
제2편
1. 우주와 태양계
2. 지구
3. 지구와 달의 운동
4. 육지
  (1) 지표의 형태 (2) 지형의 변화
  (3) 지형의 원인
5. 수계
  (1) 해양의 형상 (2) 해수의 성질
  (3) 해수의 운동
6. 기계
  (1) 기권 (2) 기온 (3) 기압
  (4) 공기의 운동 (5) 공기의 습도
  (6) 기후와 기후구
  (7) 기후와 생물 관계
 	
* 제3편은 인문지리 분야이므로 제외함.
	1. 지구
	  (1) 지구의 형상과 크기
	  (2) 태양계와 지구의 운동
	  (3) 시간과 달력 (4) 위도와 경도
	  (5) 지표의 도시(圖示)
	  (6) 3요소(육지, 해양, 대기)
	2. 육권
	  (1) 지형 결정의 요소
	  (2) 지각 운동과 지형
	  (3) 하식과 지형 발달
	  (4) 지질과 지형 발달
	  (5) 빙식과 지형 발달
	  (6) 풍식과 지형 발달
	  (7) 해식과 지형 발달
	3. 수권
	  (1) 해양 (2) 해수의 성질
	  (3) 해수의 운동 (4) 대양과 부속해
	  (5) 호수
	4. 기권
	  (1) 기온 (2) 바람 (3) 비 (4) 기후형식
	5. 생물과 환경
	  (1) 식물과 환경 (2) 식물 분포
	  (3) 동물과 환경 (4) 동물 분포
	
	* 6장 이후는 인문지리 분야이므로 제외함.

가 소위 '이과'에서 다루게 되었다고 생각했기 때문이다.

　이러한 혼동을 더욱 부추긴 것은 현재 구할 수 있는 제1차 교육과정기 지학 교과서 3종 가운데 1종이 지리학자에 의해 쓰여졌다는 점이다.[57] 이는 표면적으로 볼 때, 권위를 갖고 있으면서도 시장 지배력이 있는 지학 교과서 저자를 확보

---

57) 최복현은 교수요목기에 지리교과서인 '자연환경과 인류생활'을 과학문화사라는 출판사를 통해 집필(이지호, 김상호 등과 공저)한 지리학자다. 제1차 교육과정기에는 민중서관에서 지학 교과서를 단독으로 집필, 검정을 통과하였으며, 고등학교 지리교과서였던 '인문지리'도 민중서관을 통해 출간하였다. 이후 제2차 교육과정기의 교과서가 사용되던 1970년대까지도 최복현이 저술한 지학 및 지리교과서가 활용되었다.

하기가 어렵다는 당시의 시대적 상황을 반영한다. 실제로 교육과정 개편 및 교과서 검정이 있을 때마다 각 출판사별로 유능한 저자 쟁탈전이 벌어졌다는 기록을 통해 이러한 점을 확인할 수 있다.[58] 그러나 지리학자가 단독으로 '지학' 교과서를 저술했고 이 책이 문교부 검정을 통과했다는 사실의 이면에는, 교과서를 기획한 출판사와 문교부 장관이 지학과 지리학을 구별하지 못했던가, 아니면 구별할 필요가 없었다는 점이 내포되어 있다고 볼 수 있다. 앞서 제시한 1953년 시간배당 기준표 시안에서 지학 대신 '자연지리'라는 과목명이 존재했던 것도 이러한 점을 뒷받침한다.

장상호(1997)는 학문의 분화라는 것이 선험적 논의의 대상이 아니며, 실제로 학문을 수행하면서 지식의 논리적인 구조가 정련화되는 것과 병행해서 서로 분리가 불가피할 때, 혹은 기존의 학문체계 속에 융합시킬 수 없는 새로운 대상세계가 등장했을 때, 그 발견자들이 새로운 분과 학문을 선언한다고 말한다. 나아가 학문의 분화는 사회의 변화를 반영하며, 사회 자체가 학문의 대상이기에 사회의 분화가 곧 학문의 다양성으로 이어진다고 주장한다. 또한 새롭게 주창되는 분과 학문은 그것이 주창되는 시점에서 아직 그 대상의 고유성이 충분히 입증된 것이 아니며, 확고한 위치를 확보하는 것이 쉬운 일이 아니기 때문에, 배타적인 태도가 필요불가결한 전략의 일부를 이룬다고 기술하고 있다.[59]

앞서도 일부 언급했지만, 손치무는 학문으로서의 '지학'을 설명하기보다는 교과로서의 '지학'에 초점을 두었기 때문에 학문 분화의 특성을 적용하는 것이 적절하지 않을 수도 있다. 그러나 손치무 기고문의 논조는 장상호가 이야기한 분과 학문 초기 모습의 특성을 연상시킨다. 특히 곳곳에 등장하는 자연지리에 대한 배타적·비하적 언급은 지리 교사인 필자가 읽기에 불편할 정도이다. 이는 앞

---

58) 제1차 교육과정 고시는 1955년 8월 1일이며, 11월 30일이 교과서 검정본 접수마감일(이후, 언론 등의 비판으로 12월 15일로 늦춤)이었다. 이러한 촉박한 검정 일정, 다른 출판물에 비해 실패가 없고 영업상 채산이 맞는다는 점 등으로 인해 당시 출판사별로 교과서 저자 쟁탈전이 매우 극심하였다(허강 외, 2000, 「〈연구보고서 2000-4〉 한국편수사연구 I」, 한국교과서연구재단, pp.233-236.).
59) 장상호, 1997, 앞의 책, pp.430-431, 475, 576.

서 홍후조, 남상준 등이 언급한 중등학교 교과로서의 포괄성, 정확성, 논리정연성, 경제성, 가치 등이 당시의 신생 '지학' 과목에서는 부족했다는 것을 반증한다고 볼 수 있다. 또한 '지학' 내용 중 상당 부분이 교과 내용으로 새롭게 구성된 것이 아니라, 지리과의 '자연환경과 인류생활'로부터 이전되어 왔다는 점은, '지학'이라는 과목이 사회적 요구 및 변화에 대한 합의를 바탕으로 교육과정에 등장한 것인지에 대해서도 의문을 갖게 한다.

결국, 앞서도 그 근거를 들었듯이 지학은 원래 자연지리로 기획되었던 것이 어떤 이유 때문인지는 몰라도 교육과정 개정작업 중에 과목명이 지학으로 변경되었다는 것을 알 수 있다. 즉, 적어도 처음 기획 단계에서는 '지리' 쪽에서 '지학'으로 이전된 내용을 포기하려고 한 것은 아니며, 그 이전에 비해 문과-이과체제의 경직성이 보다 심해지면서 지리교과의 내용이 이 체계와 어울리는 방향인 '인문지리'와 '자연지리'로 분리되었다가 자연지리가 '지학'으로 바뀐 것이라고 할 수 있다.

이러한 필자의 주장을 뒷받침할 수 있는 근거로 '지학'의 마지막 단원을 들 수 있다. 제1차 교육과정 문서에 기술되어 있는 고등학교 '지학' 마지막 단원의 지도 목표와 내용은 다음과 같다.

  A. 지도 목표
    1. 지도의 종류에 대하여 이해시킴.
    2. 지형도 작성법, 지질도 작성법에 대한 개념을 줌.
    3. 지도가 인간 생활에 얼마나 큰 이익을 주는가를 이해시킴.
  B. 지도 내용
    1. 지도의 종류 2. 지형도 3. 지질도 4. 지도의 이용

교육과정 문서에는 지도 관련 내용이 '부록'으로 되어 있지만, 손치무의 지학 교과서에는 정규 대단원으로 편성되어 있다. 동일한 시기 '인문지리' 교과서의

지도 관련 단원이 대단원이 아닌 중단원 수준으로 편성되어 있는 것과 비교할 때 지도 관련 내용의 중심축이 '지학' 쪽이라는 생각이 들 정도이다. 이는 앞서 제시한 지학교육과정과 인문지리 교육과정의 기술 분량과 내용을 비교해도 확인할 수 있다.[60]

　제1차 교육과정기 인문지리교과서의 지도 관련 내용은 투영법에 대한 것이 핵심을 차지하고 있으며, 출판사에 따라 그 분량과 내용의 폭은 다양하다. 인문지리교과서 중 지도 관련 내용이 가장 많은 쪽수는 육지수의 교과서인데 총 13쪽의 분량에 걸쳐 대략 4가지 주제를 다루고 있다. 이에 반해 손치무의 '지학' 교과서는 총 25쪽의 분량으로 지도를 다루고 있으며, 이 중 지질도 관련 내용 6쪽을 제외한다고 하더라도 유사한 주제를 육지수의 교과서보다도 훨씬 자세하게 다루고 있다. 정창희[61]의 교과서 역시 인문지리교과서보다 많은 쪽수인 18쪽의 분량으로 지질도를 비롯하여 지학교육과정에 준한 지도 관련 내용을 다루고 있다. 손치무, 정창희 교과서의 지도 관련 단원에서 특이한 점은 지형도 제작과 관련된 지도 측량법이다. 당시 지리교과서에서는 다루지 않는 삼각 측량법, 수준 측량법, 항공사진 측량법 등에 대한 자세한 설명과 도면이 함께 제시되어 있어 지리교과서보다도 더 지리적인 특징을 보이고 있다. 이외에도 지질도, 지도의 종류, 축척, 투영법 등을 상세하게 설명하고 있다. 반면, 지질학 쪽에 학문적 기

---

60) 제1차 교육과정 문서의 인문지리 교육과정 중 지도 관련 부분은 '지학'교육과정에 비해 구체성과 분량 면에서 부족하다고 할 수 있다. 기술된 부분은 다음과 같다.
　*고등학교 지리 지도 요령 6 – 지도 제작의 기술을 습득. 독도력을 함양시킬 것.
　* I 단원(인간과 자원과의 관계)의 목표 (2) – 이러한 교섭 양식으로 이루어지는 지리적 사실이 지도상에 어떻게 표현되는가를 이해시키며 지도 이용의 방도를 습득시킬 것.
　* I 단원(인간과 자원과의 관계)의 내용 (5) – 지리적 사실과 지도상의 표현 및 독도
61) 정창희는 1920년 평안북도 철산군 출신으로 신의주고등보통학교와 평양대동공업전문학교 채광야금과를 거쳐, 1944년 일본 홋카이도제국대학 지질광물학과를 졸업하였다. 해방 직전까지 조선 총독부 지질조사소에 근무하였으며, 이후 해방과 함께 미군정부 지질조사부, 중앙지질광물연구소를 거쳐 1952년부터 퇴임 때까지 서울대학교 교수로 근무하였다. 1960년에 학술원 회원이 되었으며, 삼척, 영월, 단양 탄전지역을 중심으로 한 평안누층군의 층서학 및 고생물학적 연구에 많은 노력을 기울였다(편집부, 1990, 「축 정창희 박사 70회 생신」, 고생물학회지, 6(2), 한국고생물학회, pp.215–216; 대한민국 학술원 홈페이지(http://www.nas.go.kr/member/all/all.jsp)).

반을 두고 있는 손치무, 정창희와는 달리 지리학에 학문적 기반을 두고 있는 최복현[62]은 '인문지리'와 '지학' 교과서를 함께 저술했는데, 지도 관련 내용을 지학이 아닌 인문지리에서 다루고 있다는 점이 다른 두 저자와는 구별된다(표 2-1-5).

  현재의 관점으로 볼 때, 지리교과서에서 지도 관련 내용을 포기하거나 다른 영역에서 더 자세하게 다루는 것을 상상하는 것은 쉬운 일이 아니다. 그러므로 초기의 '지학' 과목에서 이처럼 상세하게 지도 관련 내용을 취급하고 있다는 점은 '지학'을 '자연지리'라고 인식했기 때문이라고 할 수 있다.

<표 2-1-5> 인문지리와 지학의 '지도' 단원 비교

과목	발행 연도	출판사	저자	핵심 주제	해당 쪽수
인문지리	1961	일조각	김상호	지도의 의의 기복 표현 방식 지도의 종류 투영법	9
	1956	장왕사	육지수	지도의 종류 기복 표현 방식 지도의 제작(측량) 투영법	13
	1962	탐구당	노도양	지도의 필요 축척 기복 표현 방식 투영법	8
	1967	동아출판사	이영택	투영법 축척 기복 표현 방식	5
	1959	민중서관	최복현	기복 표현 방식 지도의 종류 투영법	9

---

62) 최복현은 1906년 경기도 양평군 용문 출신으로 히로시마고등사범지력과를 졸업했다. 일제하 함흥학생사건으로 3년간 옥고를 치렀으며, 해방 후 서울사대교수, 중앙중·고등학교 교장, 서울특별시 교육감을 역임했다. 서울사대 지리과 교수 시절에는 정치지리, 경제지리, 아메리카지지 등을 주로 강의하였다고 한다(최복현, 1977, 「나의 회고」, 지리학연구, 3, 국토지리학회, pp.255-268; 형기주, 2006, 앞의 글, pp.1-6.).

	1956	민중서관	최복현	없음	–
지*학	1956	장왕사	손치무 외	지도의 종류 축척 지형도 측량 투영법 지질도 지도의 이용	25
	1966	한국교과서주식회사(구 탐구당)	정창희	지도의 종류 축척 지형도 측량 투영법 지질도	18

주: * 당시 지학 교과서는 총 3종이 검정을 통과하였는데, 각 교과서의 대표 저자는 정창희(탐구당), 손치무(장왕사), 최복현(민중서관)이다. 이 가운데 정창희의 교과서는 상·하 2권으로 구분되어 있었다.

2) 지학을 자연지리로 인식한 학교 현장

앞서 기술했듯이 조선일보에 실린 지학과 지리학의 차이점에 대한 손치무의 칼럼은 지방에 근무하는 중등교사의 의문으로부터 출발하였다. 당시 교육의 열악했던 상황을 고려할 때, 지방의 경우 이러한 혼돈이 일어날 수 있는 개연성이 충분하였다. 그렇다면 서울에 근무하는 교사의 경우는 어떠했을까?

1960년 4월 서울대학교사범대학교육회의 《교육》 11호는 '사회생활과 특집호'로 구성되어 있다. 이 특집호는 중등교사 양성을 위한 사범대학 교육과정 개선을 목적으로 하고 있는데 '사회생활과 교육실천기'라는 당시 초등·중등·고등교육 현장의 사회생활과 상황을 알 수 있는 글들이 수록되어 있다. 그 가운데 고등학교에 해당하는 '부속고등학교편'은 당시 서울대학교 사범대학 부속고등학교의 교사 황석근[63]이 작성하였는데, 이를 통해 제1차 교육과정기의 고등학교 사회생활과 운영 현황을 어느 정도 파악할 수 있다. 특히 작성자인 황석근이 지

---

63) 서울대학교 사범대학 지리과 8회. 상신중·잠실고 등 교장 역임.

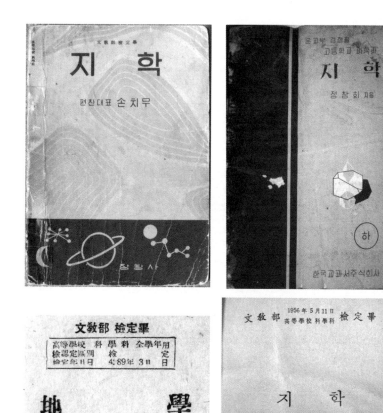

〈그림 2-1-4〉 제1차 교육과정기 지학 교과서(손치무, 1956; 정창희, 1966)

리 교사인 관계로 지리교육과 관련한 당면 과제 및 애로점이 비교적 상세하게 진술되어 있다.

지학과 지리학에 대해서는 '지리교육상의 애로'라는 부분에 기술되어 있다.

지학과 인문지리가 분리됨으로써 인문지리는 고등학교 3년간에 105시간, 지학은 140시간을 하도록 문교부에서 교육과정기준령이 나온 이후 사실상 본교에서는 지학을 안 하고 있음으로 해서 절름발이의 지리교육이 되고 말았으며 그렇다고 해서 지학과의 연관 없이 한다는 것도 안 될 일이고 보니 시간이 매우 바쁘기 때문에 문제해결 학습의 단원을 가지고서도 주입식의 수업을 하여야만 전반적인 것을 이수시킬 수 있겠다고 해서 그와 같이 하고 보면 전기한바 학생들의 문제 파악의 싹을 꺾어버리는 결과를 초래하게 된다는 것이 그 하나요, 또 한 가지는 학생들이 대학입시의 사상을 가지고 공부를 하는 사조가 지배적이어서 인문지리가 대학입시과목의 선택교과가 되면서부터 자발적인 학습 분담도 의무적인 학습을 하고 있는 경향이어서 이와 같은 점을 시정하기 위해서 본교에서는 3년간에 각각 주당 1시간을 1학년에서 주당 3시간을 함과 동시에 분단 활동을 강화하기 위해서 노트 방법을 개선하였고, 매주 노트와 제작 내용을 검사하고 이 결과를 평가에 참조하고 있다.[64]

글 내용을 요약하자면, 첫째, 학교 교육과정에 인문지리 시간만 배당되어 있다는 것,[65] 둘째, 지학에 나와 있는 내용을 그냥 넘어갈 수 없으므로 부족한 인문지리 시수 내에서 전반적인 내용 이수를 위해 주입식 교육을 하고 있다는 것,

---

64) 황석근, 1960, 「사회생활과 교육 실천기 – 부속고등학교편」, 교육, 11, 서울대학교사범대학교육회, p.128.
65) 당시 서울대학교 사범대학 부속고등학교의 교육과정 표는 다음과 같다. 표 안의 수는 주당 시간 수를 의미한다.

구분	필수교과											선택과목									
	국어	사회			수학	체육	음악		미술	실업		국어	사회		수학	과학			교련	외국어	
		일반사회	도덕	국사						상업	가정		세계사	지리		물리	화학	생물		영어	독일어
남여별	남여	남여	남여	남여	남여	남여	남	여	남여	남여	남여	남여	남여	남여	남여	남여	남여	남여	남여	남여	남여
1학년	3	2	1		5	2	1	2	1	2	3	1		3		2	2	2	2	6	2
2학년	2	2	1			1	1	1	1	2	3	2	3		6	2	2	2		6	3
3학년	2	2	1	3		1				2	2	4			7	2	2	2		6	3
계	7	6	3	3	5	4	2	3	2	6	8	7	3	3	13	6	6	6	3	18	8

자료: 황석근, 1960, 앞의 논문, p.117.

지리교육과정의 기원을 읽다

셋째, 주입식 교육의 문제점을 보완하고 학생들의 문제 파악 의지와 자발적 학습을 장려하기 위해 나름의 공책 정리 방법을 시행하고 있다는 것 등이다. 무엇보다도, "본교에서는 지학을 안 하고 있음으로 인해 절름발이의 지리교육이 되고 말았으며……"라는 문구를 통해 저자인 황석근이 지학을 지리, 그중에서도 '자연지리'로 인식하고 있음을 확인할 수 있다. 즉, '지학'을 하지 않고 '인문지리'만을 수업하고 있기 때문에 '절름발이' 지리교육이 이루어지고 있다는 것이다. 자연지리와 지학을 동일시하는 측면은 다음의 기술에서도 나타난다.

> 현재 본교에는 환등기, 지구의, 지도흑판 등이 있고 모형도, 모형표본, 5만분의 1 지형도, 환등, 슬라이드, 15~16종의 학생용 참고서적, 각종 궤도 등이 비치되어 있다. 그러나 이와 같은 것만 가지고 소기의 수업을 할 수 없다는 것은 사실이다. 그래서 절실히 요구되는 것은 대기의 순환에 의한 풍향모형지구의, 천체운행모형, 평판측량기, 경사계, 나침반, 환등슬라이드와 필름 등 시청각 교재 등이다. 그리고 지리과의 특별교실도 요구되나 이것은 정말 재정문제여서 현실에서 최선을 다 할 수밖에 없는 문제이다.[66]

위 글은 교수-학습을 위한 기구 및 시설과 관련된 것이다. 나열된 교재교구 가운데 지리천체운행모형이나 풍향모형지구의 등은 교수요목기 지리교과서인 '자연환경과 인류생활'에 따르면 매우 중요한 교구이지만, 제1차 교육과정의 '인문지리'에서는 내용상 필요가 없는 교구이다. 당시 서울대학교 사범대학 부속고등학교에 근무하는 '서울 사대 지리과' 출신 교사라면, 변경된 교육과정에 대해서 어느 누구보다도 잘 알고 있을 것으로 생각된다. 그럼에도 불구하고 '지학'의 내용을 지리에서 담당하는 것으로 생각하고 있었다는 점은 당시 교육계 전반에 걸쳐 이러한 의식이 팽배했을 것으로 추정할 수 있는 근거가 된다.

---

66) 황석근, 1960, 앞의 논문, p.129.

3. 지학의 정착 과정

1) 대학 전공과 교사 자격증

앞서 언급한 지학과 지리의 혼란 상황이 중등 교육기관에만 존재했던 것은 아니다. 요즘도 그렇지만 중등학교에 교과목이 새롭게 개설될 경우 이를 가르칠 수 있는 자격을 누구에게 부여할 것인가를 결정하는 것은 중요한 문제이다. 이 경우, 사범대학 내에 새로운 전공학과를 만들거나 사범대학 이외의 경우에는 유사한 학과에 교직이수를 할 수 있도록 하는 것이 보통이며, 1950년대의 상황도 지금과 크게 다르지 않았다.

제1차 교육과정의 시간배당 기준표가 1954년에 발표된 직후인 1955년 지리 및 지학 교사 자격증을 발급할 수 있는 대학교 및 학과는 〈표 2-1-6〉과 같다.

〈표 2-1-6〉은 1955년 2월 현재, 졸업과 동시에 고등학교에서 지리 및 지학 관련 교사 자격증을 받을 수 있는 학과들의 목록이다. 당시에는 지금과 달리 대학 졸업자에게는 실업계 과목이 아닌 일반 교과목에도 준교사 자격증을 부여했는데,[67] 이는 해방 직후 일본인 교사의 귀국 및 한국전쟁으로 인해 부족했던 교원의 원활한 수급을 위한 것이었다.[68]

〈표 2-1-6〉에서 현재의 상식으로 이해하기 어려운 점은 교사 자격증 과목 부문이다. 현재의 관점에서 보자면 사범대학 지리과와 일반 문리대학 지리학과

---

[67] 교육공무원법(1953.4.18 법률 제285호) 제4조에서도 알 수 있듯이 전국 각 대학 교육공무원자격 검정령 시행세칙 제11조에 의한 자격증 수여과목일람대학 졸업자의 경우 준교사 자격을 받을 수 있었다. 또한 중학교 또는 고등학교의 준교사 자격증을 수여하는 대학에 재학 중 교직과를 이수한 자에 한해서는 정교사 자격증이 발급되었다(서울특별시교육회, 1956, 『대한교육연감』, 서울특별시교육회, p.78.).

[68] 1950년대 중반경에는 부족한 중등교원을 양성·공급하기 위한 목적으로 사범대학 이외에도 다양한 교사 양성기관이 존재하였다. 당시 준교사급 이상의 교원 자격증을 수여하는 기관으로는 2년제 사범대학과 4년 제 사범대학, 4년제 실업계대학, 중등교원양성소, 일반대학(중·고교의 준교사), 일반대학의 교직과를 들 수 있다. 1950년대 후반에 이르러서는 중등교원 부족 문제가 어느 정도 해결되면서 1959년 3월에 중등교 원양성소가 폐지되었으며, 1960년대와 1970년대를 거치면서 사범대학, 일반대학의 교직과정이라는 2대

<표 2-1-6> 지리 및 지학 교사 자격증을 발급할 수 있는 대학교 및 학과(1955)[1]

대학교	단과대학	학과	고등학교 자격증		중학교 자격증	
			과목	급	과목	급
서울대학교	문리과대학	지리학과[2]	지리	준교사[3]	사회생활	준교사
서울대학교	문리과대학	지질학과	지리	준교사	물상	준교사
서울대학교	문리과대학	천문기상학과	지리	준교사	물상	준교사
서울대학교	사범대학	사회과(지리)	지리	2급정교사	사회생활	2급정교사
경북대학교	사범대학	지리학과	지리	준교사	사회생활	2급정교사
부산대학교	문리과대학	지리지질학과	지리 또는 지학	준교사	물상	준교사
이화여자 대학교	사범대학	사회생활과	지리	2급정교사	사회생활	2급정교사

주: 1) '교육공무원자격 검정령' 시행세칙 제11조에 의거하여, 1955년 2월 문교부 사범교육과에서 발표(서울 특별시교육회, 1956, 앞의 책, pp.57~79의 표에서 재정리.).

2) 서울대학교 지리학과와 천문기상학과의 창설 연도는 1958년이다. 학과 창설 이전인 1955년 문교부에서 발표한 교사 자격증 수여 학과에 학과 명칭이 존재하는 이유는 1953년 4월 20일 대통령령 제780호로 고시 된 '국립학교설치령'에 이미 지리학과의 창설이 공식화되어 있었기 때문이다(서울대학교 지리학과 50주년 추진위원회, 2008, 앞의 책, p.22.).

3) 당시의 교사 자격은 교육공무원법에 명기되어 있는데, 교사 자격 명칭은 현재와 별반 차이가 나지 않는 다. 해당 법령을 소개하면 다음과 같다. "교사의 자격은 정교사(1급, 2급), 준교사, 특수교사, 양호교사로 나 누어 별표 제2호의 자격기준에 해당하는 자로서 문교부 장관이 수여하는 자격증을 가진 자라야 한다." - 교육공무원법(법률 제285호) 제4조(관보 제874호.(1953. 4. 18).).

별표 제2호에 기술된 준교사의 자격 요건은 다음과 같으며, 현재와 달리 고등학교와 중학교의 교사 자격 증에 구분을 두었음을 알 수 있다.

－고등학교 준교사: 1. 대학 졸업자. 2. 중앙교원 자격 검정위원회에서 고등학교 준교사 자격 검정을 받 은 자.

－중학교 준교사: 1. 대학(초급대학 포함) 졸업자. 2. 중앙교원 자격 검정위원회에서 고등학교 준교사 자 격 검정을 받은 자.

최근에는 준교사 제도가 유명무실화되었는데, 2016년 7월 현재 초·중등 교육법 제21조 제2항 관련 [별 표 2]에 기재된 중등학교의 준교사 자격 요건은 다음과 같다.

1. 교육부 장관이 지정하는 대학(전문대학은 제외한다.)의 공업·수산·해양 및 농공계학과를 졸업한 사람.
2. 중등학교 준교사자격검정에 합격한 사람. 3. 중등학교 실기교사로서 5년 이상의 교육경력을 가진 사람 으로서 대학·산업대학·기술대학(학사 학위 과정만 해당된다.) 또는 대학원에서 관련 분야의 학위를 취득 한 사람. -http://www.law.go.kr/법령/초·중등교육법/(13820,20160127)

기관을 중심으로 중등교원 양성이 이루어지게 되었다. 1950년대 후반 이후에도 교원 수급 상황에 따라 사 범대학과 일반대학의 교직과정 이외에 임시중등교원양성소가 운영된 적이 있으며, 실업교육과, 교육대학 원 등을 통해 중등교사들이 양성되었다(김영자, 1989, 『한국중등교원양성연구사』, 교육과학사.).

출신자들이 고등학교 '지리' 교사 자격증을 취득하는 것은 당연한 것이지만, 지질학과, 천문기상학과 출신들에게까지 고등학교 지리를 가르칠 수 있는 자격을 부여했다는 것은 납득하기 어려운 부분이다. 또한 고등학교에서 지리 준교사 자격증을 받았던 지질학과와 천문기상학과 졸업자들이 중학교에서는 물상을 가르치게 되어 있었던 점 역시 현재의 상식으로는 이해하기 힘들다.

1955년 2월은 정식 시간배당 기준표가 발표된 이후이기 때문에 '지학'이라는 과목을 가르칠 교사의 양성이 필요했을 시기다. 그럼에도 불구하고 '지학'과 관련성이 높은 지질학과 및 천문기상학과 졸업자들에게 '지리' 교사 자격증을 부여했다는 것은 당시 문교부의 교육정책 담당자들 및 각 대학의 관련학과 교수들이 '지학'이 곧 '자연지리'라는 생각을 하고 있었다는 점을 나타낸다. 이는 당시 '지학' 교사 자격증을 수여한 학과가 전국적으로 부산대학교 지리지질학과[69]가 유일했다는 점과도 일맥상통한다. '지학'이라는 과목 명칭이 1954년 교육과정 시간배당 기준표에 이미 등장을 했고 1956년부터 학교 현장에서 수업이 이루어져야 하는 상황임을 감안한다면, 이는 당시 문교부를 비롯한 교육계와 학계의 입장이 지리 교사로 하여금 지학을 가르치는 것으로 설정하고 있었으며, 나아가 우리나라에서는 '지학' 과목의 초기 속성이 '자연지리'였다는 추론을 가능하게 하는 토대가 된다. 즉, 학문으로서의 지리학은 지질학, 천문학 등의 학문과 구별되는 것으로 인식하고 있었는지 모르지만, 교과로서의 '지리'는 현재의 지구과학에 해당하는 학문적 영역을 아우르는 것으로 인식하는 동시에, 교육행정 및 교육과정의 추진 방향도 동일하게 설정하고 있었음을 알 수 있다.

---

69) 1954년 첫 입학생을 받았으며, 1961년 5·16 군사 쿠데타 이후 '학교정비기준령'(각령 283호)에 따라 경북대학교 문리과대학으로 이관되었다. 이후 경북대학교 문리과대학 지리지질학과는 1962년 12월 31일 국립대학교 설치령에 의거 '지리학과'와 '지질학과'로 분리되어, 1963년부터 신입생을 모집하였다. 부산대학교에는 경북대학교로 이전된 지리지질학과를 대신하여 1964년 지질학과가 새롭게 개설되었다(한국대학신문 http://www.unn.net/UnivInfo/UnivinfoDetail.asp?idx=616&n4_page=1&n1_hakje=0&n1_local=0&n1_CD=6&vc_sStr=; 환경지질연구정보센터 http://ieg.or.kr/trend/trend_analysis4.html; 경북대학교 지리학과 http://geog.knu.ac.kr; 경북대학교 자연과학대학 http://cns.knu.ac.kr/01_sub/07_sub.html; 부산대학교 지질환경과학과 http://geology.pusan.ac.kr).

〈표 2-1-7〉1953년 '국립학교설치령'에 명시된
서울대학교 문리과대학 및 사범대학 내 개설학과

단과대학	학부	학과
문리과 대학	문학부	국어국문학과, 중국어중문학과, 영어영문학과, 불어불문학과, 독어독문학과, 언어학과, 사학과, 철학과, 미학과, 종교학과, 정치학과, 지리학과, 심리학과, 사회학과
	이학부	수학과, 물리학과, 화학과, 생물학과, 지질학과, 천문기상학과
	의예과	
사범대학	교육학부	교육과, 교육심리과, 교육행정과
	문학부	국어과, 외국어과, 사회과
	이학부	수학과, 물리과, 화학과, 생물과, 가정과, 체육과

자료: 서울대학교 지리학과 50주년 추진위원회, 2008, 앞의 책, p.23에서 재정리

　　이러한 추론을 가능하게 하는 또 하나의 사실은 서울대학교 사범대학 지학과(현 지구과학교육과)가 창설 이전(1958년 이전)의 기록이 전혀 없는 상태에서, 1958년 지리학과, 천문기상학과 등과 함께 갑자기 창설되었다는 점이다. 사범대학 지학과와는 달리, 서울대학교 지리학과와 천문기상학과의 경우는 학과 창설 5년 전인 1953년 4월 20일 대통령령 제780호 '국립학교설치령'에 이미 학과명이 등장한다(표 2-1-7). 또한 같은 해 10월부터 시행된 문교부의 '대학원규정'에는 지리학과의 석사과정 개설이 규정되어 있다.[70] 다시 말해, 학과 창설은 하지 않았지만 그 계획은 이미 수립되어 있었음을 알 수 있다.[71]

　　또한 지리학과와 천문기상학과는 앞서 제시한 1955년 문교부의 '전국 각 대학 교육공무원자격 검정령시행세칙 제11조에 의한 자격증 수여과목일람표'에 학과 명칭은 물론 수여하는 교원 자격증 종류 및 과목까지 나타나 있는 데 반해,

---

70) 서울대학교 지리학과 50주년 추진위원회, 2008, 앞의 책, p.22.
71) 서울대학교 지리학과 50년사에서는 창설 계획 이후 실제 학과 창립이 늦어진 이유를 첫째, 일제 강점기 낮아진 지리학에 대한 인식 및 중등교원 양성 위주의 정책으로 해방 이후 교수요원이 절대적으로 부족했다는 것, 둘째, 국립대학 설치 시 미국의 대학제도를 모델로 삼았는데, 미국 대학 내 지리학과가 유럽 국가들에 비해 적으며, 그 지위도 상대적으로 낮았다는 점을 들고 있다(서울대학교 지리학과 50주년 추진위원회, 2008, 앞의 책, p.24.).

사범대학 지학과는 동일한 연도에 창설되었음에도 해당 일람표에 학과 명칭이 등장하지 않는다. 이를 통해 1954년(처음으로 시간배당 기준에 지학이 등장했던 연도)과 1958년 사이에 '지학'의 교과목적 특성이 변했음을 추론할 수 있다. 즉, 1954~1955년경의 지학은 지리교과 중 한 과목이라고 인식되었고 지리과에서 지학을 담당하는 것으로 되어 있었으나, 점차 다른 교과목으로 인식되면서 사범대학 내에 교사 자격증을 따로 수여할 수 있는 독자적인 학과가 필요했다고 볼 수 있다.[72]

2) 교원 자격시험 문항과 지학의 정착

지학과 지리학의 분리 및 정착화 과정은 제1차 교육과정 초기 내내 조금씩 이루어졌다. 앞서 언급한 바 있는 "지학이란 무엇을 배우는 학문인가?"와 같은 질문의 교육과정 및 교과서 첫 단원 배치, 손치무의 신문 칼럼 등이 그 대표적인 사례라고 할 수 있다.

나아가 교원 자격 검정고시[73]를 위한 학력고사의 문항 내용을 통해서도 지리와 주변 과목들의 특성 및 관계가 규정되는 것을 확인할 수 있다. 교원 자격 검정고시의 문항은 지리와 지학이 분리되고 나름의 영역을 구축해 가는 상황, 고등학교 지리가 일반사회나 역사 영역과 뚜렷하게 구별되는 것과 함께 일반사회

---

72) 서울대학교 사범대학 이후 1963년에 와서야 경북대학교 사범대학에 두 번째로 지학과가 설치되었는데, 이해는 제2차 교육과정이 고시된 해이다. 제2차 교육과정에서는 지리와 지학이 인문과정과 자연과정 모두에서 배워야 하는 과목이었다.

73) 중학교 교원 자격 검정고시는 중학교 졸업 동등 이상 자격자 또는 국민학교 준교사 이상 자격증 소지자가 응시할 수 있었으며, 고등학교 교원 자격 검정고시는 고등학교 졸업 동등 이상 자격자 또는 국민학교 준교사 이상 자격증 소지자가 응시할 수 있었다(관보 제1364호 1955. 7. 15.).
　　당시 교원 자격 검정은 시험검정과 무시험검정으로 나누어지며 시험검정은 다시 고시검정과 전형검정으로 구분되었는데, 이 가운데 고시검정을 지칭한다. 고시검정은 전공과목별 학력고사, 구술실기수업, 신체검사를 통해 자격증을 수여하였으며, 각급 학교 준교사 자격에 국한되어 있었으며, 중학교와 고등학교의 경우는 1년에 1~2회 중앙교원 자격 검정위원장이 늦어도 2개월 이전에 공고 실시하였다(문교부, 1958, 『문교개관』, pp.292-294.).

에 보다 큰 강조점이 주어져 있다는 것이 잘 나타난다.

예를 들어, 1955년 교원 자격 검정을 위한 고시의 고등학교 지학 문항에는 지학교육의 필요성에 대한 문항이, 1956년도 교원 자격 검정을 위한 고시에는 지학교육의 목적에 대한 문항, 지학과 지리학의 차이점을 설명하는 문항 등이 출제되었다(표 2-1-8). 현재의 관점에서 볼 때, 교사 자격을 주는 시험에 응시하는 사람들이라면 지학과 지리학의 차이에 대해 충분한 인식을 갖고 있는 것이 당연하다고 볼 수 있지만, 앞에서도 기술했듯이 당시 '지학'의 교과적 정의와 정체성이 혼란스러운 상황이어서 이러한 문항을 통해 응시자의 기본 관점을 확인하려고 했던 것으로 생각된다. 당시 조선일보를 통해 지학의 정체성과 관련된 칼럼을 게재했던 서울대 손치무 교수가 1955년부터 교원 자격 고시위원회 위원(1955~1960)을 역임하고 있었다는 기록은 이러한 추론을 가능하게 한다. 나아가 이러한 문항들이 계속해서 《문교월보》나 《교육연감》에 수록·공개되면서,

〈표 2-1-8〉 지학과 교원 자격 검정을 위한 학력고사 문항(1955, 1956)

시행시기	1955.11	1956.11
지학	(其一) 1. 지학교육의 필요성과 수업상의 요령을 설명하라. 2. 다음 술어의 내용에 대하여 설명하라. 　(ㄱ) 連星(일명 伴星) 　(ㄴ) 斑晶(Phenocryst) 　(ㄷ) 走時曲線 　(ㄹ) 僞層(cross-bedding) (其二) 1. 태양계의 기원에 관한 諸說을 簡述하라. 2. 다음 술어의 내용에 대하여 설명하라. 　(ㄱ) 기단(Air mass) 　(ㄴ) 지오이드 　(ㄷ) 면각일정의 법칙 　(ㄹ) 사행(Meander)	(其一) 1. 지학교육의 목적을 설명하라. 2. 지학과 지리학의 차이점을 설명하라. 3. 천기예보는 어떻게 하는 것인가? 4. 혹성에 대하여 아는 바를 쓰라. (其二) 1. 다음 述語를 간단히 설명하라. 　변광성, 황도, 평균태양시, 무역풍, 염도, 斑晶, 삼엽충, 광물의 共生, 단사정계, 사행(Meander), 단층, 상원계 2. 지구공전의 증거를 제시 설명하라. 3. 수성암과 화성암을 구별하는 방안을 설명하라.

자료: 서울특별시교육회, 1957, 『대한교육연감』, pp.348-353.

〈표 2-1-9〉 지리과 교원 자격 검정을 위한 학력고사 문항(1955, 1956)

시행시기	1955.11	1956.11
지리	(其一) 1. 미국의 지형을 구분 설명하라. 2. 아프리카 주에 예를 들어 열대 기후를 　설명하라. 3. 좌기 사항을 설명하라. 　심사도법, 대륙붕, 밀도류, 환초 (其二) 1. 화란의 토지이용을 설명하라. 2. 세계의 주요 어장을 설명하라. 3. 좌기 사항을 설명하라. 　낙농, 산촌(散村), 완충국, 셈족	(其一) 1. 평야의 종류를 들어 그 성인과 분포를 설 　명하고 우리나라 평야에도 논급하라. 2. 영동 지방의 지지를 논술하라. 3. 다음 사항을 설명하라. 　① A. Penck　② 구드 도법 　③ 녹새풍(높새바람)　④ 혼합농업 (其二) 1. 건조기후지역을 세계지도를 그려 표시 　하고 이 지역의 지리적 특색을 논술하라. 2. 취락의 입지 및 형태에 대해여 논술하라. 3. 다음 사항을 설명하라. 　① Census　② Kar　③ 경관　④ 상권

자료: 서울특별시교육회, 1957, 『대한교육연감』, pp.348-353.

'지학'의 정체성 및 의미가 교육계 및 일반 대중들에게 전달되는 것이 어느 정도
는 가능했을 것으로 생각된다.

　이외의 다른 지학 문제들에는 교수요목기 지리교과서인 '자연환경과 인류생
활'에서 다루던 내용들이 상당수 포함되어 있으며, 현재 지리교과서에서 확인
할 수 있는 것들도 함께 존재한다. 예를 들어, 1955년의 태양계의 기원, 기단, 지
오이드(geoid), 사행(Meander) 등과 1956년의 혹성, 황도, 평균 태양시, 무역풍,
삼엽충, 단층, 상원계, 지구 공전의 증거 등이 그것이다.[74] 이러한 문항들을 통
해 교수요목기 지리와 제1차 교육과정기 '지학'이 밀접한 관련이 있었음을 확인
할 수 있다.

---

74) 이들 가운데, 기단, 사행(Meander), 무역풍 등은 현재 지리교과서에서도 주요 개념으로 다루고 있다.
　Meander의 경우는 사행천이라고 해야 되나, 원문에 '사행'으로 표기되어 있어 그대로 제시하였다.

제2장
1950년대 '일반사회'교육과 지리교육

1. '일반사회'의 등장 배경과 맥락

1) 해방 이후 일본의 영향

해방 이후 우리나라에서 사회생활과가 도입·강조되었던 이유를 표면적으로 보자면, 첫째, 일제 강점기의 복종·순종적 교육에서의 탈피, 둘째, 민주사회의 일원으로서 공민 양성, 셋째, 아동의 생활경험과 심리발달에 맞는 종합적 교과의 도입, 넷째, 교사 중심의 교수방법보다는 학생 중심의 학습 방법의 실천 등으로 요약할 수 있다.[1] 그러나 이러한 것을 표면 그대로 받아들일 수는 없다고 판단된다. 예를 들어, 당시 우리나라 사회생활과의 근간이 되었던 미국 콜로라도

---

[1] 이상선, 허현, 홍웅선 등의 글에 나타난 도입 배경 등을 요약·정리한 것이다(이상선, 1946, 『사회생활과의 이론과 실제』, 금룡도서; 허현, 1946, 『사회생활 해설』, 제일출판사; 홍웅선, 1992, 「미군정하 사회생활과 출현의 경위」, 교육학연구, 30(1), 한국교육학회, pp.111-128.).

I pledge allegiance to the flag
of the United States of America
and to the Republic for which it stands,
one nation indivisible,
with liberty and justice for all.

〈그림 2-2-1〉 미국 학생의 충성 맹세
(Pledge of Allegiance)

주의 교수요목(Course of Study)을 보면 첫 페이지에 성조기에 경례를 하는 학생의 사진과 충성의 맹세(Pledge of Allegiance)가 실려 있다(그림 2-2-1).[2]

일제 강점기의 황국신민 서사가 연상될 수 있는 이러한 장면이 실려 있는 교육과정을 해방 직후 우리나라에 바로 적용했다는 것은 미국을 이데올로기의 근간으로 삼았던 당시 교육계 인사들의 성향을 파악하는 데 도움을 준다.[3] 또한 전후 '해방공간'에서 미국과 소련을 대리한 냉전 체계와 시급하게 요청되던 탈식민화 및 근대적 국민국가의 형성과정이 어느 정도 관련성을 맺고 있다는 것도

---

2) 충성의 맹세는 1968년 충청남도에서 처음 시작되어 현재까지도 각급 학교를 비롯한 각종 의례에서 행해지고 있는 우리나라의 국기에 대한 맹세와 유사한 내용 및 구조로 되어 있다(Lewis, I. J. etc., 1942, *Course of Study for Elementary School*, Department of Education, the State of Colorado.).
3) 허현(1946)이 콜로라도 주의 교수요목을 '사회생활과 해설'이라는 글로 편역할 때, 이러한 의미를 분명히 인식했을 것으로 생각된다.

지리교육과정의 기원을 읽다

이를 통해 확인할 수 있다. 그러나 이를 일방적인 미국화의 과정으로만 파악할 수는 없으며,[4] 일본의 영향[5] 역시 내재되어 있다고 할 수 있다.

해방 이후 반민특위 등의 친일파 제거 노력이 무산되면서, 사실상 남한의 정치, 경제를 비롯한 사회 전반에 친일 인사나 일제의 제도적 영향권하에서 어느 정도 부역을 하던 사람들이 나름의 세력을 구축하고 있던 것을 부정하기는 힘들다. 예를 들어, 정부 수립 직후 지리과 편수관 중에는 해방 전 편수서기였던 인사도 있었으며,[6] 그 외 다른 영역의 편수관이나 이후 문교부 장학관들 가운데는 일제 강점기에 사범학교를 졸업하고 교사, 시학관으로 복무했던 경력을 가진 사람들도 상당수 있었다.[7] 이들이 상상하는 교과 내용이나 교수-학습 방안의 토대는 그 근원을 일본에 두고 있기 때문에, 미국식 신교육 이론을 적용한다고 하더라도 일제나 일본의 영향력을 벗어던지기는 쉽지 않았을 것으로 판단된다. 1949년 청주여중 교장을 역임한 신집호(1994)는 다음과 같이 회고하고 있다.

…… 서울서 열린 소위 '티티시'라고 하는 교원 훈련에서 피트맨 박사를 단장

---

4) 성공회대 동아시아 연구소 편, 2008, 『냉전아시아의 문화풍경1: 1940-1950』, 현실문화, p.12.

5) 일본 제국주의 및 전후의 일본 모두를 중의적으로 지칭한다.

6) 창씨개명을 한 기록이 있는 이봉수(竹田鳳秀)의 경우는 동경고등사범학교 지리역사부를 졸업했으며, 1937~1941년 조선 총독부 지리담당 편수서기로 근무했다. 당시 지리역사 분야의 편수과장, 편수관, 편수 서기에 해당하는 총인원이 4명이었던 것을 보면 1930년대 말부터 사용된 제국주의적 색채가 강화된 지리 교과서의 편집에 핵심적으로 관여했을 것으로 생각된다(장신, 2006, 「조선 총독부 학무국 편집과와 교과서 편찬」, 역사문제연구, 16, 역사문제연구소, pp.33~68.). 이봉수는 정부 수립 직후 초대 문교부 장관인 안호상 박사의 휘하에서 편수과장을 역임하기도 했다(홍웅선, 1999, 앞의 책, p.7, 11.).

7) 물론 광복 직후와 한국전쟁 시기 편수국장인 최현배를 비롯한 장지영 등 일제시기 옥고를 치른 사람들도 많았으며, 지리과에서는 김상호와 최복현이 대표적이다. 그러나 사회생활과 도입에 적극적이었던 심태진의 경우 경성사범연습과를 졸업했으며, 해방 전 10년 정도의 훈도생활을 하였다. 고등사범 출신이 아닌 사범학교 연습과 출신인 관계로 일제 강점기에 보통학교 교사로 교직생활을 시작했다는 점에서 특정 교과 출신이 가질 수 있는 학문적 배경에서 자유로웠을 것으로 생각된다. 이외에도 한국전쟁 직전부터 부산 피난 시절 '교과과정 연구위원회'의 제1차 교육과정 관련 논의 시 수석 장학관이었던 조재호는 일제 시학관, 그 후임인 이흥종은 조선 총독부의 편수과에 근무하였다(심태진 외 3인, 1994, 『사우문선』, 교문사, pp.33-35, 117-119). 제1차 교육과정의 논의가 본격적으로 진행되었던 시기가 문교부의 부산 피난시절이었으며, 당시 문교부 장학관실 인원이 3~4명밖에는 안 되었던 점을 고려하면, 일제 강점기 시학관이나 편수국에 근무했던 인사가 수석 장학관을 했다는 점에서 친일이나 부일 논란과는 별개로 그들의 교육관이 일본의 영향력으로부터 자유롭지는 못했을 것으로 생각된다.

으로 하는 미국 교육자 30여 명에 의한 8주간의 강습에서 암중모색 중인 민주 교육 방식을 이론과 체험으로 새로운 공부를 하고 돌아온 후 새교육 운동에 몰두하는 계기가 되었습니다. …… 당시 연구 자료는 우리보다 (새교육 운동을 - 필자 주) 먼저 시작한 일본의 것을 특별히 입수하여 탐독하였고 직원들과 커리큘럼, 코어 커리큘럼 등 새 용어의 개념을 이해하기 위해 밤늦게까지 토론했던 기억이 생생합니다.[8]

일본 자료를 통해 새로운 교육이론 등을 받아들이던 전통은 한국전쟁으로 인해 문교부가 부산에 자리하게 되면서, 일본과 가깝다는 지리적 특성과 결부되어 이러한 현상을 더욱 심화시키게 된다.

교육과정에 있어서의 인제 부산에 전쟁 중에 일본에서 문헌이 흘러 들어와 가지고 그것을 빨리 볼 수 있던 부산에 있는 교육자들이 결국 그 이 미국, 일본을 통해서 들어온 미국의 새교육 사조를 받아들여 가지고 그때 인제 소위 코어 커리큘럼이 마, 중핵 교육과정이 굉장히 유행처럼 우리나라에서 받아들여졌죠. …… 나는 그때 구경도 못했는데, 에 그 이 일본서 들여온 자료를 놓고 움직이, 연구가 시작이 돼서 그래서 인저 에 52, 3년경부터 인제 교육과정 운동 물론 교육과정에 관심이 많은 분들이니까 그 얘기를 먼저 하는 건데, 본격적으로 이제 그 교육과정 운동이 일어났어요. 그것이 소위 그 마 급진파라고 할까요. ……[9]

2) 교육당국과 교육관료의 성향

제1차 교육과정 개정은 1949년 12월 31일의 교육법 고시에 이어 1950년 6월

---

8) 신집호의 증언 - 심태진 외 3인, 1994, 앞의 책, p.18.
9) 홍웅선의 육성녹취록 - 허강 외, 2000, 앞의 책, p.164에서 재인용.

2일 문교부령 제9호로 '교수요목 제정심의회 규정'의 고시로 착수되었으나, 한 국전쟁으로 중단되었다. 이후 정부가 임시수도를 부산으로 옮긴 직후인 1951년 3월에 문교부령 제16호로 '교과과정 연구위원회 규정'이 고시되면서 다시 추진 되었는데,[10] 정부의 서울 환도가 1953년 9월이고 1954년 4월에 교육과정 시간 배당 기준령이 발표된 것으로 보면, 교육과정 개정작업, 특히 교과목과 시수 배 분의 척도가 되는 시간배당 기준령은 피난지인 부산에서 거의 완성된 것으로 생 각된다.

당시 교육과정 개정은 문교부 장학관실(교과과정 연구위원회)과 편수국(교 수요목 제정심의위원회)에서 각각 준비하던 것을 합동위원회(교수요목 제정심 의위원회 전체회의)를 통해 완성하였다고 한다. 그러나 장학관실과 편수국에서 준비하던 내용은 서로 다른 부분이었다. '교과과정 연구위원회'(장학관실 주도) 의 경우는 교과를 설정하고 시간을 배당하는 일을, '교수요목 제정심의회'(편수 국 주도)는 교과별로 가르치는 내용을 정하는 일에 주안점을 두고 있었다.[11] 나 중에 합동으로 연구가 이루어졌다고는 하지만, 아무래도 주안점을 두던 분야에 대한 영향력이 컸을 것으로 판단되며, 이는 이창갑(1994), 홍웅선(육성녹취록) 등의 주장을 통해 확인할 수 있다.

교과과정 시간배당과 교과별 교수요목은 상호 밀접한 관계에 있으므로 결국 전술한 두 위원회(교과과정 연구위원회와 교수요목 제정심의위원회)의 합동심 의로 교육과정 시간배당 기준표를 작성·완성시킨 것입니다. 그러나 교육과정 시간배당 기준령을 제정한 주관 부서는 장학관실이었습니다.[12]

부산에서 이 문교부에서 교육과정 심의를 할 때에는 굉장히 여러 사람이 있

10) 유봉호, 1992, 앞의 책, p.311.
11) 유봉호, 1992, 앞의 책, p.312.
12) 이창갑의 증언 – 심태진 외 3인, 1994, 앞의 책, p.33.

었는데 처음에는 인제 그 리더가 누구냐며는 심태진, 에 문교부 안에서는 심태진 장학관이 그때 급좌계 급진적인 쪽의 리더였었고 …… 교육과정 시간배당의 교과편제를 만드는 데는 다분히 급진적인 아이디어가 들어갔다가 인제 교육과정 실질적인 내용, 국어과에서 뭐 가르치고 뭐 가르치고 한다는 그 내용에 대해서는 그 보수적인 쪽으로 마 교과중심 쪽으로 그러니까 다시 말하면 에 이 교육과정 시간배당 교과 편제는 어느 쪽이냐 하면 생활중심 쪽으로 강하게 그런 상태가 나타났다가 교육과정은 아주 완전히 교과중심 쪽으로 ……13)

위 자료를 통해 교과목명, 필수와 선택의 구분, 시수 등을 구분하던 현재의 교육과정 총론에 해당하던 시간배당 기준령은 장학관실에서 주도한 것이며, 그 핵심이 심태진이었다는 사실을 확인할 수 있다. 다시 말해, '일반사회'라는 새로운 영역명의 등장과 고등학교 지리 과목의 선택과목화, 105시간이라는 시수는 바로 심태진의 주도하에 이루어졌다 할 수 있다. 부산 피난 시절 장학관실 인원이 3~4명이었으며,14) 이 가운데 줄곧 장학관실을 지켰던 장학관은 심태진이 유일하고,15) 위의 홍웅선의 증언과 다음에 제시한 심태진 본인의 증언을 비추어 볼 때 무리한 추론은 아니라고 생각된다.

그리고 부산으로 내려가자마자 뭘 했느냐며는 교과과정 연구위원회의 규정을 내가 만들어서 문교부령을 냈어요. 왜냐하면 그때까지의 새교육 운동은 학습지도법이 주였어요. …… 그러나 난 부산 내려가면서 사변 나면서 이게 학습지도법 이게 문제가 아니다. 무엇을 가르치느냐가 문제야. 지금 당장 가르치는 내용이 문제지, 뭐 옛날 걸 갖다가 지금 뭐 토론을 시킨다, 아이들을 분단학습을

---

13) 홍웅선의 육성녹취록 – 허강 외, 2000, 앞의 책, p.164-165에서 재인용.
14) 피난 직후 문교부 장학관은 조재호, 오병옥, 심태진이었으며, 생활요 등으로 조재호, 오병옥 장학관이 교장으로 전출을 가면서 한때 심태진 1명만 남았다고 한다. 이후 이창갑, 손영경, 이흥종 등이 추가되어 4명으로 장학관실이 유지되었다(심태진 외 3인, 1994, 앞의 책, pp.33, 117-119.).
15) 심태진 외 3인, 1994, 앞의 책, pp.33, 117-119.

시켜라, 이게 새교육법이다. 이게 말이 안 된다. 빨리 법이 통과 됐으니까 이 교육법에 의한 교육과정을 짜는 게 제일이다. 빨라야 된다. 뭘 가르치느냐 그래서 교과과정 연구위원회를 구성, 우리나라의 권위자 뭐 구성하구, 일선 교원들 전부 넣어서 구성을 하고 이런 얘기는 뭣 하러 하느냐, 내가 저 사회를 해가면서 그 회의를 계속했어요. 새로운 교육과정을 맨들라고. 그럼 개조에 아주 선봉에 섰다. ……16)

심태진은 초대 문교부 장관을 지낸 안호상의 주도로 생긴 민주교육연구회(후에 조선교육연구회)에서 활동을 시작한 인물로, 해당 연구회가 주최한 1946년 11월에 열렸던 '민주교육연구 강습회'에서 '사회생활과 교육론'을 담당하면서 만 30세의 나이로 사회생활과 교육의 권위자로 인정을 받게 된 인물이다.17) 그는 당시 발표된 '사회생활과 교육론'을 통해 해방 이후 다양하게 해석되던 '사회생활과'의 특성을 정리하는데, 그 출발을 듀이(Dewey) 이론에 두고 사회생활과의 의미와 그 교수법에 대한 설명을 하고 있다. 주목할 만한 내용을 보면 다음과 같다.18)

첫째, 사회생활과 내용 가운데서도 지리의 중요성에 대해 많은 강조를 하고 있다. 물론 지리, 역사, 공민의 분과적 형태의 교수를 주장한 것은 아니지만, 듀이의 주장과 당시 소련의 실례를 들어 가며 지리, 역사 등의 중요성을 강조하고 있다. 그리고 사회생활과가 중요한 이유 중 하나로 지리, 역사 등을 가르치기 때문이라고 말하고 있다. 이는 당시까지만 해도 사회생활과 내용의 '통합' 방법이 구체화되지 못했다는 것을 반증한다.19)

---

16) 심태진의 구술기록 – 허강 외, 2000, 앞의 책, p.161에서 재인용.
17) 당시 이 강습회는 1946년 10월 효죽국민학교에서 열렸던 윤재천 교장 주도의 새교육 발표회와 함께 새교육 운동 붐을 일으키는 데 중요한 역할을 했다.
18) 심태진, 1946, 「사회생활과 교육론–민주교육연구 강습회 속기록」, 조선교육 1, 조선교육연구회(심태진, 1981, 『석운교육논집』, 우성문화사, pp.11-31; 이길상·오만석 편, 1997, 『한국교육사료집성–미군정기편Ⅰ』, 한국정신문화연구원, pp.491-507.).
19) 사회생활과 교육론은 민주교육연구 강습회에서 심태진이 강연한 내용의 속기록인데, 당시 강연 시간 초

둘째, 사회생활과가 미국에서 발생하고 도입된 것을 인정하지만, 당시 조선의 상황과 맞지 않는 부분도 존재한다고 하며, 콜로라도 주의 교수요목 가운데 우리나라의 실정과 부합하지 않음에도 무분별하게 전재 및 인용한 것에 대해 비판을 가하고 있다.

셋째, 사회생활과는 아동중심, 경험주의적, 종합적 교수와 학생들의 자발적 학습 등의 교육방법을 강조하는 가운데 등장하였으며, 이러한 교수-학습 방법의 사례를 미국과 유럽뿐 아니라 소련, 중국 등에서도 찾고 있다. 특히, 레닌 및 그 부인의 교육관과 소련의 교육이론과 정책, 지리에 대한 강조 등도 비교적 상세하게 소개하고 있는데, 아마도 정부 수립 전이기 때문에 사회주의권에 대한 언급이 가능했을 것으로 생각된다.

넷째, 사회생활과를 초등 교육뿐 아니라 중등 교육에서도 핵심적인 지위를 차지하는 학과라고 보고 있다는 점이다. 이는 향후 이어지는 교육과정 개정 과정에서 중등학교 지리, 역사, 공민의 '사회과' 혹은 '사회생활과'로의 통합 시도가 꾸준하게 이어졌던 것과 맥을 같이한다고 볼 수 있다.

다섯째, 사회생활과의 교육 목적을 인간과 환경과의 관련을 인식시키는 것으로 받아들이고 있다는 점이다. 이와 관련해서 심태진은 환경에 대한 이해, 환경에 대한 (인간의) 순응, 환경의 순응(이상적 방향으로 환경을 이끌고 나가는 것) 등을 세부 목적으로 삼고 있다. 문제는 여기서 말하는 '환경'을 크게 '사회적 환경'과 '자연적 환경'으로 구분하며, 그 가운데서도 '사회적 환경'을 공동사회(Gemeinschaft)와 이익사회(Gesellschaft)로 구분한 뒤, 사회생활과의 중요한 내용으로 바로 '공동사회와 우리와의 관계를 인식시키는 것'을 말하고 있다는 것이다. 나아가 공동사회 중에서도 '국가'를 가장 중심적인 것으로 제시하고 있다.[20] 이러한 사회적 환경에 대한 심태진의 관점은 결과적으로 이후 공민 영역

과로 인해 그가 준비한 강연 내용 중 사회생활과 방법론을 전부 발표하지 못하였다고 한다. 미처 강연하지 못한 내용 가운데 '종합의 원리'라는 제목이 사회과 통합과 관련이 있는 내용으로 여겨지지만, 구체적인 내용은 수록되지 않고 있다.

20) 심태진, 1946, 앞의 책(심태진, 1981, 앞의 책, pp.11~31; 이길상·오만석, 1997, 앞의 책, pp.491~507.).

의 강화를 가져오는 계기를 마련한 것으로 볼 수 있다.

'사회적 환경'에 대한 강조와 함께 그의 생각 가운데 지리교육 입장에서 주목할 만한 부분으로는 지리, 역사에 대한 강조와 더불어, 중등 교육에서도 사회생활과를 핵심 교과로 인식하고 있다는 점이다. 이는 해방 직후 원래 계획되었던 국민학교 사회생활과의 내용이 공민보다는 지리와 역사 중심이었으며, '사회생활과'라는 교과목이 새로운 교육방법의 도입과 함께 지리와 역사라는 내용을 보다 잘 가르치기 위한 방법으로 도입되었다는 것으로도 해석할 수 있다. 실제로 당시 국민학교 교수요목을 보면 지리 내용의 비율이 매우 높으며, 통합 단원의 특색을 갖고 있는 경우에도 지리적 특성이 강하게 나타난다. 특히 3~5학년에서는 일부를 제외하면 거의 한국지리 및 세계지리 내용으로 구성되어 있음을 확인할 수 있다. 중학교(초급 중학교) 역시 각 학년별로 배당된 5시간이 지리 2:역사 2:공민 1의 비율로 교수되었음을 볼 때, 이러한 경향을 확인할 수 있다.[21]

위에서 정리한 '사회생활과'에 대한 심태진의 생각은 문교부 장학관으로 제1차 교육과정 준비기를 주도하는 과정에서 상당 부분 반영되었을 것으로 생각할 수 있다. 다만, 정부 수립과 한국전쟁을 거치면서 이념적으로 오해받을 수 있는 부분, 사회생활과 정착 및 소위 '새교육'과 정합하지 않는 것들은 선별적으로 제외되었을 것으로 생각된다.

---

21) 미군정청 문교부, 1946, 『국민학교 각과 교수요목』, 미군정청, 문교부; 박광희, 1965, 앞의 논문, p.90. 이와 관련하여 이종일의 우리나라 사회과 성립시기 분석은 제고될 필요가 있다. 각 대단원의 주제와 하위 질문을 지리, 역사, 공민 영역별로 구분해야 함에도 주제와 영역을 섞어 구분하면서 지리 영역이 축소된 듯한 느낌을 갖게 한다. 나아가 중학교 사회생활과는 지리, 역사, 공민이 川자형 구조로 모든 학년에서 교수되었으므로 학년별로 서로 다른 영역만을 교수하는 것처럼 기술한 이종일의 분석은 적절하지 못하다(이종일, 2001, 『과정중심 사회과교육』, 교육과학사, p.50.).

3) 한국전쟁과 사회재건주의

정영주(1992)는 해방 이후 제2차 교육과정의 시작 시기인 1962년까지를 우리나라 교육과정 형성기로 보면서, 한국전쟁을 기점으로 그 이전은 초기 진보주의 교육사조의 영향하에 방법적 측면에서 경험단원론의 영향을 받았다고 주장하고 있다. 그러나 교육과정 이론의 도입은 단편적인 수준이었으며, 당시 미국의 교육과정 이론서보다는 통합교수 혹은 단원학습 이론에 관한 것이 대부분이었다고 평가한다. 이에 반해 한국전쟁 이후에는 후기 진보주의 교육사조의 영향을 받게 되어 사회 개선에 초점을 맞추게 되었다고 기술하고 있으며, 그 증거로 1955년 고시된 교과과정 문서[22] 중 '교육과정의 기본태도'를 들고 있다.[23]

국민학교, 중학교, 고등학교 및 사범학교 교과과정(1955)에는 '본 과정 제정의 기본태도'라는 제목하에 총 7개 항목의 교육과정 제정 원칙이 제시되어 있다. 이 가운데 정영주가 언급한 후기 진보주의 교육과정 사조에 해당하는 항목은 첫째 항목과 여섯째 항목이라고 볼 수 있는데, 해당 문구는 다음과 같다.

(1) 사회를 개선하고 향상시키는 계획안이어야 한다. – 우리나라의 현실 생활을 개선 향상시킬 수 있는 포부와 이념을 표시하여야 한다.

(6) 교육과정의 내용은 시대와 지역의 요구에 적응하여야 한다. – 이 교육과정은 우리나라의 특성에 비추어 특히 요청되는 반공 교육, 도의 교육, 실업 교육 등이 강조되어 있으며, 각 지역의 특색을 살리도록 유의하였다.

이러한 시각은 심태진의 다음과 같은 회고와도 일치한다.

---

22) 제1차 교육과정 문서를 의미한다.
23) 정영주, 1991, 「한국 교육 과정 형성기의 교육 과정 변화 요인 분석」, 이화여자대학교 박사학위논문, pp. 58, 62, 76.

이때의 부산 영도의 영선국민학교를 거점으로 한 미국교육사절단[24]의 공로는 우리나라 교육발전사에 영원하리라고 감히 말할 수 있습니다. 우리나라 새교육 운동에 결정적이고 절대적인 영향을 미쳤기 때문입니다. 해방 후 오랫동안 민주주의 교육을 암중모색해 오던 한국교육자들에게 민주주의 교육의 정체(?)를 파악했다고 느낄 정도로 새로운 것들을 배우게 했습니다. 제1차 세계대전 전후에 일어난 헌 〈새교육 운동〉이 아니라 미국의 1930년대 후반의 경제대공황을 겪고 난 후의 교육의 대전환 이후의 새로운 교육을 한국의 교육자들이 처음으로 알게 되었습니다. 이런 점에서 '유니테리언 서비스 커미티' 파견의 교육사절단[25]의 공로는 해방 후의 정보의 어떠한 시책이나 어떤 강습회나 연구회와도 비교할 수 없을 만한 것이었습니다.[26]

미국 교육이 1930년대 후반의 무서운 경제공황을 타개하는 어려운 시절에 교육의 일대전환을 한 것과 마찬가지로 우리도 동족상잔의 무참한 전쟁을 치르면서 불타버린 폐허 위에 새 나라를 건설하는 과정에서 우리나라 현실에 맞는 새로운 교육을 모색할 수 있었다고 봅니다. 새교육 운동만 하더라도 교육방법 개선에 그치던 운동이 수업시간에 어떻게 가르치느냐가 문제가 아니라 전쟁 중의 격변하는 사회에 적응하는 교육을 위해서는 무엇을 가르치느냐가 먼저 생각할 과제라고 생각하여 교육과정 개조를 앞세운 새교육 운동으로 방향전환을 하

---

24) 제1차 교육사절단을 지칭한다.

25) 심태진의 회고에 의하면 이 단체는 미국 정부가 공식적으로 파견한 사절단이 아니라 전쟁 중에 여러가지 어려운 처지에 놓여 있는 우리나라를 교육 면에서 다소 돕겠다고 자진해서 온 사람들이었다고 한다. 그런 점에서 패망 후 일본에 온 미국의 교육사절단과는 근본적인 차이가 있다고 말하며, "교육사절단이라고 부르기에는 너무 거창한 얘기가 되고 그렇다고 이 고마운 사람들을 푸대접할 수는 없고 그러면서 효과적으로 활용하기 위해서는 '교육사절단' 이름을 붙여 격을 높이는 것이 좋겠다고 생각했습니다."라고 회고하고 있다. 2차까지 진행된 이 단체 사절단의 영향은 매우 컸다. 당시 통역을 하던 보좌관들 대부분(정범모 등)을 미국에서 박사교육을 받도록 주선하였는데, 향후 이들은 우리나라 교육계의 핵심인물들이 된다. 또한 이들이 남기고 간 서적이나 시설들을 바탕으로 중앙교육연구소(현 교육개발원)가 설립되었으며, 앞서 언급한 유학을 떠났던 사람들이 귀국 후 이 연구소에서 교육현안에 대한 다양한 연구를 수행하게 된다. – 심태진 외 3인, 1994, 앞의 책, pp.44-49.

26) 심태진 외 3인, 1994, 앞의 책, p.45.

게 됩니다. 전쟁을 겪으면서 교육을 보다 근본적으로 다시 생각할 기회를 갖게 됩니다.[27]

또한 당시 제1차 교육사절단 단장인 하비지(Harbage)가 ASCD(the Associa-tion for Supervision and Curriculum Development)의 학술잡지에 기고한 편지[28]에서도 이러한 관점을 읽을 수 있다. 1952년 9월부터 1953년 6월까지 우리 나라에 머물렀던 그녀의 글에는 우리나라의 열악한 도로사정, 추웠던 당시의 날씨, 자신들의 열정적인 활동과 함께 우리나라 교육 시설의 열악함, 학생 및 교사들의 순수함과 열정이 나타난다. 특히 글의 마지막 부분에서 그녀는 우리나라의 천연자원 및 국민들의 재능·노동력이 일부에서 현명하거나 적절하게 사용되지 않고 있다고 지적하면서, 과학기술 교육과 직업 교육의 제고를 강조하고 있다.

이러한 점을 볼 때, 한국전쟁기부터 이전과는 다른 후기 진보주의 교육과정의 영향을 우리나라 교육이 받게 되었다는 정영주의 주장은 어느 정도 타당성을 갖는다고 생각된다. 다만 정영주가 사용하는 '후기 진보주의'라는 용어를 명확하게 정의할 필요가 있다.

박승배(2007)는 진보주의를 한마디로 정의하려는 시도는 그 진의가 왜곡될 소지가 많다고 전제하며, 쿠반(Cuban, 1993)[29]의 구분을 바탕으로 최소한 3개의 서로 다른 흐름이 진보주의 내에 존재한다고 설명하고 있다. 첫째, 학교에서 학생을 가르칠 때 교사가 중심이 되지 말고 학생이 중심이 되어야 한다는 점을 강조하는 '교육적 진보주의(pedagogical progressives)', 둘째, 교사의 수업 방법이나 수업 내용의 개혁을 외치기보다는 학교를 '생산성이 높은 조직'으로 바꾸려고 노력했던 '행정적 진보주의(administrative progressives)', 셋째, 학교를 사

---

27) 심태진 외 3인, 1994, 앞의 책, p.26.
28) Harbage, M., 1953, from Our Readers, Educational Leaders, 10(5), *Journal of the Association for Supervision and Curriculum Development*, NEA, pp.317-321.
29) Cuban, L., 1993, *How teacher taught: Constancy and change in American classrooms 1880-1990*, New York: Teachers College Press, p.49.

지리교육과정의 기원을 읽다

회나 국가 재건의 수단으로 활용하려고 했던 '사회재건주의(social reconstruc-tionism)'가 바로 그것이다.[30]

이들 논의의 출발은 크레민(Cremin, 1961)[31]과 타이악(Tyack, 1974)[32]의 정치적 운동에 기반을 둔 사회개혁가들의 분류에서 찾을 수 있는데, 쿠반(1992) 역시 이를 인용하고 있다.[33] 원래 타이악(1974)은 이데올로기적 스펙트럼에 따라 진보주의를 총 4개로 구분하였는데, 박승배(2007)와 쿠반(1993)의 교육적 진보주의는 pedagogical progressives[34]와 educational progressives를 하나로 합친 것이라고 할 수 있다. 타이악은 educational progressives를 좀 더 급진적인 아동중심적 활동으로 평가하고 있는데, 대표적인 사례로 닐(Neill)의 서머힐(Summerhill)을 들고 있다. 그리고 사회재건주의는 가장 좌편향적인 것으로 듀이(Dewey)의 진보주의와 사회주의를 결합시키고자 하는 시도라고 정의하고 있다.[35]

이러한 '진보주의'라는 범주 내에서 보자면, 정영주가 사용했던 '후기 진보주의'라는 용어와 가장 관련성이 높은 것은 박승주 등의 진보주의 하위분류 가운데 '사회재건주의'라고 할 수 있다.[36] 이는 1954년 교육과정 시간배당 기준령이 고시된 직후 발표된 김계숙(1954)의 다음 글에서도 확인할 수 있다.

---

30) 박승배, 2007, 『교육과정학의 이해』, 학지사, p.49.
31) Cremin, L., 1961, *The Transformation of the School*, New York: Vintage.
32) Tyack, D., 1974, *The One Best System*, MA:Harvard University Press.
33) Cuban, L., 1992, Curriculum Stability and Change in Jackson, P., (Ed.), *Handbook of Research on Curriculum*, New York: Macmillan, p.224.
34) 타이악은 pedagogical progressives에 속하는 대표적인 학자로 킬패트릭(Kilpatrick)을 들고 있으며, 이 범주에 속하는 학자들을 듀이의 'best student'라고 기술하고 있다.
35) Muller, J., 2001, Progressivism Redux: Ethos, Policy, Pathos, in Kraak, A., & Young, M., (Eds.), *Educa-tion in retrospect: policy and implementation since 1990*, Human Sciences Research Council, Pretoria in assocation with the Institute of Education, University of London, London, pp.59-60.
36) 당시 우리나라 교육이 사회재건주의의 영향을 받았다고 하더라도 정치적 상황상 받아들일 수 없는 속성은 거세되었다고 볼 수 있다. 또한 사회재건주의를 바라보는 관점에 따라 강조점이 다양하다는 점과 제1차 교육과정을 준비하던 한국전쟁 및 전후 시점에 가장 큰 영향을 미친 교육과정이 사회재건주의인가에 대해서는 향후 보다 심도 있는 고찰이 요구된다.

미국의 새교육 운동은 1930년 이후 또 새로운 면을 나타내게 되었으니 그것은 다름 아니라 1929년 이후 미국을 비롯한 세계적 경제공황에 의한 사회적 변동과 밀접한 관계를 가지면서 나타난 미국에의 새교육 운동이었다. …… 1920년대 이후 적극적으로 추진된 진보주의 교육자들의 자연주의적이며 낙천적인 교육이론에 대한 일대 비판이 시작되었다. 여기에서 교육의 근본문제는 다만 아동의 속에 숨어 있는 자연적 본성만을 절대시하며 그것을 계발시키는 것보다도 모든 아동에게 자유스러운 개성발달의 기회를 균등하게 부여할 수 있는 사회상태를 실현시키는 것이 선결문제라고 하는 데 있었으며 그 결과 교육의 사회적 기초에 대한 관심이 다시 고조되어 '아동의 성장'보다도 '교육에 의한 사회개혁'의 개념이 새교육 이론의 중심개념이 되었다. 즉, 종래의 아동중심주의 교육은 사회개혁의 교육(social reconstructionism)으로 전환되었다.[37]

홍후조(2002)는 '사회재건주의'가 국가적·사회적 위기가 닥칠 때마다 거세게 일어났다고 주장하며, 국권침탈 시 안창호, 이승훈, 조만식 등의 교육선구자들의 교육활동까지도 사회재건주의 영역에 포함하고 있다. 이 외에도 그는 몬테소리(Montessori)의 로마 빈민 아동들을 위한 교육, 페스탈로치(Pestalozzi)의 스위스 노동계층 자녀와 고아들을 위한 교육, 19세기 말 미국의 이민층 자녀에 대한 교육, 영국 노동자 계층을 위한 개방교실, 프레이리(Freire)의 브라질 농민을 위한 문맹퇴치 교육 등이 학교를 사회변화의 주된 수단으로 이용한 사례라고 제시하며 폭넓은 관점에서 사회재건주의를 바라보고 있다.[38] 사회재건주의에 대한 이와 같은 시각은 곽병선(1983)의 연구에서도 나타난다. 그 역시 대한제국 말엽에 일제의 침략을 바로 보게 하고 독립정신을 고취하였던 사립학교들의 교육 구국운동을 그 사례로 이해하고 있다.[39]

---

37) 김계숙, 1954, 「교육과 교육철학」, 교육, 1, 서울대학교사범대학교육회, pp.16-17.
38) 홍후조, 2002, 앞의 책, p.173.
39) 곽병선, 1983, 앞의 책, pp.200-201.

본격적인 사회재건주의의 출발은 1929년에 시작된 대공황이 계기가 되었다고 할 수 있다. 홍후조(2002)는 대공황으로 인해 사회재건주의자들이 더욱 큰 세력을 얻게 되었으며, 아동중심주의 교육자들에 의해 결성된 진보교육협회(PEA)의 구성과 성격 변화에 영향을 미치는 계기가 되었다고 설명하고 있다. 사회재건주의 입장에서 보면 아동중심 교육과정은 지나치게 낭만적이고 개인으로서 아동에 매몰되어 있는 관계로, 사회문제의식이 결여된 교육과정과 아동, 국가 사회가 직면한 사회적·정치적·경제적 위기를 외면하는 시민을 양산한다는 것이다.[40] 이처럼 사회재건주의를 설명할 때 대공황이 미친 영향의 중요성은 대부분의 연구자들이 동의하는 점이다.

문제는 우리나라 제1차 교육과정이 이러한 사회재건주의의 영향을 받았는지, 받았다면 그 영향은 어느 정도였는지를 확인하는 것이다. 이를 위해, 1950년대 중반 이후의 사회재건주의 및 그 영향을 받은 재개념주의(reconceptualism) 등 시기적으로 정합하지 않는 이론들[41]보다는, 1930년대~1950년대 중반까지 사회재건주의의 핵심 인물인 카운츠(Counts), 러그(Rugg), 브라멜드(Brameld) 등의 주장을 살펴보는 것이 적절하다고 볼 수 있다.

1930년대의 사회재건주의자들이 의미하는 '위기'란 대공황의 원인이 되었던 자본주의의 위기를 의미한다. 사회재건주의자들은 중산층, 개인주의, 경쟁, 기업 지향적 사회보다는 협동조합(협력적 사회)에 기반을 둔 새로운 사회질서를 발달시키려고 하였다. 사회재건주의의 주요 이론가인 카운츠는 첫째, 천연자원과 주요 자본·자산의 공동 소유, 둘째, 사회의 공동 이익 추구를 위한 모든 개인의 공동 협력, 셋째, 모두의 사회복지를 위한 헌신, 넷째, 세계적 문제 해결을 위한 글로벌적 접근 등이 '자유기업'인 미국이 당면한 문제를 해결하기 위해 요구되는 점이라고 주장하였다.[42] 그는 과학과 기술이 일부 개인보다는 전체 사회

---

40) 홍후조, 2002, 앞의 책, pp.173-174.
41) 1950년대 중반 이후 사회재건주의의 변화와 그 영향을 받은 재개념주의 등에 대한 논의는 곽병선(1983), 홍후조(2002), 백경선(2006) 등의 저서나 연구를 통해 확인할 수 있다.

의 이익을 위해 자본주의를 철저하게 조사하는 데 사용되어야 한다고 믿었다. 그리고 협동과 공동 책임 의식에 기반하여 학교 교육과정이 구성되어야 사회의 민주적 이상을 재건할 수 있으며, 자본주의의 해악에 대해 학생들을 계몽할 수 있다고 주장하였다.[43]

러그는 새로운 사회질서를 위해서는 사회적으로 헌신적인 사람들, 공동체에 헌신적인 사람들, 기술적 사회에 기여할 수 있는 기능을 가진 사람들을 학교 교육을 통해 길러 내야 한다고 주장하였다. 그는 "학교의 궁극적 목적은 사회의 재건이며, 교실은 사회적 목표를 추구하는 장소가 되어야 한다. 또한 새로운 교육과정은 학생들로 하여금 삶의 방식을 이해하고 사회적 문제를 해결하도록 하는 문제 중심이 되어야 하며, 사회적 이슈에 대한 학습과 문제 해결에 기반한 일체화되고 통합된 사회과학 코스를 조직하는 것이 필요하다."고 주장하였다. 특히 그가 저술한 사회과 교과서는 자료와 교수방법 측면에서는 상당한 성과를 가져왔다.[44]

브라멜드는 사회재건주의 교육과정의 틀을 확립한 사람이라고 볼 수 있다.[45] 그는 사회를 바라보는 관점에서 카운츠의 견해를 상당 부분 수용하였으며, 위기 상태에 있는 문화의 재건을 위해서는 급진적인 변화가 필요하다고 주장하였다. 또한 시스템의 부조화가 이러한 문제를 더욱 촉진시키고 있으므로, 집합적 사회(collective society)의 모두에게 정치적·경제적 권력을 재분배해야 한다고 믿고 있었다. 또한 브라멜드는 진리(목표, 프로그램, 해법 등에 대한)를 추구하는 데 있어서 타당성의 기준을 개인적 유용성이 아닌 집단적 동의로서의 사회적 합의에 두고 있다. 이와 같은 접근 방식은 개인의 경험 발달 및 그에 대한 설명을 포

---

42) Parsons, J., (Ed.), 1986, *Social Reconstructionism and the Alberta Social Studies Curriculum*, pp.5-10, 13-15.
43) Parsons, J., (Ed.), 1986, 앞의 책, pp.23-25.
44) Parsons, J., (Ed.), 1986, 앞의 책, pp.12-13.
45) 백경선, 2006, 「국가교육과정기준 개발에서 사회적 요구 분석과 반영 체제 연구」, 고려대학교 대학원 박사학위논문, p.38.

함하며, 많은 시간을 필요로 한다는 단점에도 불구하고 집단적인 작업을 통해 가능한 여러 사람들이 특정한 문제와 관계를 맺는다는 장점을 갖게 된다.[46] 그리고 이와 같은 사회적 합의의 확대 여부가 바로 교육에 달려 있다고 브라멜드는 생각하고 있는데, 현재의 대립된 혼란세계의 운영 및 인류의 운명과 장래가 교육, 더 나아가서는 교직자의 손에 달려 있다고 말하고 있다. 나아가 교육을 통해 세계의 민주적 문화 창조에 참여할 수 있는 시민을 길러 내야 하며, 이를 통해 과학적 지식을 기초로 문화적 가능성의 표현을 지향하는 유토피아의 건설을 주장하고 있다.[47]

제1차 교육과정의 준비가 한국전쟁기에 본격적으로 시작되었다는 점을 감안한다면, 사회재건주의 교육철학이 어느 정도 영향을 주었을 가능성은 존재한다. 대표적인 사례로 1956년 출간된 정범모의 『교육과정』에는 브라멜드의 주장이 인용되어 있으며,[48] 자본주의의 폐해를 지적하거나,[49] 개혁·개조 등의 언급이 곳곳에 등장하고 있다. 특히 통상적으로 결론 또는 지향하는 바를 정리하는 역할을 하는 마지막 장(결장)이 '개혁에로'라는 제목하에 사회재건주의에 기반을 둔 내용이 기술되어 있다는 점은 주목할 만하다. 사회재건주의라는 표현을 사용하지는 않지만 카운츠의 저서를 인용하면서,[50] 협동적인 작업, 사회문화 개조, 과학적 태도와 비판적 사고, 미래 지향적인 사회개혁, 사회개혁자로서의 교사의

---

46) Parsons, J., (Ed.), 1986, 앞의 책, pp.15-16.
47) 여기서 유토피아는 공상적 유토피아가 아니라 현재 인류가 당면한 문제를 과학적 지식과 활발한 커뮤니케이션 및 사회적 동의의 확대를 통해 사회적 자아실현(social-self realization)을 할 수 있는 유토피아를 의미한다(조용진, 1975, 「Theodore Brameld의 재건주의 교육사상에 관한 연구」, 논문집 2(4), 충남대학교 인문과학연구소, pp.872-876.).
48) 정범모, 1956, 『교육과정』, 풍국학원, pp.209-211.
49) 정범모, 1956, 앞의 책, pp.161-162.
50) 정범모가 인용한 카운츠의 저서는 다음과 같다. Counts, G. S., 1932, *Dare the School Build a New Social Order?* New York: John Day; Counts, G. S., 1943, *The Social Foundations of Education*, Boston: Charles Scribners Sons. 이 중 1932년 저서에 대해 박승배(2007)는 사회재건주의적 사상이 수면 위로 떠오르도록 하는 지렛대 역할을 했다고 평가하고 있다. 그는 이 책을 통해 진보주의가 사회복지에 대해 별 관심을 갖고 있지 않으며, 자유주의적 사상을 가진 상류층의 견해만을 반영하고 있다고 비판하였다 (Counts, G. S., 1932, 앞의 책, p.7.).

역할 등을 강조하고 있는 점 등을 근거로 그 영향력을 짐작할 수 있다.

『교육과정』의 저자인 정범모 교수가 1952년 시카고 대학에서 학위를 취득한 직후 귀국하여 같은 해부터 서울대학교 교수로 재직했으며, 그 시기가 제1차 교육과정과 관련된 논의가 활발했던 시기라는 점, 당시 연구학교 지도위원[51]으로 활동했던 점, 그리고 미 교육사절단의 통역 업무를 담당하는 보좌관 역할[52]을 했다는 점 등은 정범모의 『교육과정』에 담긴 내용과 제1차 교육과정 개정작업이 어느 정도 관련성을 보이고 있다는 것을 반증한다. 특히, 정범모가 당시 교육부 장학관으로 제1차 교육과정 개정작업의 핵심역할을 하던 심태진의 제자였다는 점과 이로 인해 해방 후 서울사대 재학 시절부터 심태진이 교육학 관련 서적의 번역 업무를 위탁했다는 사실은 주목할 만하다.[53]

4) 사회재건주의 교육방법 및 교육과정 조직 논리의 선택적 적용

앞서도 언급했지만, 제1차 교육과정이 사회재건주의의 영향만을 주도적으로 받았다고는 볼 수 없다. 다만, 대공황의 혼돈기에 교육을 통해 새로운 사회를 형성할 수 있다고 믿었던 것처럼, 한국전쟁 이후 교육을 통해 미래지향적으로 우리 사회를 개혁해야 한다는 관점은 큰 틀에서 공유되는 점이라고 볼 수 있다. 그러나 사회재건주의에서 바라보는 사회개혁의 관점은 우리나라에 적용된 관점과 차별성을 보인다. 1950년대까지 사회재건주의자들은 자본주의가 세 가지 정도의 결정적인 문제를 갖고 있다고 말하고 있다. 첫째, 자본주의는 전체 사회의 이익을 위해 과학기술이 가진 장점을 활용하는 데 실패했다. 둘째, 자본주의는

---

51) 심태진 외 3인, 1994, 앞의 책, p.43.

52) 심태진 외 3인, 1994, 앞의 책, p.45.

53) 1930년대 후반 심태진과 정범모는 청주제일공립보통학교에서 사제지간이었으며, 이 인연으로 한국전쟁 전부터 심태진은 교육학 관련 서적의 번역을 정범모에게 청탁하기가 수월하였다고 한다(심태진 외 3인, 1994, 앞의 책, pp.110-111.).

야만적인 개인주의와 이윤추구 동기를 강조함에 의해 개인적 도덕성에 좋지 않은 영향을 미쳤다. 셋째, 자본주의는 사회복지의 철학을 발달시키는 데 실패했다. 즉, 재건주의자들은 자본주의가 해체되어 조합 경제(collective economy)로 변환되는 것이 진정으로 민주사회를 재건할 수 있는 것으로 생각하였다.[54]

이와 같은 반자본주의적 관점은 우리나라 교육과정에 사회재건주의가 부분적 또는 선택적으로만 영향을 끼쳤을 것이라는 추론을 가능하게 한다. 이 가운데 제1차 교육과정 준비기에 영향을 주었을 것으로 판단되는 것으로는, 첫째, 교육방법적 측면의 영향이다. 카운츠(Counts)를 비롯한 일부 재건주의자들은 교화(indoctrination) 또는 주입(imposition)을 교육상 필요한 것으로 인정하고 있다. 그들은 이러한 교육방법을 적용할 내용으로 미국의 비전(vision)을 들고 있는데, 여기서 비전이란 전통적 민주주의를 산업문명시대에 맞도록 재정비한 것을 의미하며, 학교의 본질적인 기능은 이러한 사회의 비전을 주입하는 데 있다고 주장한다. 대공황 시기의 경제 개혁은 결국 이러한 민주주의의 재구성을 통해서 실현되며, 이를 통해 고전적 자본주의의 결함 청산과 자원 및 생산 수단의 사회화가 가능해진다는 것이다. 즉, 교육은 이와 같은 사회진보에 방향성을 부여함으로써 사회개조와 재건을 가능하게 한다.[55]

이러한 카운츠의 주장은 교육을 도구로 활용하는 모습을 극단적으로 보여 준다. 1950년대 우리나라의 비전이 전쟁으로 폐허가 된 국가의 재건이었다는 점을 생각한다면, 사회재건주의 도입 여부를 넘어 '재건'이라는 국가의 정체성과 방향성을 교육을 통해 주입하고자 하는 경향이 일반적이었을 것으로 추론할 수 있다. 다만, 해방과 한국전쟁을 거치면서 당시의 우리나라 상황이 냉전질서에 편입되는 시점이었다는 것을 고려한다면, 앞서 언급했듯이 자본주의를 비판한 사회재건주의 이론을 그대로 가져올 수는 없었을 것이다. 오히려 교화나 주입은 당시의 반공 이데올로기와 근대화와 관련된 내용을 교육하는 데 활용되었다고

---

54) Parsons, J., (Ed.), 1986, 앞의 논문, pp.25-28.
55) 조용진, 1975, 앞의 논문, pp.866-867.

볼 수 있다. 이는 1954년 4월 각급 학교 시간배당 기준령이 고시되는 것과 함께 당시의 문교부 장관이었던 이선근이 반공민주교육을 문교정책으로 제시하고, 도의 교육을 강화하였다는 측면에서 확인할 수 있다.[56]

문제는 이러한 주입이나 교화와 같은 교육방법이 이전 우리나라 교육에는 존재하지 않았던 새로운 방법이었는가 하는 것에 있다. 사실상 해방 이후의 학교 수업은 일제 강점기의 교육적 관행이 그대로 잔존했다고 평가된다. 그동안의 해방 이후 교육 상황, 특히 초등 교육에 관한 다양한 연구 결과를 보면 해방 이후 새교육 운동과 함께 진보주의 및 아동중심주의 색채를 띤 다양한 교수법이 소개된 것으로 알려져 있지만, 일선의 교사나 학생들에게 그러한 방식이 보급된 것은 아니었다고 볼 수 있다. 특히 지방 초등학교의 상황은 더욱 열악하여 새교육이라는 용어 자체가 소개되었는지에 대해서도 의문을 갖게 된다.[57]

중등 교육의 경우는 이러한 상황이 더욱 심하였다. 특히 상급학교로 갈수록 한정되는 교육기회를 놓고 벌이는 입시경쟁은 지식 편중의 주입식 교육을 더욱 부채질하였다. '영수학관'이라는 용어는 이 시기 중등 교육의 실상을 말해 주는 대표적인 용어이다.[58] 한국전쟁을 거치면서 취학학생의 증가와 학교시설의 파괴는 교수–학습에 필요한 최소한의 물리적 기반 시설까지도 충족시키지 못하는 결과를 초래하였는데, 1950년대 후반까지도 초등학교의 3~4부제 수업이 이루어진 기록을 확인할 수 있다.[59]

---

56) 교과편제상으로는 드러나지 않지만 연간 35시간(주당 1시간) 정도를 이념교육에 할당하여 반공교육 및 도의 교육을 강화하였다(이혜영 외, 1998, 『한국근대학교 교육100년사 연구(Ⅲ)』, 한국교육개발원, pp.71–74.).

57) "새교육 운동요? 글쎄, 모르겠어요. 뭐 어떻게 됐는지. 하여튼 그런 것도 있었겠지요. …… 분단별 (학습)? 그런거는 없었는 것 같아요. …… 뭐, 책상도 없고, 걸상도 없이 그냥 마룻바닥에서 애들 배우고 그랬으니까. 심지어 풍금도 하나 없고 하여튼 그런 상태에서 애들을 가르쳤으니까"(이혜영 외, 1998, 앞의 책, p.140.). 연구자의 종조부(충남 연기 안희선 씨, 1929년생)도 청주사범학교 심상과를 졸업하고 1947년 충청남도 연기군 조치원읍에 있는 대동국민학교 교사로 발령을 받았는데, 당시 학급당 인원은 80명이 넘었으며, 책걸상이 없는 상태였다고 증언하고 있다. 특히 취학아동의 연령이 너무나 다양하여 나이가 많은 학생의 경우는 교사와 큰 차이가 나지 않았으며, 교과서가 갖춰지지 않은 경우가 많아 교사가 읽고 학생들이 받아 적거나 암송하는 방식이 주된 수업 방법이었다고 한다.

58) 이혜영 외, 1998, 앞의 책, pp.139–141.

지리교육과정의 기원을 읽다

앞서도 언급했지만, 이러한 상황에서 당시 교육과정 개정작업에 사회재건주의 교육철학의 도입 및 반영 유무를 판단하는 것은 중요한 일이 아닐 수도 있다. 다만, 주입이나 교화와 같은 방법이 당시 우리나라의 주요 교육방법이었으며, 반공이나 재건 등의 이데올로기가 이러한 방식을 통해 보급되어도 낯선 상황은 아니었을 것으로 생각된다. 다시 말해, 1930년대의 미국과 1950년대의 우리나라는 위기의 본질은 다르지만, 교육을 통해 사회 변화의 비전을 제시하는 동시에 이를 '주입'하는 교육방법이 통용될 수 있는 사회적 분위기가 형성되어 있었다는 공통점이 존재한다. 사실 이러한 교육방법은 우리나라의 경우 식민지배의 유산인 동시에 현재까지도 학교 현장에서 병폐로 지목 받고 있다. 해방 이후 사회생활과 도입과 새교육 운동 등에 대한 관심이 높아지면서 민주적인 교육방법의 도입에 관심을 가졌던 것도 사실이지만, 한국전쟁 등으로 피폐해진 학교 현장과는 거리가 먼 이야기였다고 할 수 있다. 오히려 이승만 및 자유당 정부에 의한 독재 정치하에서 '도의' 교육이라는 이름으로 반공 이데올로기가 '주입'될 수 있는 여건이 형성되었으며, 국가가 식민지 청산이나 공산 독재보다 우월하다는 것을 선전하기 위한 도구로 교육이 이용되었다. 물론 학습자의 생활과 흥미를 존중하는 개인주의적 교육이념을 일정 부분 허용하고 있었지만, 반공 이념을 중심으로 한 국가주의를 강화하면서 그 입지는 점점 좁아졌다.[60]

사회재건주의의 부분적·선택적 영향과 관련을 지을 수 있는 또 하나는 교육과정 조직 논리와의 관련성이다. 앞서도 언급했지만 러그(Rugg)는 사회적 이슈에 대한 학습과 문제 해결에 기반을 둔 일체화되고 통합된 사회과학 코스를 조직하는 것이 필요하다고 주장하였으며, 브라멜드(Brameld)는 매년 변화되는 핵심 또는 중심 주제(core or central theme)를 바탕으로 하는 목표 중심 일반교육과 이에 기반을 둔 완전히 새로운 개념의 고등학교를 제안하였다. 이러한 방식에 의하면, 학생들은 그들이 사용하기를 원하는 토픽과 방법들을 결정하고 주로

---

59) 이혜영 외, 1998, 앞의 책, p.142.
60) 김기석·강일국, 2004, 앞의 논문, p.558.

공동적인 활동과 의사소통을 강조하게 되며, 교사들은 다양한 분야에서 민주적인 리더, 안내자, 전문가가 된다.[61] 이러한 방식은 당시 유행하였던 '중핵 교육과정'[62]의 기본 원리와 상당 부분 일치한다고 볼 수 있다.

우리나라에 '중핵 교육과정'이 처음 소개된 것은 기록상으로 1952년 라디오 강좌를 통해서였다고 하며,[63] 앞서도 언급했지만 일본을 통해 들어온 교육학 이론서들도 큰 영향을 미쳤다고 볼 수 있다. 또한 미 교육사절단의 영향과도 어느 정도 관련성을 맺고 있다.[64] 중핵형 교육과정을 비롯한 융합형, 광역형 등의 통합 교육과정의 분류와 관련된 내용은 현재까지도 많은 수의 교육과정 이론서와 사회과 교육에 대한 저서에서 지속적으로 언급되고 있는데, 특히 중핵형 교육과정의 기본적 내용과 브라멜드, 러그가 주장한 교육과정 조직은 상당 수준의 정합성을 보이고 있다.

이러한 점을 바탕으로 볼 때, 당시 사회재건주의가 '사회재건주의'라는 이름 하에 본격적으로 소개되었는지 여부는 판단하기 힘들지만, 교육과정 이론의 전개와 명칭과는 별개로 이러한 분위기가 사회 전반적으로 용인될 수 있었던 시기였다고 할 수 있다. 그리고 1960년대 본격적으로 시작된 산업화와 인간개조, 국가주의 교육의 출발을 알리는 과정으로 볼 수 있다.

---

61) Parsons, J., (Ed.), 1986, 앞의 논문, pp.15-16.
62) '중핵 교육과정'은 일상생활의 문제 사태를 가운데(중핵)에 놓고 종래에 가르쳐 오던 교과 중에서 그 문제 사태를 해결하는 데에 도움이 될 만한 내용을 그것과 관련지어 가르치는 것으로, 전통적 교과 구분을 그대로 유지하는 경우에도 '생활 과학', '생활 수학' 등과 같이 '생활'에 직접 도움이 될 것을 가르쳐야 한다는 주장이다(이홍우·유한구·장성모, 2003, 앞의 책, p.18.).
63) 1952년 1월, 김성태는 문교부의 「라디오학교」 프로그램 가운데 '커리큘럼 강좌'를 통하여 교육과정 유형의 하나로 코어 커리큘럼과 종합학습법을 소개하였다. 당시 경남 도내(당시 부산에 임시정부가 있었다.)의 교사들의 반응은 코어 커리큘럼이 아무리 새로운 이론이라 하더라도 그것을 본인이 근무하는 학교에 받아들이기는 어렵다고 하였으며, 김성태 자신도 교과 커리큘럼과 경험 커리큘럼을 양극으로 할 때, 많은 학교에서 그 중간의 어느 유형의 것을 채택하리라라는 L. T. Hopkins의 견해를 받아들였다(홍웅선, 1995, 「교육과정의 변천-역사·철학적 고찰」, 교육논총, 11, 한양대학교 교육문제연구소, pp.1-19.).
64) American Education Team 1954-1955, 서명원 역, 1956, 「교육과정지침」, 대한교육연합회, pp.93-98(American Education Team 1954-1955, 1955, Curriculum Handbook for the School of Korea(Central Education Research Institute, 1955)).

5) 1950년대 진보주의(새교육)에 대한 당시의 평가[65]

해방 이후 1950년대까지 진보주의는 소위 '새교육' 운동에 투사되었다고 할 수 있다. 새교육 운동은 한국전쟁 이전에는 분단학습·토의학습 등으로 대표되는 민주주의 관념과 이론의 형식적 모방, 한국전쟁 이후에는 살기 위한 심각한 문제를 해결하기 위한 교육과정 개조 운동 및 이의 지역사회 적용 시도라는 특성을 갖는다. 사회재건주의가 진보주의의 한 하위분류이지만, 표면적, 특히 수업 방법적인 측면에서는 새교육 운동과의 정합성이 떨어지는 것이 사실이다. 더구나 1950년대 후반에 이르러서는 새교육 운동에 대한 회의적인 반응과 평가가 확산되면서, 문교부나 연구학교 수준에서 표면적으로나마 유지되던 '교육적 진보주의'의 속성은 오히려 비판의 대상이 된다. 결국 교육의 목적은 한국전쟁으로부터의 재기와 부흥, 즉 '사회재건주의'에, 방법은 '교육적 진보주의'에 두는 부정합은 상급학교 입시를 위한 지식의 주입·전달이라는 형태로만 존재하게 되었으며, 현장 교사들에게는 교육학자들에 대한 불신만을 가져오게 되었다.

사변을 겪으면서 민족적 과제가 우리 앞에 뚜렷하여졌지요. 사변 자체는 하나의 비극이었지만, 재기 부흥하여야 한다는 기운이 일어났다고 봅니다. 그래서 단적으로 교육내용을 쇄신 강화해야 한다는 견지에서 커리큘럼 운동이 일어났다고 보는 것입니다. 그런데 그 커리큘럼 운동은 그 의도는 좋았으나 대개는 말뿐이고 형식으로만 받아들였던 것이라고 봅니다. 즉, 문교 당국의 일부 인사가 주창하고 지도했으나 소위 연구학교란 데서는 그 본질 면을 생각한다기보다 딴나라 기성 교육과정을 번역해서 내는 데 골몰한 경향이 있었고, 또 대부분의 관심자들은 단지 따라갔고, 또 중앙이나 도에서도 확고한 안이 안 섰는데 일약 학

---

65) 대한교육연합회에서 발행한 《새교육》 1959년 9월호(11권 9호)는 '새교육의 반성' 특집호로 구성되어 있다. 좌담회를 비롯하여 총 10개의 연구물 및 의견들이 실려 있는데, 그 내용은 해방 이후 10여 년 동안 진행된 새교육 운동에 대한 회고, 반성, 현실적 한계 등에 대한 것이다. 이 장에서 인용한 정건영과 심재형의 글역시 여기서 인용하였다.

교 단위의 커리큘럼을 만들려고 하였으니 장관은 장관이었지만 결국 제대로 될 일이 아니어서 기진맥진으로 자파된 셈이었습니다.[66]

그들이 밝힌 원리가 한낱 모색에 그치고 다음에서 다음으로 흉내내기에 바빴던 것으로 현실과는 달리하여 언제나 전국에 파문을 던졌건만 일부 특정한 학교에만 모방과 시행마저 비약과 급진으로 오는 오늘의 제자리 걸음을 그들은 보이는가? 머리의 개조 없이 겉치레만 자꾸 거듭하고 어떤 위장에 대량의 음식을 제공하듯 소화불량으로 클 줄 모르고 앙상한 뼈다귀만인 채 그 이상 진전 없음을 누구에게 묻겠는가? 이는 제도 조직이 문제로 국가시책이나 교육정책에 돌려버리고 말 다른 분야라고 등한시하거나 방관할 수 있겠는지 몰라도 교육학자는 모든 교육의 전면적 이해와 통찰에 항상 눈이 가야 할 줄 안다. …… 나아가 중·고등학교는 날로 영수학관화가 그 전부로 교사도 어떻게 하면 전달을 잘 하느냐? 가 교육과정의 전면으로 되어 학생의 태도도 갈수록 권태와 싫증이 거듭되고 등록금을 내니까 배우고 온다는 식으로 이것이 대학에 가서는 더욱 극심하다. 이쯤 되고 보니 교육의 원리고 계획이고 간에 일률적으로 기성 교과서의 전수 작용이 가장 잘하는 교육으로 상식화되었다. 이런 현상이 수수방관의 대상이 될 수 있겠는가?[67]

결론적으로 한국전쟁 이후 진보주의는 추진 세력의 실질적인 의도가 어떠했는지는 확인할 수 없지만, 1930~1940년대의 사회재건주의가 비판을 받아 왔던 특성만을 우리 교육계에 남겨 놓는 결과를 가져왔다. 문제는 새교육과 진보주의 교육이 낳은 '사회생활과'라는 통합과목이 진보주의의 몰락과 함께 적어도 중등교육에서는 없어져야 했음에도 기괴한 모습으로 살아남았다는 것이다.

---

66) 정건영, 1959, 「좌담회: 새교육 운동을 돌아보며」, 새교육, 11(9), 대한교육연합회, pp.10~11.
67) 심재형(창덕여자고등학교 교사), 1959, 「교육학자에게 드리는 글」, 새교육, 11(9), 대한교육연합회, p.26.

2. '일반사회'와 '일반'의 의미

1) '일반사회'의 등장과 그 의미

제1차 교육과정의 시작은 1954년 4월에 발표된 교육과정 시간배당 기준령이라고 할 수 있다.[68] 실질적인 교육과정은 그로부터 1년 뒤인 1955년에 발표되었는데, 필수와 선택을 합해 고등학교 사회과는 일반사회, 도덕, 국사, 세계사, 지리 등 대부분이 현재까지도 과목명 또는 영역명으로 이어져오는 것들로 이루어져있다.[69] 앞서 제시했던 '고급중학교(현 고등학교) 사회과 과목과 시간배당표'(표 1-2-4)와 비교해 보면 달라진 모습을 확인할 수 있다.

이 중 '일반사회'라는 분과명에 대해서는 당시의 시간배당 기준령과 이후 일부 학자들의 연구에서 해당 명칭에 대한 설명이 부가되어 있는데, 이를 소개하면 다음과 같다.

* 일반사회: 정치·경제·사회를 중심으로 하고 지리와 역사를 배경으로 하여 민주사회와 공민적 자질을 신장함.[70]

본래 일반사회라는 명칭은 Social Studies보다 더 큰 의미의 General Social Studies라는 것이다. 영국, 일본에서 일반사회라는 용어를 쓰게 된 이유는, 전

---

[68] 문교부령 제35호 - 관보 제1095호(1954. 4. 20.)
[69] 교육과정에는 당시의 사회과를 '교과'로 일반사회, 도덕, 국사, 세계사, 지리를 '과목' 또는 '분과'로 기술하고 있다. 당시에 발간된 교과서는 역사 영역을 제외하면 분과명과 교과서명이 동일하지는 않았던 것으로 보인다. 예를 들어 국정이었던 도덕과의 경우 각 학년별로 교과서가 출간되었는데, '사회와 도덕', '개인과 도덕' 등의 명칭을 사용하였으며, 1959년부터는 '고등도덕Ⅰ', '고등도덕Ⅱ', '고등도덕Ⅲ'이라는 명칭으로 동일한 내용을 다루고 있다. 일반사회의 경우도 '정치와 사회', '경제와 사회', '문화의 창조' 등으로 학년별로 교과서가 별도로 출간되었으며, 지리의 경우도 교과서명은 '인문지리'였다.
[70] 1954, 고등학교 교육과정 시간배당 기준표 - 관보 제1095호(1954. 4. 20.)

통적으로 사회 인식 내지 시민 교육을 담당해 온 것은 역사, 지리, 공민 혹은 Civics였는데, 미국에서 개발된 통합교과로서의 사회과가 들어오자 그 앞에 '일반(general)'을 붙여 보다 큰 교과라는 의미를 확실히 할 필요가 있었기 때문이다. 즉, 일반사회는 역사, 지리, 공민을 모두 포섭하는 개념으로 보아야 할 것이다.[71]

위의 글들을 통해 볼 때, '일반사회'라는 용어는 제1차 교육과정기 이전의 '사회생활과'라는 말과 의미 면에서 큰 차별성을 지니는 것은 아니라고 판단된다. 미군정청에 의해 고시된 교수요목(1946)은 '사회생활과 교수요목의 운용법'을 통해 지리, 역사, 공민의 혼연 융합을 기할 것을 강조하고 있으며, 이상선(1946) 역시 콜로라도 주의 교수요목 일부를 편역한 책에서 동일한 입장을 보이고 있다.[72]

문제는 '사회과' 또는 '사회생활과'라는 용어가 있음에도 왜 다시 '일반사회 (General Social Studies)'라는 용어가 등장하게 되었는가 하는 것이다. 이에 대해 차조일은 다음과 같이 서술하고 있다.

---

71) 교육부, 1995, 앞의 책, pp.44~45; 권오정 · 김영석, 2006, 앞의 책, pp.173~174. 교육과정 해설서(1995)에 실렸던 글을 인용 표현을 하지 않고 자신의 저서(2006)에 그대로 전재한 것으로 볼 때, 제6차 교육과정 해설서는 당시 집필진으로 참여했던 권오정이 주로 작성한 것으로 보인다.

72) 미군정청 교수요목의 해당 부분을 보면 다음과 같다. "역사, 지리, 공민의 혼연 융합을 기할 것: 이 요목은 하급 학년에서는 주로 일상적인 고장생활을 다루고, 상급 학년에 이르러서는 역사, 지리, 공민이 종합되어 있다. 이것은 역사, 지리, 공민의 종합이 사회생활과가 되는 것으로서가 아니라, 사회생활과에 역사, 지리, 공민의 종합이 필요하기 때문이다. 따라서 이 종합은 사회생활의 고찰 및 경험을 중심으로 하여야 하는 것이다. 종래의 분과적 관념을 가지고서 사회생활과에 역사, 지리, 공민을 집어넣으려면, 그 종합에 부자연성이 생기기 쉬울 것이니, 특히 주의하여서 사회생활의 구명을 기본으로 하여 적절하게 지리, 역사, 공민을 다루기를 바란다. 제5학년의 요목에 지리적 교재가 많음을 보고, 지리적으로만 다룰 것이라고 속단할 것이 아니며, 제6학년의 요목에 역사적 교재가 많음을 보고, 역사적으로만 다룰 것이라고 속단하여서는 안 된다." 이 글에 등장하는 '종합'과 '융합' 등의 단어를 통해 교수요목기 사회생활과를 바라보는 입장을 확인할 수 있다. 미 콜로라도 주의 교수요목(Lewis, I. J. etc, 1942) 일부를 편역한 이상선(1946)의 『사회생활과의 이론과 실제』에서도 '종합' · '융합'이라는 단어는 수시로 등장한다. 이는 콜로라도 주 교수요목 원문의 'fusion'을 번역한 것인데, 예를 들어 원문의 "Social Studies (A fusion of geography, history, and civics − 원문 xxi)"를 이상선은 "사회생활(지리, 역사, 공민의 종합)"로 번역하고 있다. 즉, '종합' 또는 '융합'이 단순히 3개 영역을 기계적으로 합치는 것을 의미하는 것은 아니라고 할 수 있다.

지리교육과정의 기원을 읽다

1차 교육과정이 제정되면서 사회생활과의 하위 영역이었던 '공민'의 명칭은 '일반사회'로 변화된다. 이처럼 교과 명칭에 변화가 나타난 이유는 도입 이후 제대로 정착되지 못하고 있던 사회(생활)과에 활력을 불어넣기 위한 것으로 보인다. 일반사회라는 명칭이 당시 사람들에게 생소하였던 사회과의 성격에 대해 보다 분명한 지침을 제시하기 위한 노력의 하나로 나타났음을 다음 자료[73]를 통해 알 수 있다.[74]

그러나 차조일의 글은 몇 가지 의문점을 갖게 한다. 첫째, 1955년 발표된 제1차 교육과정에서 '일반사회'라는 용어가 사용된 것은 '고등학교'에만 한정되어 있다는 것이다. 만약, 도입 이후 제대로 정착되지 못하던 사회생활과에 활력을 불어넣고 보다 분명한 지침을 제시하기 위한 것이라면, 중학교와 초등학교부터 이 용어가 사용되었을 것이다. 그러나 당시의 중학교 사회생활과 교육과정은 다음과 같은 내용으로 시작하고 있다.

중학교 사회생활과 과정은 지리, 역사, 공민의 세 부분으로 잘라서 작성하기로 하였다. …… 따라서 중학교 사회생활과는 여기에 재배당한 시간 수에 따라 지리, 역사, 공민 각 부분을 분리하여 교수하게 되어 있다.[75]

인용된 글 다음에서 지리, 역사, 공민을 종합하여 한 교과로 다룰 수도 있다는 부연을 하고 있지만, '지리', '역사', '공민' 영역별로 교육 목적, 교수 목표, 지도 내용을 따로 소개하고 있으며,[76] 교육과정 문서 어디에도 '일반사회'라는 용

---

73) 이 책 199쪽에 제시한 강우철(1977)의 글을 지칭한다.
74) 차조일, 일반사회 영역의 특징과 교수 학습 자료의 개발 http://classroom.re.kr/uploadfile/content/content04/second02/data05/sub01/index7.htm
75) 문교부령 제45호 별책, 1955, 중학교 교과과정.
76) 역사 영역의 경우 '우리나라의 역사'와 '세계의 역사'가 지도 목표 및 지도 내용을 따로 제시하고 있는 데 반해, 지리 영역의 '우리나라 지리'와 '다른 나라 지리'는 지도 목표를 분리하지 않고 함께 소개하고 있다.

<표 2-2-1> 제1차 교육과정기 중학교 사회생활과 과목별 시수

	1학년	2학년	3학년	계
지리	35(1)	70(2)	35(1)	140시간
역사	70(2)	35(1)	35(1)	140시간
공민	35(1)	35(1)	35(1)	105시간
계	140(4)	140(4)	105(3)	

주: * 괄호 안은 매주 평균 시간 수

　** 중학교 사회생활과 총 시수는 1954년에 고시된 시간배당 기준표보다 매 학년 35시간씩 총 105시간이 적은데, 이는 해당 시간이 '도의' 교육에 배당되었기 때문이다.

자료: 문교부령 제45호, 1955, 중학교 교과과정

어는 나타나지 않는다. 마찬가지로 초등학교 교육과정 문서에도 목표 및 내용을 '사회생활과'라는 명칭하에 제시하고 있으며, 목표에 대한 부연에서 '공민'이라는 용어를 사용하고 있다.[77]

둘째, '일반사회'라는 용어의 용도가 애매하다는 점이다. 앞서 각주에서도 언급했지만 제1차 교육과정에서 고등학교의 '일반사회'라는 용어는 교과서명으로 사용된 것이 아니며,[78] 시간배당 기준표(1954)와 교육과정(1955)에서 분과명으로 사용되었을 뿐이다. 사실 분과(또는 영역)명이라는 것이 교육과정 문서에서 꼭 필요한 것은 아니다. 수업 시수 표기 시 필요할 수도 있지만, 그것은 개설되는 과목 수준에서 할 수 있는 것이다. 나아가 기존에 분과명이 존재하지 않았다면 이해할 수 있지만, '공민'이라는 기존의 분과명이 존재함에도 새로운 것이 필요했다는 것은 "생소한 '사회'과에 대한 분명한 지침 제공"이라는 불분명한 목적을 넘어서는 의도가 있었을 것으로 생각된다.

사실상, '일반사회'라는 새로운 용어는 제1차 교육과정 문서에서부터 앞서 기술된 '지리, 역사, 공민을 포섭하는 큰 의미'라는 나름의 정의를 스스로 부정 내지 축소하고 있다.

---

77) 해당 글은 사회생활과의 분과적 운영을 걱정하는 것으로 내용은 다음과 같다. "사회생활과의 내용인 지리, 역사, 공민은 이를 분과적 또는 계통적으로 다룰 것이 아니라, 심신 발달의 단계로 보아 종합적으로 다루어져야 할 것이다." - 문교부령 제44호, 1955, 국민학교 교과과정.

78) '일반사회'라는 명칭이 사용된 교과서는 제2차 교육과정기에 등장한다.

고등학교 일반사회는 고등학교 사회과가 담당하는 영역 중 지리적 면, 역사적 면, 도덕적 면을 제외한 정치, 경제, 사회, 문화의 면을 주로 담당하게 된다. 그러므로 고등학교 일반사회는 중학교 사회생활과 공민 부분의 연장이라고 하겠다. 이와 같이 고등학교 일반사회는 정치, 경제, 사회, 문화의 분야에만 한정된다고는 하지만, 그렇다고 지리적 고찰, 역사적 고찰, 도덕적 고찰을 전혀 축출하여야 한다는 것을 의미하는 것은 아니며, 지리, 역사 도덕과 밀접히 관련을 지어야 하며 때로는 그 고찰을 병행시켜야 할 경우가 많다.[79]

글의 뒷부분에서 다른 분과와의 관련성을 적시하고는 있지만, 다른 분과를 '제외한', '공민 부분의 연장'이라는 표현 속에서 권오정이 제시한 'general'의 의미는 설 자리를 잃고 있다. 이는 이후의 강우철(1977), 차조일 등의 평가에서도 나타나듯이 현재는 과거 공민 영역을 나타내는 또 하나의 명칭으로만 받아들여지고 있다.

일반사회라는 교과목은 사회생활과의 공통필수이며 종합적인 교과라는 뜻이었으나 이 취지가 일반화되지 못한 채 공민과의 별칭으로 인식하려는 정도에 머물러서 원래의 개념은 보급되지 못하였다.[80]

일반사회는 사회과의 핵심 교과로서 사회과의 특징을 가장 잘 표현하고 있는 하위 교과이다. 따라서 일반사회라는 교과명칭은 역사, 지리 등의 교과와 구분되어 사회과라는 명칭으로 사용되어도 대부분의 경우 맥락에 있어 큰 지장이 없다. 단지 한국의 일반사회는 역사, 지리 영역을 모두 포함하는 미국의 'General Social Studies'와는 달리 역사, 지리 영역을 제외한 나머지 사회과의 영역

79) 문교부령 제46호, 1955, 고등학교 및 사범학교 교과과정.
80) 강우철, 1977, 「한국사회과교육의 30년」, 사회과교육, 10, 한국사회과교육연구학회, pp.4-7.

– 정치, 경제, 사회문화, 법 – 을 다룬다.[81]

여기서 제시할 수 있는 또 다른 의문은 과연 강우철(1977), 권오정(2003), 차조일 등이 언급하고 있는 것처럼, 'general'이 제1차 교육과정 도입기인 1950년대 중반까지 공민과 함께 지리, 역사 등 다른 영역을 포괄하는 종합적인 의미로 사용되었는지와 초등학교와 중학교가 아닌 고등학교 수준의 교육과정에서 적용하는 것의 적절성 여부이다.

일반적으로 현재 미국에서는 'General Social Studies'를 지리, 역사, 공민 및 최근의 시사 이슈들을 모두 포함하고 있는 과목으로 인식하고 있다. 문제는 'General Social Studies'가 특정 영역으로 전문화된 수업을 듣기 전 사회과 전 영역에 대한 기초를 제공해 주기 때문에 학생들은 초등학교에서 이를 배우며, 중학교 이상에서는 학교급이 높아질수록 특정 영역의 과목을 이수하게 된다는 점이다.[82] 이는 '일반사회'라는 용어가 초등학교와 중학교를 제치고 고등학교에서 처음 등장했던 우리나라 상황과는 정반대의 모습이다. 1950년대의 연구 논문에는 우리나라 중학교 단계인 'junior high school'에 'General Social Studies course'가 있다는 기록이 나타나지만,[83] 그보다 높은 학교급에 대한 기록은 찾기 힘들다.

이와는 차별적으로 통합의 수준을 구분하는 데 'General Social Studies'를 사용한 경우도 있다.[84] 1930년대 후반, 미국의 사회과(Social Studies) 관련 NEA

---

81) 차조일, 앞의 논문.
82) Teaching Job Potal: http://teachingjobsportal.com/subjects/social-studies-teacher-jobs/ – 해당 사이트의 원문은 다음과 같다. "General Social Studies encompasses Civics, Government, Geography, World History, US History, and Current Issues all in one. General Social Studies gives a foundation of all areas of social studies before students begin to take classes that specialize in a certain area. Typically, students will take General Social Studies in elementary school, and then move to more specific areas of study in middle school, and even more specific studies in High School and College."
83) Morris, J. W., 1959, Geography vs. The School and You, *the Journal of Geography*, 58, the National Council of Geography Education, pp.59-71.
84) 강우철은 중등학교 사회생활과 과정의 유형을 분과형(separate Subjects)-상관형(corelation)-통합형

의 연감과 학술지는 'General Social Studies'를 통합 단계 중 분과형과 융합형 (또는 통합형) 사이의 학습코스로 소개하고 있다.

(1) Separate subject courses in geography, history, civics, economics, sociology, and social psychology organized and administered independently.

(2) General Social Studies courses with material from the different subjects of the field organized and administered in a definite relationship to the field as a whole.

(3) A correlated or integrated curriculum in which the social studies are organized and administered in a definite relationship to the entire curriculum with or without the preservation of their identity.[85]

위 글에 비추어 보면, '일반사회(General Social Studies)'라는 용어를 "서로 다른 교과(subject)들의 교육적 자원이나 소재(material)를 사용하는 동시에, 그 자체가 전체적으로 조직되고 관리되는 코스(course)이지만, 완전히 통합적인 하나의 커리큘럼(curriculum)의 단계는 아니다."라는 수준으로 정리할 수 있다.

요약하자면, 미국에서의 '일반사회(General Social Studies)'는 첫째, 지리, 역사, 공민 등을 포괄하는 분류라고 할 수 있지만, 해당 영역의 특성이 살아 있다

(integration)—융합형(fusion or unification)—중핵형(core curriculum)의 5단계로 구분하고 있다. 1930년 대 후반 NEA의 연감과 학술지에서 사용된 'General Social Studies'는 강우철이 소개한 단계 중 상관형 또는 통합형 정도에 해당한다고 볼 수 있다(강우철, 1962, 『사회생활과 학습지도』, 일조각, pp.84-87.). 한기언은 사회생활과는 교육과정의 형태 면에서 보면 광역 교육과정에 속하며, 교과목—상관—통합—융합의 네 가지 단계를 밟으면서 진화를 하게 되는데, 넷째 단계가 '사회생활과'라고 말하고 있다(한기언, 1960, 「현대교육과정사조상에서 본 사회생활과 교육의 위치」, 교육 11, 서울대학교사범대학교육회, pp.30-38.). 이러한 강우철, 한기언 등의 분류는 모두 Wesley, E. B., 1950, *Teaching Social Studies in High School*(3rd ed), Boston: D.C. Heath and Co.를 참조한 것으로 보인다.

85) National Education Association, 1936, The Social Studies Curriculum, *Fourteenth Yearbook of the Department of Superintendence*(Rankin, P. T., 1937, The Social Studies Viewed as a Whole, Social Studies, 28(3), pp.103-106에서 재인용.).

는 점에서 해방 이후 교수요목기부터 의도되었던 우리나라의 사회생활과와는 차별적 의미를 가진다. 둘째, 고등학교가 아닌 초등학교나 높아야 중학교 수준의 과목이며, 보다 전문화된 분과적 학습의 기초를 제공한다. 셋째, 분과형과 융합형 사이의 중간적 통합 수준을 나타낼 때 사용되었던 용어로 '일반사회(General Social Studies) 코스 수준의 통합'이라는 표현을 가능하게 한다.

이를 통해, 과연 당시 '일반사회'란 용어가 미국 사회과(Social Studies)와의 직접적인 관련 속에서 우리나라에 도입된 것인지에 대해서도 의문을 갖게 된다. 1930~1950년대 미국의 문헌에서 'General Social Studies'란 용어를 찾기가 쉽지 않으며, 제1차 교육과정 고시 즈음인 1954년 9월부터 1955년 6월까지 우리나라를 방문했던 제3차 미국 교육사절단[86]의 보고서에도 '일반사회'란 용어는 등장하지 않는다.[87] 이 보고서에서는 교과중심 교육과정과 경험중심 교육과정을 대비시키면서, 단원법 등을 통한 경험교육과정의 적용을 안내하고 있다. 만약 미국의 직접적인 영향으로 '일반사회'가 등장했다면, 이 책에 이와 관련된 내용이 소개되거나 최소한 용어 정도는 사용되는 것이 당연할 것이다. 그러나 통합교과, 통합사회과 등에 대한 언급을 곳곳에서 찾을 수 있는 데 반해, '일반사회'라는 과목이나 영역명은 등장하고 있지 않다. 오히려 사회과 통합에 대한 논의에서는 다음과 같은 중립적 입장을 표명하고 있다.

사회생활의 큰 단원이 각급의 학교에서 유리하다고 제의하며, 역사, 지리, 공민을 분리하는 것은 구식이고 반대적이라고 느끼는 사람이 있다. 반면에 이런 교과목을 한데 뭉쳐서 연구하면, 학문의 깊이가 없어지는 결과를 가져올 것이라고 믿는 사람이 있다. 우리 입장으로는 이러한 논쟁은 주요한 점을 보지 못한

---

86) 미국 교육사절단은 1952년부터 1962년까지 10년간 4차에 걸쳐 내한하였다. 1, 2차 교육사절단이 주로 현직 교육에 주력한 데 반해, 제3차 교육사절단은 "한국의 교육과정을 개선하도록 도와주는 것"으로 그 임무를 명백히 한정시켰다(김종서·이흥우, 1980, 「한국의 교육과정에 대한 외국교육학자의 관찰」, 교육학연구, 18(1), 한국교육학회, pp.82~99.).

87) American Education Team 1954-1955, 서명원 역, 1956, 앞의 책.

것이라고 본다. 예를 들면 고등학교급에서 역사, 지리, 공민을 분리한 과목으로서 가르치는 것이 행정적으로 실제적이면 그대로 가르치게 하라.[88]

이와는 달리 해방 이후부터 1950년대까지의 교육과정, 교과서, 교수-학습 방법에서 일본의 영향을 무시할 수는 없다. 보통은 해방과 더불어 일본의 교육적 영향력이 사라지고 절대적으로 미국의 영향력을 받았다는 해석이 일반적이지만, 이는 큰 틀에서만 적용될 수 있다. 당시 대부분의 교사나 교육학자는 미국식 교육학을 직접 수용하지 못하였으며, 이 때문에 일본에서 건너온 책자를 참고할 수밖에 없었다. 이때 참고한 일본 교과서는 일제 강점기에 발행된 것도 있고 해방 이후에 발행된 것도 있는데, 일제의 잔재를 없애고 새로운 미국식 교육사조를 도입하기 위해 역설적으로 일본의 교과서나 교육이론서를 참고해야 하는 상황이었다.[89]

물론 해방 직후 당시 국민학교 사회생활과 교수요목의 경우는 콜로라도 주의 것을 거의 그대로 전재하는 방식으로 구성되어 미국적 영향을 가장 많이 받았다는 데는 이견이 없다. 그러나 중등학교의 교육내용이나 이후 제1차 교육과정의 경우는 일본의 영향에서 자유롭지 못했다고 할 수 있다. 예경희(1974)는 교수요목기 고급중학교의 검정교과서인 '자연환경과 인류생활'이 일본 문부성령 9호에 의한 '지리개설'의 교수요목을 답습하고 있다는 주장을 하고 있는데,[90] 이는 위에서 논의한 일본의 영향과 어느 정도는 상응하는 견해이다.

실제로 패전 직후인 1947년 일본 문부성에서 발표한 학습지도요령의 사회과 편(Ⅱ)을 보면, 비록 시안이기는 하지만 '일반사회과의 의의'라는 내용이 소개되어 있다. '일반사회'는 현재의 중학교 1학년부터 고등학교 1학년에 해당하는 제7~10학년에 개설된 과목으로 첫째, 학교에서의 학생 생활을 문제 해결의 과정

---

88) American Education Team 1954-1955, 서명원 역, 1956, 앞의 책, p.171.

89) 이혜영 외, 1998, 앞의 책, pp.70, 123-125.

90) 예경희, 1974, 「미군정기의 중등학교 지리교육」, 샛별, 21, 대구대륜고등학교, pp.28-48.

으로, 둘째, 학교는 학생의 문제 해결에 필요한 경험을 제공하고 발달을 돕는 것을 영역 간 종합의 원칙으로 삼고 있다. 그리고 사회문제 해결에 필요한 지식을 기존의 지리, 역사, 공민 별로 가르치게 되면, 한정된 경험만을 갖고 있는 학생들이 이를 종합하여 스스로 문제를 해결하는 것이 불가능하기 때문에 종합 및 융합된 과목이 필요하다고 기술하고 있다. '일반사회'를 '종합사회'라고 표현할 수도 있다고 기술된 것도 이와 같은 맥락으로 보인다.[91]

일본의 '일반사회'는 우리나라와는 달리 중학교에도 적용되었다. 그리고 도입 시기부터 '공민의 연장'이라고 명시한 우리나라와는 달리, 해방 이후 우리나라의 '사회생활과'와 유사한 성격을 추구했던 것으로 판단된다. 또한 종합 및 융합을 강조한 것과 초등에서는 이 과목이 등장하지 않은 것으로 볼 때, 미국의 'General Social Studies'와도 차별적 특성을 갖는다고 할 수 있다. 그럼에도 불구하고 제1차 교육과정기의 고등학교 사회과에 '일반사회'의 등장이 어느 정도는 일본의 영향을 받았다는 것을 우리나라의 시간배당 기준령과 유사한 교과과정표의 과목별 시간배당의 유사성을 통해 확인할 수 있다. 〈표 2-2-2〉는 1948년 고시된 이후 1956년 개정되기 전까지 일본의 고등학교 학습지도요령 중 교과과정표와 1954년에 고시된 우리나라의 사회과 시간배당 기준령이다.

우선, 유사한 점으로는 과목 수와 과목명을 들 수 있다. 사회과에 개설된 과목이 모두 5개이며 일반사회는 일본과 우리나라가 모두 필수이고, 국사와 지리 영역은 과목명도 같다. 또한 일부 과목들에 있어 이수 학년을 지정하지 않고 있다는 점이 공통적인 측면이다. 이에 반해, 각 과목의 단위 수와 일본의 '시사문제'라는 과목의 존재, 필수 지정 과목 등에서 차이점이 나타난다.

일본의 '일반사회'와 우리나라의 '일반사회'의 차이점을 들자면, 배우는 학년과 총 시수, 통합 정도라고 할 수 있는데, 지리학자인 이찬(1977)의 주장을 출발점으로 해서 그 이유를 추론해 볼 수 있다.

---

91) 文部省, 1947, 學習指導要領 社會科(Ⅱ)(第七學年 - 第十學年)(試案) - 일본 문부성 구(舊)학습지도요령 서비스(http://www.nier.go.jp/yoshioka/) 참조.

지리교육과정의 기원을 읽다

<표 2-2-2> 일본(1948)과 우리나라(1954)의 고등학교 사회과 교과목 및
주당 시수 비교

일본(1948)				우리나라(1954)			
과목	1학년	2학년	3학년	과목	1학년	2학년	3학년
일반사회*	5			일반사회*	3	3	1
국사		5		도덕*	1	1	1
세계사		5		국사*		3	
인문지리		5		세계사		3	
시사문제		5		인문지리		3	

주: *은 필수과목, 나머지는 선택과목이다.
  1) 일본의 사회과 과목 중 '국사'는 1951년 확정안에서 '일본사'로 변경되었다.
  2) 위 표에서 2개 학년에 걸쳐 표시된 과목들은 표시된 주당 시수를 1개 학년에서 모두 이수하거나 2개 학년에 나누어서 이수할 수 있다. 예를 들어, 우리나라의 인문지리는 1학년이나 2학년 중 1개 학년에서 주당 3시간씩 1년을 배우거나, 2개 학년에 걸쳐 배울 경우에는 그중 1개 학년은 2시간, 나머지 1개 학년에서는 1시간을 배우면 된다.
  3) 수업이 이루어지는 주는 한국, 일본 모두 35주로, 주당 1시간은 연간 총 35시간 수업이 이루어지는 것이다. 이 경우 일본의 인문지리는 고등학교에서 총 175시간을 배우는 데 반해, 우리나라의 인문지리는 105시간을 배우게 된다.

당시의 교육과정 심의위원의 말에 의하면 사회, 역사, 지리를 통합하여 만든 이른바 통합 또는 융합형 사회과를 편수국에서 기안하고 시간배당도 분야를 합친 시간 수였던 것이 분과로 수정된 후에 그대로 남은 관계라고 설명하고 있다. 세계사와 지리가 선택으로 된 것도 이러한 경위에서 후에 조정된 것으로 생각하면 이해할 수 있으며, ……92)

이찬의 주장에 따르면, 제1차 교육과정의 작성 과정 초기에는 우리나라의 '일반사회'가 일본의 '일반사회'보다 더 높은 수준의 통합을 의도했던 것으로 보인다. 그러나 이찬에게 이와 같은 이야기를 해 준 교육과정 심의위원의 주장이 사실인지에 대해서는 의문을 갖게 된다. 앞서 언급한 1953년 시간배당 기준표 시

---

92) 이찬, 1977, 「고등학교 사회과 교육과정의 변천」, 사회과교육, 10, 한국사회과교육학회, p.26.

안에서도 확인할 수 있듯이, 1954년 정식 시간배당 기준령의 작성과정에서 고등학교 사회과를 통합지향적으로 준비했다고 판단할 수는 없다. 그 근거는 시안에 비해 확정안에서 일반사회의 전체 시수가 총 210시간에서 총 240시간으로 증가했기 때문이다. 오히려 처음부터 분과형으로 구성되었던 사회과가 1954년 확정안에서도 그 특성을 유지한 채 일반사회의 시수 및 이수 학년만 증대되었다고 해석하는 것이 적절하다. 역사와 지리가 1953년 시안부터 선택과목이었다는 점도 원래 시안이 통합을 추구했다는 것과는 배치된다.

실제 내용을 비교해 보더라도, 우리나라 제1차 교육과정기 '일반사회'의 내용이 일본의 1951년 학습지도요령에 제시된 '일반사회' 주제들에 비해 통합 정도가 떨어진다.[93] 이는 일본의 일반사회가 1학년에서 이수하는 필수과목으로 지정되면서 다른 2, 3학년 선택과목의 선수과목 역할을 했던 데 반해,[94] 우리나라의 경우는 과목이 아닌 사회과 내 한 영역명으로 3개년에 걸쳐 245시간이 이수되면서도 이전의 '공민' 부분에 해당되는 것만을 내용으로 담고 있기 때문으로 판단된다(표 2-2-3).

이와 같은 '일반사회' 영역 시수의 급격한 증가는 이후 우리나라 사회과 교육과정에서 해당 영역의 내용 및 과목 수 증가의 토대가 되었을 것으로 생각된다. 이는 당시 일반사회 분야가 발간한 '정치와 사회', '경제와 사회', '문화의 창조' 등의 학년별 교과서가 현재의 정치, 법과 사회, 경제, 사회·문화 등의 과목명 및 내용과 일정 부분 겹치는 것을 통해 파악할 수 있다. 사실상 흔히 지리, 역사, 일반

---

93) 당시 우리나라 일반사회 영역은 학년별로 '정치와 사회', '경제와 사회', '문화의 창조' 등으로 따로 편성되어 해당 영역 내의 통합도 제대로 이루어지지 못한 상황이다.

94) 실제 1951년 일본의 고등학교 1학년(10학년) 일반사회 과목의 대단원별 주제는 총 5개로 제1단원은 민주적 생활의 촉진, 제2단원은 노동관계, 산업혁명과 노동, 노동자의 생활 및 노동 문제, 제3단원 취락(농, 어, 산지촌) 및 국토 전반의 생산, 활동, 개발 등, 제4단원 기업과 금융 등을 비롯한 경제활동, 제5단원은 일본과 외국의 문화와 그 전파 등으로 공민 영역에 많은 부분을 할애하고 있지만, 부분적으로는 지리적·역사적 내용도 담고 있다. 예를 들어, 제3단원은 지리 관련 내용이, 제5단원은 역사 관련 내용이 주축을 이루고 있다 (文部省, 1951, 中學校·高等學校 學習指導要領 社會科編(Ⅱ) 一般社會科(中學1年 - 高等學校1年 , 中學校日本史를 含む)(試案)- 일본 문부성 구(舊)학습지도요령 서비스 http://www.nier.go.jp/yoshioka/ 참조).

지리교육과정의 기원을 읽다

〈표 2-2-3〉 제1차 교육과정기 고등학교 사회과 교과목별 주당 시간 수 합계

	일반사회	도덕	역사	지리
총 주당 시수*	7(245)	3(105)	6(210)	3(105)
시간배당표 상의 교과목	일반사회(필)	도덕(필)	국사(필), 세계사(선)	인문지리(선)

주: * ( ) 숫자는 1, 2, 3학년의 주당 시수를 모두 합한 것이다.

사회의 3분법이라고 알려져 있는 사회과 교육과정 체계가 적어도 고등학교에서는 제1차 교육과정기부터 깨진 상태임을 이를 통해 확인할 수 있다. 나아가 사회과의 과목 수 증가가 1960년대 신사회과의 등장 및 학문중심 교육과정의 도입과 관련된다는 기존의 인식은 적절하지 않음을 알 수 있다.

2) '일반'의 의미

'일반사회'라는 과목명의 등장과 관련하여, 일본의 영향과 함께 당시 우리나라 교육학계에서 '일반'이라는 용어가 어떤 의미로 사용되고 있는지에 대한 고찰이 필요할 것으로 생각된다.[95]

정부 수립 직후 발간된 《새교육》 2호에서 안동혁(1948)은 '일반교육'이라는 용어를 '제도적으로 행해지는 교육'이라는 의미로 사용하고 있다.[96] 그는 기술교육을 일반교육에 좀 더 충실하게 도입할 것을 주장하고 있는데, 이러한 그의 의도는 기술 교육이 학교 교육에서 제대로 자리를 잡지 못하고 있는 당시의 상황을 반영한 것이라고 할 수 있다. 나아가 이를 통해 당시의 '일반교육'이라는 용어, 즉 제도권 교육이 '기술' 교육을 완전하게 포괄하고 있지 않다는 점을 확인할

---

95) '일반(一般)'의 국어 사전적 의미는 다음과 같다. 첫째, 일부가 아니라 전체에 두루 해당되는 것, 또는 특별히 정해진 사람이 아닌 보통의 사람들. 둘째, 다른 점이 없는 똑같은 상태(사전편찬위원회, 2005, 국어대사전, 민중서관, p.2029.).
96) 안동혁, 1948, 「기술 교육 관견」, 새교육, 2, pp.27-33.

수 있다.

이와는 달리 대표적 사회과 통합주의자인 한기언(1955)의 경우는 아마이드 (Hamaide, 1924)의 *La Methode Decroly*에 기반을 두고 "학교는 아동으로 하여금 현실의 사회생활에 준비시킬 때에 있어서 비로소 일반적 교육 목적을 달할 수 있는 것이며, 이 사회생활의 준비는 학교가 아동에게 일반생활 특히 사회생활에 통효(通曉)시킨다는 것으로서 최상의 달성이 된다."고 주장하면서 '일반'이라는 용어를 '일상', '사회'라는 용어와 유사한 의미로 사용하거나 함께 사용하고 있다.[97]

제1차 교육과정 개정 즈음의 교육과 관련된 '일반'의 개념은 정범모에 의해 체계적으로 정리된다. 제1차 교육과정이 고시된 다음 해에 출간된 '교육과정'에서 그는 일반교육(general education)을 특수교육(special education)의 상대어로 정의하며, '행복한 개인인 동시에 유능유익(有能有益)한 사회인으로서의 제 특성(諸特性)을 기르기 위한 것'으로 정의하고 있다. 그에 따르면 국민학교와 중고등학교는 일반교육의 분야이고 대학은 특수교육의 분야에 해당한다.[98] 또한 일반교육의 대상은 빈부격차와 권력 등과는 관계없이 모든 사람이 해당되는 데 반해, 특수교육은 적성과 능력에 맞는 사람에게 적용되어야 한다고 주장하고 있다. 또한 그는 일반교육은 고정된 표준을 가정해서는 안 되며, 아동 개개인에게 나름의 능력과 흥미, 필요에 맞는 표준을 발견할 수 있도록 지원해 주는 동시에 개개인의 특성을 이해할 것을 요구하고 있다. 나아가 일반교육의 중핵적 관심은 인간가치와 사회가치로, 이러한 가치가 모든 교육내용과 교육과정, 교육방법 결정의 준거라고 말하고 있다. 마지막으로 그는 일반교육의 내용으로 '문화'를 상정하고 있는데, 여기서 문화란 '한 사회집단이 가지고 있는 모든 행동양식 혹은 생활양식'을 의미하며, 일부의 문화가 아닌 전부의 문화를 일반교육의 교육내용

---

97) 한기언, 1955, 「신교육과정 제정의 성격」, 교육, 3, 서울대학교사범대학교육회, pp.24-40.
98) 이와 관련해서 정범모는 '대충' 구분한다는 표현을 사용하여, 예외적인 측면이 있음을 인정하고 있다(정범모, 1956, 앞의 책, pp.49-60.).

으로 삼는 동시에, 이를 학문과 구별하여 아는 것(know)이 아닌 하는 것(do)을 근본적으로 지칭하고 있다. 즉, 일반교육은 "……에 관한 학문"이 아니라 "……을 하는 문화"를 그 교육내용으로 해야 한다는 것이다.[99]

1년 뒤 정범모는 위의 내용을 좀 더 명확하게 정리한다. 서울대학교 사범대학에서 출간되던 《교육》지에 기고한 그의 '일반교육의 개념'은 특수교육과의 비교를 넘어 다른 교육개념들과의 비교를 통해 '일반교육'을 정의하고 있다. 그는 여기서 일반교육이란 인문 교육과 직업 교육을 종합하며, 특정 계급을 위한 교육이 아닌 일반문화를 대표한다고 주장하고 있다. 또한 그는 일부 특수문화 전공자를 위한 전문 교육과도 구별된다고 하였는데, 한 교과를 가르치는 과정에서도 향후 해당 분야의 전문가를 키우기 위한 교육과 일반인으로서 필요하고 바람직한 소양을 길러 주기 위한 교육은 다르다고 말한다.[100]

같은 연구에서 그의 주장 중 특히 주목해야 되는 부분은 일반교육을 교과 교육(subject-matter education)과 대척점에 두고 있다는 점이다. 이와 관련해서 정범모가 들고 있는 사례는 다음과 같다.

같은 지도독해력이라는 원리적 능력을 기를 것이 문제라면, 한국지도를 다루어 이것을 기르건 만주지도를 다루어 이것을 기르건 관계없다. 한국지도에 관한 여러 사실이나 지식, 혹은 만주지도에 관한 여러 사실이나 지식은 일반교육에서 그리 아랑곳없다. 다만 수단이나 도구에 불과하다. 같은 원리적 견지만 체득될 수만 있다면, 지금의 '교과과정'과 전연 다른 교과과정을 다루어도 좋다.[101]

이러한 관점이 지리교육에 대한 무지에서 출발한다는 점은 충분히 비판 가능

---

99) 정범모, 1956, 앞의 책, pp.49-60.
100) 정범모, 1957, 「일반교육의 개념」, 교육, 7, 서울사범대학교교육회, pp.6-19.
101) 정범모, 1957, 앞의 논문, p.8.

하지만, 이번 장에서 논할 주안점이 아니다.[102] 문제는 정범모가 이러한 일반원리를 추구하는 일반교육을 통합된 학문 영역(integrated field)에서 여러 학과에 걸치는 일반원리의 추출 및 체득에 관심을 보이는 교육으로 이해하고 있다는 점이다. 즉, 일반교육을 통합 교육과 같은 선상에 놓고 있다는 것인데, 대학의 교양과정을 보자면 전체 문화를 포괄할 만한 폭이 없는 고립적 과목(비연관적 과목: discrete subjects)으로 구성된 과정부터 해당 과목의 겉핥기식으로 소개된 조사 과목(survey subjects) 단계를 거쳐 통합과목(integrated courses)의 단계에 이르게 된다는 것이다. 그리고 이러한 단계는 단순한 과목 병합이 아니라 원리에 바탕을 둔 통합이라는 견지에서 재조직된 것이라고 할 수 있다.[103]

정범모가 '일반교육'의 개념 정리를 통해 하고자 하는 주장은 당시의 교육이 행복한 일반 생활인을 만들어야 하는 교육 대신 좁은 전문가를 만들려는 억지 교육이 행해지고 있다는 것을 강조하려는 것이라고 할 수 있다.[104] 이러한 논의를 바탕으로 《교육》 제7호는 '일반교육' 특집호로 구성되는데 일부 교과들에서 바라보는 '일반교육'이 논의되고 있다. 그 사례로 김성근(1957)은 일반교육에 역사과가 기여할 수 있는 점을 소개하고 있는데, 먼저 지적·교양 면으로 첫째, 인간성과 인간능력에 대한 이해, 둘째, 건실한 인생관·생활관의 체득, 셋째, 비판력·추리력·통찰력, 넷째, 역사적인 사고방식 등을 들고 있다. 사회적·공민적 측면으로는 첫째, 민족적 자의식의 계발, 둘째, 국가관·사회관의 확립, 셋째, 협동정신의 앙양, 넷째, 국제이해의 심화 등을 들고 있다.[105]

이처럼 제1차 교육과정 개편기에 일반교육이 갖고 있는 의미는 일상적인 사

---

102) 이와 같은 사례에는 지역지리, 장소감 등이 갖는 지리교육적 의미와 중요성에 대한 지식이 전무한 일반 교육학자들의 인식이 그대로 드러나 있다. 특히 지평확대법이 당시 널리 알려진 사회생활과 교육과정의 조직 원리이자 우리나라 사회생활과에 적용되었다는 점을 감안한다면, 이렇게 교과에 무지한 사람들이 우리나라 교육과정에 대한 논의를 이끌었다는 것에 분노마저 생긴다. 학생들이 거주하는 지역의 지도와 생전가 보지 못한 장소의 지도를 동시에 제시했을 때, 어느 지도가 지도독해력 및 경관이해력 향상에 보다 좋은 교재가 될지는 지리교육 전공자라면 쉽게 예측할 수 있다.

103) 정범모, 1957, 앞의 논문, pp.6-19.

104) 정범모, 1956, 「교육개혁의 의욕과 그 긴요성 II」, 교육, 5, 서울사범대학교교육회, pp.6-18.

105) 김성근, 1957, 「역사와 일반교육」, 교육, 7, 서울사범대학교교육회, pp.63-70.

회생활을 하는 데 도움이 되는 교육이라고 정리할 수 있으며, 우리 민중이 기본적인 생활인, 사회인, 산업인력, 국민으로서 성장하여 산업화에 대비한 노동력 양성의 의도가 내재되어 있다고 할 수 있다. 당시 이러한 '일반교육'에 대한 강조는 중등 및 고등 교육에 비해 초등 교육 확산 및 의무교육화에 초점을 둔 문교정책을 통해서도 확인할 수 있다.[106] 초등 교육은 문맹을 퇴치시켜 줌으로써 경제 발전에 필요한 합리성과 진보의 개념을 국가 전체에 보편화시키는 것으로 논의되고 있다. 결과적으로 우리나라는 1950년대 초등 교육을 중심으로 한 일반교육을 통해 1960년대 노동집약적 산업화에 필요한 양질의 단순 노동력을 풍부하게 공급해 줌으로써 빠른 경제 성장에 기여했다고 할 수 있다.[107]

3. '일반사회' 과목의 강화와 지리교육

제1차 교육과정기에 고등학교 일반사회의 세력은 지리와는 비교할 수 없을 정도로 강력했다고 할 수 있다. 당시 교원 자격 검정시험에서 '일반사회'(1955년에는 사회생활) 과목은 2종류로 출제되었는데, 하나는 일반사회 교원 자격증을 필요로 하는 사람들만 응시하는 전공과목이었고, 다른 하나는 교육학과 함께 모든 수험생들이 응시해야 하는 공통과목이었다.[108] 즉, 교사 자격증을 취득하려고 하는 대부분의 수험생들은 '일반사회'에 대한 시험 준비를 해야 한다는 것이다.[109]

---

106) 취학률과 관련된 자세한 논의는 제2부 3장에서 기술한다.
107) 김영화 외, 1997, 「(연구보고 RR97-9) 한국의 교육과 국가 발전(1945-1995)」, 한국교육개발원, pp.170 -178.
108) 서울특별시교육회, 1957, 『대한교육연감』, 서울특별시교육회, pp.348-353.
109) 단, 고등학교 졸업 또는 동등 이상 학력소지자와 일반사회 교사 자격증 응시자는 공통과목 사회생활(일

〈표 2-2-4〉 일반사회과 교원 자격 검정시험을 위한 학력고사 문항(1955, 1956)

	1955.11	1956.11
일반 사회 (공통)	요새 신문에 자주 나오는 다음 어구를 간 단히 설명하라.[1] 1. 신임투표 2. ICA 3. 批准 4. 國附入札 5. 國策會社	1. 공민권 2. 자치단체의 조례 3. 사법의 3심제도 4. 흑자재정 5. O.E.C[2]

일반
사회
(전공)
	其一
	1. 기본적 인권을 중심으로 하여 우리나라
	   국민의 국법상의 지위를 명백히 하라.
	2. 다음 각항에 대하여 그 요령을 설명하라.
	   ① 사법권의 독립 ② 긴급명령
	   ③ 국제재판 ④ 법치행정 ⑤ 계약
	其二 (6문 중 2문을 택함.)
	1. 저축과 자본축적
	2. 경제안정과 실업
	3. 자립경제와 무역
	4. 농업과 비료
	5. 재정과 인플레이션
	6. 국방과 경제력
		其一
		1. 민주정치의 기본원칙을 논하라.
		2. 법원의 권한을 논하라.
		3. A. 형벌 B. 국제사법재판소 C.보증책무
		   D.양원제
		其二
		1. 국민소득의 의의와 한국국민소득의 실태
		2. 농업생산력의 요인과 한국농업생산력의
		   실태
		3. 대외수지의 의의와 한국대외수지의 현상

주: 1) 제목은 '사생'으로 되어 있다.
　　2) Office of Economic Coordinator(주한 경제조정관실)의 약자로, 1952년에 체결한 '한미 경제 조정에 관한 협정'에 의한 대한(對韓) 경제 원조 사업에 관하여 ICA를 대표하던 기관이다. 1959년에 USOM(United States Operations Mission to Republic of Korea)으로 바뀌었다.

〈표 2-2-4〉에서 확인할 수 있듯이 모든 수험생들이 응시하는 '공통과목'으로서의 일반사회 문항들이 공민 영역에 해당하는 문항과 시사적인 문항[110]으로 채워져 있다. 특히 1955년의 문항은 시사적인 내용이 주를 이루고 있으며, 1956년의 문항에서는 법과 정치 내용이 대부분을 차지한다. 이는 1955년 고시된 제1차 교육과정의 '일반사회'가 지리, 역사, 공민 가운데 과거 '공민' 영역만의 연장이라는 것을 반증한다. 즉, 제6차 교육과정 해설서와 권오정의 연구(2003)에서 '일반사회'의 본래 의미가 "역사, 지리, 공민을 모두 포괄하는 개념이었다."고 주

──────────

반사회)을 응시하지 않아도 되었다(관보 제1364호 1955. 7. 15.).
110) 시사문항의 등장은 앞서 제시한 〈표 2-1-2〉의 1953년 문교부가 발표한 시간배당 기준표(안)에 등장했다가 1954년에 공포한 시간배당 기준표에서는 사라진 '시사'라는 과목과 관련이 있는 것으로 보인다.

지리교육과정의 기원을 읽다

장했던 것과는 모순되며, 제1차 교육과정 문서상의 '일반사회'의 정의[111]와 일치하는 성격을 갖고 있다고 볼 수 있다.

문제는 동일한 교육과정 문서에 '일반사회'의 교과목적 정의에 혼란을 가져올 수 있는 진술들이 함께 존재한다는 것이다. 예를 들어, 당시 일반계 고등학교에 준하는 사범학교의 경우 일반사회 과목만 개설되어 있었는데, 필요하다면 지리와 세계사를 위해 해당 수업시간을 활용할 수 있다는 기술이 교육과정 문서상에 나와 있다. 또한 1954년 고시된 시간배당 기준령상의 과목 설명을 보면, '일반사회'를 다음과 같이 기술하고 있다.

정치경제사회를 중심으로 하고 지리와 역사를 배경으로 하여 민주사회와 공민적 자질을 신장함. – 1954년 문교부령 제35호 '교육과정 시간배당 기준령'

이는 정식 고시 이전인 1953년에 발표되었던 교육과정 시간배당 기준표(안)의 '일반사회' 과목에 대한 기술과 약간의 차이를 보인다.

정치경제사회를 중심으로 하여 민주주의의 이상과 실현을 위한 공민적 자질을 신장한다. – 1953년 문교부 시간배당 기준표 시안

논의를 정리하자면, '일반사회'는 1953년 안에서는 지리와 역사에 대한 언급이 빠진 상태의 '공민'만을 의미했다가, 1954년 정식 고시 문서에는 지리, 역사에 대한 언급이 들어가는 동시에 주당 시수도 1시간 증가하게 되었다. 이는 1953년 시안에 비해 사회과에 해당하는 국사, 인문지리, 세계사의 시수가 대폭 감소(각 과목 주당 2시간 감소)한 것과는 형평성이 맞지 않는다. 지리나 역사에

---

111) "고등학교 일반사회는 사회과가 담당하는 영역 중 지리적 면, 역사적 면, 도덕적 면을 제외한 정치, 경제, 사회, 문화의 면을 주로 담당하게 된다. 그러므로 고등학교 일반사회는 중학교 사회생활과 공민 영역의 연장이라고 하겠다."(문교부, 1955, 제1차 교육과정.).

비해 일반사회에 가까운 1953년 시안상의 '시사' 과목이 1954년 정식 기준령에서는 완전히 사라졌다는 것에 대한 보상이라고 하더라도, 모든 학년에서 가르칠 수 있는 필수과목이 되었다는 점에서 특정 영역에 대한 특혜라고 할 수 있다.[112]

문제는 표면적으로는 문교부와 교육학계에서 일반사회에 지리와 역사 내용이 포함된 것으로도 인식할 수 있었다는 점이며, 교육과정상의 이와 같은 혼란은 이후 학교 현장에서도 이를 둘러싼 논란을 가져오게 된다. 다음 글은 제1차 교육과정 실시 후 1년 동안 국사와 지리교육이 소홀해졌다는 장학위원들의 보고에 대한 신문기사이다.

…… 현재 전국 각 중고등학교의 교과과정 중 일반사회 과목에 일부 포함된 우리나라 역사와 지리 등은 대체적으로 각 학교가 학생들에게 교습시키지 않고 있음이 판명되어 민족정신 함양과 애국정신 선양에 커다란 결함을 초래하고 있다고 한다. 그런데 동 보고서는 문교부 역사담당 장학위원이며, 국사편찬위원회 사무국장인 신석호씨와 또한 문교부 지리담당 장학관이며 사범대학 교수인 최복현 양씨가 경상남북도를 비롯하여 전라남도 및 강원도 내의 각 중고등학교를 월여에 걸쳐 시찰한 결과 제출된 복명서라고 한다. 특히 동 복명서의 결론으로서 "고등학교 교과과정 설치기준령에 명시된 바와 같이 일반사회과학에 있어서 그 본래 정신을 몰락하고 오직 공민 분야에만 전시간을 배당한 비(非)를 하루속히 시정하여 일반사회의 일부내용으로 되어 있는 역사와 지리에도 적정한 시간을 할당하고 이것을 필수과목으로 취급 조처하여야 할 것과 이상 건의는 역사·지리 담당관으로서의 요청이 아니고 한국역사교육연구회와 대한지리학회의 간절한 진정임."을 참고할 것이라고 지적하였다. 그런데 일선 학교에서는 일반사회과의 전 시간을 오로지 공민 분야에만 배당하고 역사·지리가 전연 제

---

112) 〈표 2-1-2〉와 〈표 2-2-2〉에 나타난 1953년 시안과 1954년 정식 시간배당 기준령의 사회과 과목 및 시수 참조.

지리교육과정의 기원을 읽다

외되고 있으며, 일반사회과는 필수과목으로 되어 있으나 역사[113]·지리는 선택 과목으로 되어 있는 관계상 학생들은 전연 공부하지 아니하고도 고등학교를 졸업할 수 있는 모순이 있으며, 이는 국민교육에 일대 결함이 된다는 점 등을 들고 있어 주목되고 있다.[114]

일반사회를 둘러싼 혼란 발생 이유를 명확히 확인할 수는 없지만, 이 논란에 대해 지리, 역사, 공민 영역이 처한 상황이 서로 다르다는 것과 함께,[115] 적어도 제1차 교육과정기는 지리 영역에 비해 '공민' 영역의 입지가 급격하게 넓어지는 시기라는 것을 확인할 수 있다. 교육과정 시간배당 기준령과 함께 이러한 공민 영역의 급격한 세력 확장을 확인할 수 있는 것이 교사 자격증의 발급 현황이다(표 2-2-5). 제1차 교과과정이 고시된 직후 치른 1955년 11월 시행된 고등학교 교원 자격 검정고시의 지리, 역사, 공민 영역의 합격자 수를 보면 3개 영역이 확연하게 차이를 보인다. 일반사회 과목의 합격자 수가 역사, 지리는 물론 국어, 영어, 수학보다도 많은 전체 1위를 차지하고 있다.

교원 자격 검정고시가 이미 학교 현장에서 학생들을 가르치는 사람들에게 정식 교사 자격증을 부여하고자 하는 목적이 강했다는 점을 볼 때,[116] 이와 같은 결과는 당시 학교 현장에서 일반사회 과목의 무자격 교사가 다른 교과목에 비해 훨씬 많았다는 것과 가르치는 시간 역시 지리 과목에 비해서 많았다는 점을

---

113) 제1차 교육과정 시간배당 기준령에 의하면 국사는 필수였다. 그러므로 기사에서 말하는 역사 영역은 세계사에 대한 것으로 생각된다.

114) "국사·지리 등 소홀 장학위원들 보고"-조선일보, 1957. 2. 12.

115) 일반사회 영역은 필수, 역사 영역은 1과목 필수, 1과목 선택, 지리 영역은 1과목 선택으로 구성된다.

116) 교원 자격 검정고시의 시행은 무자격 교원의 구제와 밀접한 관련을 맺고 있다. 1953년 4월 18일에 고시된 교육공무원법 제42조에서는 당시 재직 중인 교원 중 교육공무원법에서 규정한 자격기준에 해당하지 않는 경우 '조건부 채용 공무원'으로 규정하고, 법령 고시 후 2년 이내에 해당 자격 요건을 갖추지 못할 시 당연 퇴직할 것을 명시하고 있다. 그 결과 1955년에는 초·중등 교사 중 1만여 명이 해임될 위기에 처하게 되었고, 결국 이러한 기준을 완화시켜 현직에 있는 교사는 3년 이상의 교육경험이 있는 경우 무시험전형을 통해 자격을 부여하도록 하였으며, 3년 미만의 교사의 경우는 교원 자격 검정고시 성적을 통해 해임 여부를 결정하게 되었다("초·중·고등 교원 자격 기준을 대폭 완화" - 조선일보, 1954. 10. 3.).

반영한다고도 할 수 있다. 당시 교원 자격과 관련된 보다 심도 있는 논의는 다음 장에서 하고자 한다.

〈표 2-2-5〉 고등학교 교원 자격 검정고시 과목별 합격자 수(1955년 11월 시행)

과목	합격자 수	과목	합격자 수	과목	합격자 수	과목	합격자 수
일사	44	물리	5	불어	2	가정	1
국어	16	생물	5	음악	2	재봉	1
역사	16	지리	5	미술	2		
체육	14	교육	4	수학	2		
영어	10	화학	3	지학	1		

자료: 문교부, 1956, 「고등학교 교원 자격 검정고시 과목별 합격자 명단」, 문교월보, 25, pp.26-27에서 재정리.

제3장
1950년대의 사회적
텍스트-콘텍스트와 지리교육

1. 취업

앞 장의 끝부분에서 기술했듯이 제1차 교육과정기에 일반사회 관련 교사 자격증(준교사 이상) 발급의 급증은 학교 현장에서 상대적으로 지리교육이 침체되는 중요한 계기로 작용했을 것으로 생각된다. 즉, 일반사회 자격증 발급이 역사, 지리에 비해 압도적으로 많은 데다가 일반사회와 국사가 필수과목이었고, 그 가운데 일반사회의 수업 시수가 다른 과목에 비해 매우 많았다는 것을 감안한다면, 고등학교의 교사 충원 역시 여기에 준해서 이루어졌을 것으로 보인다. 상대적으로 지리과는 위축될 수밖에 없었을 것이며, 교과목의 중요성을 이해하는 학교의 입장에서 보더라도 상치 교사를 활용할 수밖에 없는 상황이었을 것이다.

이러한 상황을 확인할 수 있는 근거로 당시 의정부 농업고등학교 교장인 권수원이 신문사에 기고한 글이 있다.

…… 현재 중고등학교 학생에게 실시되고 있는 지리교육을 재고해보아야 할 점이 적지 않다는 것을 지적하지 않을 수 없다. 첫째로, 지리교육을 담당할 교사가 희소하다는 것이다. 해방 직후에는 비록 지리뿐이랴 대부분의 과목의 교사가 그 태반이 전공을 한 사람이 아니었었다. 하지만, 현재에 와서는 대개가 전공한 사람이 각기 과목을 담당하고 있다고 본다. 그런데, 지리 과목만은 아직도 그 과목을 전공하지 않은 사람들이 담당하고 있는 실정이다. 이러한 까닭에 지리교육의 지도면을 보면 국어를 지도하는 식으로 용어를 설명하고 한자를 지도하다가 시간이 끝나는 실례가 있는가 하면 지도 한 장 제시하고 이야기로 시종하는 지리교육이 있는 형편이다. 허기야 지리를 지도하려면, 한자의 지도도 필요하고 또 그 용어는 물론 중요하고 그 설명도 필요한 것이다. 더욱이 어느 지방의 이야기만 한다고 해서 지리교육에 어떠한 결함은 있는 것도 아니다. 요는 지리과는 지리과가 가져야 할 정도의 용어와 한자지식과 설명이 있는 것이다. …… 우선 지리를 담당할 교사를 양성할 일이 급하다. 수 개 대학에서 양성하고 있는 정도의 지리 교사 양성기관으로는 부족하다 하겠다. 따라서 이러한 형편으로는 전공한 사람이 지리를 담당하려며는 상당한 장래의 일로 보겠다. 이와 같이 당면한 딱한 문제의 해결책으로 지리과를 담당하고 있는 교사에 대한 강습회라도 가졌으면 한다. 지리과를 사회생활과의 일부분이라고 해서 마구 다룰 수는 없다. 사회생활을 풍부하게 하고 사회인으로서의 기초를 완성하는 데 지리과를 등한시할 수는 없다. 중고등학교에서의 지리과의 정상적 지도가 절실히 요구된다. ……[1]

학교 교육과정 운영에 총책임을 지고 있는 학교장의 입장에서 다른 과목에 비해 특히 지리를 전공한 교사가 부족하다는 관점에서 서술한 글이다. 이처럼 교사 수가 부족한 경우에는 지리 과목이 필수과목이고 과목 수가 증가한다고 해서

---

1) 권수원, "애국심 함양을 위한 민족과 지리교육" – 조선일보, 1957. 12. 3.

앞에서 제기된 문제가 해결되는 것은 아니라고 할 수 있다. 실제로도 지리 과목이 다시 필수로 지정된 제2차 교육과정(1963년 고시)이 고등학교에서 실시되기 직전에 발표된 추성구의 연구(1967)를 보면, 지리를 전공한 지리 교사의 수가 수적으로 부족하다는 언급과 함께, 당시 지리를 가르치는 교사들의 열악한 수준을 파악할 수 있는 흥미 있는 일화가 기술되어 있다.[2] 나아가 추성구는 그와 같은 상황의 원인을 다음과 같이 정리하고 있다.

첫째, 지리에 대한 전문적인 소양을 쌓지도 않은 사람이 우선 급한 대로 생활의 한 방편으로서 지리 교사가 된 때문이요, 둘째는 그 지리 교사가 문외한이나마 지리 교사가 된 이상, 지리 교사로서 스스로 할 수 있는 노력을 외면해 버린 무기력하고도 무성의한 때문이며, 셋째로는 지리교육 내지는 지리 교사 양성에 대한 국가정책의 빈곤이라 할 것이고, 넷째로는 일반사회의 사학(斯學)에 대한 전반적인 몰이해에 기인하는 것이라 하여……[3]

결국 당시 학생들 대부분은 지리를 전공한 교사보다는 비전공 교사들에 의해 지리 수업을 받는 경우가 많았으며, 이로 인해 지리가 '외울 것이 많은 암기과목'

---

2) 당시 공주사범대학 교수였던 추성구(1967)의 연구 논문에는 다음과 같은 일화가 소개되어 있다.

모지방을 여행하던 중, 그곳 유명 고등학교로 손꼽히는 학교에 재임 중인 熟知의 모 지리담당 교사를 만난 일이 있다. 서로 허물이 없을 만큼 친숙한 사이이므로 거리낌 없는 종횡담을 펼쳐 가던 중, 화제는 자연히 직업적인 것으로 옮겨졌다. 지리 교사는 "대륙풍이 무엇이냐?"고 물었다. 필자는 우선 기후 교재에서 흔히 다루어지는 '바람'을 연상하여 과문한 대로 육풍과 해풍에서 시작하여 계절풍, 나아가서는 대륙선풍에 이르기까지 그런대로 한참동안 설명을 가하였다. 그러나 지리 교사에게는 필자의 설명이 동문서답으로만 느껴지는 듯, 몹시 불만스런 표정이더니, 이윽고 "기후에서 나오는 대륙풍이 아니라 수산업……중에서도 특히 어장에 관계가 있는 대륙풍"이라는 것이었다. 각설하고 대륙붕을 대륙풍으로 지리 교사는 인식한 것이었고, 필자 또한 지리 교사가 대륙풍이라고 말하니 바람을 연상할 수밖에 없었던 사정은 어쩔 수 없는 일이었다고나 할까? 문제는 여기에 있는 것이 아니고 오히려 다음에 있다. 지리 교사는 자신의 부실함을 뉘우치면서 하는 말이 "교과서의 인쇄가 잘못된 것이니 붕자를 풍자로 고치라고 학생들에 일러주었다."는 것이었다. 이 경우 붕을 풍으로 고쳐 대륙붕을 대륙풍으로 수정하고서도 뜻이 통하지 않았음은 물론이다(추성구, 1967, 「지리교육의 당면과제」, 논문집, 5, 공주사범대학, p.48.).

3) 여기서의 일반사회는 과목명으로서의 일반사회가 아니라 사회 전반을 지칭하는 것이며, '사학(斯學)'은 지리를 의미한다(추성구, 1967, 앞의 논문, p.48.).

이라는 생각을 하게 되었을 것이다.

학창 시절 갖게 된 특정 교과목에 대한 이와 같은 편견은 성인이 된 이후에도 지속되는 경우가 많은데, 1950~1960년대 중등 교육을 받은 사람들의 이러한 생각을 확인하는 것은 어렵지 않다. 권혁재(1982)는 일반인들의 경우, 지리가 각종 사실을 무미건조하게 다루는 지리한 과목이며 누구나 수업을 담당할 수 있는 과목이라는 인식을 갖고 있는데, 일제 강점기는 물론 해방 이후 오랫동안 다른 과목 교사가 지리를 담당했기 때문일 것으로 추측하고 있다. 그 근거로 TV의 공개 토론상에 비친 중진 교육학자를 언급하면서, 40대 이상(연구가 이루어진 1982년 기준)의 우리나라 기성세대 중에는 지리가 지명·산물·철도 등을 암기하는 과목이라고 파악하는 사람들이 많다고 기술하고 있다.[4]

일반사회 교사 자격증의 발급 증가와 학교 현장에서의 지리 교사 부족이라는 실상은 당시 사회적 상황과 함께 해석할 때 보다 폭넓은 의미를 갖게 된다. 즉, 아무리 자격증이 많이 발급된다고 하더라도 실제 교사를 원하는 대졸자들이 많지 않다면 학교 현장에서 특정 과목이 편중되는 것과 같은 문제는 발생하지 않았을 것이다.

1950년대 우리나라 경제 상황에서 취업은 쉬운 일이 아니었다(표 2-3-1, 그림 2-3-1). 서울의 경우 전체 인구 대비 취업자 비중이 1954년에는 32%, 1958년에는 20% 정도이다. 이러한 1950년대의 저조한 취업 상황은 2014년의 취업자 비율인 50%보다도 훨씬 낮은 것이며, 산업시설의 부족으로 인한 고용기회의 부족이 그 원인이었다.[5] 현재의 대졸자를 비롯한 취업의 체감 상황에 비추어 볼 때, 당시의 심각성과 어려움을 쉽게 추론할 수 있다.

1990년대 후반, IMF 구제 금융 사태 이후 기업체의 취업문이 좁아지는 동시에 공무원, 교직 등에 대한 선호도가 높아졌듯이, 1950년대의 대학 졸업자의 취

---

4) 권혁재, 1982, 「교육사와 지리학」, 『한국교육사연구의 새방향』, 집문당, p.258.
5) 김진업 편, 2001, 『한국 자본주의 발전모델의 형성과 해체』, 나눔의 집, p.124.

지리교육과정의 기원을 읽다

〈표 2-3-1〉 서울시 산업별 취업자 및 실업자(1954, 1958, 2014)

		제1차 산업	제2차 산업	제3차 산업	실업자	총인구
1954	수(명)	25,042	23,618	348,447	91,351	1,242,880
	총인구 대비 비중(%)	2%	2%	28%	7%	100%
1958	수(명)	14,751	27,077	305,103	109,635	1,756,406
	총인구 대비 비중(%)	1%	2%	17%	6%	100%
2014	수(명)	3,200	494,600	4,648,100	240,500	10,369,593
	총인구 대비 비중(%)	0%	5%	45%	2%	100%

자료: 서울특별시, 1960, 『서울도시요람』(김진업 편, 2001, 앞의 책, p.124에서 재인용) 자료와 서울특별시 서울통계 http://stat.seoul.go.kr 자료를 합쳐 재정리하였다.
주: 총인구는 전 연령을 대상으로 한 것이며, 나머지 항목은 1950년대는 14세 이상, 2014년 통계는 15세 이상을 대상으로 산출된 것이다.

〈그림 2-3-1〉「구직」, 임응식, 1953, 촬영장소: 명동
(국립현대미술관, 2011, 125)

〈표 2-3-2〉 대학 졸업자 취업 통계표(1956. 12. 31.)

학교명	졸업자 수	진학자 수	가사 종사자 수	취업자 수				
				관공서	교사	기타	계	비율
서울대학교	2,240	189	1,285	118	366	282	766	34.2%
경북대학교	556	31	194	27	184	120	331	59.5%
전북대학교	498	67	220	33	90	88	211	42.4%
……	……	……	……	……	……	……	……	……
합계	9,940	796	5,349	798	1,477	1,520	3,795	38.2%

자료: 한국교육10년사간행회, 1960, 『한국교육10년사』, 풍문사, pp.623-624에서 재정리.
주: 대학별 통계는 졸업자 수 3위 학교까지만 기재하였으며, 일부 수치상의 오류는 확인 및 검토 가능한 범위
에서 수정하였다.

〈표 2-3-3〉 대학 졸업자 취업 통계표(1958. 3. 31.)

학교명	졸업자 수	진학자 수	가사 종사자 수	입대자 수	취업자 수						
					관공서	교육기관	금융기관	기업체	기타	계	비율
서울대학교	2,449	315	894	271	99	459	113	156	142	969	39.6%
경북대학교	665	33	442	47	19	116	3	–	5	143	21.5%
전북대학교	600	50	524	3	5	15	3	–	–	23	3.8%
……	……	……	……	……	……	……	……	……	……	……	……
합계	11,620	968	6,164	694	658	1,513	318	544	761	3,794	32.7%

자료: 한국교육10년사간행회, 1960, 앞의 책, p.666에서 재정리.
주: 1956년 통계 형식을 참고하여 재정리하였으며, 일부 수치상의 오류는 확인 및 검토 가능한 범위에서 수정
하였다. 대학별 통계는 졸업자 수 3위 학교까지만 기재하였으며, 취업자 수 비율은 입대자를 제외한 것이
다. 1956년의 '교사' 통계는 대학 졸업 후 대학으로 곧장 취업되는 경우가 있는 관계로 '교육기관'으로 범주
명이 변경되었다(단, 극히 일부를 제외하면, 대다수는 교사였을 것으로 생각된다.).

업 통계를 보면 교직으로의 취업이 압도적이었다.[6] 〈표 2-3-2〉와 〈표 2-3-3〉
을 보면 1956년에는 대학 졸업자 가운데 취업자의 39% 정도가, 1958년에는 취

---

6) 교직에 대한 선호 이유는 1950년대와 1990년대 이후를 비교할 때, 미묘한 차이가 존재한다. 1950년대의 경
우 현재 교직을 원하는 사람들이 추구하는 것처럼 직업의 안정성이 주요 원인이 된 것은 아니었다. 당시는

업자의 40% 정도가 교직으로 진출했음을 확인할 수 있다.[7] 그러므로 대학 졸업자들이 교사 자격증을 취득할 수 있도록 하는 당시의 정책은 실업자를 줄여야 한다는 사회·경제적 측면과 밀접한 관련이 있을 것으로 생각된다. 즉, 학교 현장의 부족한 교원 수급 문제 해결은 물론, 당시 극소수였던 대학 졸업자들의 취업을 위해서도 교사 자격증이 많이 발급되었다는 것이다. 〈표 2-3-4〉를 보면 중등학교의 경우 사범대학 출신자에 비해 일반대학 출신자의 비율이 훨씬 높으며, 〈표 2-3-5〉에서도 준교사의 자격 비중이 상당히 높다는 것이 이를 설명해준다. 일반대학 출신 중 교직 이수를 한 경우는 2급 정교사, 교직과목을 수강하지 않은 경우는 준교사 자격증을 부여했다는 것을 볼 때, 1950년대의 중·고등학교 교원들 중 상당수가 일반대학 출신이라는 점을 추론할 수 있으며, 특히 전쟁 직후인 1955년부터 그 수가 급증했음을 알 수 있다(표 2-3-5).

당시 취업 문제의 심각성을 반영하는 또 하나의 모습은 교사 자격 발급과 관련된 사범대학과 문리과대학 간의 갈등 상황이다. 이는 서울대학교 사범대학에서 발간되는 학술지인 《교육》 8호(1958년 10월 발행)를 이와 관련한 특집호로 꾸밀 정도로 사범대학의 존립과 관련된 중요한 사건이었다. 갈등 상황의 출발은 문리대 졸업생들의 취업 문제였는데, 당시 서울대학교 사범대학장[8]이던 이종수(1958)는 "교육 이외의 이유로, 자기 대학의 이해관계 때문에, 일국의 사범교

한국전쟁 이후 산업시설 부족으로 전반적인 고용현황이 좋지 못했던 것이 가장 큰 원인이었다고 할 수 있다. 1950년대~1960년대의 대학 졸업자 취업상황에 대해 형기주는 다음과 같이 기술하고 있다.

동란 직후부터 1960년대까지는 대학을 졸업하고 취업할 만한 곳은 중·고등학교 아니면 은행이 있었는데, 은행은 보수가 좋고 서울상대 출신들의 전업지처럼 알려져서 여자대학 출신들이 일등 신랑감을 찾는 곳이다. 이에 대해서 중·고등학교는 서울대학교 사범대학 출신들의 전업지나 다름없었으나 교사 자격을 소지한 대졸자들에게는 누구에게나 개방되어 있어서 당시의 문리대 출신을 비롯해서 농과대학이나 공과대학 출신도 많이 기용되는 형편이었다. 교사직은 박봉일뿐 아니라 장래성이 없다고 하여 여대생들에게 별반 인기가 없었다. 공무원 공채는 자주 있는 것이 아니요, 보수는 교원만 못했고, 한국의 경제수준이 낮아서 일반 기업체가 많지 않으니 만만한 취업은 역시 보수가 낮아도 학교뿐이었다(형기주, 2006, 앞의 글. pp.1-6.).

7) 당시 전 인구 대비 대학 졸업자의 비율이 현재와는 비교할 수 없을 정도로 낮았으며, 대학 졸업자에 대한 일반인들의 인식 역시 현재 박사학위 소지자를 대하는 것 이상으로 높았음을 감안한다면, 경제적 지위를 제외한 고등학교 교사들의 사회적 지위는 매우 높았다.

8) 서울대학교60년사 편찬위원회, 2006, 『서울대학교60년사』, 서울대학교, p.980.

〈표 2-3-4〉 중등학교 교원 수와 출신학교(1957)

학교급	출신학교	교원 수
중학교	사범대학	1,399
	중등교원양성소	1,932
	실업계대학	1,063
	기타일반대학	5,242
	무자격교원	1,123
	계	10,759
고등학교	사범대학	1,499
	중등교원양성소	485
	실업계대학	1,511
	기타일반대학	2,966
	무자격교원	581
	계	7,042

자료: 서울대학교사범대학교육회, 1958, 교육, 8, p.148에서 재정리.

〈표 2-3-5〉 중등학교 교원 자격증 발급 현황(1951~1957)

학교급	직위	1951	1952	1953	1954	1955	1956	1957	계
중학교	교장	6	14	84	90	542	174	39	949
	교감	8	–	250	71	432	485	99	1,345
	1급정교사	–	–	–	–	251	230	120	601
	2급정교사	264	336	1,991	1,551	1,221	924	1,982	8,269
	준교사	62	93	610	557	3,048	686	766	5,822
	특수교사	–	–	52	–	652	21	21	746
고등학교	교장	–	16	184	145	403	277	99	1,124
	교감	2	5	357	169	574	406	108	1,621
	1급정교사	–	–	–	–	237	113	120	470
	2급정교사	214	223	2,149	1,498	1,024	1,212	4,738	11,058
	준교사	43	76	597	763	2,844	2,739	2,917	9,979
	특수교사	–	2	99	2	599	14	10	726

자료: 서울대학교사범대학교육회, 1958, 앞의 책, p.148에서 재정리.

지리교육과정의 기원을 읽다

육을 운위(云謂)한다는 것은 있을 수 없다."라고 비판하며, 사범 교육의 강화, 문리대생과 사대생 간의 전학 및 문리대 졸업생의 교육대학원 진학 등을 해결책으로 제시하고 있다. '교사' 취업에 대한 문리대와 사대의 갈등은 경제개발계획의 본격적 추진과 이로 인한 산업계 인력수요의 급증으로 중등학교 교원의 이직이 급증하고 교직 희망자가 감소하게 된 1960년대 초·중반까지도 지속되었다.9)

---

9) **'교사' 라는 직업을 놓고 벌어진 사범대와 문리대와의 갈등은 다양한 측면으로 확대된다. 예를 들어, 1960년 4월《교육》 11호에 실린 사범대학 일반사회과 교수 김계숙의 글에는 문리대학 졸업생에 비해 사범대학 졸업생들의 실력이 뒤진다는 세간의 인식과 이로 인해 도회지 학교에서 문리대 졸업생들을 더 선호한다는 당시의 사회상이 기술되어 있다(김계숙, 1960, 「사회생활과교육실천기: 대학편」, 교육 11, 서울대학교사범대학교육회, pp.130-138.).

** 당시 경향신문에 실린 문리대와 사범대학 간의 논쟁은 다음과 같다.
"중·고교 교사 교육기구론시비"
지난 10월 26일 전국 문리과대학장들은 일당에 회동하여 그들이 종래부터 주장해 온바 중고등학교 교사의 교육기구개편에 대한 원칙을 재확인하는 동시에 다음과 같은 건의사항을 입법·행정당국에 제출하자 이에 대해 '서울대학교 사범대학 교수교육세미나'에서는 즉각 문리과대학장들의 이같은 견해 주장을 반박하는 성명을 발표하였는데 이에 양측의 주장을 살펴보기로 한다.
◎ 사대의 폐지와 교육대의 신설 – 전국문리과대학장회의서 건의
• 건의사항
– 사범대학은 불필요하므로 이를 폐지하고 대학원에 해당하는 2년(혹은 1년)제 교육대학을 신설하여 무릇 교직희망자는 일률적으로 4년제 일반대학을 졸업한 후 교육대학에서 교사 자격(중고등학교)을 취득케 할 것. ① 오늘날 우리나라 사범대학의 학과과정은 교육과, 교육행정과, 교육심리과 등 사범대학본부의 2, 3학과이외에 기디 진공획과(예긴대 국어국문학과, 외국어학과, 억사학과, 불리학과 능)에 있어서는 그 커리큘럼 배치를 거의 전부 문리계대학과 같이 하고 있다. 그 결과 사범대학을 둔 동일한 종합대학 내에는 두 개의 문리과대학이 설치된 셈이 되어 인적자원과 경비의 낭비를 초래하게 된다. ② 현하 우리나라 실정은 국민학교에 있어서는 교사의 수요량에 비하여 공급량이 부족하므로 교사의 대량 양성이 필요하다. 중고등학교에 있어서는 대학출신이 대량으로 쏟아져 나오기 때문에 앞으로 교사의 공급량이 수요량을 초과한 형편에 있으므로 국가에서 대량의 경비를 들여 4년제 교사양성대학을 설립할 필요가 없다. ③ 4년제 사범대학은 중고교의 교사양성기관으로 실패하였으나 그것은 일반 중고교당국자의 교사 채용경험이 이를 실증하고 있다. ④ 4년제 사범대학으로 일반대학에서 가르치는 일반교양과 전문교양의 과정까지 설치하는 비용으로써 교직 교양만을 전공하는 2년(혹은 1년)제 교육대학을 경영하면 경비는 대폭 경감될 것이다. ⑤ 사범대학을 폐지하고 일반 4년제 대학에 일반교양과 전문교양을 충분히 이행한 후에 자기희망에 따라 교육대학에 입학하여 2년(혹은 1년)간의 교직학과목과 훈련을 전수하게 되면 교사로서의 질이 현재보다 훨씬 향상될 것이다.
– 기회균등의 원칙을 실천하기 위하여 교원국가고시제를 확충할 것.
교육대학을 창설한다하면 사범대학이나 마찬가지로 문리계대학의 교직과는 폐지되는 것이다. 그러나 교육대학에 진학 아니하는 대학출신자들도 교직을 지원하는 사람이 상당히 있을 것이다. 또한 현 중·고등학교에는 무자격자가 상당히 있다. 그 외에도 불우한 제반정세하에서 독학하는 사람이 있다. 그러한 사람들에게 기회를 주는 것은 일국의 문화를 증진시키며 사회를 명랑하게 하고 정직·근면성을 장려하는 것이 될 것이다. 따라서 현재보다 응시자격을 확충할 필요가 있다고 생각하는 것이다. 다시 말하면 학력을 막론하고 전공과목과 교육과목에 합격하는 자에게는 자격증을 주어야 할 것이다.

결국 1950년대 교사 자격증을 취득할 수 있는 대학생 수의 과목 간 현격한 차이는 실제 고등학교 교과목별 교사 수급에도 어느 정도 영향을 미쳤을 것으로 생각된다. 당시 일반사회의 경우 준교사 이상의 자격증을 취득할 수 있도록 지정된 학과의 수가 다른 과목과 비교할 수 없을 만큼 많았다. 앞서 언급했지만,

---

• 요청사항

– ▲과거에 문교부에서 산하 각 기관 및 각 중·고등학교에 발송한 바 있는 "사범대학 출신을 우선적으로 채용하라"는 취지의 공문을 즉시 철회하도록 조처할 것. 최우수한 교원을 채용하자는 것이니 사범대학 졸업자라 하여 최우수하다고 판단한 이론적 및 경험적 근거가 없으며 자유와 민주를 국시로 하는 대한민국에서 특권계급을 만들려 하는 것은 헌법정신에 배치되는 것이다. 그리고 사범대학 출신은 60점 이상을 취득한 자에 대하여 무조건 교육자격을 부여할 뿐 아니라 취직에도 우선권을 주고 있는 현상인데 문리대 출신은 80점 이상을 취득한 자에 한하여 교원자격을 인정하며 취직에 있어서도 사범대학 출신 우선주의 때문에 기회를 얻기 어렵게 되어 있다. 그 결과는 국비를 써가면서 열등한 교원을 양성하는 것이 된다. ▲교직과는 매년 항구적으로 전학과에 설치할 것. ▲1학년에서 교원 지망자 명부를 제출케 하는 것을 철폐할 것. ▲전공과목 성적 B 이상, 교직과목의 성적 b 이상을 취한 자에만 자격증을 주는 제도를 폐지할 것.

◎ 4년제 대학원 과정의 병행 – 서울사대교수「세미나」의 주장

소위「전국문리과대학장회 건의문」을 보면 내용에 있어서 우리와 견해나 주장이 현격하게 차이가 있을 뿐 아니라 근본적인 오류와 편견을 그들이 범하고 있기에 이에 우리는 다음 세가지 원칙적인 점을 들어 그들의 견해와 주장을 비판하기로 한다. ▲교직은 전문직이다. 그리고 일봉의 생애직이라 할 수 있다. 따라서 사범대학에서는 학생 선발에 있어서도 고등학교 재학 시의 성적뿐 아니라 인물이나 교직에 대한 적성 및 신념 등도 중요하게 고려되어야 할 것이다. 대학에서는 장차 교사로서 담당할 전공분야의 교육내용을 습득하는 한편 교육방법에 있어서 전문적인 기술을 연마하는 동시에 전 과정을 통하여 장기간에 걸쳐 축적적으로 교사로서의 심신의 준비를 갖추게 될 것이다. 이러한 사범대학 졸업자에게 전문직인 교직에서 우선권을 주는 것은 지극히 당연한 이치이다. 본래 목표한 바는 다른 곳에 있었으나 적당한 직장을 얻지 못하여 임시방편으로 교직을 택한 자들이 모여 무슨 교육효과를 올릴 수 있을 것인가. 기회균등도 특수직에까지 그 원칙을 적용시킬 수는 없다. 그러나 타계 대학 졸업자 중에서도 교직에 종사할 의욕과 신념이 선 자에게는 단기간의 교직준비과정을 마련하여야 한다는 것은 우리들의 주장이다. ▲건의문을 보면 "사범대학은 폐지하고 대학원과정의 교육대학을 설치하라"고 있다. 그 이유의 하나로는 "장기교육이 부담과중이란 의미인 듯하나 오늘날 대학 졸업 후에 대학원 진학자 중에서 특히 장래의 취직목적을 위하여 입학하는 자가 해마다 불어가는 실정을 참작해보면 18년이나 17년으로 1, 2년 더 연장한다 하여도 하등 문제될 것이 없다고 한다. 또 "학사출신보다 석사출신이 교직을 차지해야 할 것이라"고도 말한다. 교사의 질을 향상시켜야 한다고 하는데는 우리의 견해와 일치한다. 우리의 구상에도 교육대학원과정을 두게 되어 있으며 교사로 하여금 점차적으로 석사과정을 이수하도록 하고 있다. 그러나 현실을 정시하건대 석사학위를 갖는 교사는 고사하고 전공학과를 이수치도 않은 소위 무자격교사가 얼마나 많은가. 또 장래를 전망하건대 사회가 정상적으로 발전해서 타 분야에서도 구직이 용이하게 될 때 교직을 위하여 2년의 대학원과정을 택하는 자의 수가 교사의 수요 수를 충족할 수 있다고 보는가. 외국의 예를 보아 우리는 적이 이점을 의문시한다. 이에 우리는 그들이 주장하는바 현실과 장래를 무시한 무모한 일원적인 제도보다 4년제 과정과 교육대학원 과정을 병행시키는 이원적인 제도를 택하는 것이다. ▲건의문에는「교원국가고시제」를 확충하라고 제안되어 있다. 이것은 현존하는「교원자격 검정시험제」와 비슷한 것이니 새삼 제안할 필요가 없을 줄 안다. 그러나 우리는 현 제도자체에도 반대한다. 즉 형식적인 필답고시 방법으로는 진정 교사로서 갖추어야 할 전문적인 식견이나 그 자질을 정확하게 측정할 수가 없기 때문이다. 따라서 우리는 원칙론을 떠나서 순전히 방법론적인 입장에서 제안된 고시제를 반대하는 바이다("중·고교 교사 교육기구론 시비" – 경향신문, 1960. 11. 17.).

지리교육과정의 기원을 읽다

1955년 2월 당시 고등학교 준교사 이상의 자격증을 취득할 수 있는 대학의 학과가 지리의 경우 전국적으로 총 7개 과인 데 반해, 일반사회는 이의 11배인 77개 과였다. 또한 지리 교사 자격증을 부여할 수 있는 대학 학과 종류는 지리학과, 사범대학 지리학과(현 지리교육과), 지질학과, 천문기상학과 등 학과 정원이 많지 않은 학과인 데 반해, 일반사회의 경우는 정치학, 경제학, 법학, 사회학 등 학과의 규모가 큰 경우가 대부분이었다.[10] 즉, 실제 준교사 이상의 자격증 발급에 있어서 지리와 일반사회의 비율 차는 훨씬 더 컸을 것으로 생각된다.

요약하자면, 1950~1960년대 지리교육이 당면한 문제점은 취업난과 교사 자격증 소지자 급증 등의 상황이 연계되면서 제대로 지리를 전공한 사람들이 다른 사회과 영역에 비해 부족했다는 것이다. 해방 이후 일본인 교원들의 귀국과 한국전쟁을 거치면서 부족해진 중등 교원을 공급하는 시스템이 근원적으로 지리 교과에는 불리할 수밖에 없는 상황이었는데, 특히 당시 취업난 해소를 위해 일반대학 졸업자에게 부여하던 준교사 자격증을 비롯한 비 사범계 출신 교원들의 급속한 증대가 상대적으로 지리교육의 축소 및 왜곡이라는 결과를 가져왔다고 볼 수 있다. 부연하자면, 학교 현장에서 해당 교과목의 지위는 교사 수에 비례하는 경우가 많으며, 한번 깨진 균형이 원상태로 회복되는 경우가 거의 없다는 점에서, 이는 이후 교육과정기에 지리 영역이 지속적으로 겪게 되는 어려움의 시작이었다고 판단된다. 결국 이 시기 이후 사회과 내에서 지리 교사의 비중이 일반사회 및 역사 영역보다 줄어들게 되었다는 점은, 지학의 등장으로 인한 자연지리의 정체성 혼란과 일제 강점기부터 암기과목으로 치부되었던 지리에 대한 취약한 일반적 인식과 함께, 교육과정 개정 때마다 지리교육이 겪고 있는 문제의 근원이 되었다고 볼 수 있다.

---

10) 서울특별시교육회, 1956, 앞의 책, pp.57~79의 표에서 재정리.

2. 입시

1) 입시와 취학률

1년 동안 국가에서 시행하는 모든 시험 가운데 전 국민의 이목을 집중시키는 것으로 대학수학능력시험만 한 것이 없을 것이다. 최근 수시모집이 정착되면서 대학입학에서 차지하는 비중이 조금 줄어들기는 했지만, 시험 당일이 되면 여전히 관공서는 출근시간을 늦추고, 듣기평가 실시 시간에는 비행기 이·착륙이 금지된다. 특히 고등학교 교육에서 대학입시가 차지하는 비중은 일반인들의 상상을 초월한다. 여전히 최상위권 대학의 합격자 이름과 숫자는 현수막으로 제작되어 학원가나 일부 학교의 교문에 걸리고 있다.[11] 그리고 우리가 '교육문제'라고 인지하고 해결책을 모색하는 것의 대부분은 대학입학과 관련되어 있다.

이와 같은 현상은 과거에도 별반 다르지 않았던 것으로 보인다. 한국전쟁 직후 휘문중·고등학교 교장을 역임한 이재훈이 1956년 10월 문교부 기관지인 《문교월보》에 기고한 글을 보면 입시와 관련하여 피폐해진 당시의 모습을 짐작할 수 있다.

현존 시험제도를 그대로 방치하는 한 중학교는 고등학교의 일방적인 요구에 추종하려는 교육이 중학교 교육을 지배하게 될 것이며 고등학교 교육은 필연코 대학입시과목에 순응하게 되어 고등학교 교육을 좌우 결정하게 될 것이다. 아니 결정하고 있다. 현재 국민학교, 중학교, 고등학교 할 것 없이 수험준비를 과외라는 명목하에 실시하지 않는 학교가 몇 교나 되며 또 학과목 시간 수에 있어

---

11) 현수막용 입시 통계는 서울에 위치한 대학, 의대, 한의대, 교대 등에 한해서 1명의 학생이 여러 대학에 붙었더라도 모두 누계해서 적는 경우가 많다. 예를 들어 1명의 최상위권 학생이 3~4개의 상위권 대학에 합격할 경우 각 대학 합격자 누계에는 모두 포함되어 입학시험 실적을 부풀리는 데 활용되기도 한다.

지리교육과정의 기원을 읽다

서 중점주의를 채택하지 않는 학교는 몇 교나 되는지 알고 싶은 일이다.[12]

국민학교(현 초등학교)를 제외한다면, 현재와 크게 다르지 않은 모습을 떠올릴 수 있다. 이처럼 입시로 인해 발생할 수 있는 문제 상황은 아주 다양하며 파급 효과도 매우 크다. 그 가운데 교과목의 입장, 그것도 국·영·수와 같은 주요 교과목이 아닌 경우에 가장 문제시될 수 있는 것은 바로 입학시험 과목으로의 포함 여부이다. 학력고사나 대학수학능력시험 과목에서 제외되면서, 과목이 존폐 위기까지 가거나 아니면 남아 있어도 제대로 된 수업이 이루어지지 못하는 경우를 흔하게 볼 수 있다.

현재 고등학교 3학년의 경우도 마찬가지 모습이지만, 1950년대에도 학교에 따라서 대학입학시험 문제집만으로 수업이 진행되는 곳도 있었다.[13] 당시 대학 입학시험은 대학별로 치르는 본고사 형태로 국어, 영어, 수학의 비중이 매우 높았다. 당연히 학교 현장에서 영어와 수학의 교수 비중이 높을 수밖에 없었으며, 사실상 '영수학관'으로 전환되었다.[14] 국·영·수에 대한 강조가 심해질수록 다른 과목에 대한 수업은 더욱 소홀해질 수밖에 없었을 것이다.

당시에 이와 같이 입학시험, 그것도 초·중·고 모두에서 그 폐해를 알고 있음에도 상급학교 입학시험이 강조될 수밖에 없었던 이유는 무엇일까? 1950년대의 문교정책은 중등 및 고등 교육에 비해 초등 교육 확산에 초점을 두고 있었다. 1954년부터 추진된 「의무교육완성 6개년 계획」의 완성 연도인 1959년에는 우리나라 초등학교 취학률이 96.4%에 이른다. 이는 통계 산출방식상 약간의 오차

---

12) 이재훈, 1956, 「중·고등학교 교육의 재검토」, 문교월보, 29, p.24. 문교부 기관지에 이 정도의 글이 실릴 정도라면, 실제 모습은 더욱 심했을 것으로 생각된다.

13) 이혜영 외, 1998, 앞의 책, p.141.

14) 대표적인 학교로 이화여자고등학교를 들 수 있다. 이화여자고등학교 100년사는 한국전쟁 이후 교육에 대해 다음과 같이 기술하고 있다. "…… 이화는 영어와 수학을 교과과정 속에서 특히 강조하여 학생들의 대학 진학률을 높이는 데 힘썼다. 영어는 선진 서구 문명을 하루속히 받아들여 우리의 후진성을 극복하는 데 중요한 과목이었고, 수학은 과학 문명을 가져오게 한 기초 과목으로 그 비중이 크기 때문이다.……" 인용글 다음에는 바로 소위 명문대학에 합격한 학생들의 숫자와 학교, 단과대의 수석 합격자들 이름이 등장한다 (이화100년사 편찬위원회, 1994, 『이화백년사』, 이화여자고등학교, pp.367-368.).

<표 2-3-6> 국가군별 취학률(1960)

(단위: %)

학교급	한국	세계 전체	아시아(아랍국 제외)	아랍국	아프리카(아랍국 제외)	북아메리카	남아메리카	유럽	오세아니아	개발국	개발도상국
초등	94	59.1	52.5	39.1	28.9	100.0	57.7	86.8	88.9	91.1	48.1
중등	27	44.4	41.0	18.0	17.1	94.5	36.3	60.1	60.6	69.3	35.1
고등	4.6	9.7	8.7	3.9	1.4	30.4	5.7	12.9	8.5	15.1	7.5

자료: Unesco(김영화 외, 1997, 앞의 책, p.155에서 재인용 및 편집).
주: 한국 취학률: 총 취학 학생 수 / 해당 연령 인구
　　그 이외 취학률: 해당 연령 학생 수 / 해당 연령 인구

가 존재하더라도 그즈음의 다른 나라 통계와 비교해 볼 때 상당히 높은 수준이며, 그 팽창 속도도 매우 빠르다고 할 수 있다.[15]

반면에 같은 시기 중등 및 고등 교육의 취학률은 다른 나라에 비해 상당히 낮은 편으로 아랍권과 아프리카를 제외하면 최하위권을 형성하고 있었으며, 개발도상국의 평균에도 미치지 못했다(표 2-3-6). 우리나라의 교육 팽창을 보면 초등 교육이 거의 완전 취학 상태에 도달한 후 초등 교육 이수자들이 쏟아져 나오기 시작하면서 중등 교육이 팽창했고, 중등 교육의 팽창으로 중등 교육 이수자들이 쏟아져 나오기 시작하면서 고등 교육이 팽창하는 양상을 보인다. 이는 일반적으로 학교급별 취학률이 초등→중등→고등 교육 순으로 높아지지만, 어느 정도까지는 병행하여 확대시켰던 대부분의 개발도상국과는 다른 양상이라고 할 수 있다(표 2-3-7).[16]

1950년대 다른 학교급에 비해 초등 교육 확대에 집중적인 투자가 이루어진 배경에는 기본적인 보통교육을 통한 문맹퇴치, 규칙과 질서의식 함양, 합리성과 진보(progress)의 개념을 보편화시킴으로써 기초 산업의 인력 확충을 통한 산업

---

15) 김영화 외, 1997, 앞의 책, pp.154-183.
16) 김영화 외, 1997, 앞의 책, pp.154-183.

　　　　　　　　　　　　　　　　　　　지리교육과정의 기원을 읽다

(단위: %)

국가/연도	학교급	1960	1965	1970	1975	1980	1985	1990
개발국	초등	91.1	91.5	92.4	92.6	92.2	91.2	91.6
	중등	69.3	79.1	76.1	80.7	81.0	85.6	85.8
	고등	15.1	24.5	27.2	30.0	30.8	32.8	39.5
개발도상국	초등	48.1	54.6	57.8	65.5	69.6	74.2	76.5
	중등	35.1	27.9	35.7	42.5	43.0	43.8	45.8
	고등	7.5	5.2	10.1	13.6	15.6	14.3	13.9
세계 전체	초등	59.1	66.5	65.4	70.7	73.5	77.1	79.0
	중등	44.4	46.4	45.7	51.3	50.6	51.3	52.9
	고등	9.7	12.1	14.8	17.7	19.2	18.2	18.6
한국	초등	(94)	92	96	100	100	94	100
	중등	(27)	31	39	52	89	84	84
	고등	(4.6)	(6.2)	(8.0)	(10.3)	(15.8)	(34.2)	(39.7)

자료: Unesco, Statistical Yearbook, 1977, 1989, 1994(김영화 외, 1997, 앞의 책, p.155에서 재인용 및 정리.).
주: 취학률: 해당 연령 학생 수 / 해당 연령 인구(단, ( ): 총 취학 학생 수 / 해당 연령 인구)

화·근대화를 촉진시키고자 하는 의도가 자리하고 있을 것으로 생각된다. 즉, 당시 교육정책의 최대 목표는 특수 및 전문 교육을 통한 고급 인력 확보보다는 직업인으로서 최소한의 질적 수준을 갖추면서도 생산성이 높은 단순 노동력을 대량으로 양성·공급하는 것이었다고 정리할 수 있다. 그리고 이를 통해 원조에 의존하던 빈사상태의 경제를 발전시키는 동시에 근대적 국민 및 국가 의식 형성을 추구했다고 볼 수 있다.

제1차 교육과정은 고등학교의 경우 1956년부터 1967년까지 시행되었으며, 햇수로 따질 때 12년 동안 학교 현장에서 운영되었다. 현재도 그렇지만 당시에도 교육 현장에 즉각적이면서도 큰 영향을 미치는 요인은 상급학교 입시라고 할 수 있다. 이는 인구구성 측면에서 다른 나라에 비해 동질성이 매우 높으며, 해방과 한국전쟁 직후에는 일부 특권층을 제외한다면 계층적인 분화 상태가 미미했기 때문이다. 즉, 다른 개발도상국과는 달리 모두 비슷하게 가난하고 동일한 언어를 사용했기 때문에 한국전쟁 이후 초등 교육에 대한 집중적인 투자가 가능했다고 할 수 있다. 초등 교육의 빠른 보편화로 인해 1960년대의 노동집약적 산업화에 필요한 양질의 단순 노동력이 풍부하게 공급되었으며, 이는 경제발전 초기단계에서 고급기술인력보다는 양질의 단순 노동력이 필수적이었던 당시 우리나라의 경제정책에도 부합하는 상황이라고 할 수 있다.[17] 이후 중등 이상의 교육 확장 역시 우리나라 경제 성장 및 정책과 밀접하게 관련되어 있다는 것을 부인할 수는 없다.

상급학교 입학시험은 학교급에 따라 단계적으로 학생 수가 증가하면서 교육뿐 아니라 사회적으로도 큰 문제가 되었다. 중학교 수가 상급학교 진학을 희망하는 초등학교 졸업자를 수용할 수 있을 정도로 증가하기 전까지는 입학경쟁이 치열해지는 것이 당연하다. 그리고 이러한 현상은 고등학교 입시, 대학교 입시로 지속적으로 이어지게 되는데, 마치 '병목현상'으로 차가 정체되는 것을 연상케 한다. 미군정기에서 한국전쟁으로 이어지는 혼란기가 마무리되면서 학교가 조금씩 정상을 찾아가자 중등학교에서는 교육은 점차 입학시험에 대비한 교과지도가 강화되기 시작하였다.[18]

2) 입학시험 문항 및 과목

해방 직후 고등학교 지리 내용은 '사회생활과'에 속한 상태로 일부 대학 입학시험에서 출제된 것이 확인되고 있다. 1949년도 대학 입학생 입시 준비를 위해 1948년도 각 대학별 입학시험 문항을 정리한 수험서[19]에는 다음과 같은 지리

---

17) 김영화 외, 1997, 앞의 책, pp.170-173.
18) 이혜영 외, 1998, 앞의 책, p.141.
19) 편집국, 1948, 『대학검정及남녀각대학 대학시험문제 모범 답안집』, 동아문화사. 1948년도에 실시된 대학 입학고사의 문항을 의미한다. 즉, 1948학년도 신입생이 아닌 1949학년도 대학 신입생들을 대상으로 실시된 문항이다.

지리교육과정의 기원을 읽다

문항이 수록되어 있다.

○ 준평원(peneplain)이란 무엇인가 설명하라.[20]

○ 우리나라 역사상 諸國의 國都지명을 열거하고 現下 각기 지방의 산업을
   논하라.[21]

○ 계절풍에 대하여 기술하라.[22]

○ 38선은 무엇이며 38선을 중심으로 (조선)의 지세를 논하라.[23]

1948년도 사회생활과 문항은 대부분의 대학에서 지리나 공민에 비해 역사 관련 문항 수가 많았으며, 국사만을 출제한 대학[24]도 있었다. 예를 들어, 서울대학교 사회생활과 문항을 보면 큰 문항이 총 5개인데, 그 가운데 1~3번 문항은 역사,[25] 4번 문항은 지리(위에서 제시함), 5번 문항은 공민에 대한 문항[26]이다. 영역별 문항의 비중을 통해 해방 직후 고등학교 사회생활과에서 지리와 공민보다는 역사 관련 내용이 빨리 안정화되었음을 추론할 수 있다. 또한 학교 현장에서도 사회생활과 교육과정 시수상의 3분법이 제대로 지켜졌는지에 대해서도 의문을 갖게 된다. 실제로 1948년도에 대학입학시험을 본 학생들이라면 해방 직후

---

20) 국립서울대학교 사회생활과 문제(문이 공통)(편집국, 1948, 앞의 책, p.19.).
21) 세브란스대학교 의과대학 사회생활과 문제(편집국, 1948, 앞의 책, p.20.).
22) 원래 문항은 "다음 제 사항에 대하여 기술하라. 1)삼민주의 2)계절풍" 으로 되어 있다. - 세브란스대학교 의과대학 사회생활과 문제(편집국, 1948, 앞의 책, p.20.).
23) 중앙대학교 사회생활과 문제(편집국, 1948, 앞의 책, p.21.).
24) 연희대학교가 대표적이다.
25) 역사 문항은 1번 문항은 국사, 2번과 3번 문항은 세계사 관련 문항인데, 세계사의 경우 동양사와 서양사 문항을 1문항씩 출제하였다. 실제 문항은 다음과 같다.
   제1문: 朝鮮史上에 있어 유교를 건국이념으로 채용한 왕조를 들고 그 이유를 설명하라.
   제2문: 조, 용, 조란 무엇인가 각각 설명을 부치라.
   제3문: 다음 史實들에 관련된 나라들과 대체의 시대를 표시하라.
   1) magna carta 2) 2월 혁명 3) 중상주의 4) 신성로마제국
   - 국립서울대학교 사회생활과 문제(문이 공통)(편집국, 1948, 앞의 책, p.19.).
26) 공민 문항은 다음과 같다.
   제5문: 직접민주주의를 설명하고 간단한 비판을 부치라.
   - 국립서울대학교 사회생활과 문제(문이 공통)(편집국, 1948, 앞의 책, p.19.).

혼란기에 고급중학교에 다녔다고 볼 수 있는데, 이 시기에는 각 학교 교과서가 제대로 갖춰지지 못한 상태였다. 단, 초등의 경우 국어와 국사 영역 교과서가 한글학회와 진단학회를 통해 빠르게 공급되었다는 기록을 통해 중학교 역시 다른 사회생활과 영역에 비해 교과서 체제와 보급 등이 빠르게 정비되었을 것으로 생각된다. 나아가 해방 직후라는 시대적 상황에서 역사교육의 중요성은 국어교육과 함께 다른 어떤 영역보다도 중요하게 취급되었을 것으로 추측된다.

한국전쟁기인 1952년 입학생을 대상으로 출제된 서울대학교 입학시험에서는 역사 중심의 이러한 현상이 조금 완화된다. 총 8개의 큰 문항이 출제되었는데 1~3번 문항은 역사,[27] 4~5번은 지리,[28] 6~8번은 공민 문항으로 분류할 수 있다. 단, 7번과 8번 문항의 경우는 현재의 일반사회 영역에 해당하는 정치, 경제, 법, 사회·문화에 속한다기보다는 시사문제를 중심으로 한 통합적 특색을 보이고 있는 문항으로 공민 영역에만 속한다고 볼 수는 없다고 판단된다.[29]

제1차 교육과정이 본격적으로 실시되면서, 입학시험이 학교 교육과정을 규

---

27) 역사 문항은 1948년과 마찬가지로 1번 국사, 2번 동양사, 3번 서양사 영역으로 실제 문항은 다음과 같다.
　1. 임진왜란과 정유재란에 있어서 (가) 육전과 해전에서 가장 큰 승리를 거둔 싸움의 명칭을 각각 하나씩 들어라. (나) 의병을 일으켜 적과 싸운 어른 가운데에 가장 유명한 분을 가려 세 명 이상을 열거하라.
　2. 元代에 있어서의 사회계급의 종별을 들어라.
　3. 라틴아메리카 여러 나라의 독립운동에 대하여 (가) 오스트리아를 중심으로 한 신성동맹의 諸國과 (나) 영국 및 미국은 각각 어떠한 정책을 취하였는가?(서울대학교 대학신문, 입시문제, 서울대학교 대학신문사, 1952. 4. 14.).
28) 지리 문항은 다음과 같다.
　4. 다음 지방에 공통되는 자연적 특징과 그 소속국명을 명시하라.
　　(가) 케이프타운 (나) 발파라이소 (다) 바르셀로나 (라) 이스탄불 (마) 나폴리
　5. (가) 동룽굴 지방의 지형에 대하여 간단히 설명하라. (나) 目下, 우리나라에서 외자획득을 위하여 수출되는 상품 중 5종 이상을 열거하라(서울대학교 대학신문, 앞의 신문, 1952. 4. 14.).
29) 공민 관련 문항은 다음과 같다. 6번 문항의 경우 정치 및 법 관련 문항인 데 반해, 7번 문항의 경우는 지리 영역과도 관련이 있으며, 8번 문항의 경우는 현재의 도덕 및 시사 관련 영역에 해당한다고 할 수 있다.
　6. 다음 문제를 각각 두 줄 이내로 해답하라.
　　(가) 법치국가란 어떠한 국가를 말함이며 진정한 법치국가를 이룩하려면 그 국민은 어떠하여야 하는가.
　　(나) 대통령은 범죄자를 어떻게 재판하라고 지시할 수 있는가.(그 유무의 이유)
　　(다) 법률은 어떻게 하여서 만들어지는가.(법률안 제출에서 효력발생까지의 통상적 절차)
　7. 우리나라 산업발전의 방법을 요약하여 써라.
　8. 우리나라의 새 건설에 있어서 도의정신과 과학기술은 어떠한 사명을 가지고 있는가(서울대학교 대학신문, 앞의 신문, 1952. 4. 14.).

정하는 상황이 더욱 심화되는 동시에 국가교육과정에서의 필수/선택 여부 또한 입학시험에 영향을 미치게 된다. 예를 들어, 제1차 교육과정 실시 첫해인 1956년도에 실시된 대학입학시험에서 지리의 비중이 역사와 공민에 비해 얼마 되지 않는다는 현장의 평가가 나타난다.30) 이보다 3년 뒤인 1959년 11월에 5개년 정도의 서울대학교 입시에서, 사회생활과 문항에 대한 출제 위원과 현장 교사의 대담을 보면, 1959년도 입학생을 대상으로 한 시험에서 국사 이외의 사회과는 서울대학교 필수가 아닌 단과대별로 선택과 출제가 이루어졌으며, 특히 국가교육과정상 선택과목인 세계사와 지리는 출제에서 거의 배제되었음을 확인할 수 있다.31) 특이한 사실로는 대담에 참여한 공민과 역사 영역 현장 교사들이 고등학교 교육 정상화를 위해 지리를 포함한 사회과 각 영역의 중요성과 균등 출제를 주장하고 있는 것으로,32) 사회과 내에서도 보다 많은 지분 획득을 위해 무한

---

30) "······ 문제의 비중을 사회생활과 전체에서 보면 대부분이 양적으로 경시되어 있으며 전연 다루어지지 않은 학교가 있었음은 극히 유감이다.······" 당시 지리 문항 내용에 대한 평가는 현재 대학수학능력시험 지리 문항에 대한 평가와 별반 차이가 없다. 지지를 바탕으로 지명, 국가명 등에 대한 상세한 지식을 묻는 문제에 대해서는 그다지 높은 평가를 하지 않고 있으며, 중·고 통합형, 실생활과 관련성이 높은 유형의 문항에 대해서는 긍정적인 평가를 하고 있다(김영훈, 1956, 「각 대학 입시출제에 대한 소견」, 새교육, 8(5), pp.37–42.).

31) 이와 같은 사실은 1959년에 서울대학교 대학신문에 연재된 기사를 통해 알 수 있다. 당시 기사는 세 차례에 걸쳐 연재되었으며, 제목과 발행일은 다음과 같다(서울대학교 대학신문, 1959. 10. 5, 서울대 사회생활 출제의 비판과 요망; 서울대학교 대학신문, 1959. 11. 16, 입시문제, 사회생활 학습지도와 입시출제 (상); 서울대학교 대학신문, 1959. 11. 23, 입시문제, 사회생활 학습지도와 입시출제 (완)).

　　이 가운데 특히 11월 16일 기사에 당시의 상황이 잘 나타나 있는데, 당시 대담자는 지리 영역 인사가 배제된 상태로 출제 위원인 서울대 문리대 교수(유홍렬), 공민 영역 현장교사(경기고 서장석), 역사 영역 현장 교사(서울고 이성수), 그리고 사회자(김희한 서울대 법대 교수)로 구성되었다. 당시 서울대학교의 입장은 유홍렬 교수의 다음과 같은 언급을 통해 확인할 수 있다.

　　"······ 그럼, 모든 고등학교에서 배우는 과목이 무엇이냐 이렇게 되는데 여기에서 국사와 공민으로 한정되었다고 봅니다. 작년에 국사와 공민이 많이 들어간 건 여기에 이유가 있죠. 그러니까 공업고등학교 같은 데서 세계사, 지리 등 안 배우는 데가 많은데 그런 걸 출제했다가는 비난을 들을 거고 그러니 문교부에서 나오는 교수요목에 중점을 두자 해서 작년과 같은 문제가 나왔습니다.······"

32) • 서울고 이성수: "그런데 지금 고등학교 교육이 정상적인 단계에 올라가지 못하고 일부에서 영수학관이라는 별명을 받게 되는 것은 순전히 대학에서 영어나 수학에 중점을 둔다는 것에 그 원인이 있다고 생각됩니다. 오늘날 고교 교육의 정상화를 위하고 또 전인 교육을 기한다고 할 것 같으면 적어도 문교부서 결정된 공통과목 및 선택과목에 한해서 그것을 균등하게 출제함으로써 전반적인 교육의 균형을 잡을 수 있지 않을까 생각되며······."

　　• 경기고 서장석: "······ 그리고 사회생활과에 있어서는 그 과목을 선정하는 데 따라서 고등학교의 교육이 좌우되는 점이 많다고 생각됩니다. 왜냐하면, 사회생활과 교육이 고등학교에 현재 분과적으로 실시되고 있

경쟁을 하는 현재의 상황에서 볼 때는 신선한 모습이라고 할 수 있다.

제1차 교육과정의 시행 중반인 1960년대 초반에 오면 대학입시과목에서 '지리'의 비중은 더욱더 낮아진다. 1963년 12월 30일 자 경향신문에 게재된 1964학년도 전국 각 대학의 입학시험 과목을 재정리해 보면 〈표 2-3-8〉 및 〈부록 3〉과 같다.[33]

각 대학의 시험과목은 대학별로 달랐으며, 동일 대학 내에서도 단과대학별로 조금씩 차이가 났다. 대학입학 시험과목은 크게 필수과목과 선택과목으로 분류할 수 있는데, 국·영·수는 대부분의 대학에서 필수과목이었다. 이 가운데 국어와 수학은 대학에 따라 1, 2로 나누어 계열에 따라 범위와 난이도에 차별을 두기도 하였다.[34] 사회교과, 제2외국어, 과학교과 등은 계열 또는 단과대학에 따라 선택하게 되어 있었으며, 공대, 농대 등에서는 실업계 학교의 과목도 시험과목으로 인정되었다. 대부분의 대학에서는 2~3개 정도의 필수과목과 1개 정도의 선택과목으로 시험과목을 구성하였는데, 서울대학교는 3개의 필수과목과 2개의 선택과목으로 총 5과목의 시험을 치르는 학과가 대부분이었다.[35]

각 모집단위별 모집인원과 응시과목이 모두 게재된 대학을 기준으로 할 때,[36]

는데 예를 들면, 공민, 역사 이 중에도 국사, 세계사 그다음에 지리로 되어 있는데 그중에도 국사를 필수과목으로 정할 것 같으면 일반 고등학교에서는 다른 과목은 자연적으로 경시하는 폐풍이 많기 때문에 현재 실지 고등학교 사회생활과 교육을 담당하고 있는 교사들의 여러가지 애로가 크지 않을까 생각하고 있습니다.……"(서울대학교 대학신문, 1959.11.16. 사회생활 학습지도와 입시출제 (상)). 당시 교육과정상에는 고등학교의 경우 '사회과'가 정식 명칭이었는데, 여전히 대학교 및 고등학교에서는 교수요목기 교과명이 일반화되어 있음을 확인할 수 있다.

33) 〈표 2-3-8〉은 〈부록 3〉을 국립 대학 및 서울 소재 일부 4년제 대학을 중심으로 재정리한 것이다.

34) 경향신문, 1963. 12. 30., 대학입시안내. 계열별 차별화는 1957학년도 서울대학교 입시에서 처음 시도된 것으로 난이도와 범위에 따라 국어1, 2, 수학1, 2로 구분하였다. 국어의 경우 1958년 입시에서 한 과목으로 환원되었지만, 이후 다시 1, 2로 구분되었다. 수학의 경우는 주로 인문계열은 수학1, 자연계열은 수학2로 구분되는 것이 정착되었으며, 다른 대학에서도 계열에 따른 입시과목 구분을 확인할 수 있다. 서울대학교 입시제도 변화에 대한 자세한 논의는 『서울대학교60년사』에 상세하게 기술되어 있다(서울대학교60년사 편찬위원회, 2006, 앞의 책, pp.357~416.).

35) 서울대학교 문리대의 경우는 문학부는 국·영·수 과목에 국사, 일반사회, 지리, 세계사 중 1과목, 물리, 화학, 생물, 제2외국어 중 1과목이 시험과목이었으며, 문리대 이학부는 국·영·수를 필수로 물리, 화학, 생물, 지학 중 1과목, 국사, 일반사회, 지리, 세계사, 제2외국어 중 1과목이 시험과목이었다.

36) 경향신문에 각 모집단위별 모집인원과 응시과목이 모두 게재된 대학의 총 정원은 19,925명으로 이는

지리교육과정의 기원을 읽다

지리를 입학시험 과목으로 인정하고 있는 대학은 전기 대학입시와 후기 대학입시를 합친 166개 모집단위 가운데 17개 모집단위뿐이다. 이는 일반사회의 78개 모집단위, 국사의 64개 모집단위는 물론 세계사의 35개 모집단위보다도 훨씬 작은 수이다. 해당 모집단위의 정원별로 보자면, 지리를 시험과목으로 인정한 모집단위의 총 입학 정원은 3,520명으로 일반사회 10,855명, 국사 9,155명, 세계사 5,320명에 미치지 못한다. 이는 신문지상에 시험과목이 게재된 모집단위 총 정원의 14.1%에 지나지 않으며, 일반사회의 1/3 수준이다.

충격적인 것은 세계사보다도 지리를 선택한 모집단위가 적다는 것이다. 당시 세계사도 지리와 마찬가지로 선택과목이라는 점을 감안한다면, 1955년 제1차 교육과정 고시 이후 지리가 선택과목이 되었기 때문에 이러한 결과가 나왔다고 볼 수만은 없다. 1개 이상의 모집단위에서 지리를 선택하고 있는 대학은 서울대, 이화여대, 경북대, 외대, 경희대 정도인데, 주로 지리학과나 지리교육과가 개설되어 있는 대학들이다. 즉, 대학 자체에서 지리 문항을 출제할 능력이 있는가, 입시과목 선정 시 영향력을 행사할 수 있는가의 여부도 입시과목 선택과 밀접하게 관련이 있다고 할 수 있다. 또한 다른 영역에 비해 일반사회에서 주로 다루는 정치, 경제, 법 등의 내용과 연관성이 높은 상경계열, 법정계열의 정원이 많다는 것과 식민지배라는 트라우마를 가진 우리 국민이 '국사'에 대한 국가적·국민적인 지원과 관심을 갖고 있다는 것 등도 상대적으로 입시과목에서 지리 비중이 줄어든 요인이라고 할 수 있다.

교육과정상 필수과목이었던 일반사회와 국사는 대학입시에서도 상당수의 모집단위에서 필수과목으로 지정되어 있었다. 상경계열과 법정계열의 상당수는 일반사회를 필수로 지정하고 있으며, 서울대학교의 음대와 미대, 경북대 문리대 문학부 및 사범대의 문학부, 중앙대의 문학부와 법정대, 홍익대, 숙명여대 등에서 필수로 지정하고 있다. 이에 반해 지리를 필수로 지정한 대학은 이화여자

1964학년도 4년제 대학 모집인원인 24,970명의 79.8%에 해당하며, 인지도가 높은 주요 대학을 중심으로 게재되었다(경향신문, 1963. 12. 30., 대학입시안내.).

대학교 1군데뿐이다. 이화여자대학교의 경우는 다른 대학과는 달리 지리, 국사, 일반사회, 세계사를 '사회생활'이라는 하나의 시험과목으로 통합한 것으로, 이는 다른 대학에서 사회과에 해당되는 하위 과목 수준에서 입학시험 과목을 제시하고 있는 것과는 다른 형태라고 할 수 있다.

정리하자면, 제1차 교육과정이 고등학교에서 행해지던 1956년부터 1967년 사이의 기간 동안은 대학입시에서도 지리는 거의 소외된 상태였다고 볼 수 있다. 소위 '사회과' 내에서 지리의 약화는 정치, 경제, 법 등을 주된 내용 기반으로 삼기 때문에 대학 인문계 대부분의 학과와 직접적 관련을 갖는다고 일반인들이 인식하고 있는 '일반사회' 영역의 반사적 확대를 가져온 하나의 계기가 되었다. 이는 1960년대 사회과 영역 세분화 및 학문중심 교육과정 사조 유입과 함께 현 사회과 구도를 결정지은 중요한 사건으로 볼 수 있으며, 지리과 입장에서는 자연지리 영역의 축소와 함께 교과 정체성에 혼란을 갖게 된 배경이라고 할 수 있다. 부연하자면, 학교 교육과정에서 지리교육의 약화가 가져온 대학입학시험에서의 배제라는 결과는 다시 학교 현장에 재투입되어 지리교육을 더욱 약화시키는 계기로 작용하는 악순환이 반복되었고, 상대적으로 사회과 내에서 비중이 줄어드는 계기로 작용하였다고 볼 수 있다.

이후 1968년도부터 일반계 고등학교에서 제2차 교육과정이 시행되면서, 지리 영역은 지리Ⅰ, 지리Ⅱ의 2과목 체제가 되는 동시에 사실상 필수과목이 되었다.[37] 그리고 그해 11월, 대통령령으로 '대학입학예비고사령'이 공포되면서 대학입시는 예비고사+본고사 체제로 전환된다. 당시 예비고사는 고등학교에서 배우는 거의 전 영역에 걸쳐 시행되었는데,[38] 이는 앞서 교육과정상에서의 필수과목화와 함께 고등학교에서 지리교육이 일시적으로 활성화되는 계기가 되었다. 그러나 이후 교육과정에서 조금씩 줄어들기 시작한 지리 영역은 결국 제4

---

37) 제2차 교육과정에서 지리Ⅰ은 고등학교의 공통과정 과목 중 하나로 단위 수는 6단위였다. 지리Ⅱ의 경우는 인문계, 자연계, 직업계 모두에서 6단위를 선택하였기 때문에 사실상 전 영역 필수라고 할 수 있다(함종규, 2003, 앞의 책, pp.317~318.).
38) 서울대학교60년사 편찬위원회, 2006, 앞의 책, p.369.

지리교육과정의 기원을 읽다

〈표 2-3-8〉 대학별·학과별 입학시험 과목(1964학년도)

대학	단과대(계열)	학과(학부)	정원	국어	영어	수학	국사	일반사회	지리	세계사	물리	화학	생물	지학	기타	비고
서울대	공대		460	○	○	○	△	△			▲	▲			△	건축, 광산, 금속, 기계, 전기, 전자, 토목, 화공, 방직
	농대		300	○	○	○	△	△			▲	▲	▲		△	작물, 조림, 축산, 농업, 토목, 양잠
	문리대	문학부	275	○	○	○	▲	▲	▲	▲	△	△	△		△	독어, 불어, 중국어
	문리대	이학부	150	○	○	○	△	△	△	△	▲	▲	▲	▲		독어, 불어
	문리대	의예과	50	○	○	○	△	△	△	△	▲	▲	▲			독어, 불어
	문리대	치의예과	50	○	○	○	△	△	△	△	▲	▲				독어, 불어
	미대		70	○	○	○	○								▲	지정선택: 실기 / 자유선택: 과별실기
	법대		160	○	○	○		△			△	△			▲	독어, 불어
	사범대	교육	20	○	○	○	▲	▲	▲	▲	△	△	△		▲	독어, 불어
	사범대	국어	20	○	○	○	▲	▲	▲	▲	△	△	△		▲	독어, 불어
	사범대	외국어	60	○	○	○	▲	▲	▲	▲	△	△	△		▲	독어, 불어
	사범대	사회	30	○	○	○	▲	▲	▲	▲	△	△	△		▲	독어, 불어
	사범대	수학	20	○	○	○	△	△			▲	▲	▲	▲	▲	독어, 불어
	사범대	과학	50	○	○	○	△	△	△		▲	▲	▲	▲	▲	독어, 불어
	사범대	체육	40	○	○	○	△	△		△	▲	▲		▲	△	체육이론, 실기
	사범대	가정	20	○	○	○	△	△		△	▲	▲		▲	△	독어, 불어, 가정
	상대		140	○	○	○		○			△	△			△	독어, 불어
	상대	경제학과	50	○	○	○		○			△	△			△	독어, 불어
	약대		80	○	○	○	△	△	△			○				
	음대		120	○	○	○		○							▲	실기
	의대	간호학과	40	○	○	○	○	△			▲	▲				
연세대	인문계		390	○	○	○	△	△							△	독어, 불어
	자연계		345	○	○	○					△	△	△			
	상경대		240	○	○	○	△	△							△	독어, 불어, 상업경제
	예능계		80	○	○										○	음악통론, 코뤼붕겐 및 전공실기

대학	단과대(계열)	학과(학부)	정원	국어	영어	수학	국사	일반사회	지리	세계사	물리	화학	생물	지학	기타	비고
고려대	법대		150	○	○	○	△	△		△					△	일반사회: 정치생활, 경제생활/불어, 독어, 가정
	정경대		170	○	○	○	△	△		△					△	일반사회: 정치생활, 경제생활/불어, 독어, 가정
	상대		175	○	○	○	△	△		△					△	일반사회: 정치생활, 경제생활/불어, 독어, 가정
	문리대	문학부	270	○	○	○	△	△		△					△	일반사회: 정치생활, 경제생활/불어, 독어, 가정
경북대	문리대	문학부	60	○	○	○	○				△	△	△		△	독어
	사범대	문학부	60	○	○	○	○				△	△	△		△	독어
	문리대	이학부	165	○	○	○	△	△	△		○				△	독어
	사범대	이학부	85	○	○	○	△	△	△		○				△	독어
	농대		105	○	○	○	△	△	△				○		△	독어, 농업통론
	법정대		40	○	○			○			△	△	△		△	독어
전남대	문리대	문학부	60	○	○	○	△	△		△					△	독어
	문리대	이학부	60	○	○	○					△	△	△			
	문리대	의예과	80	○	○	○					△	△	△			
	법대		25	○	○	○		△		△					△	독어
	상대	상학	20	○	○	○		△							△	상업경제, 부기
		경제학	20	○	○	○		△		△					△	독어
외대			460	○	○	△			△	△					△	지리: 세계지리/불어, 중국어, 서반아어, 이태리어, 일어, 노어
이화여대			1585	○	○	○	○	○	○	○	○	○	○	○	○	사회생활, 과학 등 통합과목으로 시험./어문계열은 동일한 제2외국어, 예체능계는 실기
성균관대	문리대	문학부	220	○	○		△	△								
	법정대		80	○	○		△	△								
	문리대	이학부	115	○	○	○										
	경상대		150	○	○	△		△								
	약학대		60	○	○	○										

지리교육과정의 기원을 읽다

대학	단과대(계열)	학과(학부)	정원	국어	영어	수학	국사	일반사회	지리	세계사	물리	화학	생물	지학	기타	비고
경희대	문리대	문학부	115	○	○	△	△	○	△	△	△	△	△		△	독어, 불어, 중국어
	법대		55	○	○	△	△	○	△	△	△	△	△		△	독어, 불어, 중국어
	정경대		145	○	○	△	△	○	△	△	△	△	△		△	독어, 불어, 중국어
	문리대	이학부	150	○	○	△	△			△	△	△	△		△	
	음대		80	○	○										○	음악실기
	체대		130	○	○										○	체육실기

주: 1) 기사 내용 중 일부 대학·단과대·학과만을 정리한 것이다. 나머지 정리 자료는 〈부록 3〉 참조.

2) 필수: ○, 지정선택: ▲, 선택: △

3) 선택과목 또는 지정선택과목이 1과목만 있는 경우는 필수로 처리함.

4) 국어1, 2, 수학1, 2의 경우는 따로 분류를 두지 않고 국어, 수학으로 분류함.(본 연구에서는 입학시험에서 국어와 수학을 난이도에 따라 구분하여 정리하는 것이 필요치 않다는 판단하에, 이를 구분하지 않았다. 대학별 자세한 과목 구분은 원자료(1963.12.30. 경향신문)에 상세하게 제시되어 있다.)

5) 비고는 주로 '기타'에 해당하는 과목 및 그에 대한 설명이며, 일부 다른 입시과목에 대한 것도 포함되어 있음.

차 교육과정기 때는 대학입학 학력고사에서 문과 학생들에게도 선택과목이 되었으며, 제7차 교육과정 문서에서는 초등과 중등 모두에서 '지리'라는 이름이 필수과목에서 사라지는 결과로 이어진다.

3. 지하자원과 과학기술 교육

제1차 교육과정기에 처음 등장한 '지학'은 앞서의 분석 내용에서도 알 수 있듯이 도입되는 시기에 많은 논란과 혼란을 가져왔다. 그럼에도 불구하고 '지학'이 자연지리와 구분되면서 과학과의 한 과목으로 정착될 수 있었던 배경은 무엇일까? 1955년 고시된 지학교육과정을 보면, "우리나라 경제 확립을 위한 지하자원 개발에 지학적 지식이 절대로 필요함을 깨닫게 함."이라는 목표가 과목 전체

목표 가운데 하나로 제시되어 있으며, 교과 내용 및 단원별 목표에서도 이러한 과목 개설의 의도가 반영되어 있다. 대표적으로 '지학과 경제'라는 대단원은 지도 목표와 내용 자체가 지하자원 개발과 관련되어 있다. 해당 단원의 지도 목표는 다음과 같다.

1. 지학의 어떤 부분이 경제와 밀접한 관계가 있는가를 이해시킴. 2. 광산물의 산출상태를 이해시킴. 3. 경제적 토대를 확립시키기 위하여 우리 국토 중에 매장되어 있는 모든 지하자원의 개발이 절대로 필요함을 이해시킴. 4. 지학의 응용 방면으로서 댐, 철도, 토목공사 및 농업에 중대한 역할을 담당한 부분이 있음을 이해시킴. 5. 국내 각종 광산물의 분포 상황과 매장량에 깊은 관심을 가지게 됨. 6. 각종 광물의 고유한 특성과 감정(鑑定)을 이해케 함.[39]

'지학'에 이러한 목표를 갖고 있는 단원이 등장한 배경에는 해방과 전쟁으로 인한 당시 우리나라의 경제구조, 특히 열악한 공업시설과 광산물에 집중된 수출구조가 있다.

해방 이후 1950년대에 이르는 시기의 남한 경제는 일본 경제의 재생산과정의 일부로 편입되었던 '식민지 경제'가 붕괴하고 미국의 원조를 기반으로 새로운 재생산구조가 형성되는 시기라고 할 수 있다.[40] 과학기술과 밀접한 관련을 맺고 있는 공업 부문을 보면, 대한민국 정부가 수립된 해인 1948년도의 남한 공업생산총액은 526억 5,000만 원이었는데, 이는 1940년도 한국 전체 공업생산총액 5,308억 5,000만 원의 9.9%, 남한 공업생산총액 2,481억 원의 21.2%에 불과한 수준이었다.[41]

---

39) 문교부령 제46호, 1955, 앞의 책.
40) 배성준, 2009, 「해방–한국전쟁 직후 서울 공업의 재편성」, 『해방 후 사회경제의 변동과 일상생활』, 도서출판 혜안, p.23.
41) 1948년도 물가지수에 의해 수정된 액수이다(장상환, 1985, 「해방 후 대미 의존적 경제구조의 성립과정」, 『해방 40년의 재인식 I』, 돌베개, pp.90–91.).

이러한 현상은 일제 강점기 한반도 내 고급 기술자의 80% 정도가 일본인이었다는 점, 당시 일본의 독점 자본이 운영하던 우리나라 대부분의 공업이 일본 본토 공업의 보충적 성격을 갖고 있었다는 점 등과도 연관된다.[42] 즉, 해방과 함께 일본인 기술자들이 귀국하면서 공장 운영이나 조업이 쉽지 않은 상태였다. 나아가 일본인들이 운영하던 귀속 공장[43]에 대한 행정적 장악의 지연과 노동 문제, 연료 및 원료 부족 문제 등이 중첩되면서, 1946년 2월 당시 귀속 공장의 가동률은 40%, 생산능력의 10%만 생산되는 상황이었다.[44]

남북의 분단은 남한의 공업 상황을 더욱 심각하게 만드는 주요 요인이었다. 남한 지역은 경공업에 치중되어 있어서, 한반도 전체 금속공업의 90%, 화학공업의 82%를 차지하는 북한지역이 분리되어 나가자 공업구조가 한층 더 기형화되었다. 공장 가동에 필수적인 전력 생산의 경우도 남한의 전력 생산량은 해방 직전 기준으로 한국 전체량의 8% 정도에 지나지 않았다. 지하자원 생산의 경우도 북한에 집중된 경향이 두드러진다.[45] 이는 철광석, 석탄 등의 주요 광물 매장량 자체가 북한이 월등한 데다가,[46] 일제 강점기를 거치면서 채굴 시설이 북한 지역에 집중되었기 때문이다.

해방 이후 이러한 기형적인 경제적 조건 및 상황을 바라보는 정부, 특히 문교 당국의 관점은 "과학교육을 통해 많은 기술자들을 양성하여 하루바삐 각 생산

---

42) 장상환, 1985, 앞의 논문, pp.89~90.

43) 귀속 공장은 일제가 제2차 세계대전의 패망 이후 한반도에 남기고 간 식민 통치의 유산으로 법령에 따라 그 범위에 차이가 나지만, 대략 2,300개 정도이며, 전체 노동자나 공산액에서 차지하는 비중은 대략 1/3~1/2 수준으로 알려져 있다. 귀속 공장을 포함한 귀속 사업체(공장, 광산, 은행, 상점, 음식점, 여관, 기타 등으로 구분된다.)와 농지 등을 포함한 구일본인 소유의 기업체, 동산, 부동산 모두를 합하면, 해방 직후 남한 총재산의 약 80%에 달하는데, 이는 1948년 현재 가치로 약 3,000억 원에 달하며, 당시 정부 예산의 10배에 해당하는 거액이다(이상철, 2004, 「1950년대의 산업정책과 경제발전」, 『1950년대 한국사의 재조명』, 선인, pp.185~186; http://nestofpnix.egloos.com/tag/%EA%B7%80%EC%86%8D%EC%9E%AC%EC%82%B0/page/1에서 재정리.).

44) 배성준, 2009, 앞의 논문, p.33.

45) 1948년 당시의 통계를 보면 남한의 철광석 생산은 북한의 0.1% 정도, 석탄의 경우는 북한 생산량의 0.3% 정도에 지나지 않았다(이종훈, 1979, 「미군정경제의 역사적 성격」, 『해방전후사의 인식1』, 한길사, p.482.).

46) 남한과 북한의 주요 광물 매장량 비율은 다음과 같다.

기관으로 보내어 생산 확충의 역군이 되게 하는 것"이었다.[47] 특히, 최규남[48] (1948)은 해방 직후 우리나라를 "훌륭한 공업국가가 될 만한 소질과 지하자원이 풍부하게 구비되어 있다."고 평가하면서, 일제 강점기의 식민지 정책으로 인해 계획적으로 농업국가화되었다고 주장하고 있다. 특히 다양한 지하자원이 풍부하게 매장된 공업 발달 조건을 갖춘 국가로 우리나라를 인식하고, 공업국가로 발전하기 위해서는 이러한 지하자원을 개발할 수 있는 과학기술이 필수적임을 강조하고 있다.

공업국가가 되는 데는 그 국토에 공업국이 될 수 있는 조건이 있는 것이다. 즉, 공업원료와 연료의 대부분을 공급하는 지하자원과 동력으로 공급하는 전력자원과 그 외 공업용수·교통·운수 등 여러 가지 조건이 그 자격을 규정하는 것이다. 이 점에 있어서 우리나라는 풍부한 천혜를 입어 국토 면적이나 인구비례를 따져 볼 때에 일류 공업국이 될 충분한 소질을 갖고 있다. 국토의 약 9할이 광구인 만큼 우리 강토는 광물표본실이라는 명예스러운 칭호를 듣고 있다. 이미 발견된 소유광물이 220여 종에 달하고 개중에는 흑연은 기미년(1919년)부터 세계 제1위의 산액을 확보하고 있으며 중석은 緬甸(미얀마), 중국으로 더불

광물명	추정매장량(남북한 합계, 단위: M/T)	비율(%)		광물명	추정매장량(남북한 합계, 단위: M/T)	비율(%)	
		남한	북한			남한	북한
금	1,500	33	67	연(납)	500,000	35	65
은	7,500	33	67	흑연(품위100%)	3,600,000	44	56
동	125,000	40	60	흑연(품위75%)	6,000,000	50	50
아연	800,000	50	50	석회석	30,000,000	33	67
철	1,500,000,000	21	79	규사	16,600,000	62	38
망간	700,000	71	29	무연탄	2,520,000,000	11	89
중석	377,000	40	60	유연탄	285,600,000	2	98
니켈	1,500,000	20	80				

자료: 1960, 「대한광업연감」 통계(박병호, 1972, 「북한경제와 산업입지」, 아세아연구, 45, 고려대학교아세아문제연구소, pp.95~176에서 재인용 및 정리.).

47) 최규남, 1948, 「과학기술 교육의 급무」, 새교육, 1(3), 대한교육연합회, p.10.

48) 1950년대 과학기술 교육 관련 행정에 중심 역할을 했던 사람으로 문교부 차관, 서울대학교 총장, 문교부 장관을 연달아 역임하였다.

어 세계 3대 산국의 하나이고, …… 철광은 26억 톤의 매장량을 가진 무산철광을 위시하여 강원도·황해도·평안남도 등 도처에 분포되어 있고 무연탄은 평양·삼척·단양·화순·문경·대동 등 13억 5000톤에 준확정량이 약 4억 톤에 불과하여 다소 불안을 감(感)하는 바이나 이것은 장래 풍부한 전력의 효과적 이용과 무연탄의 합리적 이용 즉 이 방면의 기술자의 노력으로 극복할 수 있다고 믿는다. …… 이와 같이 무진장으로 매장된 금을 무엇으로 개발하겠는가? 손으로? 혹은 괭이로? 오직 과학기술에 의존치 아니하면 아니될 것이다. …… 우리의 지하자원을 우리의 손으로 개발하여 공업 조선을 건설하자면 무엇보다도 먼저 우리의 국력을 경주하여 과학기술자 양성에 매진하여야 하겠다.[49]

해방 직후인 1940년대의 수출 상품은 주로 제1차 산품으로 되어 있다(표 2-3-9). 제1차 산품 가운데 수산물의 비중은 1946년 79.2%, 1947년 29.7%, 1948년 68.4%, 1949년 69%[50]였으며, 광물 비중은 1947년의 16.9%를 제외하고는 그다지 높지 않거나 수출 통계에 잡히지 않고 있다. 이러한 경향은 한국전쟁을 거치면서 크게 변화되며, 1950년대는 1940년대에 비해 광산물 비중이 급속도로 높아지게 된다. 광산물의 비중은 〈표 2-3-10〉에서 보듯이 1950년대 후기로 갈수록 감소하고 있으나, 1950년대 전체에 걸쳐 평균 62% 정도를 차지하고 있다.

이처럼 당시 광업이 수출산업으로서의 역할을 했던 이유는 무엇일까? 1955년 출간된 『한국산업경제 10년사』에서는 이를 다음과 같이 진단하고 있다.

광산물이 국내소비보다 수출되는 비율이 절대 우세하여 광업의 웨이트가 수출 면에서 더욱 지배적이 되었다는 것은 전술한 바와 같이 한국의 기성 산업 구

---

49) 최규남, 1948, 앞의 논문, pp.10-12.
50) 1949년 통계: 최상오, 2003, 「이승만 정부의 경제정책과 공업화 전략」, 경제사학, 35, 경제사학회, p.149에서 재인용.

〈표 2-3-9〉 상품별 수출 구성 비율(1946~1948)

(단위: %)

품목	1946	1947	1948	품목	1946	1947	1948
선어 및 동제품	62.8	29.7	52.1	동식물성 원료	–	9.0	9.5
제관(製罐)* 및 기타어(魚)	16.4	–	–	의약품 및 약제품	–	19.4	7.4
해초류	–	–	16.4	가공품	6.6	14.8	
원광물	–	12.5	–	기타	14.2	10.2	8.1
비철금속광	–	4.4	6.5				

주: * 통조림.
자료: 한국산업은행조사부, 1955, 『한국산업경제 10년사』, p.1042.

〈표 2-3-10〉 산업별·상품별 수출실적

(단위: 1,000달러, %)

		1952	1954	1956	1958	1960
수출총액		27,733	24,246	25,154	16,780	32,385
농산물 비중		6.5	6.8	12.0	9.1	21.9
수산물 비중		9.4	14.2	11.5	25.3	17.8
광산물 비중		80.4	64.7	64.9	50.8	42.2
	중석	59.3	47.0	39.7	12.6	14.4
	흑연	2.5	2.9	7.8	6.7	2.8
	철광석	0.6	2.0	3.7	15.5	9.8
	무연탄	–	2.8	–	1.9	4.5
공산물 비중		3.6	14.4	11.6	14.7	18.1

자료: 상공부, 1971, 『통상백서』 pp.876-877, 886-919(최상오, 2003, 이승만 「정부의 경제정책과 공업화 전략」, 경제사학, 35, 경제사학회, p.149에서 재인용 및 정리.).

조가 일본의 식민지 정책으로 조성된 것이며, 그들의 근본이념이 한국으로 하여금 원료 공급지로 삼고 따라서 제조공업을 극도로 억압하였던 까닭에 국산원료가 국내에서 소비되지 못하고 주로 해외에 수출된 데에 기인하고 있는 것이다. 그리하여 이와 같은 산업구조는 해방 후도 지속되어 광업은 수출산업으로서 보다 중요시된 것이다. 더욱이 사변 전까지 수출물자의 대종을 이루고 있던 건오징어, 해태 등의 수산물이 중국 본토의 해외시장을 상실하게 되는 한편 수산물의 원가고로 말미암아 수출량이 점차 감소되어 감에 따라 이에 대위하여 광물이 수출대상물자로서 진출하게 되었으며 때마침 중석협정이 체결됨에 이에 일대 자극을 받아 드디어 광산물은 수출 면을 지배하게 된 것이다.[51]

인용문을 통해, 당시는 일제의 식민지 경제정책으로 인해 우리가 갖고 있는 광물자원을 스스로 가공할 능력이 없었으며, 수산물 수출 위축과 한미중석협정 체결[52] 등으로 광산물 수출이 증대되었다는 것을 확인할 수 있다. 실제 당시 원조 물자의 대부분은 경제 안정을 목적으로 한 소비재 중심이었으나, 1954년 이후 생산재(또는 시설재)의 비중이 조금씩 높아지면서 공업발달의 기본적 전제로서 지하자원 개발이 본격화되었으며, 광물자원의 해외 수출은 막대한 외화 획득과 동시에 이를 경제재건에 재투자함으로써 또 다른 이익을 확보할 수 있는 것으로 인식되고 있었다.[53]

이러한 상황은 우리나라 제1차 교육과정과 내용상 유사성을 갖고 있는 일본의 경우도 마찬가지다. 종전 후 미군의 초기 대일 방침은 '경제 우선의 비군사화'와 '민주주의 세력 조장'이었다. 이 중 경제 우선 정책은 일본의 현황 파악과 함께 천연자원을 포함한 각종 자원 개발을 통해 전쟁으로 패망한 일본 경제의 복구에 초점을 두는 방침이라고 할 수 있다. '지학'과 관련되었다고 볼 수 있는 GHQ(연합국최고사령부)의 초기 업무는 측지 및 각종 지도 제작과 관련된 업무였으며, 뒤이어 지질 및 천연자원 조사, 기상 관련 업무가 수행되었다. 특히 석탄, 석유, 천연가스 등의 에너지 자원과 광물 자원 관련 조사·개발 업무는 일본 경제 부흥과 직결되는 것으로 천연자원국(NRS)의 주도하에 집중적으로 행해졌으며, 당시 조사 및 연구 자료는 현재까지도 귀중한 자료로 평가되고 있다.[54]

51) 한국산업은행조사부, 1955, 『한국산업경제 10년사』, p.143.
52) 1952년 3월 31일 체결되었다. 이 협정에 따르면, 한국정부는 1만 5,000톤을 인도할 때까지 전적으로 미국에 판매할 의무를 갖게 되었는데, 처음에는 5년을 예상했던 목표량 종료기간이 2년 만에 달성되었다고 한다(최상오, 2003, 앞의 논문, p.149.).
53) 한국산업은행조사부, 1955, 앞의 책, pp.166~167.
54) 미군정 및 천연자원국 등에 의한 상세한 '지학' 관련 조사, 연구, 개발 업무는 다음 연구에 자세하게 언급되어 있다(地學史編纂委員會·東京地學協會, 2008, 戰後日本の地學(昭和20年~昭和40年)〈その1〉地學

결국, 이러한 미군정의 정책은 지질학 및 광물학에 상당 부분 의존할 수밖에 없는 구조를 갖게 되며, 이러한 사회적 상황은 학교 교육에서 '지학'의 도입 및 정착에 상당한 영향을 주었다고 볼 수 있다. 이후 한국전쟁 발발로 인해 일본 전후 부흥이 궤도에 오르는 시기가 되자 과학적 인재 육성이 당면 과제로 부상했으며, 1953년 '이과교육진흥법' 제정을 통해 지학을 비롯한 과학 교육이 전반적으로 강화되는 결과를 가져온다.[55] 이는 점령 초기, 인간존중에 바탕을 둔 '과학적 교양의 보급' 정책을 통한 전 국민의 과학적 사고 고양과 함께 1960년대 이후 일본 경제 발전의 토대 역할을 했다고 볼 수 있다.

우리나라 역시 1950년대 지질학 및 광산학 등에 대한 투자는 1950년대 중석을 비롯한 광물 수출을 통한 외화 획득과 함께, 이후 강원도 지역에 대한 대규모 지질·자원 조사를 가능하게 하였다.[56] 그 결과 석탄을 비롯한 각종 자원이 개발되면서, 1960년대 이후 경제 개발의 기본적 토대가 형성되었다고 볼 수 있으며, 각 대학 지질학과의 창설과 정착에 기여하였다.

자원 탐사 및 개발의 중요성에 대한 이와 같은 인식은 해방 이후 교육계가 과학기술 및 실업 교육에 지속적인 집중을 할 수밖에 없었던 배경이 된다. 과학기술 교육은 해방과 분단, 한국전쟁 등을 거치는 동안 우리나라 교육의 주요 강조점 중 하나였다. 미군정기 교육심의회가 제정한 다섯 가지 교육방침 가운데 하나가 바로 과학기술 교육과 관련된 것이었으며, 1950년대까지 문교방침, 교육제도, 교육내용 등을 통해 끊임없이 강조되었다.[57] 초대 문교부 장관이었던 안호상[58]의 경우 '일민주의' 사상 보급과 반공체제 확립 등에 우선순위를 두었지

雜誌, 117(1), pp.270-274.).

55) 地學史編纂委員會·東京地學協會, 2009, 戰後日本の地學(昭和20年~昭和40年)〈その2〉, 118(2), 地學 雜誌, p.282.

56) 1961년의 태백산지구 지질조사 국책사업은 당시 우리나라 전체 지질학과 구성원이 동원되는 대형 프로젝트였다. 당시의 우리나라 경제규모를 감안할 때 근대화 및 공업국가로의 발돋움을 위한 국가적 관심사로서 추진됐으며, 국가적 수요에 따라 이 시기에 많은 지질학과가 새로이 개설되는 계기가 되었다(김성용, 「우리나라 지질학 역사소고」, 환경지질연구정보센터 http://ieg.or.kr/trend/trend_analysis4.html).

57) 문교부, 1958, 앞의 책, p.17.

58) 재임 기간: 1948. 8. 3~1950. 5. 3.

만, 실업 및 과학기술 교육에 바탕을 둔 1인 1기도 중요한 목표 중 하나였다.[59] 다음 글은 당시 중등학교에서 중점을 둔 교육내용에 대한 것이다.

중학 3년급까지는 國歷, 한글, 공민, 과학에 중점을 둔 반면 외국어 시간을 줄이고 실업 및 체육 시간을 늘리고 또 4년급[60]에서는 실업학교 비슷한 교육을 시켰다. 고등학교는 인문계와 실업계를 나누었는데 실업학교는 물론이려니와 인문계학교에서도 과학기술 교육을 중요시하여 1인 1기 주의를 목표로 삼았다.[61]

한국전쟁 초·중반기에 제2대 문교부 장관을 수행한 백낙준[62]은 전쟁으로 인해 국민 경제의 부흥이 시급하게 되면서, 학교 교육 전반에 과학기술 교육을 장려하게 되었다. 구체적인 시책으로 1인 1기 교육을 더욱 강화하였으며, 1951년부터는 과학기술 용어 제정에 착수하기도 하였다.[63]

한국전쟁이 후반기에 들어서면서 문교부 장관은 김법린[64]으로 바뀐다. 이 시기는 제1차 교육과정 시간배당 기준표 작성을 위한 논의가 활발하게 이루어진 시기와도 일치하는데, 당시 문교 방침은 국가 재건, 도의 교육, 과학기술 교육에 기반한 실업·생산교육 등에 초점을 두고 있었으며, 교육과정 또한 이에 준하여 개정하고자 하였다.[65]

---

59) 안호상 장관 재임 중에 공포된 교육법(1949.12.31 법률 제86호) 제3조는 정부 수립 직후 교육에 있어서의 강조점을 제시하고 있다. 해당 법조문은 다음과 같다. "교육의 목적은 학교 기타 교육을 위한 시설에서만 아니라, 정치·경제·사회·문화의 모든 영역에서도 항상 강력히 실현하여야 하며, 공민·과학·실업과 사범의 교육은 특히 중시하여야 한다."
60) 정부 수립 직후부터 1951년 3월 학제가 6-3-3-4로 확정되기 전까지 일시적으로 중학교의 경우 4년제로 시행되었다. 단, 중학교 3학년을 마치면 고등학교에 진학할 수 있었다.
61) 한국교육10년사간행회, 1960, 『한국교육10년사』, 풍문사, p.45.
62) 재임 기간: 1950. 5. 4~1952. 10. 29.
63) 한국교육10년사간행회, 1960, 앞의 책, p.48.
64) 재임 기간: 1952. 10. 30~1954. 4. 20.
65) "그러므로 파괴 소실된 국토 위에 신생 대한민국을 재건하여 영원한 번영을 누리게 하려면 정신 면으로 타락된 도의를 앙양하고 물질적으로는 과괴된 생산을 진흥시켜 명일의 한국을 민주주의를 기반으로 한 도

2대와 3대 문교부 장관이 재직하였던 한국전쟁 시기는 처참했던 수난시대지만, 과학기술의 대중화라는 점에서 볼 때 주요한 전기를 가져왔다고 할 수 있다. 과학기술의 정수를 총동원하게 되는 현대전의 특성상, 직접 전쟁에 종사한 장병들은 물론이고 후방의 국민들까지 각종 전쟁 무기, 운송 수단 등을 통해 다양한 과학기술을 몸소 체험하게 되었으며, 그에 대한 인식도 새롭게 변화하였다.[66] 이와 같은 현상은 일례로 대학 진학에도 그대로 반영되어 그동안 지나칠 만큼 법문계통 선호도가 높았던 것이 전쟁을 거치면서는 과학기술 분야로 진학하는 사람들이 크게 늘어나는 양상으로 변화하였다. 물론 여기에는 대학의 이공계, 농수산계, 의약계 학생들이 다른 전공자들에 비해 재학 중에 징집연기 혜택을 보다 더 받을 수 있었다는 것이 적지 않게 작용했다.[67]

이후 1950년대 말까지 이선근, 최규남, 최재유[68] 등 3명의 문교부 장관이 더 재임하는 동안에도 과학기술 교육은 지속·강조되었다. 『문교개관』(1958)에는 이와 관련해서 다음과 같이 기술되어 있다.

국민 경제의 향상 발전은 현대 과학기술을 생산과 생활 면에 전면적으로 적용하지 않고서는 그 목적을 달성할 수 없는 실정에 놓여 있으므로 과학기술 교육의 중요성은 다시 말할 필요도 없다. 더욱이 경제적으로 자급자족하지 못하고 국민 생활이 핍박한 현정(現情)에 비추어 경제 부흥의 기반이 되는 과학기술의 연마 향상은 우리나라 교육 행정의 지상 과제의 하나인 것이다.[69]

의국가 생산국가로 발전시켜야 하겠다. 따라서 우리의 교육은 국사와 전기 등에 의하여 민족전래의 미풍양속을 계승하고 개인의 인격 개성을 존중하는 민 주도의 교육과 근로정신에 투철하고 창의를 발휘하여 과학기술을 활용할 수 있는 실업생산교육에 치중하려 하였다. 이에 따라 과거의 지식 주입교육이나 구체적 목표를 상실한 교육은 청산되어야 하며 군정 시에 급속히 제정한 교육 내용을 크게 개선할 교육과정, 교과서, 교육법을 개조 쇄신하기 위한 도의교육위원회, 교육과정심의회, 교수요목 제정위원회 등 새로운 교육활동을 전개시켰다."(한국교육10년사간행회, 1960, 앞의 책, p.50.).
66) 한국과학기술30년사 편찬위원회, 1980, 『한국과학기술30년사』, pp.122~123.
67) 조황희 외, 2002, 『(정책연구2002-18)한국의 과학기술인력정책』, 과학기술정책연구원, p.81.
68) 각 장관의 재임 기간은 다음과 같다. 이선근 1954. 4. 21~1956. 6. 7; 최규남 1956. 6. 8~1957. 11. 26; 최재유 1957. 11. 27~1960. 4. 27.

지리교육과정의 기원을 읽다

정부 수립 이후 문교부의 직제 또한 과학기술 및 실업 교육을 지원하기에 용이한 체제로 편성·변화되었다. 먼저, 1948년 정부 수립과 함께 대통령령(1948.11.4 대통령령 제22호 제3조)으로 과학교육국[70]을 창설하였으며, 그 아래 과학진흥과, 농업교육과, 상공교육과, 수산교육과 등 4개 과를 설치하였다.[71] 이후 1950년에는 과학교육국의 국 명칭이 기술교육국으로 변경되었으며, 1955년에는 그 아래 실업교육과, 과학기술과, 원자력과, 과학시설과 등 4개 과로 개편되었다.[72] 당시 직제의 흔적은 현재 학교 부서조직에도 남아 있다. 예를 들어, 소규모 학교를 제외한 대부분의 학교에 여전히 '과학부'라는 부서가 교과 조직이 아닌 행정조직으로 편제되어 있어서, 예산 편성, 행사 개최, 교과와 행정 간의 효율성 등의 측면에서 다른 교과에 비해 더 많은 이점을 갖고 있다.[73]

이와 같은 문교부 장관들의 정책과 과학기술 중심의 정부 조직 등은 과학기술 용어 제정, 원자력법 제정 및 원자력연구소 창설,[74] 전국과학전람회[75] 개최 등의 가시적 성과와 함께 이후 1960년대와 1970년대로 이어지는 경제 재건의 토대 역할을 하게 된다.

---

69) 문교부, 1958, 『문교개관』, p.24.

70) 당시 문교부의 직제로는 비서실, 보통교육국, 고등교육국, 과학교육국, 문화국, 편수국 등이 존재하였는데, 과학기술 관련 국을 따로 편성하였다는 것만으로도 과학기술 교육을 통한 국가 재건 의지를 확인할 수 있다.

71) 이종성 외, 1998, 『직업 교육훈련100년사, 한국직업능력개발원』, p.372.

72) 교육50년사편찬위원회, 1998, 『교육50년사(1948~1998)』, 교육부, p.544.

73) 최근 '과학부'라는 명칭은 '창의인재부', '창의과학부', '영재과학부' 등 학교 실정에 따라 다양화되는 추세에 있다. 다만 처리 업무는 여전히 이전 과학부 업무가 대부분이며, 부장 역시 거의 과학 교사가 수행하고 있다.

74) 이승만 정부 당시 원자력법은 1958년에 제정되었으며, 원자력연구소는 1959년에 창설되었다. 그리고 1962년에는 우리나라 최초의 원자로 TRIGA Mark Ⅱ가 가동되는 성과를 이루었다. 이는 '원자력의 비군사적 이용에 관한 한미협력협정'(1955) 및 '국제원자력기구(IAEA) 헌장'(1956) 서명 이후, 약 200명에 이르는 원자력 관련 연구요원 해외파견을 바탕으로 순차적으로 준비를 한 결과라고 할 수 있다(과학기술부, 2008, 『과학기술 40년사』, pp.328~352.).

75) 과학전람회는 과학기술의 발전과 향상을 기하는 동시에 학생 및 일반 대중으로 하여금 과학에 대한 인식을 앙양하고 창의력을 고취하는 것을 목적으로 하는 우리나라에서 가장 오래된 역사를 기록하고 있는 과학기술문화행사에 해당한다. 제1회는 1949년 10월 문교부 주최로 실시되었으며, 한국전쟁 이후인 제2회 대회(1955) 이후부터는 현재까지도 매년 행해지고 있는 행사이다(문교부, 1958, 앞의 책, p.420; 국가기록원 나라기록포털 http://contents.archives.go.kr).

정리하자면, 해방정국, 정부 수립, 한국전쟁 등 국가 경제가 거의 파탄이 난 상황에서 이의 재건을 위해 당시 정부는 과학기술 및 실업 교육에 집중을 할 수밖에 없었을 것이다. 제1차 교육과정기, 학교 현장에서 '지학'의 등장과 정착은 이러한 사회적 분위기와 구조 안에서 가능했을 것으로 생각된다. 부연하자면, 우리나라와 일본의 사례에서도 나타나듯이 전쟁 등의 재난을 겪은 국가의 경제 재건을 위해, 초기에 정부가 집중할 수 있는 정책은 자원 조사 및 개발이라고 할 수 있다. 이를 위해 과학 인재 양성을 위한 학문 및 교육 투자와 함께 전 국민에게 이러한 정책의 중요성을 홍보하는 교육정책을 통한 인식 전환이 필요했다고 볼 수 있다. 즉, '지학'의 등장과 '이과'의 과학 과목으로 정착할 수 있었던 이유로는 공업국가로 발돋움하여 경제적으로 보다 나은 삶을 살고 싶었던 당시의 열망이 교육과정에 반영되었기 때문이라고 할 수 있다.

4. 문과와 이과

자연적 특성과 인문적 특성이 함께 어우러진 우리의 삶터를 이해하는 데 도움을 주는 학교 교과목으로서의 지리가 갖고 있는 지향점은 다양한 스펙트럼의 지식, 이해, 가치 등을 종합적으로 고찰하는 데서 그 의의를 찾을 수 있다. 사회과의 다른 영역과는 달리 1953년 시간배당 기준표(안)에서 지리가 사회과(인문지리)와 과학과(자연지리)로 과목이 나뉘게 된 배경에는 지리학의 학문적 특성만이 영향을 준 것은 아니라고 할 수 있다.

우리나라의 학문과 교육에는 이른바 '문과'와 '이과'의 엄격한 구분이 존재한다. 이러한 구분은 학교와 사회로부터 공인된 것이며, 학생들에게는 고정된 관념이자 대전제로 자리 잡게 된다. 이를 바탕으로 학생들은 모든 학문 분야나 학

지리교육과정의 기원을 읽다

과, 교과목 등을 문과와 이과로 나누는 동시에 교수, 학생, 책, 시험, 심지어 과외 활동까지 문과–이과로 나누게 된다. 이와 같은 습관은 학생 때로 끝나지 않고 일생을 통해 계속 이어진다. 때때로 이러한 구분을 거부하는 경우도 있지만, 이를 맹신하는 사람들로부터의 거센 반발에 접하면서 결국은 현실을 이 구분의 틀에 억지로 맞추거나 들어맞지 않는 구분은 외면해 버리게 된다.[76]

또한 문과·이과의 구분으로 인한 교과목의 구분과 선택은 학생들에게 지식의 편향성을 가져올 수 있다. 이는 일본의 사례에서도 나타나는데, 자연계 학생들에게는 인문사회적 지식이, 인문사회계 학생들에게는 자연과학적 교양과 지식이 부족함으로 인해 발생하는 대학 교육의 문제점이 논란이 되고 있으며, 이의 해결을 위해 도쿄대학의 경우도 상당 기간 동안 문·이과 모두에 균형과 깊이를 갖춘 교양교육이 필요하다는 주장이 나오고 있다.[77] 지식의 편향성 문제는 일부 교육학자들의 주장처럼 고교 이수 계열 및 과정을 다양화한다고 해서 해결될 수는 없다. 오히려 우리나라 사회의 고질적인 병폐인 '입시'라는 문제를 중학교 수준까지 내려오게 만드는 부작용만을 가져올 수 있다고 생각한다.

김영식(2009)은 우리나라에 이와 같이 학문과 교육분야에서 문과–이과를 나누는 틀이 언제 도입되었는지 분명히 알기 힘들다고 하며, 1924년 경성제국대학 예과에서 이러한 구분을 하고 있었다고 기술하고 있다.[78] 실제로 1920년대 경성제국대학과 관련된 시험문항과 일간지 기사의 제목에서 '문과', '이과'와 같은 말이 보편적으로 사용되고 있음을 확인할 수 있다(그림 2–3–2, 그림 2–3–3).

"3과제의 조선대학신설 – 대만대학을 모방하여 문과, 이과, 연구과로 해"[79]

---

76) 김영식, 2009, 『인문학과 과학 – 과학기술 시대 인문학의 반성과 과제』, 돌베개, pp.16–18.
77) 다치바나 다카시 저, 이정환 역, 2002, 『도쿄대생은 바보가 되었는가』, 청어람미디어, pp.215–224(立花 隆, 2001, 東大生はバカになつたか, 文春文庫).
78) 김영식, 2009, 앞의 책, p.43.
79) 조선일보, 1921. 5. 23.

"京大예과지원 정원의 四培半. 작년보다 220명 증가 문과가 이과보다 30명 이 많아. 금년 지원 885명"[80]

"文科 多, 理科 少. 京大 豫科 수료생"[81]

"城大[82]豫科志願者는 定員數의 約七倍, 160명 모집에 1,090명이 지원. 지망 증가는 문과에서 이과로 이동. 理科志願逐年增加[83]

당시 우리나라 교육에 직접적인 영향을 미친 일본의 경우, 제2차 고등학교령 (1918, 다이쇼(大正) 7년 칙령 제389호)의 제8조에 "고등학교 고등과를 문과와 이과로 나눈다."는 규정이 처음 등장한다. 여기서의 '고등학교'는 구제(舊制) 고 등학교를 의미한다. 메이지 시대 중기부터 제2차 세계대전 패전 전까지, 구제 고등학교는 제국대학과 같은 구제대학에서 교육을 받기 위한 준비 교육을 실시 하는 교육기관이었다. 대학 예과와 당시 고등학교의 고등과는 수학과 외국어 (영어 및 독일어가 대부분)의 학습 정도에 의해서 '문과 갑류', '문과 을류', '이과 갑류', '이과 을류' 등으로 구분되었으며, 이는 향후 대학에서 전공 분야를 결정 하는 데 크게 영향을 미쳤다.[84]

일제 치하 우리나라에는 구제 고등학교가 설치되지 않았으며, 중등 교육에 해 당하는 학교로는 고등보통학교, 중학교, 사범학교, 실업학교 등이 있었다.[85] 그 러나 당시 이들 학교의 교육과정에서 '문과', '이과'의 교육과정이 나타나지 않는 것으로 볼 때, 중등학교에서 현재와 같은 '문과'와 '이과'의 공식적 구별은 존재 하지 않았던 것으로 보인다. 다만, 경성제국대학 예과 및 전문학교 입학 전형에

---

80) 조선일보, 1925. 2. 18.
81) 조선일보, 1926. 3. 17.
82) 당시, 경성제국대학을 지칭하는 말이다.
83) 동아일보, 1929. 3. 19.
84) - 文系と理系 -
   http://ja.wikipedia.org/wiki/%E6%96%87%E7%B3%BB%E3%81%A8%E7%90%86%E7%B3%BB
85) 단, 이들 학교가 동시에 있었던 것은 아니며, 시기별로 수업 연한과 입학 시점 등에서 다소 변경이 있었다. 예를 들어 제1, 2차 조선교육령 시기의 고등보통학교는 제3차 조선교육령 시기에 중학교로 명칭이 변경되 었다(유봉호·김융자, 1998, 앞의 책, pp.82~184.).

지리교육과정의 기원을 읽다

大學豫科(其四)

外國地理
(文科總點百五十)
(注意) 答案ハ答案紙ニ横書スベシ
1 支那ニ於ケル外國貿易ニ就キテ記セ。
2. ドイツノ略圖ヲ描キ其ノ著名ナル山脈、森、河川ノ名稱ヲ記入セヨ。
3 大英帝國 (British Empire) ノ政治ニ就キテ記セ。
4 ブラジルノ略圖ヲ描キ主要都市名ヲ記入シ且ツ其等ノ附近ノ產物ヲ記セ。
5 次ノ地名ニ就キテ說明セヨ
A. 汕頭 B. デトロイト (Dettoit)
C. オッタワ (Ottawa) D. 海拉爾

國史
(文科理科總點百五十)
(注意) 答案ハ答案紙ニ縱書スベシ
1 建武中興ニ功アリシ勤王ノ諸將ニ就キテ記セ。
2. 世界大戰役ニ於ケル我ガ國ノ戰爭經過ニ就キテ記セ。
3 次ノ設項ニ就キテ說明セヨ
A 天照大神。
B 臨濟宗。
C 本朝通鑑。

化學
(理科總點百五十)
注意 答案は答案紙に横書すべし
1 亜硫酸ガスの分子式をSO_2と記載することによりて表示し得る事實を列舉せよ
2 例を擧げて酸及び鹽基につきて說明せよ
3 實驗室にて鹽素を製造捕集する方法を圖示しこの際使用する器具及び藥品の名稱を記入し併せてその反應を化學方程式にて記せ。
4 次の化學式を有する物質の名稱及び性質を記せ。
(a) ZnO (b) CS_2 (c) $KMnO_4$
(d) $K_4Fe(CN)_6 \cdot 3H_2O$
5 硝酸銀 17g を水に溶解して製せる水溶液中に1モルリツトルの濃度を有する食鹽水 500 cc を加へて生成する沈澱を取り除きたる後なほ液中に溶存する物質の名稱及びその重量を問ふ。
但し化學方程式 $AgNO_3 + NaCl = AgCl + NaNO_3$ を利用し、AgCLは水に全く溶解せざるものとし、原子量は N=14, Na=23, CL=35.5, Ag=108 とせよ

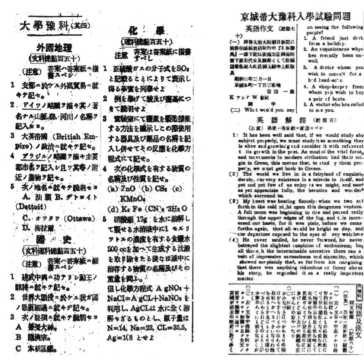

〈그림 2-3-2〉 경성제대 예과 입시문항(1)
(조선일보, 1934. 3. 23)

京城帝大豫科入學試驗問題

英語作文
What would you say on seeing the following people?
1. A friend just back from a holiday.
2. An acquaintance who has recently been unwell.
3. A doctor whom you wish to consult for a bad head-ache.
4. A shop-keeper from whom you wish to buy a pair of boots.
5. A visitor who has called to see you.

英語解釋
1) It has been well said that, if we would study the subject properly, we must study it as something that is alive and growing and consider it with reference to its growth in the past. As most of the vital forces and movements in modern civilization had their origin in Greece, this means that, to study them properly, we must get back to Greece.
(2) The world we live in is a fairyland of exquisite beauty, our very existence is a miracle in itself, and yet and yet few of us enjoy as we might, and none as yet appreciate fully, the beauties and wonders which surround us.
(3) My heart was beating fiercely when we two set forth in the cold night upon this dangerous venture. A full moon was beginning to rise and peered redly through the upper edges of the fog, and this increased our haste, for it was plain, before we came forth again, that all would be bright as day, and our departure exposed to the eyes of any watchmen.
(4) He never smiled, he never frowned, he never betrayed the slightest suspicion of enthusiasm; but all through the interminable narrative there ran a vein of impressive earnestness and sincerity, which showed me plainly that, so far from his imagining that there was anything ridiculous or funny about his story, he regarded it as a really important matter.

國語及漢文

〈그림 2-3-3〉 경성제대 예과 입시문항(2)
(조선일보, 1934. 3. 25)

서 문과와 이과를 따로 뽑고, 입학시험도 문과와 이과가 따로 출제된 것으로 보아 중등 교육기관에서 상급학교 진학을 목적으로 진학 준비가 구별되어 이루어졌을 가능성은 높다.

해방과 함께 경성제국대학이 서울대학교로 개편된 이후에도 입학시험에서 문과와 이과의 구별은 이어진다.86) 문제는 해방 이후 학제가 일제와는 다르게 편성되면서 문과–이과의 구분이 점차 중등학교로 내려오게 되었다는 점이다.

해방 직후 미군정청 문교부에서 처음 발표한 중등학교 교과편제는 4년제를 기본으로 하고 있다. 그러나 1년 뒤인 1946년에 다시 발표한 중등학교 교과과정

86) 1948년도 당시 대학입학시험 문제를 보면, 서울대학교뿐 아니라 일부 대학교에서 문과와 이과별로 시험 문제를 출제했음을 확인할 수 있다(편집국, 1948, 앞의 책.).

표를 보면 중학교 1, 2, 3학년용과 4, 5, 6학년용을 따로 제시하고 있다.[87] 이러한 교과과정표 제시 형식의 의미는 중등 교육을 6년으로 하는 동시에 학교급을 초급(3)-고급(3)으로 나눌 수도 있다는 데 있다.[88] 그리고 이 시기의 중학교 4, 5, 6학년(고급중학교)은 치열한 논의 끝에 학제가 6-3-3-4제로 정해진 1951년에 '고등학교'라는 이름의 학교급에 편성된다. 다만, 이때의 고등학교는 일본의 구제 고등학교와는 달리 대학 예과적 속성보다는 중등 교육적 특성[89]이 강한 것이라고 할 수 있다.[90]

1946년 이후 일부 학교에서는 일제 강점기의 대학 예과, 전문학교, 일본의 구제 고등학교에서 행해지던 문과, 이과의 구분이 중등학교 5, 6학년의 정규 교과과정표에 나타나기 시작했다(표 2-3-11, 표 2-3-12).

물론 이러한 교과과정표가 전국적으로 동일하게 나타나던 상황은 아니었으며, 일부 교과과정표상의 시수배당을 제외한 문과·이과 운영의 구체적인 모습을 확인하기도 어렵다. 특히 1950년대 초·중반, 한국전쟁으로 인한 혼란기에는 기존에 문과, 이과를 구분하여 교육을 실시하던 학교도 이러한 교육이 거의 불가능했을 것으로 생각된다.[91] 다만, 당시 소위 명문 학교들의 역사 기록을 통해

---

87) 미군정청 문교부 조사기획과, 1946, 앞의 책, pp.14-15.

88) 오천석, 1975, 『한국신교육사(하)』, 광명출판사, p.30.

89) 당시 교육법(제104조)상에서 고등학교는 "중학교에서 받은 교육의 기초 위에 고등보통교육과 전문교육을 하는 것을 목적으로 한다."라고 되어 있다. 여기서 고등보통이란 중등 교육이며 전문교육이란 실업학교 교육을 지칭하는 말이다. 즉, 고등학교는 직업과정을 이수하는 학생에게는 종국학교(終局學校)가 된다고 볼 수 있지만, 인문계 고등학교에서는 중학교에서 받은 교육을 다시 확충하며 장래의 진로지도를 하면서 선택할 종국학교의 기초교육을 하는 곳이라고 할 수 있다(이재훈, 1956, 앞의 논문, pp.23-28.).

90) 학제 개편 당시의 관점으로는 '고등학교'는 학제 개편 이전의 '구제 고등학교', '전문학교' 또는 대학의 '예과'로 인식하는 경향이 많았으며, 이러한 생각들은 개편 이후 상당 기간 이어졌다. 그 이유로는 개편 이전까지 중학교(중등학교)가 보통은 4년제 혹은 5년제였고, '고등'이라는 말은 전문학교 및 대학 예과 수준의 교육을 의미하는 용어였기 때문이다. 그러므로 6-3-3-4의 신학제에서 미국식 학제의 High School에 해당하는 '고등학교'가 중등 교육에 해당한다는 것 자체가 일본식 교육에 친숙한 당시 사람들에게는 혼동되는 상황이었다(김의형, 1948, 「신학제에 관한 소감」, 새교육, 2, 조선교육연합회, pp.72-74; 이재훈, 1956, 앞의 논문, pp23-28.).

91) 예를 들어, 1950년대 초 광주제일고등학교의 교과과정표를 보면 문과와 이과의 구분이 되어 있지 않으며, 이화여고의 전시피난기 교육과정과 1955년 교과과정 및 시간배당표에서도 마찬가지 모습을 확인할 수 있다(광주제일고등학교동창회, 1986, 『광주고보·서중·일고 65년사』, 광주제일고등학교동창회, p.322; 이화

지리교육과정의 기원을 읽다

미군정에 의한 6년제 중등학교 실시 초기, 문과와 이과의 학급편성을 달리하여 수업이 진행되었음을 확인할 수 있다.

인·의반은 문과반, 예반은 가사반, 지반은 이과반으로 편성하여 문과반에는 외국어와 사회 과목을, 가사반에는 재봉 가사 과목을, 이과반에는 과학 과목의 비중을 높여 가르치게 하는 한편, 실험실습에 힘쓰게 하였다.[92]

1947년도에는 학생의 졸업 후의 지망과 각자의 특장(特長)을 신장 발휘하게 하기 위하여 제4학년부터 학생으로 하여금 실과반과 학과반 중 택일하게 하고, 1948년도 이후에는 학과반을 다시 이과반과 문과반으로 이분하고 제5학년부터 그중 하나를 임의로 선택 학습하게 하였다.[93]

수업시간에 문과반(6학년 3반) 학생들은 수학 강의를 열심히 듣는 편은 아니었다. …… "수학은 문과(文科)에는 별로 필요치 않지만 그래도 배우는 이상 …… 모두 시간 중에는 조용히 해 주세요."[94]

이러한 자료를 통해 중등학교 5, 6학년에서의 문·이과 구분이 입시와 어느 정도 연관된 상황에서 이루어지고 있었으며, 정규 수업이 파행적으로 운영되기도

100년사 편찬위원회, 1994, 앞의 책, pp.316-317, 368). 또한 한국전쟁 이전 문과와 이과를 나누어 수업이 이루어지던 휘문고등학교의 교장인 이재훈이 1956년 10월 《문교월보》(29호)에 기고한 글(p.26)에는 다음과 같은 내용이 나온다. "문교부에서 제정한 현행 고등학교 교과과정편성을 보면 필수과목과 선택과목군으로 구별되어 있다. 이것을 그대로 실시하고 있는 학교가 몇 校나 되는가. …… 대체로 문과, 이과의 분과제를 채택하여 이 범위 내에서 선택학습하게 하는 것이 교육의 효과를 일층 드러내리라고 생각된다." 이러한 내용은 당시 고등학교에 문과, 이과제가 현재와 같이 모든 학교에 정착된 제도는 아니었음을 말해 준다. 실제 당시 지방 소도시의 일반계 고등학교는 이러한 구분이 존재하지 않았다는 제보가 있다(경북 안계 이영자 씨, 1941년생).

92) 이화100년사 편찬위원회, 1994, 앞의 책, p.300.
93) 진명75년사 편찬위원회, 1980, 『진명75년사』, 진명여자중·고등학교, p.171.
94) 강신항, 1996, 「개교초기 학창생활의 편모」, 『서울고 50주년 기념문집Ⅱ』, pp.19-21.

〈표 2-3-11〉 휘문중학교(현재 학제로는 중학교+고등학교)
주당 학과시간 수(1947년 2학기)

교과목		1	2	3	4	문 5	이 5	문 6	이 6
국어과	국독	2	2	2	2	2	2	3	2
	국문	1	1	1	1	1	1		
	국작		1	1	1	1	1		
	문학					2		1	
	한문	1	1	1	1	2		2	
사회과	공민	1	2	1	1	1	1		
	심리							2	2
	철학					2	2	2	
	논리					1		1	1
	지리	2	2	1	2	2	1	3	1
	역사	2	2	1	2	2	1	3	1
수학과	대수	3	3	3	3	1	3		3
	기하	2	2	2	2	1	3		4
과학과	생물	2	2	2	2	1	3		4
	과학	5	5	5					
	화학				3	1	3		3
	물리					1	3		4
	보건								
실업과	농업	1	1	1					
	공업	1	1	3					
	상업			2	2	1		1	
미술과	음악	2	1	1	1	1	1		
	습자	1	1						
	미술	2	2	2	2	2	2		1
외국어과	영독	5	3	3	4	5	4	10	5
	영문				1	1	1	1	1
	영작			2	2	2	1	2	2
	불어					3			
	독어						3	7	7
계		33	34	34	32	36	36	38	41

자료: 편찬위원회, 1976, 『휘문70년사』, 휘문중·고등학교, p.308.

지리교육과정의 기원을 읽다

<표 2-3-12> 진명여자중학교(현재 학제로는 중학교+고등학교)
주당 학과시간배당표(1948)

교과목\학년	국어		사회생활			수학	과학			체육	실업			외국어		한문	음악	미술	직업과목		계
	강독	문법	공민	역사	지리		물리	화학	생물	보건	가사	재봉	수예	영어	독어				심리	교육	
제1학년	4	1	1	2	2	5		3	2	3	1	2	2	5		1	3	2			39
제2학년	5	1	2	2	2	5		2	2	3	2	2	2	5		1	2	2			39
제3학년	4		2	2	2	5		3	2	4	2	2	1	5		1	2	2			39
제4학년	5		2	2	2	5	2	2	2	3	2	2	1	5		1	2	1			39
제5학년 실과	3		2	2	1	2	2	2	2	3	4	4	2	6		1	2	1			39
제5학년 문과	6		3	3	2	2	2	2	2	3	2	1	1	6		1	2	1			39
제5학년 이과	3		2	2	1	6	3	3	3			1	1	6		1	2	1			39
제6학년 실과	2		1	1	1	2	1	1	1	1	6	6	4	5		1	2		2	2	39
제6학년 문과	6		2	4	2	2		1	1	1	2	1	1	5	3	1	2		2	2	39
제6학년 이과	2		1	1	1	6	3	3	3	1	2	1	1	3	3		2		2	2	39

자료: 진명75년사 편찬위원회, 1980, 『진명75년사』, 진명여자 중·고등학교, p.171.

했다는 것을 알 수 있다. 특히, 세 번째 인용문과 앞서 언급한 휘문중 및 진명여중의 문과-이과 시수 편제를 보면, 입시를 앞둔 학년의 교과배치가 비정상적 측면을 보이는 것을 확인할 수 있다. 휘문중 6학년에서 문과는 수학·과학, 이과는 국어를 1시간도 배우지 않는 점, 진명여중 6학년에서 문과는 국어 6시간, 수학 2시간인 데 반해 이과는 국어 2시간, 수학 6시간인 점 등이 대표적이다. 서울고의 경우도 배당은 되어 있지만 문과반에서 수학 수업이 제대로 이루어지지 않고 있음을 확인할 수 있다.

이처럼 해방 이후 문과-이과의 구별이 중등학교 고학년, 즉 고등학교까지 확연하게 나타나면서, 예체능과 실업 과목을 제외한 대부분의 중등학교 교과목들, 특히 소위 '사회과'와 '과학과'에 해당하는 과목들은 자연스럽게 문과 또는 이과 과목으로 분류되었다. 이는 필수과목과 선택과목이라는 분류와는 달리 교과의 모학문(母學問)적 정체성을 어느 분야에 두고 있는가와 관련된 분류이기 때문에, 이를 통해 중등 교육의 학과목이 갖고 있던 정체성이 결정되는 동시에 대학의 전공과도 확고하게 연결되는 관계를 갖게 된다. 결국 중등학교 교과목 가운데 대학에 관련 전공학과가 없는 경우, 1950년대 말부터 사범대학 또는 일반학과가 개설되기도 한다.

이러한 상황에서 '지리과'의 입장은 상당히 애매했을 것으로 판단된다. 첫째, 국어, 영어, 수학 교과와 같이 입학시험 존재 여부와 관계없는 주요과목으로 인정을 받고 있었던 상황이 아니라는 점, 둘째, 국가정책 및 교육정책상으로도 국사, 일반사회, 윤리처럼 고등학교에서 상시 필수과목으로 인정을 받기 힘들다는 점, 셋째, 당시 강조되던 실업 관련 과목도 아니라는 점, 넷째, 그럼에도 불구하고 교과 내용에서 이과적 속성과 문과적 속성을 공유하는 것으로 받아들여지고 있다는 점 등이 '지리과'에 대한 당시의 일반적 시각이었을 것으로 생각된다.

지리가 문과와 이과적 속성을 동시에 갖고 있다는 인식은 문과·이과 체제라는 학문 분류가 갖고 있는 불합리성을 지속적으로 주장해 온 김영식(2009)의 글에서도 확인할 수 있다.

> ……사회과학 분야들을 무조건 '문과'로 분류해 버리는 것은 정체성에 대한 고민을 너무 손쉽고 무책임하게 제거해 버리는 일이기도 하다. 또한 사회과학 분야들을 문과로 강제로 분류하는 일이 실제로 완전하게 진행되지도 못했다. 지리학과 인류학 같은 분야들이 '문과'로 분류된 지 이미 오래되었음에도 이들 분야 안에서 여전히 인문지리학과 자연지리학, 생물인류학과 문화인류학 등의 구분을 하고 있어, 이 분야들을 문과와 이과 중 어느 한쪽으로만 분류하는 것이 실제로 불가능하다는 사실을 증명해 주고 있다.[95]

이러한 특징이 중등 교육에서 문과—이과 구분이 공고화되는 상황에서는 그

---

95) 김영식, 2009, 앞의 책, p.23.

다지 유리한 측면은 아니었을 것으로 보인다. 국·영·수처럼 인지도가 높거나 세력이 큰 경우라면 문과와 이과 모두 필수과목으로 결정될 수 있었겠지만, 문과와 이과 체제에 적응하기 위해서 지리가 선택하거나 지리에 강요된 방안은 결국 자연지리와 인문지리를 분리하는 방법이었다. 이것이 앞에서 언급한 1953년 교과과정 개정안에서 사회과의 '인문지리'와 과학과의 '자연지리'라는 모습이다.

그러나 1년 후인 1954년에 정식 고시된 교과과정 시간배당 기준표에서는 과학과에 배당되었던 '자연지리'가 '지학'이라는 이름으로 바뀌고, 결국 '지리'라는 명칭은 사회과의 한 과목으로만 남는 상황이 나타났다. 이러한 교육과정 편제는 현재의 일반사회, 역사, 지리라는 3개 영역으로 구성된 소위 '사회과'에서 그 이전에 비해 지리의 비율이 축소되는 결과를 가져왔다. 즉, 일반사회 영역은 '일반사회'라는 필수과목을 충분한 시수를 갖고 3개년 동안 가르치며, 역사 영역 역시 필수과목인 국사와 선택과목인 세계사를 통해 시수와 내용 영역을 확보한 데 반해, 지리의 경우는 단지 선택과목으로서 자연지리를 거세당한 채, 시수 역시 역사의 일부분인 세계사와 동일한 정도만을 확보하게 되었던 것이다.

이러한 당시 상황은 '지학'을 '자연지리'로 인식했던 1950년대와는 달리,[96] 현재를 살아가는 사람들이 '지리'가 단지 문과에만 치우친 과목이라는 잘못된 인식을 갖는 계기가 되었다고 볼 수 있다. 부연하자면, 60년 가까운 세월에 걸쳐 누적되는 시간 속에서 학계·교육계는 물론 학교 교육을 받은 일반인들에게 이러한 인식이 조금씩 내재되고 확대 재생산되어 온 것이다.

정리하자면, 지리교육이 추구하는 지식, 기능, 가치는 소위 문과·이과에 기반한 지식 분류체계로는 나눌 수 없다. 그리고 이와 같은 분리의 지속은 자연과 인문적 특성[97]이 공존하며 장소, 공간, 지역 등으로 개념화된 우리의 삶터를 이해하기 위해 구성된 학교 교과목으로서 지리가 갖고 있는 종합적 지향점을 희미하

---

96) 제2부 1장에서 기술한 서울사대부고의 사례와 조선일보에 지학의 정체성에 대해 질의한 내용 등을 볼 때, 지학이 처음 등장했을 때는 많은 사람들이 지학을 자연지리로 인식했을 것으로 판단된다.
97) 사실, 다양한 지식체계의 자연적 특성과 인문적 특성을 명확하게 분류할 수 있는지의 여부도 불확실하다.

게 만든다. 나아가 지리가 갖고 있는 종합적 특성의 인위적 분리와 파편화로 인하여 지리의 성격을 올바르게 반영한 교육목표의 구상을 어렵게 하고, 궁극적으로는 학교 교육체제에서의 입지를 불가능하게 만들고 있다. 즉, 이러한 이분법적 사고가 우리가 함께 살아가는 '지구'라는 삶터를 이해하고, 문제를 인식하며, 이를 해결해 나가고자 하는 지리교육의 교과적 가치를 무의미하게 만든다고 할 수 있으므로, 이러한 사고의 극복 또는 해체가 절실하게 요구된다.

해방 이후 고등학교 지리교육의 변화 가운데 1950년대 제1차 교육과정기의 영향력은 현재까지도 뚜렷하게 이어진다. 제1차 교육과정기의 고등학교 지리는 이전의 미군정기와는 달리 선택과목으로 격하되었으며, '자연환경과 인류생활', '인문지리', '경제지리'라는 3과목 체제는 '인문지리'만의 1과목 체제로 축소되었다. 과목 수의 축소뿐 아니라 내용과 구조 면에서도 상당한 변화가 나타났다. 교수요목기의 교과서 가운데 현재 구할 수 있는 '자연환경과 인류생활'과 '경제지리'를 제1차 교육과정기의 '인문지리'와 비교한 결과, 천문, 지구물리, 생물 등에 해당하는 내용이 지리교육과정에서 한꺼번에 사라져 버렸음을 확인할 수 있었다.

현재까지 10여 차례의 국가교육과정 개정작업 중에 지리과가 이처럼 양적으로 대폭 축소된 때는 이 시기를 제외하고는 발견할 수 없다. 물론 "천문, 지구물리 등의 내용이 지리인가?"라는 질문에 대해서는 또 다른 논의가 필요하지만, 현재 대학에서 사용되는 '자연지리학'이라는 교과목에서도 이들 내용 가운데 일부가 포함되어 있는 것을 볼 때, 과목 수 및 내용이 대폭 축소되었다는 점을 부인할 수는 없다. 제1차 교육과정기의 고등학교 지리 영역, 역사 영역, 공민 영역의 과목 수는 1:2:1, 전체 시수는 대략 3:6:7의 비율을 보인다. 또한 공민 영역의 '일반사회'가 필수이고, 역사 영역에서는 '국사'가 필수인 데 반해, 지리 영역의 유일한 과목인 '인문지리'는 선택과목이었다.

'인문지리'만 제1차 교육과정에 남게 되었다는 사실은 지리전공자들에게 "그럼 '자연지리'는?"이라는 질문을 떠올리게 하는데, 이는 필자에게도 마찬가지였다. 필자는 당시 일반계 고등학교의 과학과에 '지학'이라는 과목이 처음 등장했다는 것에 주목하였다. 교수요목기까지 지리, 역사, 공민의 3분법이 충실하게 지켜지고 있는 상태였다는 점을 감안한다면, 다른 2개 영역에 비해 절반 정도로 시수가 줄어들게 된 이유를 '지학'의 등장과 연관 지을 수 있다.

그 근거로는 첫째, 당시 '지학' 내용의 상당 부분이 교수요목기 지리 영역의 '자연환경과 인류생활'에 포함되었던 내용이었다는 점, 둘째, 당시 출간된 3종의 '지학' 교과서 가운데 1종의 저자가 서울사대 지리과 교수를 역임한 지리학자인 최복현이었다는 점, 셋째, 현재 '지구과학'과 '지리' 영역이 내용상 공통되는 부분이 존재한다는 점을 들 수 있다.

나아가 필자는 당시 교육과정과 관련된 많은 텍스트들 가운데, 1954년 제1차 교육과정의 시간배당 기준표가 발표되기 이전의 교육과정 개정 논의 단계(1953년 6월에 발표된 시간배당 기준표 시안)에서, 과학과 편제 중 '지학'이 아닌 '자연지리'라는 과목명이 존재했음을 확인할 수 있었다. 결국, 당시 고등학교 사회과의 하위 영역별 시수 편제가 3(지리):6(역사):7(공민)로 될 수밖에 없었던 이유는, 소위 문과–이과에 걸쳐 종합적 속성을 갖고 있던 '지리'에서 '자연지리' 부문을 분리하여 사회과가 아닌 과학과에 배치했던 것에 기인한다고 볼 수 있다. 부연하자면, 제1차 교육과정의 원래 의도는 '인문지리+자연지리(지리 영역), 국사+세계사(역사 영역), 일반사회+시사(공민 영역)'라는 구조에 기반을 두고 있음을 알 수 있다. 즉, 자연지리가 사회과에 배치되어 있었다면 사회과 내에서 세 영역의 시수는 거의 유사했을 것이다.

이와 같은 교과목 영역 구조의 근간에는 해방 이후 우리나라에서 강조되었던 사회과 통합의 조류가 자리하고 있다. 즉, 통합사회과의 정착을 위해서 '과학' 부분과 많은 유사점을 갖고 있는 '자연지리'를 '지리'에서 분리하여 사회과가 아닌 과학과에 배치했다고 볼 수 있다. 물론 교육과정 시간배당 기준표를 확정 고시할 때는 처음 시안과는 달리 '지학'으로 이름이 변경되었다.

통합사회는 해방 이후 미국 콜로라도 주 초등학교의 'social studies'가 미군정 교육 당국에 의해 처음 도입된 이후, 제1차 교육과정기가 되면서 그 흐름이 중등 교육까지 확산된 것으로 파악할 수 있다. 교수요목기에도 중등학교에서 '사회과'란 용어가 사용되었고 통합의 시도가 아주 없었던 것은 아니지만, 본격적인 수용은 제1차 교육과정기이며, 이의 근거로는 '일반사회(General Social Studies)'라는 용어가 고등학교 과목명으로 처음 등장했다는 것을 들 수 있다.

'일반사회'라는 용어의 등장은 해방 직후 통합사회 과목인 '사회생활' 도입의 연장선에서 살펴볼 필요가 있다. 원래 미국의 'General Social Studies'는 우리나라에서 현재 사용되는 것처럼 고등학교 수준의 '공민'을 지칭하는 용어가 아니라, 초등학교 및 중등 저학년에서 보다 전문화된 분과적 학습의 기초를 제공하는 과목을 지칭하는 용어이다. 동시에 지리·역사·공민 등 하위 영역의 완전한 통합보다는 개별 특성을 인정하는 의미를 갖는다. 그러므로 고등학교 수준에서 '일반사회'라는 용어가 등장했다는 사실은 미국 교육의 수용만으로는 설명하기 힘들다. 구체적으로 일본의 영향, 즉 1953년 발표된 우리나라 제1차 교육과정 시간배당 기준표 시안이 제2차 세계대전 종전 이후 일본 문부성에서 발표한 '고등학교 교과과정표'(부록 2)와 전 교과에 걸쳐 과목명은 물론 시수까지도 거의 흡사하다는 것에 주목해야 한다.[1] 해방 직후부터 사회생활과 도입 및 정착을 위

---

1) 다만, 일본의 교과과정표에는 '자연지리'라는 과목명은 나타나지 않으며, 우리의 과학에 해당하는 이과(理科)에 '지학'이라는 과목명이 기재되어 있다. 그러나 사회과의 구조가 우리나라의 1953년 시안과 동일하며, 지리 영역의 경우 '인문지리'라는 과목명만 등장하는 것으로 볼 때, 초기 일본의 '지학' 역시 우리나라와 마찬가지로 '자연지리'의 연장선에서 이해해야 한다고 생각한다. 이와 관련된 자세한 논의는 앞서 본문 내용

해 노력한 심태진 등이 제1차 교육과정 개정 시기에 그 작업을 주도하던 문교부 장학관이었다는 것과 이들이 한국전쟁으로 인해 부산에서 개정 관련 업무를 준비하면서 가까운 일본으로부터 전쟁물자와 함께 흘러 들어온 중핵 교육과정 이론을 바탕으로 교육과정 개정작업을 추진하였다는 것이 시간배당 기준표상의 유사성을 설명해 주고 있다.

한국전쟁으로 인한 사회재건주의 교육 이론의 도입도 통합사회적 측면의 강화에 영향을 미쳤다고 볼 수 있다. 진보주의의 한 분파라고 할 수 있는 사회재건주의는 당시 통합사회 및 교육과정 조직 논의의 핵심인 중핵 교육과정과 유사한 교육과정 조직 원리를 강조한다. 이는 한국전쟁의 폐허 속에서 소위 '재건'이 절실하게 요구되던 당시의 시대적 상황과도 연계되어 있으며, 1960년대 본격적으로 시작된 산업화·인간개조·국가주의 교육의 서막이었다고 할 수 있다. 특이한 것은 사회재건주의가 1930년대 미국 대공황기에 등장한 것으로 반자본주의적 속성을 갖고 있다는 것인데, 우리나라에 소개될 때는 이러한 부분은 걸러진 채 필요한 부분만 반영된 것으로 생각된다. 특히 사회생활과(사회과)라는 통합과목의 흔적이 현재까지도 지리교육의 발전의 발목을 잡고 있다는 점과 교화(indoctrination), 주입(imposition) 등을 강조하는 사회재건주의 속성상 실제 학교 현장에서 국·영·수 위주의 주입식 교육이 만연되었다는 측면은 아쉬운 점이다.

이처럼 제1차 교육과정의 도입 시기를 중심으로 발생한 지리교육의 약화, 즉 자연지리 영역의 축소, 교과 통합의 강화, 지리의 선택과목화 등은 당시의 국가적·사회적 맥락과 연계되면서 지리 영역의 전반적인 감소를 촉진하게 된다. 예를 들어, 당시의 극심한 취업난은 사범대학 이외의 일반 대학 졸업자들에게 교사 자격증(준교사)을 남발하게 되었는데, 사회과는 일반사회 영역에 집중되었다. 이는 학교 현장에 일반사회 교사 수요를 증대시키는 압박요인으로 작용되는

참조.

동시에 상대적으로 지리교육의 축소를 유발하는 요인이 된다. 이외에도 각 대학 입시에서 선택과목인 지리 과목 배제, 해방 이후 산업 개발을 위한 자원 탐사의 필요성과 과학기술 강조 등의 당시 국가적 정책과 사회적 분위기는 '지학'의 필요성을 점차 증대시키는 동시에 지리교육의 측면에서 보면 지리가 갖고 있는 자연과학적 속성을 거세해 나가는 계기로 작용하였다. 이는 학교 교육에서 지리의 역할을 '인문' 과목으로 한정하는 역할과 함께 일반인들에게 지리가 사회 과목이라는 인식을 갖게 하는 원인이 되었다고 할 수 있다.

지리가 소위 '문과' 과목인지 '이과' 과목인지에 대한 정체성의 혼란은 현재까지도 이어진다. 문과—이과 체제가 갖고 있는 학문 분류의 불합리성이 지리를 어느 한쪽에 속하도록 강제하는 상황은 자연지리적 성격과 인문지리적 성격 중 한 측면을 약화시킬 수밖에 없다. 특히, '사회생활과'라는 교수요목기 전체 학생을 대상으로 한 시민교육중심의 통합과목이 인문사회(문과)적 속성을 가진 '사회과'라는 교과로 고착되는 과정에서 이러한 상황은 더욱 심화된다.

정리하자면, 1950년대 제1차 교육과정기 전후의 지리교육과정은 첫째, 자연지리 영역의 축소 및 '지학'으로의 내용 이전, 둘째, 인문 교과인 '사회과' 내 하위 영역으로의 고착으로 정리할 수 있다. 그리고 당시의 취업난, 상급학교 진학비율 증가로 인한 입시의 어려움, 한국전쟁 이후 '재건'을 위한 과학기술 및 자원탐사의 강조라는 시대적 담론이 학교 교육 현장의 지리 영역 구조 변화 및 축소 과정에서 의미 있는 역할을 했음을 확인할 수 있다. 이는 문과와 이과라는 학문 분류체계가 고등학교 교과 분류체계에 정착되는 과정에서 자연지리적 속성의 약화 및 사회과 하위 영역으로의 고착이라는 결과로 나타나게 된다. 부연하자면, 제1차 교육과정은 '지리'가 갖고 있는 본래 교육적 의미가 제대로 구현되지 못하는 현 지리교육 상황의 잘못된 첫 단추라고 생각된다.

현재 학교 현장에서 지리교육이 처한 현실은 제1차 교육과정이 시작될 무렵 지리교육이 처했던 상황 못지않게 어렵다고 판단된다. '사회과'라는 한정된 교과 영역에 갇혀 지리과가 갖고 있는 교육적·본질적 속성을 제대로 인정받지 못하는 상태이며, 심한 경우 대학수학능력시험이나 학교 정규 교육과정에서도 언제 퇴출될지 모르는 것이 현실이다. 지리 교사로서 무엇보다도 두려운 것은 지리교육이 갖고 있고 담당해야 할 교육적 역할이 학교 현장에서 제대로 발휘되지 못할 때, 일반 학생들을 비롯해 우리나라에 살고 있는 모든 사람들이 겪을 수 있는 교육적 빈곤 및 결핍 현상이다. 이러한 현실적 위기 극복을 위해서는 지리교육과정이 어떤 과정을 거쳐 현재의 모습을 갖게 되었는지를 파악하는 것과 함께 현재 위치에서 할 수 있는 모든 노력이 필요하다고 볼 수 있다.

 '교과'가 구성원들의 이익만을 위해 성립되고 변화되며 움직일 수도 있지만, 그것도 그러한 권력을 갖고 있는 교과나 가능한 일이다. 현재의 '지구과학'을 과거의 '자연지리'와 동일하게 취급·인식할 수 없으며 사회과에 포함되어 있는 지리교과를 독립된 형태로 분리하기도 쉽지 않다고 생각된다. 물론 '지리'와 '지구과학'을 합치기도 어렵다. 사회과 속의 지리와 과학과 속의 지구과학은 나름의 변화과정을 겪으면서 현재 학교 교육 내에서 자리매김을 하고 있다. 다만 교과목으로서 갖고 있는 기존의 정체성을 지키는 범위에서 지형·기후 등 중복되는 부분의 합리적 조정과 함께, 지리의 경우 문·이과 구분을 넘어 모든 학생들이 배울 수 있는 방향으로 지향점을 설정할 필요가 있다. 여기서 합리적 조정이란 양 교과의 입장에 따라 다를 수 있으며, 이를 위해서는 지리과 내에서도 심도 있는 연구가 필요하다. 필자는 현재까지 지켜 왔던 교과 특성을 중심으로 느슨한 차원의 일부 중복을 허용하는 것이 필요하다고 생각한다. 즉, 지리와 지구과학의 서로 다른 교과 목표를 위해 필요하다면 일부 내용이 오버랩될 수 있으며, 중복을 이유로 어느 한쪽에서 특정 내용을 삭제할 경우, 오히려 교육 목적이나 목표 달성에 장애가 될 수도 있다.

 우리의 삶터는 자연적 특성과 인문적 특성이 함께 어우러진 곳으로 어느 한 측면의 편향된 지식으로는 이해가 불가능하다. 제1차 교육과정기 이후 자연지리의 분량이 많이 줄어들었지만, 지형, 기후, 환경 등은 여전히 지리과의 주요 내용이다. 이러한 내용이 인문지리와 함께 어우러질 때 학생들이 지구상의 다양

지리교육과정의 기원을 읽다

한 지역을 이해할 수 있는 삶의 지혜를 습득하는 동시에, 인류가 발달시킨 보다 세분화된 지식체계를 받아들일 수 있는 인지구조를 가질 수 있을 것이다.[2] 즉, 지리교육이 추구하는 지식, 기능, 가치는 소위 문과·이과에 기반을 둔 지식 분류체계로는 나눌 수 없으며, 이와 같은 분리의 지속은 우리가 함께 살아가는 '지구'라는 삶터를 이해하고, 문제를 인식하며, 이를 해결해 나가고자 하는 지리교육의 교과적 가치를 무의미하게 만든다고 볼 수 있다.

이러한 입장에서 필자는 향후 자연지리와 인문지리를 종합적으로 아우를 수 있는 지역지리 관련 내용이 지리교육과정에서 강화될 필요성이 있다고 생각한다. 아쉬운 점은 현재 학교 현장에 적용되고 있는 2009 개정 교육과정에서는 고등학교 한국지리를 제외한 중학교 사회과 지리 영역 교육과정과 고등학교 세계지리 교육과정에서 지역지리 단원이 약화되거나 사라졌다는 것이다.[3] 지역, 장소, 공간 등으로 개념화된 우리의 삶터에 대한 종합적인 이해는 오랜 기간 지리과의 주요 교수-학습 내용이었으며, 인터넷을 비롯한 각종 미디어의 발달로 세상이 좁아진 현재에도 다른 지역에 대한 이해는 여전히 학교 현장에서 학생들의 지적 호기심과 흥미를 자극하는 요소이다. 무엇보다도 다른 교과나 과목에서 발견할 수 없는 지리과 고유의 특성과 세상을 바라보는 관점이 내재되어 있다고 볼 수 있다.

지역지리 중심의 지리교육과정이 계통지리 중심으로 편성된 것보다 교육적·학문적으로 더 우수하다고 단언할 수는 없으며, 지역지리만으로 교육과정 조직과 교육내용을 구성하자는 것도 아니다. 그러나 계통지리 중심으로 구성된 교육

---

[2] 교육과정학자들은 "지리교과서에 등장하는 사실·개념·원리 들을 어느 과목에서 배우든지 무슨 상관이 있는가?"라는 질문을 할 수 있다. 그러나 개별 교과목이 담고 있는 내용을 구조로부터 분리해서 원자화할 때, 해당 지식의 가치는 무의미해질 수 있다. 예를 들어, 기온, 강수, 바람 등의 기후적 개념은 '지역이해'라는 틀속에서 교육적 의미를 찾을 수 있으며, 고생대·신생대와 같은 지질시대의 개념은 석유나 석탄과 같은 자원의 분포와 연결될 때, 마찬가지의 효과가 나타날 수 있다.

[3] 현재 교과서가 개발되고 있는 2015 개정 교육과정에서는 고등학교 세계지리의 지역지리 대단원이 다시 부활하였다. 교과서가 출판되어야만 판단이 가능하겠지만, 중학교 사회, 고등학교 통합사회를 포함한 전체 지리과 관련 과목의 교육과정을 살펴보면, 지역지리 내용의 비중이 여전히 낮다고 할 수 있다(교육부 고시 제2015-74호, 2015.9, 초·중등학교 교육과정).

과정은 단원에 따라 자연지리적 특성과 인문지리적 특성이 두드러지면서, 다른 교과목과 일부 내용이 필요 이상으로 중복되는 문제를 가져올 수도 있으며, 지리교육이 갖고 있는 본질과 의미가 제한적으로 전달될 수도 있다. 반면, 합리적인 기준을 바탕으로 적절한 규모로 지역이 구분되고, 각 지역의 지역성 및 최근 이슈들을 바탕으로 선정된 주제들의 교육적 재구성이 이루어진다면, 지리교육이 갖고 있는 교육적 기능과 역할이 학교 교육과정에서 제대로 구현될 수 있을 것으로 생각된다.

교과목은 해당 교과의 본질적인 속성을 유지하는 동시에 교육적으로 의미 있는 내용 및 구조를 지향하며 변화되어야 한다. 현재의 지리교육과정 속에는 과거의 방대한 지리학 및 지리교육적 논의들이 전제되어 있다. 그리고 무수한 인과적 혹은 지향적 관계가 포함된 복합적인 층위를 만들면서 지금도 퇴적되고 있다. 예전 사람들보다 현재 사람들이 과연 행복할까에 대해 항상 의문이 들듯이, 역사가 계속 진보한다고 정의할 수는 없다. 확실한 것은 현재 지리교육과정에는 제1차 교육과정기를 비롯한 지난 교육과정의 흔적이 남아 있으며, 지리교육과정의 내실을 기하기 위해서는 현재 맥락에서 이러한 흔적들의 의미를 찾는 동시에 선택적인 복원 및 제거를 해 나갈 필요가 있다는 것이다. 지리가 축적해 온 자연 및 인문 환경에 대한 포괄적인 관점과 학문적 소산을 바탕으로, 현재보다 더 많은 교육적 의미를 가진 교과목으로 변경해 나가는 노력이 전제되어야만 우리들이 살고 있는 다양한 형태의 삶에 도움이 될 수 있다. 즉, 지리가 어떠한 진로를 희망하는 학생들에게도 필요하다는 것을 학생들 본인은 물론 사회적으로도 받아들여질 수 있도록 노력해야 하며, 향후 지속적인 연구와 논의를 바탕으로 이러한 노력을 구체화시킬 수 있는 방안을 모색해 나가야 할 것이다.

지리교육과정의 기원을 읽다

참고문헌

1. 국내 문헌
〈단행본 및 논문〉

강우철, 1962, 『사회생활과 학습지도』, 일조각.

강우철, 1977, 「한국 사회과 교육의 30년」, 사회과교육, 10, 한국사회과교육연구학회, pp.4 -7.

강우철 편, 1991, 『달라져야 할 사회과 교육』, 교학사.

강윤호, 1973, 『개화기의 교과용 도서』, 교육출판사.

강신주, 2006, 『철학, 삶을 만나다』, 이학사.

강신항, 1996, 「개교초기 학창생활의 편모」, 『서울고 50주년 기념문집II』, pp.19-21.

강창동, 2003, 『지식기반사회와 학교지식』, 문음사.

강창순, 2001, 「한국전쟁기(1950-1953) 사회과 교육 실천에 관한 연구」, 한국교원대학교 석사학위논문.

강효자, 1990, 「중등지리 교육과정의 변천에 관한 연구」, 강원대학교 교육대학원 석사학위 논문.

과학기술부, 2008, 『과학기술 40년사』.

곽병선, 1983, 『교육과정』, 배영사.

광주제일고등학교동창회, 1986, 『광주고보·서중·일고 65년사』, 광주제일고등학교동창회.

교육50년사 편찬위원회, 1998, 『교육50년사(1948-1998)』, 교육부.

교육과학기술부, 2010, 교육과학기술부 고시 제2009-41호에 따른 고등학교 교육과정 해 설-사회(역사).

교육과학기술부 고시 제2009-10호, 2009.3.6., 초·중등학교 교육과정 일부 개정.

교육과학기술부 고시 제2009-41호, 2009.12.23., 초·중등학교 교육과정.

교육과학기술부 고시 제2011-361호, 2011.8.9., 초·중등학교 교육과정.

교육과학기술부 고시 제 2012-3호, 2012.3.21., 초·중등학교 교육과정 일부 개정.

교육과학기술부 고시 제 2012-14호, 2012.7.9., 초·중등학교 교육과정 일부 개정.

교육인적자원부 고시 제 2007-79호, 2007.2.28., 초·중등학교 교육과정.

교육부, 1994, 중학교 사회과 교육과정 해설.

교육부, 1995, 고등학교 사회과 교육과정 해설.

교육부 고시 제2015-74호, 2015.9.23., 초·중등학교 교육과정.

국립현대미술관, 2011, 『임응식=Photography of Limb Eung Sik: 기록의 예술, 예술의 기록』, 국립현대미술관.

권오정, 1987, 『민주시민교육론』, 탐구당.

권오정·김영석, 2006, 『사회과 교육학의 구조와 쟁점』(증보판), 교육과학사.

권정화, 2005, 『지리사상사 강의노트』, 한울.

권혁재, 1976, 「지리학」, 『한국현대문화사대계II』, 고려대민족문화연구소, pp.210-255.

권혁재, 1982, 「교육사와 지리학」, 『한국교육사연구의 새방향』, 집문당, pp.248-262.

권혁재, 1997, 『자연지리학』(2판), 법문사.

그레이브스 저, 이희연 역, 1984, 『지리교육학 개론』, 교학연구사.(Graves, N. J., 1980, *Geography in Education* (2nd. ed.), London: Heinemann Educational Books Ltd.)

김계숙, 1954, 「새교육과 교육철학」, 교육, 1, 서울대학교사범대학교육회, pp.7-21.

김계숙, 1960, 「사회생활과교육실천기: 대학편」, 교육, 11, 서울대학교사범대학교육회, pp.130-138.

김기봉, 2000, 『'역사란 무엇인가'를 넘어서』, 푸른역사.

김기봉 외, 2008, 「포스트모던 시대에서 역사란 무엇인가」, 『포스트모더니즘과 역사학』, 푸른역사, pp.23-60.

김기석·강일국, 2004, 「1950년대 한국교육」, 문정인·김세중 편, 『1950년대 한국사의 재조명』, 선인, pp.525-563.

김두정, 2002, 『한국 학교 교육과정의 탐구』, 학지사.

김두정, 2014, 「교과 교육과정의 개혁, 어떻게 할 것인가?」, 제3차 국가교육과정 포럼 자료집, 한국교육과정협회, pp.2-17.

김봉석, 2007, 「교육과정과 교수-학습 과정의 해석학적 재개념화」, 교육과정연구, 25(4), 한국교육과정학회, pp.61-80.

김상호, 1955, 「지리학의 방향」, 교육, 2, 서울대학교사범대학교육회, pp.135-144.

김성근, 1957, 「역사와 일반교육」, 교육, 7, 서울대학교사범대학교육회, pp.63-70.

김성일·윤미선·소연희, 2008, 「한국 학생의 학업에 대한 흥미: 실태, 진단 및 처방」, 한국심리학회지: 사회문제, 14(1), 한국심리학회, pp.187-221.

김수천, 2003, 『교육과정과 교과』, 교육과학사.

김승호, 2009, 「교과 교육론 서설」, 교육과정연구, 27(3), 한국교육과정학회, pp.83-106.

김연옥·이혜은, 1999, 『사회과 지리교육연구』, 교육과학사.

김영식, 2009, 『인문학과 과학 – 과학기술 시대 인문학의 반성과 과제』, 돌베개.

김영자, 1989, 『한국중등교원양성연구사』, 교육과학사.

김영천 편저, 2006, 『After Tyler: 교육과정 이론화 1970년–2000년』, 문음사.

김영한, 1998, 「해체주의와 해석학 – 데리다와 가다머」, 철학과 현상연구, 10, 한국현상학회, pp.272–300.

김영화 외, 1997, 「(연구보고RR97–9) 한국의 교육과 국가 발전(1945~1995)」, 한국교육개발원.

김영훈, 1956, 「각 대학 입시출제에 대한 소견」, 새교육, 8(5), pp.37–42.

김왕배, 2000, 『도시, 공간, 생활세계』, 한울.

김용만, 1987, 「한국사회과교육의 변천과 전망」, 사회과교육, 20, 한국사회과교육연구학회, pp.61–93.

김용만, 1989, 「사회과 교과역사론」, 사회과교육, 22, 한국사회과교육연구학회, pp.138–148.

김용만, 1998, 초등학교 교육과정 해설Ⅱ, 교육부.

김용일, 1999, 「미군정하의 교육정책 연구」, 고려대학교민족문화연구원, pp.286–287.

김원정, 2008, 「교육과정텍스트의 매개적 맥락에 대한 해석적 이해」, 교육과정연구, 26(2), 한국교육과정학회, pp.1–27.

김인회, 1982, 「한국교육사 서술의 제문제」, 『한국교육사연구의 새방향』, 한국교육사연구회 편, 한국교육사연구회, 집문당, pp.29–48.

김의형, 1948, 「신학제에 관한 소감」, 새교육 2, 조선교육연합회, pp.72–74.

김종서, 1985, 『교육학개론』, 교육과학사.

김종서·이영덕·황정규·이홍우, 1997, 『교육과정과 교육평가』, 교육과학사.

김종서·이홍우, 1980, 「한국의 교육과정에 대한 외국교육학자의 관찰」, 교육학연구, 18(1), 한국교육학회, pp.82–99.

김진업 편, 2001, 『한국 자본주의 발전모델의 형성과 해체』, 나눔의 집.

김진영 외, 2010, 「(연구보고서2010–2) 교과용도서 국·검·인정 구분 준거 및 절차에 관한 연구」, 사단법인 한국검정교과서.

김평국, 2006, 「교육과정 연구에 있어서 재개념화의 역사: 1970년대 미국 교육과정 학계의 변화를 중심으로」, 김영천 편저, 『After Tyler: 교육과정 이론화 1970년–2000년』, 문음사, pp.49–70.

남상준, 1992, 「한국 근대학교의 지리교육에 관한 연구」, 서울대학교 박사학위논문.

남상준, 1999, 『지리교육의 탐구』, 교육과학사.

노에 게이치 저, 김영주 역, 2009, 『이야기의 철학』, 한국출판마케팅연구소(野家啓一, 2005, 物語の哲學, 岩波書店).

다치바나 다카시 저, 이정환 역, 2002, 『도쿄대생은 바보가 되었는가』, 청어람미디어(立花 隆, 2001, 東大生はパカになつたか, 文春文庫).

대한민국학술원, 2004, 「앞서 가신 회원의 발자취」, 대한민국학술원.

라카프라 저, 이광래·이종흡 역, 1986, 「지성사에 대한 반성과 원전 해독」, 라카프라·카프 란 편저, 『현대유럽지성사』, 강원대학교 출판부, pp.49-95(LaCapra, D. & Kaplan, L. (Eds.) 1982, *Modern European Intellectual History*, New York: Cornell University Press).

라카프라 저, 이화신 역, 2008, 「전환기의 새로운 지성사」, 육영수 외 편역, 『치유의 역사학 으로: 라카프라의 정신분석학적 역사학』, 푸른역사, pp.272-328.

라카프라 저, 최영화 역, 2008, 「정전(Canon), 텍스트(Text), 콘텍스트(Context)」, 라카프라 저, 육영수 외 편역, 『치유의 역사학으로: 라카프라의 정신분석학적 역사학』, 푸른역 사, pp.18-63.

류재명, 1988, 「지리교육사 연구의 과제와 문제점」, 지리교육논집, 19, 서울대학교 사범대 학 지리교육과, pp.91-98.

류종렬·남호엽, 1996, 「한국 사회과 교육의 도입과 보급 – 특집: 장병창 선생과의 대담」, 사회과교육연구, 3, 한국사회과교육학회, pp.207-216.

문교부, 1953, 「교육과정 개정의 기본 방침」, 새교육, 5(2), 대한교육연합회, pp.45-52.

문교부, 1956, 「고등학교 교원 자격 검정고시 과목별 합격자 명단」, 문교월보, 25, pp.25-26.

문교부, 1958, 『문교개관』.

문교부령 제35호, 1954, 국민학교·중학교·고등학교·사범학교 교육과정 시간배당 기준령.

문교부령 제44호, 1955, 국민학교 교과과정.

문교부령 제45호, 1955, 중학교 교과과정.

문교부령 제46호, 1955, 고등학교 및 사범학교 교과과정.

문교부령 제122호, 1963, 실업고등학교 교육과정.

미군정청 문교부, 1946, 『국민학교 각과 교수요목』.

미군정청 문교부 조사기획과, 1946, 『문교행정개황』.

민홍기, 1978, 「고등학교 지리교육의 자연지리 내용변천에 관한 연구」, 지리학과 지리교육, 8, 서울대학교 사범대학 지리교육과, pp.106-131.

밀즈 저, 김부용 역, 2001, 『담론』, 인간사랑(Mills, S., 1997, *Discourse*, London: Rout-ledge).

박광희, 1965, 「한국 사회과의 성립과정과 그 과정변천에 관한 일연구」, 서울대학교 석사학위논문.

박노자, 2005, 『우승열패의 신화』, 한겨레신문사.

박도순·변영계, 1993, 『교육과정과 교육평가』, 문음사.

박병호, 1972, 「북한경제와 산업입지」, 아세아연구, 45, 고려대학교아세아문제연구소, pp.95-176.

박선미, 2004, 『한국의 지리교육과정론』, 문음사.

박선영, 1982, 「한국교육사와 시대구분의 본질」, 『한국교육사연구의 새방향』, 한국교육사연구회 편, 한국교육사연구회, 집문당. pp.63-83.

박순경, 1996, 「교육과정에 있어서의 '텍스트 읽기'의 의미」, 교육학연구, 34(1), 한국교육학회, pp.209-229.

박승배, 2007, 『교육과정학의 이해』, 학지사.

박영선, 1999, 「가다머의 해석학과 해체주의」, 한국해석학회 편, 『해석학의 역사와 전망』, 철학과 현실사.

박은아, 2001, 「제2차 교육과정기 초등 사회과 수업 실천」, 한국교원대학교 대학원 석사학위논문.

박은종, 2008, 『한국 사회과 교육과정탐구』, (주)한국학술정보.

박정일, 1977, 「사회과 지리교육과정의 변천에 관한 연구: 1945~1975」, 서울대학교 석사학위논문.

박정일, 1979, 「사회과 지리교육과정의 변천에 관한 연구」, 지리학과 지리교육, 9, pp.332-353.

배성준, 2009, 「해방~한국전쟁 직후 서울 공업의 재편성」, 『해방 후 사회경제의 변동과 일상생활』, 도서출판 혜안, pp.23-60.

백경선, 2006, 「국가교육과정기준 개발에서 사회적 요구 분석과 반영 체제 연구」, 고려대학교 박사학위논문.

백경선, 2007, 「'초·중등학교 교육과정 개정(안)'에 대한 토론」, 초·중등학교 교육과정 총론 개정안 공청회, 교육인적자원부, pp.85-101

버크 저, 박광식 역, 2006, 『지식』, 현실문화연구(Burke, P., 2000, *Social History of Knowledge: from Gutenberg to Diderot*, Cambridge, UK: Polity Press Ltd.).

사전편찬위원회, 2005, 『국어대사전』, 민중서관, p.2029.

상공부, 1971, 『통상백서』.

샤르티에 저, 백인호 역, 1998, 『프랑스혁명의 문화적 기원』, 일월서각(Chartier, R., 1991, *The Cultural Origin of The French Revolution*, London: Duke University).

서울대학교사범대학교육회, 1958, 교육, 8, p.148.

서울대학교60년사 편찬위원회, 2006, 서울대학교60년사』, 서울대학교.

서울특별시, 1960, 『서울도시요람』.

서울특별시교육회, 1956, 『대한교육연감』, 서울특별시교육회.

서울특별시교육회, 1957, 『대한교육연감』, 서울특별시교육회.

서울대학교 지리학과 50주년 추진위원회, 2008, 『서울대학교 지리학과 50년사』, 서울대학
교지리학과.

서재천, 2004, 『초등 사회과 교육』, 도서출판 유천.

서태열, 2002, 「지리교육의 발전 과정과 동향」, 한국의 학술연구―인문지리학, 대한민국학
술원, pp.245-290.

서태열, 2007, 「교과별 교육과정 제시방안」, (정책연구 중간보고)미래를 준비하기 위한 교
육과정체계 개혁방안, 국회의원 이주호, pp.66-88.

성공회대 동아시아 연구소 편, 2008, 『냉전아시아의 문화풍경1: 1940~1950』, 현실문화.

소경희, 2000, 「우리나라 교육과정 개정에 있어서 총론과 각론의 괴리 문제에 대한 고찰」,
교육과정연구, 18(1), 한국교육과정학회, pp.201-218.

소경희, 2006, 「학교지식의 변화요구에 따른 대안적 교육과정 설계방향 탐색」, 교육과정연
구, 24(3), 한국교육과정학회, pp.39-59.

소경희, 2010, 「학문과 학교 교과의 차이: 교육과정 개발에의 함의」, 교육과정연구, 28(3),
한국교육과정학회, pp.107-125.

손치무, 1976, 「한국지질학발전의 발자취」, 지질학회지, 12(2), 대한지질학회, pp.101-102.

슈미드 저, 정여울 역, 2007, 『제국 그 사이의 한국 1895-1919』, 휴머니스트(Schumid, A.,
2002, *Korea Between Empires 1895-1919*, Columbia University Press).

신천식, 1969, 「한국교육사의 시대구분 문제」, 한국교육사학, 1, 한국교육학회 한국교육사
연구회, pp.24-37.

심재형, 1959, 「교육학자에게 드리는 글」, 새교육, 11(9), 대한교육연합회, pp.26-28.

심태진, 1946, 「사회생활과 교육론―민주교육연구 강습회 속기록」, 조선교육 1, 조선교육연
구회.

심태진, 1981, 『석운교육논집』, 우성문화사.

심태진 외 3인, 1994, 『사우문선』, 교문사.

심풍언, 1986, 「고등학교 지리과 교육과정의 연구」, 지리교육논집, 17, 서울대학교 사범대
학 지리교육과, pp.22-53.

안동혁, 1948, 「기술 교육 관견」, 새교육, 2, pp.27-33.

안영순, 2004, 「사회과 교육학자로서의 강우철 연구」, 한국교원대학교 석사학위논문.

안종욱, 2011, 「국가교육과정에서 지리교과 내용체계의 역사적 기원」, 고려대학교 박사학위논문.

안종욱, 2012, 「고등학교 '경제지리' 과목의 역사적 기원과 의미」, 한국지리환경교육학회지, 20(3), 한국지리환경교육학회, pp.33-48.

안종욱, 2015, 「세계지리 교과서에 기술된 분쟁 및 갈등 지역의 지명 표기 현황과 쟁점」, 사회과교육, 54(1), 한국사회과교육연구학회, pp.1-14.

안천, 1999, 「사회과 교육의 20세기와 21세기 - 발전적 해체와 재탄생」, 초등사회과교육, 11, 한국초등 사회과교육학회, pp.3-25.

안천, 2003, 『신사고 사회과교육론』, 교육과학사.

애플 저, 김미숙 외 역, 2004, 『문화 정치학과 교육』, 우리교육(Apple, M. W., 1996, *Cultural Politics and Education*, New York: Teachers College Press.)

애플 저, 박부권·심연미·김수연 역, 2001, 『학교지식의 정치학』, 우리교육(Apple, M. W., 2000, *Official knowledge: Democratic Education in a Conservative Age* (2nd ed)., New York: Routledge.)

예경희, 1971, 「해방 이후 중고등학교 지리학습의 변천」, 경북대학교 석사학위논문.

예경희, 1974, 「미군정기의 중등학교 지리교육」, 샛별, 21, 대구대륜고등학교, pp.28-48.

오천석, 1975, 『한국신교육사(하)』, 광명출판사

유봉호, 1992, 『한국교육과정사연구』, 교학연구사.

유봉호·김융자, 1998, 「한국 근·현대 중등 교육 100년사」, 한국교육학회교육사연구회, 교학연구사.

육영수, 2008, 「기억, 트라우마, 정신분석학: 도미니크 라카프라와 홀로코스트」, 라카프라 저, 육영수 외 편역, 『치유의 역사학으로: 라카프라의 정신분석학적 역사학』, 푸른역사, pp.370-409.

윤미선·김성일, 2003, 「중·고생의 교과흥미구성요인 및 학업성취와의 관계」, 교육심리학연구, 17(3), pp.271-290.

윤정일, 1997, 「현대적 교육체제의 형성과 발전」, 서울대학교 교육연구소 편, 한국교육사, 교육과학사, pp.265-336.

이경섭, 1997, 『한국현대교육과정사 연구(상)』, 교육과학사.

이경환·박제윤·권영민, 2002, 『한국교육과정의 변천』, 대한교과서.

이계학 외, 2004, 『근대와 교육 사이의 파열음』, 아이필드.

이근호, 2006, 「현상학과교육과정 연구」, 김영천 편저, 『After Tyler: 교육과정 이론화 1970년-2000년』, 문음사, pp.223-256.

이길상·오만석 편, 1997, 『한국교육사료집성 - 미군정기편II』, 한국정신문화연구원.

이대의, 1998, 「검인정교과서의 변천사」, 교과서연구, 1, 한국교과서연구재단, pp.5-16.

이동원, 1997, 「새교육 운동기 사회과 수업방법의 수용과 실천」, 한국교원대학교 석사학위
논문.

이동원, 2001, 「'공통사회' 탄생과정을 통해 본 통합·분과 논쟁」, 사회과교육연구, 8, 한국사
회교과교육학회, pp.83-98.

이동원, 2003, 「한국 초등 사회과의 형성과 변화 논리」, 한국교원대학교 박사학위논문.

이면우, 1996, 「한국 근대교육기(1876-1910)의 지구과학교육」, 서울대학교대학원 박사학
위논문.

이면우·최승언, 1999, 「한국 근대교육기(1876~1910) 지문학 교과」, 한국지구과학학회지,
20(4), 지구과학학회, pp.351-361.

이명화, 2010, 「일제 황민화교육과 국민학교제의 시행」, 한국독립운동사연구, 35, 독립기념
관 한국독립운동사연구소, pp.315-348.

이상선, 1946, 『사회생활과의 이론과 실제』, 금룡도서.

이상선, 1953, 「시사교육」, 새교육, 5(3), 대한교육연합회, pp.48-56.

이상철, 2004, 「1950년대의 산업정책과 경제발전」, 『1950년대 한국사의 재조명』, 선인.

이석규 편, 2003, 『텍스트 분석의 실제』, 도서출판 역락.

이영덕, 1997, 「교육과정의 개념」, 『교육과정과 교육평가』, 교육과학사.

이재훈, 1956, 「중·고등학교 교육의 재검토」, 문교월보, 29, pp.23-28.

이종성 외, 1998, 『직업 교육훈련100년사』, 한국직업능력개발원.

이종일, 2001, 『과정중심 사회과 교육』, 교육과학사.

이종훈, 1979, 「미군정경제의 역사적 성격」, 『해방전후사의 인식1』, 한길사, pp.449-500.

이진경, 2002, 『철학과 굴뚝청소부』(2판), 그린비.

이진경, 2010, 『역사의 공간』, 휴머니스트.

이진석, 1992, 「해방 후 한국 사회과의 성립과정과 그 성격에 관한 연구」, 서울대학교 박사
학위논문.

이찬, 1971, 「사회과 교육의 도입과 변천과정 및 전망」, 사회과교육, 5, 한국사회과교육연구
학회, pp.4-7.

이찬, 1977, 「고등학교 사회과 교육과정의 변천」, 사회과교육, 10, 한국사회과교육연구학
회, pp.24-30.

이찬, 1984, 「지리교육의 재성찰」, 사회과교육, 17, 한국사회과교육연구학회, pp.7-8.

이찬, 1996, 「사회과 교육 50년의 회고」, 사회과 교육 연구, 3, 한국사회교과교육학회, pp.3
-10.

이찬 외, 1975, 『지리과 교육』, 한국능력개발사.

이혜영 외 1998, 『한국근대학교 교육100년사 연구(Ⅲ)』, 한국교육개발원.

이홍후·유한구·장성모, 2003, 『교육과정이론』, 교육과학사.

이화100년사 편찬위원회, 1994, 『이화백년사』, 이화여자고등학교.

임덕순, 1986, 『지리교육론』, 보진재.

임덕순, 1977, 「중학교 사회과 교육 목표의 변천」, 사회과교육, 10, 한국사회과교육연구학회, pp.16-23.

임덕순, 2000, 『지리교육원리』(제2판), 법문사.

장보웅, 1971, 「일본통치시대의 지리교육」, 논문집, 4, 군산교육대학, pp.83-117.

장상호, 1997, 『학문과 교육(상) - 학문이란 무엇인가』, 서울대학교 출판부.

장상환, 1985, 「해방 후 대미 의존적 경제구조의 성립과정」, 『해방 40년의 재인식 Ⅰ』, 돌베개, pp.83-110.

장신, 2006, 「조선 총독부 학무국 편집과와 교과서 편찬」, 역사문제연구, 16, 역사문제연구소, pp.33-68.

장혜정·김영주, 2005, 「지리교육의 선구자 이찬」, 사회과교육연구, 12(1), 한국사회교과교육학회, pp.287-302.

전경갑, 1993, 『현대와 탈현대의 사회사상』, 한길사.

전명기, 1987, 「한국 미군정기 교육정책에 대한 비판적 고찰」, 한국정신문화연구원 석사학위논문.

정건영, 1959, 「좌담회: 새교육 운동을 돌아보며」, 새교육, 11(9), 대한교육연합회, pp.8-15.

정기철, 1995, 「해석학과 해체주의 - 가다머와 데리다 간의 논쟁」, 해석학연구, 1, 한국해석학회, pp.277-313.

정범모, 1956, 『교육과정』, 풍국학원.

정범모, 1956, 「교육개혁의 의욕과 그 긴요성 Ⅱ」, 교육, 5, 서울대학교사범대학교육회, pp.6-18.

정범모, 1957, 「일반교육의 개념」, 교육, 7, 서울대학교사범대학교육회, pp.6-19.

정병기·신현중·홍기룡·박동원, 1997, 『사회과 교육과정의 영역별 분석과 수업기법』, 배영사.

정영주, 1991, 「한국 교육 과정 형성기의 교육 과정 변화 요인 분석」, 이화여자대학교 박사학위논문.

정주현, 1993, 「미군정기 사회생활과 도입과정에 관한 연구」, 이화여자대학교 석사학위논문.

조광준, 1977, 「중·고등학교 지리교육 내용의 변천」, 사회과교육, 10, 한국사회과교육연구학회, pp.52-56.

조용진, 1975, 「Theodore Brameld의 재건주의 교육사상에 관한 연구」, 논문집 2(4), 충남대학교인문과학연구소, pp.872-876.

조지형, 1997, 「도미니크 라카프라의 텍스트 읽기와 포스트모더니즘적 역사서술」, 미국사연구, 6, 한국미국사학회, pp.1-26.

조한욱, 2000, 『문화로 보면 역사가 달라진다』, 책세상.

조황희 외, 2002, 『(정책연구2002-18)한국의 과학기술인력정책』, 과학기술정책연구원.

지루 저, 이경숙 역, 2001, 『교사는 지성인이다』, 아침이슬(Giroux, H. A., 1988, *Teachers as Intellectuals: Toward a Critical Pedagogy of Learning*, Westport, CT: Bergin & Garvey).

진명75년사 편찬위원회, 1980, 『진명75년사』, 진명여자중·고등학교.

청주교육대학45년사 편집위원회, 1986, 『청주교육대학 45년사(1941-1986)』, 청주교육대학교.

체리홈스 저, 박순경 역, 1998, 『탈구조주의 교육과정 탐구: 권력과 비판』, 교육과학사(Cherryholmes, C. H., 1988, *Power and criticism: Poststructural investigations in education*, New York: Teachers College Press).

최규남, 1948, 「과학기술 교육의 급무」, 새교육, 1(3), 대한교육연합회, pp.8-13.

최명선, 2005, 『해석학과 교육 - 교육과정사회학 탐구』, 교육과학사.

최복현, 1977, 「나의 회고」, 지리학연구, 3, 국토지리학회, pp.255-268.

최상오, 2003, 「이승만 정부의 경제정책과 공업화 전략」, 경제사학, 35, 경제사학회, pp.135-165.

최용규, 1996, 「초기 사회과 시대의 '단원학습'에 대한 이해와 실천」, 사회과교육연구, 3, 한국사회교과교육학회, pp.11-26.

최용규, 2001, 「사회과 교육사 연구의 동향과 과제」, 사회과교육연구, 8, 한국사회교과교육학회, pp.3-14.

최용규, 2004, 「초등 사회과 교육의 변천: 반성과 전망」, 한국교육50년: 그 반성과 전망, 한국교원대학교 개교 20주년 기념 논집, 한국교원대학교출판부, pp.184-221.

최용규·정호범·김영석·박남수·박용조, 2005, 『사회과, 교육과정에서 수업까지』, 교육과학사.

최왈식, 2000, 「한·미 학문중심 사회과 교육과정 자료 비교 연구 - 「MACOS」와 KEDI의 「사회수업지침서」를 사례로」, 한국교원대학교 석사학위논문.

추성구, 1967, 「지리교육의 당면과제」, 논문집, 5, 공주사범대학, pp.43-50.

카 저, 서정일 역, 1987, 『역사란 무엇인가』, 열음사(Carr, E. H., 1971, *What is History?*,

London: Penguin Books).

카넬라 저, 유혜령 역, 2002, 『유아교육이론 해체하기』, 창지사(Cannella, G. S., 1997, *Deconstructing Early Childhood Education: Social Justice and Revolution*, New York: Peter Lang).

컨 저, 박성관 역, 2004, 『시간과 공간의 문화사(1880-1918)』, 휴머니스트(Kern, S., 1983, *The Culture of Time and Space*, Harvard University Press).

크레이머 저, 조한욱 역, 1996, 「문학, 비평 그리고 역사적 상상력」, 헌트 편저, 『문화로 본 새로운 역사』, 소나무, pp.146-188 (Kramer, L. S., 1989, Literature, Criticism, and Historical Imagination: The Literary Challenge of Hayden White and Dominick LaCapra, in Hunt, L. (Ed.), *New Cultural History*, the University of California Press.)

파이너 저, 김영천 역, 2005, 『교육과정이론이란 무엇인가?』, 문음사(Pinar, W. F., 2004, *What is curriculum theory?*, Mahwah: Lawrence Erlbaum Associates).

파이너 외 저, 김복영 외 역, 2001, 『교육과정 담론의 새 지평』, 원미사(Pinar, W. F. et al., 1995, *Understanding Curriculum: An Introduction to the Study of Historical and Contemporary* Curriculum Discourse, New York: Peter Lang Publishing, Inc.).

편집국, 1948, 『대학검정及남녀각대학 대학시험문제 모범 답안집』, 동아문화사.

편집부, 1990, 「축 정창희 박사 70회 생신」, 고생물학회지, 6(2), 한국고생물학회, pp.215-216.

편찬위원회, 1976, 『휘문70년사』, 휘문중·고등학교.

포스너 저, 김인식·박영무·최호성 역, 1996, 『교육과정 이론과 분석』, 교육과학사(Posner, G. J., 1994, *Analyzing the Curriculum*(2nd ed.), McGraw-Hill).

한국산업은행조사부, 1955, 『한국산업경제 10년사』.

한국과학기술30년사 편찬위원회, 1980, 『한국과학기술30년사』, 한국과학기술단체연합회.

한국교육개발원, 2002, 「(연구보고 RR 2002-4) 초·중학생의 지적·정의적 발달단계 분석 연구(III)」, 한국교육개발원.

한국교육10년사간행회, 1960, 『한국교육10년사』, 풍문사.

한기언, 1955, 「신교육과정 제정의 성격」, 교육, 3, 서울대학교사범대학교육회, pp.24-40.

한기언, 1960, 「현대 교육과정 사조상에서 본 사회생활과 교육의 위치」, 교육, 11, 서울대학 교사범대학교육회, pp.30-38.

한만길, 1986, 「교육과정과 국가의 사회통제」, 교육개발, 8(4), 한국교육개발원, pp.19-26.

한면희, 2001, 『새로운 패러다임에 기초한 사회과 교육』, 교육과학사.

한성일, 2003, 「텍스트 언어학의 개념과 전개」, 이석규 편, 『텍스트 분석의 실제』, 도서출판

역락, pp.19-51.

한준상, 1987, 「미국의 문화침투와 한국교육」, 『해방전후사의 인식 3』, 한길사, pp.541-607.

한준상·정미숙, 1989, 「1948~53년 문교정책의 이념과 특성」, 『해방전후사의 인식 4』, 한길사, pp.344-367.

함종규, 2003, 『한국교육과정변천사연구』, 교육과학사.

허강 외, 2000, 「(연구보고서 2000-4)한국편수사연구 I」, 한국교과서연구재단, pp.233-336.

허현, 1946, 『사회생활 해설』, 제일출판사.

헌트 저, 조한욱 역, 1996, 「역사, 문화, 그리고 텍스트」, 헌트 편저, 『문화로 본 새로운 역사』, 소나무.(Hunt, L., 1989, Introduction: History, Culture, and Text, in Hunt, L. (Ed.) *New Cultural History*, the University of California Press.)

형기주, 2006, 「잊을 수 없는 일들(2) - 한국의 지리학계 1945-1969」, 대한지리학회보, 91, pp.1-6.

홍웅선, 1971, 『새 교육과정의 이론적 기저』, 배영사.

홍웅선, 1992, 「미군정하 사회생활과 출현의 경위」, 교육학연구, 30(1), 한국교육학회, pp.111-128.

홍웅선, 1995, 「교육과정의 변천-역사·철학적 고찰」, 교육논총, 11, 한양대학교 교육문제연구소, pp.1-19.

홍웅선, 1999, 「미군정기와 교수요목기」, 한국교육과정·교과서연구회 편, 『인물로 본 편수사』, 대한교과서주식회사, pp.1-15.

홍후조, 2002, 『교육과정의 이해와 개발』, 문음사.

홍후조, 2006, 「국가 수준 교육과정 개발 패러다임 전환(III): 교육과정 개정에서 총론과 교과 교육과정의 이론적·실제적 연계를 중심으로」, 교육과정연구, 24(2), 한국교육과정학회, pp.183-206.

황석근, 1960, 「사회생활과 교육실천기 - 부속고등학교편」, 교육, 11, 서울대학교사범대학 교육회, pp.117-129.

황재기, 1975, 「지리교육과정」, 이찬 편, 『지리과 교육』, 한국능력개발사, pp.39-104.

힐리어 저, 이규직 역, 1983, 『즐거운 세계일주』, 계몽사문고 105(Hillyer, V. M., 1929, *A child's geography of the world*, New York, London: The Century Co. / Revised by Huey, E. G., 1951, *A Child's Geography of the World*, New York: Appleton-Century-Crofts).

American Education Team 1954~1955, 서명원 역, 1956, 「교육과정지침」, 대한교육연합

회(American Education Team 1954-1955, 1955, *Curriculum Handbook for the School of Korea*, Central Education Research Institute, 1955).

<신문 및 관보>

경향신문, 1960. 11. 17., 중·고교 교사 교육기구론 시비.

경향신문, 1963. 12. 30., 대학입시안내.

관보 제340호 (1950. 4. 29.)

관보 제641호 (1952. 4. 23.)

관보 제874호 (1953. 4. 18.)

관보 제1095호 (1954. 4. 20.)

관보 제1364호 (1955. 7. 15.)

동아일보 1929. 3. 19., "城大豫科志願者는 定員數의 約七倍, 160명 모집에 1,090명이 지원. 지망증가는 문과에서 이과로 이동. 理科志願逐年增加".

서울대학교 대학신문, 1952. 4. 14., 입시문제.

서울대학교 대학신문, 1959. 10. 5., 서울대 사회생활 출제의 비판과 요망.

서울대학교 대학신문, 1959. 11. 16., 입시문제, 사회생활 학습지도와 입시출제 (상).

서울대학교 대학신문, 1959. 11. 23., 입시문제, 사회생활 학습지도와 입시출제 (완).

조선일보 1921. 5. 23., "3과제의 조선대학신설 – 대만대학을 모방하여 문과, 이과, 연구과로 해".

조선일보 1925. 2. 18., "京大예과지원 정원의 四培半. 작년보다 220명 증가 문과가 이과보다 30명이 많아. 금년 지원 885명".

조선일보 1926. 3. 17., "文科 多, 理科 少. 京大 豫科 수료생".

조선일보, 1928. 3. 25., 대학예과.

조선일보, 1934. 3. 23., 경성제대 예과 입학시험 문제.

조선일보, 1954. 10. 3., 초·중·고등 교원 자격 기준을 대폭 완화.

조선일보, 1957. 2. 12., 국사·지리 등 소홀 장학위원들 보고.

조선일보, 1957. 12. 3., 권수원, 애국심 함양을 위한 민족과 지리교육.

조선일보, 1959. 9. 9., 손치무, 지학과 지리학 (상).

조선일보, 1959. 9. 10., 손치무, 지학과 지리학 (하).

한국일보, 2011. 1. 24. "초·중 교과서 2014년부터 20% 얇아진다–교과부, 창의 교육 강화 위해 중복내용 통합".

<교과서>

권혁재 외, 1990, 한국지리, 교학연구사.

김상호, 1956, 인문지리, 일조각.

김상호, 1961, 인문지리, 일조각.

김상호 외, 1984, 지리 I, 금성출판사.

김인 외, 1989, 한국지리, 동아출판사.

김종욱 외, 2014, 고등학교 세계지리, 교학사.

노도양, 1950, 자연환경과 인류생활, 탐구당.

노도양, 1962, 인문지리, 탐구당.

노도양, 1948, 경제지리, 을유문화사.

박영한 외, 1996, 공통사회(한국지리), 성지문화사.

서울대학교 사범대학 1종 도서 연구개발위원회, 1979, 국토지리.

서울대학교 사회과학대학 1종 도서 연구개발위원회, 1979, 인문지리.

서태열 외, 2011, 중학교 사회1, 금성출판사.

서찬기 외, 1991, 세계지리, 금성교과서.

서찬기 외, 1996, 공통사회(한국지리), 금성출판사.

서찬기 외, 1996, 세계지리, 금성출판사

손치무 외, 1956, 지학, 장왕사.

육지수, 1956, 인문지리, 장왕사.

이면우 외, 2010, 중학교 과학1, 천재교육.

이문원 외, 2009, 고등학교 과학, 금성출판사.

이영택, 1967, 인문지리, 동아출판사.

이지호, 1972, 표준지리 I, 삼화출판사.

이찬, 1976, 지리 II, 영지문화사.

이찬 외, 1984, 지리 I, 교학사.

이찬 외, 1985, 지리 II, 교학사.

이태욱 외, 2011, 고등학교 지구과학 I, 교학사.

유근배 외, 1997, 세계지리, 두산동아.

정갑, 1949, 자연환경과 인류생활, 을유문화사.

정완호 외, 2002, 중학교 과학2, 교학사.

정창희, 1956, 지학 (상), 탐구당.

정창희, 1966, 지학 (하), 한국교과서주식회사.

조동규 외, 1985, 지리 II, 고려서적주식회사.

조선 총독부, 1914, 지문학.

지리교육과정의 기원을 읽다

조성호 외, 2008, 한국지리, 대한교과서.

최규학 외, 2014, 고등학교 한국지리, 비상교육.

최변각 외, 2011, 고등학교 지구과학I, 천재교육.

최복현, 1956, 지학, 민중서관.

최복현, 1959, 인문지리, 민중서관.

최복현·이지호·김상호, 1950, 자연환경과 인류생활, 과학문화사.

최운식 외, 2003, 경제지리, 지학사.

최흥준, 1970, 지리 I, 동아출판사.

최흥준, 1970, 지리 II, 동아출판사.

황만익 외, 2002, 사회, 지학사.

황만익 외, 2003, 한국지리, 지학사.

황만익 외, 2003, 세계지리, 지학사.

황재기 외, 1991, 세계지리, 교학사.

2. 국외 문헌

〈일본어 문헌〉

岡山縣敎育センター, 2003, 硏究紀要第244號 地學的な時間と空間の感覺を育てるための指導の工夫.

渡邊 光, 1960, 日本の地理學の戰後の動向, 地學雜誌, 69, pp.145-152.

文部省, 1947, 學習指導要領 社會科(II) (第七學年 - 第十學年) (試案).

文部省, 1948, 新制高等學校敎科課程の改正について.

文部省, 1951, 高等學校地學の單元とその展開例, 中學校·高等學校學習指導要領理科編(試案)改訂版.

文部省, 1951, 中學校·高等學校 學習指導要領 社會科編(II) 一般社會科(中學1年 - 高等學校1年, 中學校日本史を含む)(試案).

朴南洙(2001). 韓國社會科敎育成立過程の硏究: 社會認識敎育カリキュラムの構造と論理. 廣島大學大學院博士學位論文.

中等學校敎科書株式會社, 1944, 物象 5 第二類.

地學史編纂委員會·東京地學協會, 1993, 西洋地學の導入(明治元年~明治24年)〈その2〉, 地學雜誌, 102(7), pp.878-889.

地學史編纂委員會·東京地學協會, 2000, 日本地學の展開(大正13年~昭和20年〈その1〉, 地學雜誌 109(5), pp.719-745.

地學史編纂委員會·東京地學協會, 2008, 戰後日本の地學(昭和20年~昭和40年)〈その

1〉, 地學雜誌, 117(1), pp.270-291.

地學史編纂委員會·東京地學協會, 2009, 戰後日本の地學(昭和20年~昭和40年)〈その 2〉, 118(2), 地學雜誌, pp.280-296.

〈서양어 문헌〉

American Geological Institute, 1987, *Investigating the Earth*, (4th ed.), Boston: Houghton Mifflin.

Apple, M. W., 2003, The State and the Politics of Knowledge, in Apple, M. W. (Ed.), *The State and the Politics of Knowledge*, New York: Routledge Falmer.

Bernstein, R., 1976, *The Restructuring of Social and Political Theory*, New York: Harcourt Brace Jovanovich.

Cherryholmes, C. H., 1993, Reading research, *Journal of Curriculum Studies*, 25(1), pp.1-32.

Counts, G. S., 1932, *Dare the School Build a New Social Order?* New York: John Day.

Counts, G. S., 1943, *The Social Foundations of Education*, Boston: Charles Scribners Sons.

Cremin, L., 1961, *The Transformation of the School*, New York: Vintage.

Cuban, L., 1992, Curriculum Stability and Change in Jackson, P. (Ed.), *Handbook of Research on Curriculum*, New York: Macmillan, pp.216-247.

Cuban, L, 1993, *How teacher taught: Constancy and change in American classrooms 1880-1990*, New York: Teachers college Press.

Fleck, L., 1935, *Genesis and Development of a Scientific Fact*, Bradley, F., & Trenn, T. J., (Trans.), 1981, University Of Chicago Press.

Geikie, A., 1877, *Elementary lessons in Physical Geography*, London: Macmillan and Co.

Gilbert, R., 1984, *The Impotent Image: Reflections of Ideology in the Secondary School Curriculum*, London: The Falmer Press.

Giroux, H. A., Penna, A. N., Pinar. W. (Eds.), 1981, *Curriculum & Instruction: Alternatives in Education*, Berkeley, Calif: McCutchan Pub. Corp.

Goodson, I., 1983a, *History, Context and Qualitative Methods in the Study of Curriculum*, paper presented at the SSRC Conference, London.

Goodson, I., 1983b, *School Subjects and Curriculum Change: Case studies in curriculum history(paperback edition)*, London: Croom Helm.

Goodson, I., 1987, *School Subjects and Curriculum Change: Studies in curriculum history*(2nd.), London: The Falmer Press.

Goodson, I., 1993, *School Subjects and Curriculum Change: Studies in curriculum history*(3rd.), Washington, D.C.·London: The Falmer Press.

Gress, James R., and Purpel, David E. (Eds.), 1978, *Curriculum: An Introduction to the Field*, Berkeley, CA: McCutchan.

Groudin, J., 1991, *Einführung in die Philosophische Hermeneutik*, Darmstadt: Wissenschaftliche Buchgesellschaft.

Habermas, 1971, *Knowledge and Human Interests*, Shapiro, J. J., (Trans.), Boston: Beacon.

Harbage, M., 1953, from Our Readers, Educational Leaders, 10(5), *Journal of the Association for Supervision and Curriculum Development*, NEA, pp.317–321.

Inkpen, R., 2005, *Science, philosophy and physical geography*, New York: Routledge.

Kincheloe, J. L., 1993, *Toward a Critical Politics of Teacher Thinking*, Westport, CN: Bergin & Garvey.

Kliebard, H. M., 1992, Constructing A History of The American Curriculum, in Jackson, P. W. (Ed.), *Handbook of research on curriculum*, New York: McMillan Publishing Co.

LaCapra, D., 1983, *Rethinking Intellectual History: Text, Context, Language*, New York: Cornell University Press.

Lee Jong Gag, 1986, Transnational Knowledge Transfer: Implementing A U.S. Teaching Innovation in Korea, *The Journal of Social Sciences*, 24, Kangwon National University. pp.147–171.

Leitch, V. B., 1983, *Deconstructive Criticism: An Advanced Introduction*, New York: Columbia University Press.

Lewis, I. J.(State Superintendent of Public Instruction) etc, 1942, *Course of Study for Elementary School*, Department of Education, the State of Colorado.

Libbee, M., and Stoltman, J., 1988, Geography within the Social Studies Curriculum, in Natoli, S. J. (Ed.), *Strengthening Geography in the Social Studies*, Washington, D.C.: National Council for the Social Studies, Bulletin No.81, pp.22–41.

Macdonnell, D., 1986, *Theories of Discourse*, Oxford: Blackwell.

Mackinder, H., 1887, On the Scope and Methods of Geography, *Proceedings of the Royal Geographical and Monthly Record of Geography*, New Monthly Series, 9(3), The Royal Geographical Society(with the Institute of British Geographers), pp.141-174.

Mackinder, H., 1921, Geography as a Pivotal Subject in Education, *The Geographical Journal*, 57(5), The Royal Geographical Society(with the Institute of British Geographers), pp.376-384.

Marsden, B., 1997, The Place of Geography in the School Curriculum, in Tilbury D., & Williams, M. (Eds.), *Teaching and Learning Geography*, London: Routledge, pp.7-14.

Marsh, C. J., 1992, *Key Concepts for Understanding the Curriculum*, London: The Falmer Press.

McEwan, H., 1992, Teaching and the interpretation of texts, *Educational Theory*, 42(1), pp.59-68.

Mckinney, W. L., and Westbury, I., 1975, Stability and Change: The Public Schools of Gary, Indiana, 1940-70, in Reid, W. A., & Walker, D. F. (Eds.), *Case Studies in Curriculum Changes: Great Britain and the United States*, Boston: Routledge & Kegan Paul, pp.1-53.

Morris, J. W., 1959, Geography vs. The School and You, *the Journal of Geography*, 58, the National Council of Geography Education, pp.59-71.

Muller, J., 2001, Progressivism Redux: Ethos, Policy, Pathos in Kraak, A., & Young, M. (Eds.), *Education in retrospect: policy and implementation since 1990*, Human Sciences Research Council, Pretoria in association with the Institute of Education, London: University of London, pp.59-72.

Namowitz, S. N., and Stone, D. B., 1953, Earth Science: *The World We Live In*, New York: O. Van Nostrand.

National Education Association, 1936, The Social Studies Curriculum, *Fourteenth Yearbook of the Department of Superintendence*.

Natoli, S. J., 1986, The Evolving Nature of Geography, in Wronski, S. P., & Bragaw, D. H. (Eds.), *Social Studies and Social Sciences: A Fifty-Year Perspective*, Washington, D.C.: National Council for the Social Studies, Bulletin No.78, pp.28-42.

Parsons, J. (Ed.), 1986, *Social Reconstructionism and the Alberta Social Studies Curriculum*.

Pinar, W. F., 1981a, A Reply to My Critics, in Giroux, H. A., Penna, A. N., Pinar, W. (Eds.), *Curriculum & Instruction: Alternatives in Education*, Berkeley, Calif.: McCutchan Pub. Corp., pp.392-399.

Pinar, W. F., 1981b, The Reconceptualization of Curriculum Studies, in Giroux, H. A., Penna, A. N., Pinar, W. (Eds.), *Curriculum & Instruction: Alternatives in Education*, Berkeley, Calif: McCutchan Pub. Corp., pp.87-97.

Pinar, W. F., 1994, *Autobiography, Politics and Sexuality: Essays in Curriculum Theory 1972-1992*, New York: Peter Lang Publishing, Inc.

Rankin, P. T., 1937, The Social Studies Viewed as a Whole, *Social Studies*, 28(3), pp.103-106.

Rawling, E. M., 2001, The Politics and Practicalities of Currirulum Change 1991-2000: Issues Arising from A Study of School Geography in England, *British Journal of Educational Studies*, the Society for Educational Studies, 49(2), pp.137-158.

Reynolds, A. J., 1991, The Middle Schooling Process: Influences on Science and Mathematics Achievement from the Longitudinal Study of American Youth, *Adolescence*, 26, pp.133-158.

Scholes, R., 1985, *Textual power: The literary theory and the teaching of English*, London: Yale University Press.

Schubert, W. H. et al., 2002, *Curriculum books: the first hundred years*(2nd.), New York: Peter Lang Publishing, Inc.

Schwab, 1969, The Practical: A Language for Curriculum, *The School Review*, 78(1), The University of Chicago Press, pp.1-23.

Spencer, H., 1887, *Education: Intellectual, Moral, and Physical*, New York: D. Appleton and Company.

Stoddart, D. R., 1975, 'That Victorian Science': Huxley's Physiography and Its Impact on Geography, *Transactions of the Institute of British Geographers*, 66, The Royal Geographical Society(with the Institute of British Geographers), pp.17-40.

Tanner, D. and Tanner, L., 1980, *Curriculum development, theory into practice*, New York: Macmillan and Free Press.

Tanner, D. and Tanner, L., 1981, Emancipation from Research: The Reconceptualist Prescriptionin in Giroux, H. A., Penna, A. N., Pinar. W. (Eds.), *Curriculum & Instruction: Alternatives in Education*, Berkeley, Calif: McCutchan Pub. Corp., pp.382−391 중 387−388.

Tyack, D., 1974, *The One Best System*, MA:Harvard University Press.

United States Army Military Government In Korea, 1946−1948, *Core Curriculum for Senior Middle School*, Bureau of Education.

Walford, R., 2001, *Geography in British Schools 1850−2000: Making a World of Difference*, London: Woburn Press.

Walker, D. F., 1975, Curriculum Development in an Art Project, in Case Studies in Curriculum Changes: Great Britain and the United States, in Reid, W. A., & Walker, D. F. (Eds.), *Case Studies in Curriculum Changes: Great Britain and the United States*, Boston: Routledge & Kegan Paul, pp.91−135.

Warren, D. M., 1873, *Elementary Treatise on Physical Geography*, Philadelphia: Conperthwait.

Wesley, E. B., 1950, *Teaching Social Studies in High School*(3rd ed), Boston: D.C. Heath and Co.

3. 웹사이트

경북대학교 지리학과 http://geog.knu.ac.kr

경북대학교 자연과학대학 http://cns.knu.ac.kr

국가교육과정 정보센터 http://ncic.re.kr

국가기록원 나라기록포털 http://contents.archives.go.kr

국가법령정보센터 초·중등교육법 http://www.law.go.kr/법령/초·중등교육법/(13820, 20160127)

국립국어원 표준국어대사전 http://stdweb2.korean.go.kr/

김성용, 「우리나라 지질학 역사소고」, 환경지질연구정보센터 http://ieg.or.kr/trend/trend_analysis4.html

대한민국 학술원 홈페이지 http://www.nas.go.kr/member/all/all.jsp

박순경, 포스트모더니즘과 교과서: 텍스트 읽기(text reading)의 새로운 관점 http://blog.naver.com/sorye1008

부산대학교 지질환경과학과 http://geology.pusan.ac.kr

서울특별시 서울통계 http://stat.seoul.go.kr

슈타인호프의 홀로 꿈꾸는 둥지 http://nestofpnix.egloos.com/

위키피디아 일본 http://ja.wikipedia.org/wiki/

위키백과 한국어판 https://ko.wikipedia.org/wiki/

차조일, 일반사회 영역의 특징과 교수 학습 자료의 개발 http://classroom.re.kr/upload file
/content/content04/second02/data05/sub01/index7.htm

특수교육학 용어사전 http://terms.naver.com/entry.nhn?docId=384327&cid=42128&c
ategoryId=42128

한국교과서연구재단 홈페이지 http://www.ktrf.re.kr/

한국교육개발원 사이버교과서 박물관 http://www.textlib.net/

한국대학신문 http://www.unn.net/UnivInfo/UnivinfoDetail.asp?idx=616&n4_page=
1&n1_hakje=0&n1_local=0&n1_CD=6&vc_sStr=

홍후조, 2010, 교육정책포럼, 제208호. 2010.10.28 / http://edpolicy.kedi.re.kr/

Teaching Job Potal http://teachingjobsportal.com/subjects/social-studies-teacher-
jobs/

고등학교 '경제지리' 과목의 역사적 기원과 의미[1]

Ⅰ. 머리말

고등학교 '경제지리'는 "인간에 의해 지표 위에서 전개되는 경제 활동의 특성을 지리적 관점에서 체계적, 종합적으로 이해하고, 이를 바탕으로 우리나라 및 세계 각 지역의 경제 발전에 능동적으로 기여하는 데 필요한 능력과 태도를 기르는 데 목적을 둔 과목"이다(교육부, 1997).[2] 그러나, 2012년을 마지막으로 '경제지리'라는 과목은 고등학교 교육과정에서 볼 수 없게 되었으며, 2014학년도 대학수학능력시험부터는 수험과목으로도 더 이상 출제가 이루어지지 않게 되었다. 이와 같은 상황이 발생한 이유는 제7차 교육과정에서 부활했던 '경제지리'가 2009년 개정 교육과정에서는 다시금 폐지되었기 때문인데, 이는 해당 교육과정 개정으로 인한 고등학교 지리 영역의 가장 큰 변화라고 할 수 있다.

제7차 교육과정의 '경제지리'에 대한 사회과 내 다른 영역 및 교육학계의 반응은 그다지 호의적이지 않았다고 할 수 있다. 비판의 핵심은 첫째, '경제' 등 다른 과목과의 내용 중복 가능성, 둘째, 이전에는 없던 생경한 분야가 갑자기 교과목으로 등장했다는 것 등으로 요약할 수 있다. 특히, 지리 영역 내의 다른 타 과목 및 다른 사회과 과목 대부분이 학교현장에서 오랜 전통을 갖고 있었는데 반해, '경제지리'의 경우는 다른 영역과 과목 수 균형을 유지하기 위해 그 내용체계를

---

[1] 본 논문은 2012년 한국지리환경교육학회지 제20권 3호에 실린 필자의 연구물로, 본문에서는 간략하게 언급했던 '경제지리' 과목에 대한 후속 연구이다. 독자들의 이해를 높이고자 이 책의 부록으로 포함하였다. '경제지리' 교과서에 관한 연구 주제 자체로의 완결성을 유지할 수 있도록 최소한의 수정·보완만을 하였으며, 관련된 참고문헌 또한 pp.321-323에 별도로 제시하였다.

[2] 제7차 사회과 교육과정 중 '경제지리' 과목의 목적에 해당한다. 이는 2007 개정 교육과정에서 일부 수정되었지만, 2007 개정 교육과정에 의한 '경제지리' 교과서는 실제 개발되지 않은 관계로 제7차 교육과정 상의 목적을 인용하였다.

급조했다는 오해를 많이 받아왔다. 그리고 이러한 반응은 일반 교육학계 및 사회과 타 영역뿐 아니라, 지리교육계 내에서도 상당부분 받아들여지고 있던 견해라고 할 수 있다.

사실, 제7차 교육과정기 이전의 지리교육과정 관련 연구를 보면, 해방 직후 미군정에 의해 발표된 교육과정표에서 '경제지리'라는 과목명이 처음 등장했다는 기록이 일부 교육과정사 및 지리교육사 관련 저서에서 확인되고 있을 뿐이다.[3] 그러나, 이러한 연구들에서도 '경제지리' 교수요목이나 교육과정, 그리고 교과서는 존재하지 않았다고 기술되어 있다.

본 연구에서는 해방 직후부터의 교육과정 문서와 관련 교과서, 신문기사 등의 수집, 조사, 분석을 바탕으로 그동안 발견되지 않았던 교수요목기[4]의 '경제지리' 교과서가 존재했음을 밝히는 동시에, 그 내용이 어떤 체계로 구성되어 있는지, 1950년대 경제지리에 대한 사회적 관심은 어떠했는지를 파악하는 것에 중점을 두고자 한다. 또한, 이후 교수요목기 이후 '경제지리'가 어떤 과정을 거쳐 제7차 교육과정에 다시 등장하게 되었는지를 살펴보고자 한다. 이를 통해 최근 교육과정 개정 과정에서 힘없이 사라진 '경제지리' 과목의 역사적 기원과 의미를 고찰하고, 나아가 향후 지리 과목 체계 및 지리교육과정의 구성에도 지리교육계 및 교육과정학계의 재고가 필요함을 밝히고자 하였다.

II. 교수요목기의 '경제지리[5]'

1. 교수요목기의 교과편제와 '경제지리'

해방 직후, 미군정청은 1945년 10월 1일을 기해 중등 이상의 학교가 개교할 것

---

3) 대표적인 저서로 김연옥·이혜은(1999), 임덕순(2000), 함종규(2003)의 연구를 들 수 있다.
4) 본 연구에서 교수요목기는 해방 이후 미군정청에서 교수요목이 고시된 이후 이후부터 1955년 제1차 교육과정이 고시되기까지의 기간을 의미한다.
5) II장의 내용은 필자의 학위논문의 일부에서 소개한 내용을 수정·보완하여 기술한 것이며(안종욱, 2011, 84–89), 학위논문의 해당 부분은 본 책에서는 pp.114–119이다.

을 각 도에 통첩한다. 당시 통첩 내용은 총 9개 항으로 이루어져 있었는데, 이 가운데 제8항이 "중등학교 교과과정은 별항과 같은 내용으로 하되, 사범학교 심상과와 실업학교는 중등학교 교과과정 실업 과목을 넣어서 교수함."이라는 내용이었으며, 별항에 해당하는 교과편제는 〈표 1〉과 같다(함종규, 2003, 187-189).

〈표 1〉 중등학교 교과편제 및 시간배당(1945. 10.)

교과목＼학년	1학년	2학년	3학년	4학년
공민	2	2	2	2
국어	7	7	6	5
역사·지리	3	3	4	4
수학	4	4	4	4
물리·화학·생물	4	4	5	5
영어	5	5	5	5
체육	3	3	3	3
음악	1	1	2	2
습자	1	1	–	–
도화	1	1	1	–
실업	1	1	2	3
계	32	32	34	33

이듬해인 1946년 9월, 4년제인 중등학교가 6년제로 바뀜에 따라 중등학교 교과과정표는 〈표 2〉와 같이 변경되었다(United States Army Military Government In Korea, 1946-1948; 미군정청 문교부 조사기획과, 1946, 15; 유봉호, 1992, 303-304; 함종규, 2003, 187-194). 1946년에 개정된 교과편제는 첫째, 지리, 역사, 공민이 통합된 사회생활과라는 과목이 공식적으로 처음 등장했으며, 둘째, 사회생활과 선택과목으로 '경제지리'가 처음 등장했다는 점에서 지리교과, 나아가 사회과에 중요한 의미를 갖는다.

1946년 중학교 4, 5, 6학년(현 고등학교) 교과과정표에서 '경제지리'라는 용어는 〈표 2〉와 관련된 5개 주석 중 2번째 주석에 등장하는데, 내용 및 미군정청 발표 원문은 다음과 같다.

지리교육과정의 기원을 읽다

〈표 2〉 중학교 4, 5, 6학년 과정표(1946. 9.)

필수과목	제4학년	제5학년	제6학년
국어	3	3	3
사회생활	5	6	5
수학	5	0	0
과학	5	5	0
체육보건	3-5	3-5	3-5
외국어	0-3	0-3	0-3
계	21-26	16-21	11-16
선택과목			
국어	2	2	2
사회생활	(5)	(5)	(5)
수학	0	5	5
과학	0	0	5
외국어	5	5	5
음악	1-3	1-3	1-3
미술	1-3	1-3	1-3
심리	0	0	5
실업	5-18	5-20	5-25
합계	39	39	39

선택과목 중 사회생활은 특수경제지리를 과하되, 매주 5시간씩 1년간 4, 5, 6 학년 어느 학년에서든지 교수할 수 있으며, 또 어느 생도나 이를 선택할 수 있음 (원문: Special economic geography, one year 5 periods per week, and may be open to students in 10, 11 or 12th grades. – United States Army Military Government In Korea, 1946-1948; 미군정청 문교부 조사기획과, 1946, 15)

한주성(2009, 24)에 의하면 경제지리학의 분류 방식은 일반적 분류, 응용적 분류, 기타 분류로 구분할 수 있는데, 이 중 일반적 분류에 따르면, 경제지리학은 일반경제지리학(계통경제지리학)과 특수경제지리학(경제지지: 經濟地誌)으로 구분된다. 1949년 정갑이 저술한 '자연환경과 인류생활' 교과서 상의 지리학 대분류도 일반지리학과 특수지리학인데, 정갑은 특수지리학을 지지(地誌)라고 표현하고 있다(정갑, 1949, 7). 즉, 앞서 인용한 교과과정표 주석의 '특수경제지리'는 경제지리학 가운데 '경제지지'에 해당하는 내용이며, 당시 미군정청이 제시한 '특수경제지리'가 세계 각 지역의 산업, 자원 및 산물 관련 교육을 목적으로 했음을 알 수 있다. 나아가 다음 절에 제시한 노도양(1948)의 '경제지리' 교과서 내용 구성이 상당부분 '지지'적 특성을 갖고 있다는 점에서, 당시의 '특수경제지리', 즉, '경제지지'의 학교 교과목 명이 '경제지리'였음을 알 수 있다.

또한, 미군정청이 발표한 원문의 '특수경제지리를 과하되'라는 표현은 사회생활과 선택과목으로 '경제지리'가 유일했음을 보여 준다. 1946년 9월 미군정청이 제시한 교과과정표에 근거한 고급중학교(현 고등학교) 사회생활과 하위 과목은 학교 현장에서 〈표 3〉과 같이 구성되었다. 교과과정표에는 '사회생활과'라는 통합지향적인 교과명칭이 등장했지만, 실제로는 공민, 지리, 역사라는 사회과 3개 영역의 교과서가 학년별로 따로 구성되는 방식을 채택하고 있었다. 나아가, 현행 제7차 교육과정까지의 과목 명칭이 남아있는 것은 공민 영역의 정치, 경제와 함께 지리 영역에서는 '경제지리'가 유일함을 알 수 있으며, 윤리의 경우는 공민 영역에 포함된 하나의 과목에 지나지 않았음을 확인할 수 있다.

이러한 시간배당표는 이찬(1977), 박정일(1977), 김연옥·이혜은(1999), 임덕순(2000) 등의 지리교육사 관련 연구에도 인용 및 재인용되고 있다. 문제는 교수요목기 지리교과 3개 과목 중 '자연환경과 인류생활' 만이 유일하게 교과서가 편찬되었다고 알려져 있었다는 것이다. 김연옥(1999, 138)의 경우 본인 경험을 바탕으로 '자연환경과 인류생활'만 2~3년 동안 가르쳤다고 말하고 있으며, '인문지리' 및 '경제지리' 교수요목의 실제 구성여부에 대해서도 의심을 하고 있다. 즉, 과목명만 존재하고 교과서나 교수요목은 만들어지지 않았다는 것이다. 임덕순(2000, 294-295) 또한, 당시 서울대학교 사범대학 교수였던 이지호 교수의 증언을 토대로 동일한 주장을 하고 있으며, 조성욱(2000, 1), 우연섭(2004, 101) 역시 인문계 고등학교 과목으로서의 '경제지리'는 제7차 교육과정기에 처음 등장했다고 기술하고 있다. 그러나, 이와 같은 기술은 이후 논의에서 진술하였듯이 교수요목기에 출간된 '경제지리' 교과서가 새롭게 발견됨에 따라 향후 재고될 필요성이 있다.

2. 교수요목기 '경제지리'[6] 교과서의 구조 및 내용

지리교육계의 연구들과는 달리 앞서 제시한 미군정청 교과과정표의 주석 내용과 박광희(1965)의 연구에 포함된 〈표 3〉을 근거로 필자는 교수요목기 고등학교 '경제지리' 교수요목 및 교과서가 실재할 수도 있다는 추론을 하게 되었다. 이후 꾸준한 조사 끝에 (주)미래엔(구 대한교과서)에서 설립한 교과서 박물관에서 1948년 인정교과서로 노도양 著 '경제지리'가 실제 출간되었음을 확인하게 되었으며, 박물관 측의 양해로 교과서 전체를 촬영할 수 있었다.

노도양은 우리나라 역사지리학계의 개척자로 광복 직후부터 중·고등학교 지리교과서를 많이 집필하였다(형기주, 2005, 3). 그가 저술한 교수요목기의 고등학교 '경제지리'는 인정교과서[7]로 지금은 폐과된 단국대학교 지리과 교수 및 문교부 편수관으로 재직하고 있을 때 발간된 것으로 보인다. 무엇보다도 해당 교과

---

6) 앞서 제시한 〈표 2〉의 미군정청 교과과정표 주석에 의하면 '특수경제지리'이지만, 노도양의 인정교과서 및 박광희(1965)의 연구에서도 '경제지리'로 표기하고 있으므로 이후 본 연구에서는 이를 '경제지리'로 통일한다.

7) 노도양 저 '경제지리'는 1948년 9월 20일에 출간되었으며, 문교부 인정일자는 1948년 12월 3일이다. 1950년에 대통령령으로 검인정교과서에 대한 구체적인 법적 규정이 최초로 등장하게 되는데, 동령에서는 인정교과서를 다음과 같이 정의하고 있다. "인정은 각 학교(대학과 사범대학을 제외)의 정규교과목의 교수를 보충심화하기 위한 학생용도서, 국민학교와 이에 준하는 각종 학교의 정규교과목의 학습을 더욱 효과적으로 지도하기 위한 학생용 도서 및 제1조 제2항에 규정한 궤도, 지구의(地球儀)류에 대하여 행한다."(대통령령 제336호 '교과용도서검인정규정' 제3조 – 관보 제340호(1950. 4. 29.)). 이 경우, 인정교과서는 보충심화를 위한 학습자료로서만 인식되는데, 이후 교육법시행령에서 다음과 같은 추가적인 용도를 인정하고 있다. "국정교과서 또는 검정교과서가 없을 때에는 인정교과서를 교과용도서로 대용할 수 있다."(교육법시행령 제190조 대통령령 제633호 – 관보 제641호(1952. 4. 23.)). 법이나 규정으로의 법제화가 시대적 상황을 반영한다는 것을 감안한다면, 대통령령 및 교육법시행령이 공표되기 이전부터 인정교과서는 보충심화용 학습자료 및 교과용 도서라는 특성을 함께 갖고 있던 것으로 보인다. 노도양의 '경제지리'의 경우는 형식, 내용전개, 제본형태 등에서 다른 검정교과서와 동일하므로, 보충심화용 학습자료라기보다는 교과용 도서라고 할 수 있다.

학년	공민	주당 시수	지리	주당 시수	역사	주당 시수
4(1)	정치편(개론)	2	자연환경과 인류생활*	2	인류문화사	2
5(2)	경제편(개론)	2	인문지리	2	우리문화사	2
6(3)	윤리 · 철학(개론)	2	경제지리	2	인생과 문화	2

* 박광희(1965) 등의 연구에서는 '지리통론'으로 기재되었으나, 교과서 명은 '자연환경과 인류생활'이었다.

〈그림 1〉 교수요목기 '경제지리' 교과서(노도양, 1948)

서의 검인정 통과 여부 뿐 아니라 학교 현장에서의 실제 사용여부가 중요한데, 표지에 기재된 인적사항을 통해 당시 5학년(현재의 고등학교 2학년)에서 실제 교수되었음을 확인하였다.[8] 해당 교과서와 그 목차는 〈그림 1〉 및 〈표 4〉와 같다.

비록, 교수요목기의 '인문지리' 교과서 및 교육과정은 아직 발견하지 못했지만, 당시 학교현장에서 가장 많이 교수되던 '자연환경과 인류생활'과 '경제지리'의 목차와 함께 보면, 해방 직후 교수요목기의 고등학교 지리교육과정을 어느 정도 복

8) 필자가 입수한 자료는 1941년에 최초로 설립된 공립홍성중학교 6회 졸업생인 심용식씨가 5학년때 사용한 교과서이다. 홍성중학교는 1951년 8월 교육법 개정으로 인해 홍성고등학교로 변경되었다.

원할 수 있을 것으로 생각된다. 당시 '자연환경과 인류생활'은 총 11개 대단원 가운데 5개 정도가 자연지리 관련 단원이고,[9] 나머지 대단원이 인종과 민족, 취락, 산업, 교통, 정치 등의 내용으로 구성되어 있어 지리교과에 대한 개론서 형태를 갖고 있었다고 볼 수 있다. 실제로도 〈표 3〉에서 확인할 수 있듯이 중학교 4학년, 즉, 현재 고등학교 1학년에 배정된 과목이다.

이에 반해 '경제지리'는 고등학교 3학년을 대상으로 한 과목으로 '자연환경과 인류생활'에 비해 상당히 심화된 내용을 담고 있으며, 크게 4개 영역으로 구분할 수 있다. 먼저 도입 및 안내에 해당하는 Ⅰ~Ⅱ단원은 경제지리학의 정의, 경제활동 및 그 분포에 대한 기후·지형의 영향을, Ⅲ~Ⅳ단원은 인종과 인구 분포를 중심으로 한 경제인의 정의와 이후 논의의 바탕이 되는 경제지역 설정 문제를, Ⅴ~Ⅻ단원은 본 내용에 해당하는 단원으로 우리나라와 전 세계의 농업, 임업, 축산업, 수산업, 광업, 공업, 상업, 교통 등의 현황을 다루고 있다. 특이한 점은 당시 산업 발달 수준이 대단원 체계에 반영되어 있다는 것인데, 제1차 산업에 해당하는 농·임·수·축산업이 각기 1개의 대단원을 구성하고 있는데 반해, 제2차 산업은 광·공업 2개 대단원, 제3차 산업은 상업 대단원 1개로 구성되어 있다는 점이다. 교통 대단원을 제3차 산업으로 구분하더라도 제1차 산업에 대해 많은 강조점이 주어지고 있음을 알 수 있는데, 이를 통해 해방 직후 우리나라의 산업 및 경제 구조를 반영하는 것으로 볼 수 있다. 마지막 대단원은 '자연환경과 인류생활'과 마찬가지로 자연환경에 대한 정리를 하면서 교과서를 마무리하고 있다. 대단원별 쪽수 비중은 〈표 5〉와 같다.

세부적으로 보면, 교수요목기 '경제지리'는 인문 관련 계통지리임에도 자연지리 내용 및 그에 대한 인식이 강조되어 있다는 것을 확인할 수 있다. 우선, Ⅱ단원인 '환경론'은 경제활동에 미치는 기후, 지형, 지질, 위치 등의 영향을 담고 있

---

9) 자연지리 내용을 직접 다루고 있는 대단원이 총 5개이며, 마지막 대단원은 교과서 저자에 약간 차별적인 주제를 다루거나 아예 생략하는 경우도 있었다. 노도양의 경우는 마지막 대단원을 자연환경에 대한 태도를 다루고 있는 정리 단원으로 구성하였다.

<표 4> 교수요목기 지리교과서의 내용 체계

자연환경과 인류생활, 노도양, 1950, 탐구당		
Ⅰ. 지구	Ⅴ. 생물	Ⅷ. 산업
1. 우주와 태양계	1. 식물과 환경	1. 농업 2. 임업 3. 목축업
2. 지구의 성상	2. 열대지역의 생물	4. 수산업 5. 광업 6. 공업
3. 지구와 달의 운동	3. 건조지역의 생물	7. 상업
4. 태양일과 표준시와 달력	4. 습윤지역의 생물	Ⅸ. 교통
5. 지표의 묘사	5. 한대지역의 생물	1. 교통의 발달과 지리적 관계
Ⅱ. 육지	Ⅵ. 인종과 민족	2. 육상 교통 3. 수상 교통
1. 지표의 형태 2. 지형의 변화	1. 인류의 출현	4. 통신
3. 지형	2. 인종과 민족의 성립과 지리	Ⅹ. 정치
Ⅲ. 해양	적 관계	1. 국가의 형성, 존립과 지리
1. 해양 2. 해수의 운동	3. 인구 4. 언어와 종교	적 관계
Ⅳ. 기후	Ⅶ. 취락	2. 국가의 발전과 지리적 관계
1. 대기 2. 기온 3. 기압과 바	1. 취락의 대강 2. 취락의 종류	Ⅺ. 자연환경에 대한 우리의
람	3. 취락의 형태	태도
4. 습도·강우·일기		
5. 기후와 기후구		

경제지리, 노도양, 1948, 을유문화사		
Ⅰ. 지리학 중의 경제지리학	Ⅴ. 농업론	Ⅸ. 광업론
1. 지리학의 의의	1. 농업과 자연의 영향	1. 광업과 지리적 환경
2. 경제지리학의 개념과 그	2. 농업과 인문적 관계	2. 광산 각론
임무	3. 농업 각론	Ⅹ. 공업론
3. 경제지리학의 방법론	Ⅵ. 임업론	1. 공업의 분류와 입지론
Ⅱ. 환경론	1. 임업과 자연의 영향	2. 공업 각론
1. 기후의 제약 2. 지세의 제	2. 임업과 인문적 관계	Ⅺ. 상업론
약	3. 삼림의 분포와 목재 생산	1. 상업과 소비의 지역적 관계
Ⅲ. 경제인론	Ⅶ. 축산업론	2. 시장 3. 무역
1. 세계의 여러 인종	1. 목축업과 자연의 영향	Ⅻ. 교통론
2. 인구의 분포	2. 목축업과 인문적 관계	1. 교통의 발달과 자연환경
Ⅳ. 지역론	3. 목축 각론	2. 육상교통 3. 수상 교통
1. 경제지역 설정문제	Ⅷ. 수산업론	4. 공중 교통
2. 자연적 지역 3. 문화적 지	1. 수산업과 자연적 조건	ⅩⅢ. 자연환경에 대한 우리의
역	2. 수산업과 인문적 관계	태도
4. 경제적 지역	3. 수산 각론	

는데, 당시로는 드물게 쾨펜(Köppen)의 기후 구분에 대한 소개를 하고 있으며, 15℃의 기온에서 인간의 생산성이 가장 높아진다는 헌팅턴(Huntington)의 주장

지리교육과정의 기원을 읽다

<표 5> 노도양 著 경제지리(1948)의 대단원별 비중

대단원명	해당 대단원 쪽수(쪽 범위)*		전체 쪽수 대비 해당 대단원 비중
Ⅰ. 지리학 중의 경제지리학	9.5	(1–10)	6.9%
Ⅱ. 환경론	5.0	(10–15)	3.6%
Ⅲ. 경제인론	7.0	(15–22)	5.1%
Ⅳ. 지역론	14.0	(22–36)	10.1%
Ⅴ. 농업론	26.0	(36–62)	18.8%
Ⅵ. 임업론	6.5	(62–68)	4.7%
Ⅶ. 축산업론	7.5	(69–76)	5.4%
Ⅷ. 수산업론	6.0	(76–82)	4.3%
Ⅸ. 광업론	10.0	(82–92)	7.2%
Ⅹ. 공업론	13.0	(92–105)	9.4%
Ⅺ. 상업론	10.5	(105–115)	7.6%
Ⅻ. 교통론	16.5	(116–132)	12.0%
ⅩⅢ. 자연환경에 대한 우리의 태도	2.5	(132–134)	1.8%
부록	4.0	(135–138)	2.9%
계	138.0		100.0%

* 대부분의 경우는 페이지 중간에서 대단원이 변경된다. 이 경우 해당 페이지를 0.5쪽으로 계산하였다.

도 실려 있다. 그리고 이러한 자연에 대한 강조는 Ⅳ단원에서 설명하고 있는 지역 구분의 근간이 되고 있으며, Ⅴ단원 이후의 첫 번째 중단원이 자연환경 또는 지리적 환경으로 구성되는데도 영향을 주고 있는 것으로 보인다. 다음으로 과거의 다른 지리교과서들처럼 자원 분포를 나열하는 측면도 있지만, 베버(Weber)의 공업입지론, 바게만(Wagemann)의 경제지역 분류 등 분포·입지 상황을 이론을 통해 정리 또는 설명하려는 의도도 곳곳에서 발견된다. 특히 경제지리 방법론을 강조하는 노도양의 주장을 통해 경제적 사상과 자원 분포를 인간과 자원과의 관계 속에서 고찰하고자 하는 지리에 대한 그의 인식을 확인할 수 있다.

이와 같은 '경제지리' 교과서의 교수요목은 1945년 해방 이후 결성된 대한지리학회에서 제정된 것으로 알려져 있다.[10] 당시의 주요 지리교과서인 '자연환경과 인류생활'이 주로 지문학과 관련이 있는 내용으로 구성되어 있었는데 반해, '경제지리'는 일제 강점기 일본 대학의 경상계에 개설되었던 경제지리 관련 과목과 연관이 있는 것으로 보인다(형기주, 2005, 3; 2006b, 2-3). 이는 1930년대 교토제국대학 경제학부 교수인 고쿠쇼 이와오(黑正巖, 1936)의 『경제지리학총론』 목차와 이 책이 포함된 『경제지리학강좌전집』 총 18권(별권 포함 19권)의 각 권 제목을 통해서도 파악할 수 있다(그림 2).

고쿠쇼 이와오의 『경제지리학총론』은 『경제지리학강좌전집』의 제1권으로 출판되었는데, 경제지리학의 성립과정, 정의, 방법연구, 경제지역 설정, 베버의 공업입지론 등을 주요 내용으로 다루고 있다. 특히 각 단원 배치의 순서뿐 아니라 경제지역 설정에 있어서 자연적, 인문적(문화적, 국가 영역적, 종교적), 경제적 지역 설정법을 주 내용으로 한 점, 경제지리적 요소분포에서도 자연적 및 문화적 요소를 강조한 점 등은 노도양의 '경제지리' 전반부와 매우 유사하다. 노도양의 '경제지리' 교과서의 후반부 역시 『경제지리학전집』의 각 권 목차와 유사한데, 『경제지리학전집』의 3권부터 11권까지는 농업입지, 농업, 수산업, 축산업, 광업, 공업, 상업, 교통 등으로 구성되어 있다. 이후 12권부터는 당시 일본이 지배하던 식민지 각국의 경제지리를 비롯한, 식민지 경제 블록, 경제지도, 경제지리 입장에서의 촌락 및 도시 등에 대한 내용이므로 많은 부분이 해방 이후 교과서에서는 등장하기 어려운 내용이라고 할 수 있다.

III. 1950년대 경제지리에 대한 사회적 인식

1. 대학 입시 및 검정고시 과목으로서의 '경제지리'

교수요목기를 중심으로 1950년대의 '경제지리'는 현재 알려진 것과는 달리 교육계를 포함한 사회 전반에서 주목 받는 위치에 있었다고 볼 수 있다. 무엇보다도 대학 입시과목이었으며, 고등학교 개설 과목이었던 관계로 검정고시 과목에

---

10) 당시 명칭은 '조선지리학회'로 해방 이후 설립되었으며, 정부 수립 이후인 1949년 대한지리학회로 명칭을 변경하였다.

지리교육과정의 기원을 읽다

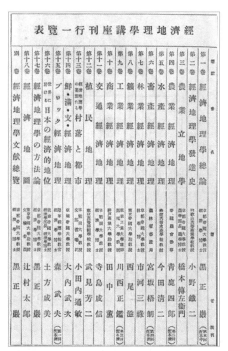

〈그림 2〉 1930년대 叢文閣 발행 일본 『경제지리학강좌전집』 간행 일람표(1936)

〈그림 3〉 교수요목기 대학 입시과목인 경제지리(경향신문, 1950. 3. 12.)

도 포함되어 있었다.

〈그림 3〉은 1950년 3월 12일자 경향신문에 보도된 대학 입시과목 및 일정 관련 기사이다. 이 기사에는 대학, 2년제 초급대학, 4년제 초급대학[11]의 입시 일정과 시험과목이 소개되어 있는데, 시험과목 관련 내용은 다음과 같다.

▲大學及二年制初級大學=국어, 수학, 사회생활, 영어가 필수과목이고 과학, 농, 공, 상, 수(수산업), 가사, 특수경제지리, 미술, 음악, 외국어, 체육보건이 선정과목이다.

▲四年制初級大學=국어, 수학, 사회생활, 영어 등이 필수과목이고 선정과목은 2년제와 같다고 한다. (경향신문, 1950. 3. 12.)

비록 필수과목이 아닌 선정과목(현재의 선택과목) 이었지만, 위 사실을 통해 과학기술 및 실업 관련 과목과 동등한 대우를 받고 있다는 점을 확인할 수 있다. 또한, '사회생활'에도 지리 내용이 포함되어 출제되었다는 것을 감안한다면, '지리'가 필수과목과 선택과목 모두에서 출제되었다는 것을 알 수 있다.

당시 학교 현장에서 경제지리 및 지리의 지위는 대입자격 검정고시 과목에서도 확인할 수 있는데, 1953년 1월 2일자 경향신문에 보도된 관련 기사에서도 '사회생활'은 필수과목으로, '경제지리'는 과학, 외국어 등과 함께 선택과목 제1류로 구분되어 있다(그림 4). 그리고 이와 같은 신문기사는 교수요목기를 포함한 1950년대 후반부까지 종종 확인되고 있다.[12] 이처럼 대학을 비롯한 고등교육기관의 입시과목과 대입자격 검정고시 과목에 과목명이 존재했다는 것은 경제지리 교수

---

11) 당시 고등교육기관은 크게 대학, 2년제 초급대학, 4년제 초급대학으로 구분할 수 있는데, 대학과 2년제 초급대학은 고등학교(고급중학교) 졸업자, 4년제 초급대학은 중학교 졸업자가 입학 대상이었다.

12) 대표적으로 1949년 3월 26일자 동아일보, 1953년 6월 21일자 경향신문, 1955년 6월 30일자 동아일보, 1957년 11월 8일자 경향신문 등을 들 수 있다. 실제 학교 현장에서는 1956년부터 제1차 교육과정이 실시되었다고 할 수 있지만, 교육과정이 바뀌고도 수년간은 교수요목기 교과과정에 따라 대입 검정고시가 시행된 것으로 보인다. 다만, 일부 기사의 경우 '특수경제지리'가 아닌 '특수경제', '지리'로 표기하고 있는데, 이는 신문사 측에서 잘못 인쇄한 것이며, 당시에는 흔한 실수였다.

지리교육과정의 기원을 읽다

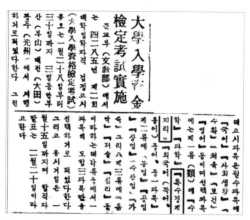

〈그림 4〉 대학입학 검정고시 과목인 경제지리(경향신문, 1953. 1. 2.)

요목 및 교과서가 실재했음을 나타내는 동시에 당시 학교 현장에서의 지위 또한 확고했음을 보여 준다.

2. 고등고시 과목으로서의 경제지리

학교 현장을 넘어 사회 전반에서도 경제지리를 포함한 지리 내용은 중요한 학문영역이자 실생활과의 관련성이 높은 것으로 인식되었던 것으로 보인다. 이는 '지리'가 보통고시의 선택과목[13]이었으며, '경제지리'는 고등고시 행정과의 선택과목[14]이었다는 점에서 확인할 수 있다. 경제지리가 고시과목인 관계로 당시 각

---

13) 보통고시는 당시 주사급 공무원의 임용 자격시험이었다. 1950년 중·후반 보통고시과목은 필기고시과목(국사, 국어, 작문, 지리, 수학, 법제대의, 경제대의 등 총 7과목)과 구술고시과목(국사와 지리 중 1과목, 법제대의와 경제대의 중 1과목 등 2개 선택과목체제)으로 구분되었다(동아일보, 1955. 8. 20.; 경향신문, 1958. 2. 26.).

14) 당시 고등고시 행정과 필기고사 수험과목은 국사, 헌법, 행정법, 경제학(이상 공통 필수) / 제1부: 민법(필수), 재정학, 경제정책, 정치학, 형법, 국제공법(중 2과목) / 제2부: 재정학(필수), 회계학, 경제정책, 민법, 통계학, 상법(중 2과목) / 제3부: 외국어, 국제공법(이상 필수), 국제사법, 외교사, 경제지리, 상업정책(중 1과목) / 제4부: 교육학(필수), 철학, 윤리학, 심리학, 사회학, 종교학, 동양사, 서양사, 국어 및 국문학, 외국어 등으로 구성되어 있으며, 경제지리는 주로 외교 및 국제 무역 관련 업무 담당자를 뽑는 제3부의 선택과목이었다. 이러한 고시과목은 큰 변동 없이 1950년대 말까지 지속된다. 경제지리는 1961년 시험 체제의 변화와 함께 고시과목에서 사라지고 정치지리가 이를 대신하게 되며, 정치지리는 1962년 고등고시체제가 유지될 때까지 고시과목이었다(관보 제181호, 1949. 9. 22.; 관보 제1299호, 1955. 3. 30.; 관보 제2512호, 1960. 2.

연도	횟수	문항
1950	제1회	1. 地理的 環境이 産業經濟에 미치는 影響을 記하여 韓國産業經濟展望에 論及함. 2. 工業都市發達의 地理的 要素를 論述하고 我國 及 中國, 日本의 가장 代表이라고 思考하는 都市 三個를 選擇하여 具體的으로 例述하라.
1951	제2회	1. 南北統一 後 我國이 指向할 經濟地域 編制를 論함. 2. 世界 棉花資源의 分布狀態와 紡織工業의 發達에 對하여 記述하라.
1953	제4회	1. 經濟地理學의 研究領域을 分類하라. 2. 我國 産業構造의 經濟地理的 考察을 敍述하라.
1954	제5회	1. 工業立地論의 槪要를 論하라. 2. 韓國의 産業構造를 略述하라.
1955	제6회	1. 世界 資源分布와 人口分布. 2. 工業立地論으로 본 我國 經濟再建策을 論하라.
1956	제7회	1. 經濟地理學上 工業部門과 農業部門은 어떻게 分布되어야 하겠나? 2. 我國의 動力資源에 關하여 論하라.
1957	제8회	1. 우리나라의 綜合國土開發計劃의 方向을 論하라. 2. 世界米穀生産 및 그 市場에 關하여 槪說하라.
	제9회	1. 産業立地論과 經濟地理學과의 關係를 論함. 2. 石油를 中心으로 한 國際紛爭을 說明하라.

대학의 경상계에는 경제지리가 개설되어 있었으며, 몇 종류의 대학교재들이 출간되었다. 그 내용은 주로 경제지리학의 정의와 세계 각 지역의 산업 및 산물이 중심을 이루고 있었으며, 튀넨(Thünen)의 농업 입지 관련 내용과 베버(Weber)의 공업 입지론이 일부 소개되어 있었다.[15] 당시 고등고시 경제지리 문항은 다음

15.; 관보 제 2950호, 1961. 9. 8.; 관보 제3213호, 1962. 8. 3.).

15) 형기주(1977, 44; 2006b, 2-3)는 이 교재들 대부분이 일본 경제지리학자 사토 히로시(佐藤弘)의 영향으로 저술된 수험서 수준으로 보고 있다. 그는 당시 대학교재로 출판된 박동묘(1955), 표문화(1955), 송종극(1959) 등의 '경제지리학'을 "생산분야별로 엮어져 있으며 입지론은 단편적으로 소개되어 있을 정도에 불과하다." 또는 "지리학적 오리엔테이션이 전혀 없는~" 등의 표현을 통해 비판하는 반면, 육지수(1959)의 저서와 특히 최복현(1958)의 번역서(원저는 C. F. Jones, G. G. Darkenwald, 1954, *Economic geography* (2nd), New York: McMillan)를 상대적으로 높게 평가하고 있다. 그러나, 최복현의 번역서가 다른 책들에 비해 2~3배 정도 분량이 많다는 것을 감안할 때, 형기주의 평가는 산업별 내용의 충실성에 근거를 둔 것으로 보인다. 실제 최복현 번역서의 목차는 주로 산업별 구조를 따르고 있는데, 표문화의 경제지리학을 제외한 다른 책들의 목차도 산업별 내용이 중심이며, 특히 박동묘의 책은 전체 분량의 3/4이 산업관련 내용이다. 즉, 당시의 경제지리학 관련 저서들은 앞서 언급했듯이 1930년대 교토제국대학 경제학부 교수인 고쿠쇼 이와

〈표 6〉과 같다.

 문항을 보면, 초기에는 경제 현상에 대한 지리적 환경의 영향 등 자연환경과 인간(또는 환경과 경제인)과의 관계 설정과 관련된 것이 나타난다. 점차적으로 경제지리학의 정의 및 연구 영역, 우리나라 및 세계의 각종 자원 및 산물, 입지론, 경제재건 및 국토개발 등으로 출제된 문항들을 분류할 수 있으며, 이들 주제들이 서로 연관되어 하나의 문항으로 구성된 것들도 많은 편이다. 특히 입지론의 경우는 당시 경제지리 관련 서적에서는 크게 다루지 않았는데도 자주 출제되었음을 확인할 수 있는데, 이는 경제재건 및 국토개발 등과 관련하여 공업 시설 배치를 포함한 국토 계획 등에 유용한 이론으로 판단했기 때문일 것으로 생각된다.

 당시 고등고시 행정과 경제지리 출제위원들 모두를 확인하기는 어렵지만, 신문지면을 통해 1950년 김복길, 장경환,[16] 1957년(9회) 육지수,[17] 1958년 육지수, 최복현,[18] 1959년 육지수, 최복현,[19] 1960년 육지수, 이봉수[20] 등의 명단을 발견할 수 있다. 이 가운데, 1950년 출제위원인 김복길, 장경환은 어떤 인물인지 파악할 수 없지만, 육지수, 최복현은 1950년대 경제지리 관련 서적을 저술하거나 번역한 사람들이다. 특히 육지수는 일제시대 동경제국대학을 졸업하고 서울대학교 지리학과를 창설한 인물인데, 서울대학교 사범대학에 근무할 때부터 경제지리를 꾸준하게 강의하였다고 한다. 이봉수는 이후 지형학 및 역사지리 관련 연구에 중점을 두었지만, 조선총독부 편수시보, 미군정청 편수관, 문교부 편수과장과 중등교육과장, 1956년과 1959년에 대한지리학회장을 역임할 정도로 당시 지리학 및 지리교육계에서는 중추적인 인물이었다(장신, 2006; 형기주, 2005; 2006a; 2006b).

오(黑正巖, 1936)가 중심이 되어 출간된 총18권(부록 포함 19권) 『경제지리학강좌전집』의 각 권 제목 순서와 유사한 방식으로 구성되었다고 할 수 있다.

16) 동아일보, 1950. 1. 6.

17) 동아일보, 1957. 7. 17.

18) 경향신문, 1958. 8. 18.

19) 동아일보, 1959. 7. 23.

20) 동아일보, 1960. 9. 15.

정리하자면, 1950년대의 경제지리는 지금과는 비교할 수 없을 정도로 사회적 위상이 높았으며, 전체적으로 지리 또한 현재의 7급·9급 공무원 시험에 해당하는 보통고시 과목이었을 만큼 중요한 교과 또는 학문으로 인식되었음을 알 수 있다. 물론, 고시과목이라는 것이 학문적 깊이 등을 담보하지는 않지만, 적어도 유용성 및 실용성 등에서는 인정을 받고 있었음을 확인할 수 있으며, 이러한 1950년대 상황은 최근 공무원 시험과목 개정에서 역사 및 일반사회 영역과 달리 지리 영역이 배제된 현실[21]과 극명하게 대조된다.

IV. '제1차 교육과정'[22]의 시작과 '경제지리' 위상의 변화

1. 제1차 교육과정과 지리교과 체계의 변화

교수요목기 '자연환경과 인류생활', '인문지리', '경제지리'의 3과목으로 구성되어 있던 고등학교 지리 영역은 1955년 제1차 교육과정의 시작과 함께 그 위상에

---

21) 행정안전부 홈페이지(http://www.mopas.go.kr)에 입법 예고된 '공무원임용시험령' 일부개정령안 (2012. 4. 13)과 '지방공무원임용령' 일부개정령안(2012. 4. 26)에는 "대학을 졸업하지 아니한 국민들에게도 9급 공무원 시험 응시기회를 확대하기 위하여 9급 공채 시험과목에 고교 교과목을 선택과목으로 추가하고 ~"라는 제안 이유와 함께 2013년부터 사회·과학·수학을 9급 공무원 거의 전 모집 직렬에서 시험과목으로 추가하는 안이 나와 있다. (2016년 7월 현재, 행정안전부는 행정자치부로 변경되었으며 홈페이지 주소도 http://www.moi.go.kr로 변경되었다. 해당 입법 예고는 지금의 홈페이지에서도 확인할 수 있다.) 과목별 출제 범위표는 아래의 표와 같은데, '사회'에서는 2009 개정 교육과정 상 일반사회 영역의 고등학교 선택과목인 법과 정치, 경제, 사회·문화만 추가되며, 한국지리, 세계지리는 배제되어 있다. 이에 반해 과학의 경우 물리, 화학, 생명과학(과거 생물), 지구과학 등 4개 영역이 모두 포함되어 있는데, 이는 이전부터 필수과목인 한국사와 이번에 추가되는 일반사회 영역으로 인해 지리 영역만 배제되는 사회과와는 다른 모습이다.

〈사회·과학·수학의 출제 세부과목 및 범위〉

영역	세부과목 및 출제범위(안)
사회	법과 정치, 경제, 사회·문화
과학	물리 I, 화학 I, 생명과학 I, 지구과학 I
수학	수학(고교 1학년 과정), 수학 I, 미적분과 통계 기본

이와 같은 공무원 시험과목의 변화는 고등학교 학생들의 과목 선택에도 영향을 미칠 것으로 보인다. 즉, 고등학교 3학년 학생들이 수학능력시험과 9급 공무원 공채 시험을 동시에 준비할 수 있게 되면서(서울신문, 2012. 6. 22), 학교 현장에서 지리 영역 선택과목들의 선택률은 점차 낮아질 것으로 예상할 수 있다.

22) 1954년 4월 시간배당 기준표 발표, 1955년 8월 교과과정이 발표되었다.

지리교육과정의 기원을 읽다

〈표 7〉 1950년대 일본과 우리나라의 고등학교 사회과·과학과 시간배당 기준표

		일본 사회과·과학과 시간배당 기준표 (文部省, 1948, 1951a, 1951b)			우리나라 사회과·과학과 1953년 교육과정 시간배당 기준표(안) (문교부, 1953)				우리나라 사회과·과학과 1954년 교육과정 시간배당 기준표 (문교부, 1954)			
	과목	1학년	2학년	3학년	과목	1학년	2학년	3학년	과목	1학년	2학년	3학년
사회과	일반사회*	175(5)			일반사회*	105(3)	105(3)		일반사회*	105(3)	105(3)	35(1)
	국사**		175(5)		국사		175(5)		도덕*	35(1)	35(1)	35(1)
	세계사		175(5)		세계사		175(5)		국사*		105(3)	
	인문지리		175(5)		인문지리		175(5)		세계사		105(3)	
	시사문제		175(5)		시사		175(5)		인문지리	105(3)		
					일반과학*		175(5)					
과학과	물리		175(5)		물리		175(5)		물리		140(4)	
	화학		175(5)		화학		175(5)		화학		140(4)	
	생물		175(5)		생물		175(5)		생물		140(4)	
	지학		175(5)		자연지리		175(5)		지학		140(4)	

* 필수과목, ** 1948년 안은 국사, 1951년 개정안은 일본사임. *** 괄호 밖의 숫자는 연간 총 시수, 괄호 안의 숫자는 주당 시수임.

조금씩 변화가 오기 시작한다. 문교부령 제35호(1954. 4. 20)로 고시된 제1차 교육과정 고등학교 시간배당 기준령에 따르면, 3개였던 고등학교 지리 과목이 '인문지리' 1개로 줄어들었음을 확인할 수 있다(표 7).

〈표 7〉에서 확인할 수 있듯이 1954년 제1차 교육과정의 시간배당 기준표가 발표되기 이전의 교육과정 개정 논의 단계(1953년 6월에 발표된 시간배당 기준표 시안)에서, 과학과 편제 중 '지학'이 아닌 '자연지리'라는 과목명이 존재한다.

또한 1954년 최종 고시된 시간배당 기준표를 보면 고등학교 사회과의 하위 영역별 시수 편제에서 지리 영역의 과목 수와 시수가 교수요목기와는 달리 일반사회 및 역사 영역에 비해 현저하게 작다는 것을 확인할 수 있다. 만약, 자연지리(1954년 고시 때는 지학)가 사회과에 배치되어 있었다면, 사회과 내에서 세 영역의 시수는 거의 유사했을 것이다. 즉, 고등학교 과학과에 제1차 교육과정기부터 새롭게 등장한 '지학'이 원래는 '자연지리'로 계획된 것이며, 이 과목의 과학과 신

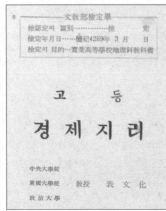

〈그림 5〉 제1차 교육과정기 '경제지리' 교과서(표문화, 1956)

설 및 배치에는 해방 이후의 사회과 통합 조류 및 전후 일본의 영향이 자리하고 있음을 알 수 있다.[23]

제1차 교육과정기의 '경제지리'는 실업학교를 위한 전문 과목으로 변화된다. 이러한 과목 배치의 변화는 '고등학교'가 일반계와 실업계로 분리·전문화되는 과정에서 이루어진 것으로 보이며, 이와 관련한 자세한 논의는 다음 절에서 하고자 한다.

정리하자면, 교수요목기의 고등학교 지리 3과목(자연환경과 인류생활, 인문지리, 경제지리)에 포함된 자연지리 및 지문학 관련 내용은 과학과의 '지학'으로, 인문지리 관련 내용은 사회과에, 경제지리 내용은 실업계로 분리 배치되었다고 할수 있다. 물론 제1차 교육과정기의 '인문지리'에는 자연지리 내용이 일부 포함되어 있고, '경제지리'에도 자연지리 내용이 포함되어 있으므로[24] 교과목의 명칭이 그 내용을 완벽하게 강제한다고는 볼 수 없다. 이는 각 과정별로 한 과목씩 지리 과목이 배치된 상태에서 특정 계통지리 내용만으로 교육내용을 구성할 경우

23) 통합사회과의 정착을 위해서 '과학' 부분과 많은 유사점을 갖고 있는 '자연지리'를 '지리'에서 분리하여 사회과가 아닌 과학과에 배치하였으며, 최종 고시 단계에서 처음 시안과는 달리 '지학'으로 이름이 변경된 것으로 볼 수 있다.
24) 자세한 목차는 〈표 8〉 참조.

발생할 수 있는 편향성을 우려했기 때문일 것으로 생각된다. 그러나, 이러한 분리는 결과적으로 현재와 같은 지리교육 약화의 시발점이 되었다고 할 수 있는데, 제7차 교육과정에서 일반계 과목으로 다시 등장했던 '경제지리'가 비판 속에 사라지게 된 것은 이의 대표적 사례다.

2. 제1차 교육과정기 '경제지리'의 지위 및 내용 구성의 변화

'경제지리'는 1958년 고시된 '실업고등학교[25] 및 기타 전문 과정을 주로 하는 고등학교 교과시간배당 기준표[26]'(문교부령 제76호)에서 다시 등장한다. 원래 제1차 교육과정은 인문계(일반계)와 실업계를 구분하지 않은 단일 교육과정으로 단선형 학제인 6, 3, 3, 4 학제의 기본 취지를 교육과정에 최대한 반영하여, 교육의 기회균등, 즉, 계열에 관계없이 고등학교나 대학에 진학할 수 있는 교육 기회를 최대한 제공한다는 목표를 갖고 있었다(이경환·박제윤·권영민, 2002, 65-69). 그럼에도 불구하고 1958년 고시된 시간배당 기준표에는 보통 실업계 과목이라고 구분할 수 있는 교과목들이 '전문 과목'이라는 이름으로 제시되어 있다. 당시 '경제지리'는 상업계 고등학교 12개 전문 과목[27] 가운데 하나였는데, 총 시수 70~105시간이 배정이 되어 있었으므로, 고등학교 3개 학년 중 1개 학년에서 주당 2~3시간 정도의 수업이 이루어졌다고 볼 수 있다.[28]

그러나, 제1차 교육과정이 시작된 직후인 1956년에 '경제지리' 교과서가 이미

---

25) 제1차 교육과정기 이전에는 "중학교 또는 고등학교 중에서 전 교과의 30% 이상을 실업 과목으로 하는 학교는 실업중학교 또는 실업고등학교 명칭을 관할 수 있다(교육법 제157조)."라는 문구 이외에 교육법에서 실업교육의 교육목적을 별도로 정하지 않았으며, 따라서, 실업계 학교를 별도로 설립할 필요가 없도록 하였다(함종규, 2003: 220). 즉, '실업계학교'라는 구분이 적어도 교육과정 및 법적으로는 존재하지 않았다고 할 수 있다.

26) 1954년 고등학교 시간배당 기준령 및 1955년 정식 고등학교 교과과정(제1차 교육과정)이 고시된 이후 1958년 실업계 고등학교 및 기타 전문과정을 주로 하는 고등학교의 교육과정 시간배당 기준령(문교부령 제76호 - 관보 제2052호, 1958. 6. 5.)이 추가 고시되었다.

27) 부기는 상업부기, 공업부기, 은행부기로 나뉘어 내용 소개가 되어 있는데, 이를 한 과목으로 보면 당시 상업계 고등학교 전문 과목 수는 총 9개 과목이다.

28) 관보 제2052호 호외(기 二), 1958. 6. 5.

〈표 8〉 제1차 교육과정기 경제지리 내용 구조

三. 실업학교를 위한 지리 과정(문교부령 제46호, 1955, 고등학교 및 사범학교 교과과정)*		
1. 풍토와 생활 (1) 산지와 생활 (2) 평야와 생활 (3) 바다와 생활 (4) 서열 지역과 생활 (5) 한냉 지역과 생활 (6) 다우 지역과 생활 (7) 과우 지역과 생활	2. 농촌의 생산과 그 생활 (1) 우리나라 농촌 사회의 　특수성 (2) 우리나라 농촌의 생산과 　생활 (3) 우리나라 농업의 진보 (4) 우리나라 농촌의 새로운 　건설과 생활의 향상 3. 지하자원과 동력 자원의 　개발과 이용 (1) 지하자원의 개발 (2) 동력 자원의 개발 (3) 자원의 개발과 근대 공업	4. 근대 공업과 우리들의 생활 (1) 산업 혁명과 근대 공업의 　발달 (2) 세계 각 지역의 공업 (3) 근대 공업과 무역의 확대 5. 문화권의 접촉 (1) 세계 교통망의 발달과 　거리관의 변천 (2) 문화의 교류 (3) 세계 평화 확립을 위한 　움직임
경제지리, 표문화, 1956, 창인사.**		
1. 풍토와 생활 (1) 지표형태의 자연과 　경제생활 (2) 열대의 자연과 생활 (3) 온대의 자연과 생활 (4) 냉온대의 자연과 생활 (5) 건조지역의 자연과 생활 (6) 한대의 자연과 생활	2. 세계 각 지역의 농업과 　생산의 특색 (1) 세계 각 대륙의 　농업특색과 농업지대 (2) 우리나라의 농업특색 3. 자원과 동력 자원의 개발과 　이용 (1) 지하자원의 개발 (2) 수산자원의 개발 (3) 임산자원의 개발 (4) 동력자원의 개발 (5) 자원의 개발과 근대공업	4. 근대공업과 우리들의 생활 (1) 산업혁명과 근대공업의 　발달 (2) 세계 각 지역의 공업 (3) 근대공업과 무역의 확대 5. 문화권의 접촉 (1) 세계 교통과 상업발달 (2) 문화의 교류 (3) 세계평화 확립을 위한 　동향

* 함께 기술되어 있는 대단원별 목표는 생략했다. 1955년 교과과정 고시 당시에는 '경제지리'라는 과목 명칭이 아닌 '실업학교를 위한 지리'로 되어 있다.

** 1956년 3월 문교부 검정을 통과한 교과서로 정식 명칭은 '고등 경제지리'로 되어 있다. 검정의 목적에 '실업고등학교 지리과 교과서'로 되어 있다. 내용 체계는 교육과정 문서와 유사하되, 일부 대단원 및 중단원에서 차이점이 나타난다.

개발되어 있었으며,[29] 이는 전년도인 1955년에 고시된 「고등학교 및 사범학교 교과과정」(문교부령 제46호)에 포함되어 있는 '실업학교를 위한 지리 과정'에 따라 저술된 것으로 보인다. 즉, 관련 교육과정과 시수 배당이 1955년에 이미 완료

---

29) 표문화, 1956, 『경제지리』, 창인사. 이는 표문화가 1955년 고려출판사를 통해 출간한 대학교재 『경제지리학』과는 다른 책이다.

된 상태에서 이후 교과목의 지위가 결정된 것이며, '경제지리' 교과서에 대한 문교부의 검정 또한 1956년 3월에 실시되었다. 1955년 교육과정 문서에 나타난 '경제지리' 관련 기술은 다음과 같으며, 교과서의 목차는 〈표 8〉과 같다.

실업학교에서 지리를 전혀 선택으로 과할 수 없는 경우에는 실업학교를 위한 지리 과정에 따라 최소한 35시간을 일반사회 시간 안에 과할 수 있다. - 「고등학교 사회과 지리 지도 요령 및 유의사항」(문교부령 제46호, 1955).

제1차 교육과정기의 '경제지리'는 교수요목기 '경제지리' 및 당시 대학교재들과는 달리 적어도 대단원 및 중단원 명에서는 세분화된 산업 및 산물 관련 논의가 줄어들었음을 알 수 있다. 다만, 실제 교과서 기술에서는 여전히 그러한 특색이 나타난다. 자연환경에 따른 인류의 생활 모습을 첫 번째 대단원에 기술한 것은 환경론적 측면이 반영된 것으로 볼 수 있으며, 이후 대단원은 이전 노도양의 '경제지리'에서 7개의 산업으로 분류되었던 것을 농업, 자원, 공업 관련 3개 대단원으로 정리하였다. 마지막 대단원은 명칭은 문화권 관련이지만, 전통적으로 경제지리에서 다루던 교통 관련 내용도 포함되어 있다.

3. 실업계 고등학교 교육과정과 '경제지리'에 대한 인식 부족

제1차 교육과정기 이후 '경제지리'는 실업계 고등학교, 특히 상업계 고등학교에서 주로 가르치는 과목으로 제4차 교육과정기까지 꾸준하게 교과목으로 등장하게 되며, 1990년대 초반까지 일선 학교에서 사용되었다. 즉, 제5차와 제6차 교육과정기를 제외하면, 2009 개정 교육과정으로 사라지기 전까지 지속적으로 교육과정에 포함되어 왔음을 알 수 있다. 참고로 제5차와 제6차 교육과정기는 합쳐서 10년 정도 밖에 안 되는 짧은 기간이었다(본문의 〈표 1-1-1〉 교육과정 총론 지향 사조와 고등학교 지리 과목의 변화 참조).

이처럼 실업계 고등학교 교육과정을 중심으로 '경제지리'가 꾸준하게 개설되어 왔음에도 실제 교육과정, 교육사, 교과서 연구에 있어서 '경제지리' 과목 관련 논의는 미미하다. 즉, 현재까지 대다수의 교과 교육과정 및 교과서 연구는 일반계 고등학교의 교과목들을 중심으로 수행되어 왔다고 볼 수 있다. 그러나, 실업계 고등학교 교육과정이 체계화된 직후인 1965년부터 최근까지 일반계 고등학교 학생과 그 외 실업계 고등학교의 학생 비율을 보면, 일반계 고등학교 교과중심의 교과 교육과정 연구만으로는 우리나라 교육과정사를 제대로 규명할 수 없다는 판단을 하게 된다. 〈표 9〉를 보면, 적어도 90년대 중반까지는 실업계 고등학교 학생의 비율이 매우 높았으며 특히 1980년대 초반까지는 일반계 학생 수의 70~80% 정도를 차지했음을 확인할 수 있다. 즉, 1960년대~1980년대 초반까지는 과학고등학교, 외국어고등학교 등이 설립되지 않았으므로 전문계 고등학교의 대부분이 실업계 고등학교라고 볼 수 있는데, 이러한 실업계 고등학교 교과목에 대한 연구가 뒷받침되어야만 교과 교육과정 및 교과목의 변화에 대한 균형 잡힌 논의가 가능하다.

고등학교 지리과의 경우도 일반계 고등학교 교과목 중심의 교육과정 및 교과서 연구를 수행해 왔다는 비판에서 자유로울 수는 없다. 실제 고등학교 지리 과목 변화를 다루고 있는 대부분의 연구물들은 교육과정기별 일반계 고등학교 과목들만을 소개하고 있다.[30]

이는 현재 우리나라 학교 교육에서에서 지리과의 필요성 및 위상에 대해 교육계 및 지리교육계의 잘못된 인식을 불러일으켜 온 계기가 되었다. 예를 들어, 현재의 '경제지리' 무용론도 일반계 고등학교 출신 교육과정학자 및 다른 인접 교과 교육전문가들이 실업 과목으로서의 '경제지리'에 대해 무지했기 때문에 시작되었다고 볼 수 있다. 그리고 이러한 사실들은 실업계 고등학교에서 사용되는 지리 과목이 별도로 개발되었던 시기의 교육과정 편제 및 지리교육과정 내용에 대해서도 새로운 방향의 논의가 필요하다는 사실을 말해준다. 또한 이와 같은 연구의

---

30) 지리교육과정과 관련된 모든 연구들이 그러한데, 대표적으로 김연옥·이혜은(1999), 임덕순(2000), 박선미(2004) 등의 연구들을 예로 들 수 있다.

<표 9> 고등학교 계열별 학생 수의 변화(1965~2010)*

(단위: 명)

연도	일반계	전문계	합계	일반계 대비 전문계 학생 수 비율**
1965	254,095	172,436	426,531	67.86%
1970	315,367	275,015	590,382	87.20%
1975	648,149	474,868	1,123,017	73.27%
1980	932,605	764,187	1,696,792	81.94%
1985	1,266,912	885,962	2,152,874	69.93%
1990	1,473,155	810,651	2,283,806	55.03%
1995	1,246,427	911,453	2,157,880	73.13%
2000	1,324,482	746,986	2,071,468	56.40%
2005	1,259,792	503,154	1,762,946	39.94%
2010	1,496,227	466,129	1,962,356	31.15%

* 교육통계서비스(http://cesi.kedi.re.kr)의 관련 자료를 가공한 것임.
** 일반계 대비 전문계 학생 수 비율=(전문계 학생 수/일반계 학생 수)×100

관점 변화와 범위 확대를 통해 우리나라 전체 교육과정의 변화, 다양한 사회 현상, 교육 정책 등과 교육 내용과의 연관성도 보다 분명해질 것으로 보인다.

V. 맺음말

현재까지 알려진 것과는 달리 고등학교 '경제지리'는 해방 직후 교수요목기에 이미 교과서가 발간되었으며, 문교부의 인정심의를 받아 학교 현장에서도 사용되었다. 또한, '경제지리' 내용은 1950년대에는 대학입학 검정고시, 고등고시 행정과, 보통고시 시험에서도 출제가 되는 등 학교 과목을 넘어 사회적으로도 그 중요성을 인정받고 있었다. 이러한 사실들을 통해 제7차 교육과정기에 등장했다가 최근 교육과정의 개정으로 사라진 '경제지리' 과목의 교육적 연원이 사회과내 다른 교과목에 비해 오히려 오래되었으며, 과거에는 사회적으로도 가치를 인정받고 있었음을 알 수 있다.

교수요목기 '경제지리'의 내용 체계는 일제 강점기 일본 대학의 '경제지리' 내용 및 구조에서 그 기원을 찾을 수 있으며, 중등학교 교과목상의 특성은 다음과 같다.

첫째, 고등학교 3학년을 대상으로 한 과목으로 1학년 대상의 '자연환경과 인류 생활'에 비해 심화된 내용으로 구성되어 있으며, 둘째, 기후·지형과 같은 자연환경을 경제적 자원 분포의 주요 요인으로 인식하고 있고, 셋째, 자원의 분포 및 유통, 산업 시설의 입지 등을 경제지리 관련 방법론과 이론 등을 통해 설명하려 했다는 특성을 갖고 있다. 또한, 인간과 자연과의 관계에 대한 이해와 함께 해방 이후 우리나라의 발전 및 세계 여러 지역의 상호 의존을 가치로 내세우고 있는 것은 지리교육적인 측면에서도 큰 의미를 갖는다고 볼 수 있다.

교수요목기 이후, 1950년대 중반 제1차 교육과정기에 들어서면서 고등학교 지리 과목은 인문지리(일반계 사회과), 지학(일반계 과학과), 경제지리(실업계)로 재편되는 과정을 거치게 된다. 이 가운데 지학은 자연지리 및 지문학 내용을 상당부분 포함하고 있었고 계획 단계에서의 과목명이 '자연지리'였음에도 불구하고, 제1차 교육과정기를 거치면서 과학과 과목으로 정체성이 완전히 변하게 되었다. 실업계에 배치된 '경제지리'는 제5차 교육과정기와 제6차 교육과정기에 해당하는 10여 년을 제외하고는 2012년 현재까지 학교 현장에서 교수되어 온 과목이었음에도, 오랫동안 일반계 과목이 아니었던 관계로 교육과정 편제 및 교과 교육과정 논의에서 제대로 다루어지지 않았다.

일반적으로 교과목의 생성과 소멸은 국가 및 사회적인 영향의 결과라고 할 수 있다. 즉, 국가적·사회적으로 중요성을 인정받은 경우, 시수가 확대되거나 새롭게 학교 교과목으로 등장하게 되지만, 다른 교과목에 비해 국가적·사회적으로 인정받지 못하는 경우는 사라지게 된다. 아쉬운 점은 주변 환경과의 상호작용을 통해 지속적으로 변화될 수 있음에도 최소한의 기회를 갖지 못했거나, 변화 결과의 교육적 중요성이나 의미를 인정받지 못하게 된 경우가 존재할 수 있다는 것이다.

'경제지리'의 퇴출 또한 국가·사회적으로 그 중요성을 인정받지 못했기 때문인 것은 분명하지만, 제1차 교육과정기 이후 일반계 고등학교 과목이 아니었기

지리교육과정의 기원을 읽다

때문에 교육과정 주류에서 배제되어 왔다는 점도 고려되어야 한다. 즉, 향후 교육과정 변천에 따른 '경제지리' 교과서의 내용 변화를 중심으로 보다 치밀한 후속 연구가 필요하다. '경제지리' 과목의 체계 및 내용이 시대사적 흐름과 함께 보다 심도 있게 분석·고찰된다면, 향후 지리과 과목체계와 내용 구성에 의미 있는 방향성을 제공할 수 있을 것으로 생각된다.

참고문헌[31]

국가고시회 편, 1958, 「역대고등고시(사법·행정과) 기출문제」, 고시계, 3(7), pp.29–65.

교육부, 1997, 초·중등학교 교육과정.

김연옥·이혜은, 1999, 『사회과 지리교육연구』, 교육과학사.

김학훈, 1999, 「고등학교 경제지리의 내용분석」, 교육과학연구, 13, 청주대학교 교육문제연구소, pp.185–198.

노도양, 1948, 『경제지리』, 을유문화사.

노도양, 1950, 『자연환경과 인류생활』, 탐구당.

문교부, 1953, 「교육과정 개정의 기본 방침」, 새교육, 5(2), 대한교육연합회, pp.45–52.

문교부령 제35호, 1954, 교육과정시간배당기준령.

문교부령 제46호, 1955, 고등학교 및 사범학교 교과과정.

문교부령 제76호, 1958, 국민학교, 중학교, 고등학교, 사범학교, 교육과정시간배당기준령중 개정(실업고등학교 및 기타 전문 과정을 주로 하는 고등학교 교과시간배당 기준표).

미군정청 교부 조사기획과, 1946, 문교행정개황.

박광희, 1965, 「한국사회과의 성립과정과 그 과정변천에 관한 일연구」, 서울대학교 석사학위논문.

박동묘, 1955, 『경제지리』, 일조각.

박정일, 1977, 「사회과 지리교육과정의 변천에 관한 연구 – 1945~1975」, 서울대학교 석사학위논문.

송종극, 1959, 『경제지리학』, 동국문화사.

이찬, 1977, 「고등학교 사회과 교육과정의 변천」, 사회과교육, 10, 한국사회과교육연구학회, pp.24–30.

---

31) 〈부록 1〉의 '고등학교 경제지리 과목의 역사적 기원과 의미'에 대한 참고문헌으로, 이 책의 본문에 대한 것은 pp.273–293에 수록되어 있다.

임덕순, 2000,『지리교육원리』(제2판), 법문사.

우연섭, 2004,「경제지리 교과서의 내용구성에 관한 연구」, 지리학연구, 38(2), 국토지리학회, pp.99-114.

유봉호, 1992,『한국교육과정사연구』, 교학연구사.

육지수, 1959,『경제지리학1부』, 서울고시학회.

안종욱, 2011,「국가교육과정에서 지리교과 내용체계의 역사적 기원」, 고려대학교 박사학위논문.

이경환·박제윤·권영민, 2002,『한국교육과정의 변천』, 대한교과서.

장신, 2006,「조선총독부 학무국 편집과와 교과서 편찬」, 역사문제연구, 16, 역사문제연구소, pp.33-68.

정갑, 1949,『자연환경과 인류생활』, 을유문화사.

조성욱, 2000,「고등학교 경제지리 교육내용 선정과 조직에 관한 연구」, 서울대학교박사학위논문.

존스·다켄월드 저, 최복현 역, 1958,『경제지리』, 민중서관. (Jones, C. F., and Darkenwald, G. G., 1954, *Economic geography*(2nd.), New York: McMillan).

표문화, 1955,『경제지리학』, 고려출판사.

표문화, 1956,『경제지리』, 창인사.

한주성, 2009,『경제지리학의 이해(개정판)』, 한울.

함종규, 2003,『한국교육과정변천사연구』, 교육과학사.

행정안전부, 2012, '공무원임용시험령' 일부개정령안(2012. 4. 13).

행정안전부, 2012, '지방공무원임용령' 일부개정령안(2012. 4. 26).

형기주, 1977,「한국의 경제지리학 연구동향 - 성과와 과제」, 국토지리학회지, 3, 국토지리학회, pp.43-54.

형기주, 2005,「잊을 수 없는 사람들」, 대한지리학회보, 88, pp.1-5.

형기주, 2006a,「잊을 수 없는 일들(1) - 한국의 지리학계 1945-1969」, 대한지리학회보, 90, pp.3-7.

형기주, 2006b,「잊을 수 없는 일들(2) - 한국의 지리학계 1945-1969」, 대한지리학회보, 91, pp.1-6.

文部省, 1948, 新制高等學校教科課程の改正について.

文部省, 1951a, 高等學校地學の單元とその展開例, 中學校·高等學校學習指導要領理科編(試案)改訂版.

文部省, 1951b, 中學校·高等學校 學習指導要領 社會科編(Ⅱ) 一般社會科(中學1年-高等學校1年, 中學校日本史を含む)(試案).

지리교육과정의 기원을 읽다

佐藤弘, 1936, 最近の經濟地理學, 古今書院.

黑正巖, 1936, 經濟地理學總論, 叢文閣.

United States Army Military Government In Korea, 1946−1948, *Core Curriculum for Senior Middle School*, Bureau of Education.

교육통계서비스 http://cesi.kedi.re.kr

행정안전부 http://www.mopas.go.kr

행정자치부 http://www.moi.go.kr

관보 제181호(1949. 9. 22.), 제340호(1950. 4. 29.), 제641호(1952. 4. 23.), 제1095호(1954. 4. 20.), 제1299호(1955. 3. 30.), 제1374호(1955. 8. 1.), 제2052호(1958. 6. 5.), 제2512호(1960. 2. 15.), 제2950호(1961. 9. 8.), 제3213호(1962. 8. 3.)

경향신문, 1950. 3. 12., 1953. 1. 2., 1953. 6. 21., 1957. 11. 8., 1958. 2. 26., 1958. 8. 18.

동아일보, 1949. 3. 26., 1950. 1. 6., 1955. 6. 30., 1955. 8. 20., 1957. 7. 17., 1959. 7. 23., 1960. 9. 15.

서울신문, 2012. 6. 22.

1950년대 일본과 우리나라 교육과정 시간배당 기준표

日本高等學校教科課程表(1948)

教科		教科別總時數 (單位數)	學年別の例		
			第1學年	第2學年	第3學年
國語	國語	315(9)	105(3)	105(3)	105(3)
		70(2)~210(6)	70(2)	70(2)	70(2)
	漢文	70(2)~210(6)	70(2)	70(2)	70(2)
社會	一般社會	175(5)	175(5)		
	國史	175(5)		175(5)	
	世界史	175(5)		175(5)	
	人文地理	175(5)		175(5)	
	時事問題	175(5)		175(5)	
數學	一般數學	175(5)		175(5)	
	解析(1)	175(5)		175(5)	
	幾何	175(5)		175(5)	
	解析(2)	175(5)		175(5)	
理科	物理	175(5)		175(5)	
	化學	175(5)		175(5)	
	生物	175(5)		175(5)	
	地學	175(5)		175(5)	
體育		315(9)	105(3)	105(3)	105(3)
芸能	音樂	70(2)~210(6)	70(2)	70(2)	70(2)
	圖畵	70(2)~210(6)	70(2)	70(2)	70(2)
	書道	70(2)~210(6)	70(2)	70(2)	70(2)
	工作	70(2)~210(6)	70(2)	70(2)	70(2)

教科		教科別總時數 (單位數)	學年別の例		
			第1學年	第2學年	第3學年
家庭	一般家庭	245(7)~490(14)	245(7)	245(7)	
	家族	70(2)			70(2)
	保育	70(2)~140(4)		70(2)	70(2)
	家庭經理	70(2)~140(4)			140(4)
	食物	175(5)~350(10)		175(5)	175(5)
	被服	175(5)~350(10)		175(5)	175(5)
外國語		175(5)~525(15)	175(5)	175(5)	175(5)
農業に關する教科		1,645(47)以內	1,645(47)以內		
工業に關する教科					
商業に關する教科					
水産に關する教科					
家庭技芸に關する教科					
その他職業に關する教科					

* 국어, 일반사회, 체육은 필수과목
** 일반사회를 제외한 사회, 수학, 이과에서 각 교과별 1개 과목은 선택해야 한다.
*** 국사는 1951년 확정안에서는 일본사로 변경되었다.

사범학교·고등학교 교육과정 시간배당 기준표(안) (1953.6)

교과 및 과목			총시간수 (단위수)	학년별 1	학년별 2	학년별 3	계	내용
필수과목	국어(一)		315(9)	105(3)	105(3)	105(3)	(21)~30	현대문을 중심으로 한다. 고전 일부를 넣어
	일반사회		210(6)	105(3)	105(3)	−		정치경제사회를 중심으로 하여 민주주의의 이상과 실현을 위한 공민적 자질을 신장한다.
	체육		210(6)	70(2)	70(2)	70(2)		건강생활을 위해서 필요한 지식 이해 및 실기
	실업		315(9)	105(3)	105(3)	105(3)	인문에 한함	
선택교과	보통과정	국어 국어(二)	70(2)~210(6)	70(2)	70(2)	70(2)	24~(60)	옛글을 중심으로 한다.
		한문	70(2)~210(6)	70(2)	70(2)	70(2)		
		사회 국사	175(5)	175(5)				사회문화를 중심으로 국사를 연구하며 민족의 역사적 사명을 자각케한다.
		세계사	175(5)	−	175(5)			세계문화의 유형과 그 발전을 역사적으로 고찰하여 현대 세계에 대한 이해 태도 능력을 기른다.
		인문지리	175(5)	−	175(5)			사회기능에 의해서 인간생활을 분류하고 그 분포현상을 중심으로 연구한다.
		시사	175(5)	−	175(5)			사회경제문제를 중심으로 연구하여 사회과학의 원리에 까지 도달케하고 세계에 대한 정당한 이해를 가지게 한다.
		수학 일반수학	175(5)	175(5)	−			고등학교의 수학을 전반적으로 취급해서 수학적인 고찰방법을 연구하며 특히 경제수학에 중점을 둔다.
		해석1	175(5)	175(5)				일차함수 이차함수 대수함수에 대해서 연구한다.
		기하	175(5)	175(5)				평면도형 입체도형에 대해서 그 크기에 대한 성질을 연구하고 해석기하에 까지 이른다.
		해석2	175(5)	−	175(5)			순열 모아짜기 미적분 확률 통계에 대해서 연구한다.

교과 및 과목			총시간수 (단위수)	학년별			계	내용
				1	2	3		
선택교과	보통과정	과학 일반과학	175(5)	175(5)			24 ~ (60)	고등학교의 과학은 전반적으로 취급하여 자연에 대한 관찰력과 문제해결의 능력을 기른다.
		물리	175(5)	175(5)				열, 전기, 光波, 力 등 물체의 성질 원자물리 등에 대해서 연구한다.
		화학	175(5)	175(5)				물질과 그 실질의 변화에 대해서 연구한다.
		생물	175(5)	175(5)				동물 식물 인체 등 생물 전반에 관한 이론과 실제에 대해서 연구한다.
		자연지리	175(5)	–	175(5)			지형 지질 광물 천문 기상 해양에 대해서 연구한다.
		음악	70(2)~ 210(6)	70 (2)	70 (2)	70 (2)		연주 창작 감상 등에 필요한 이해 태도 기술을 기른다.
		미술	70(2)~ 210(6)	70 (2)	70 (2)	70 (2)		도화 공작 서도에 대하여 연구하고 생활과 사회를 미화하는 태도 기능을 양성한다.
		철학교육	210(6)	70 (2)	70 (2)	70 (2)		철학개론 교육원리 교육사 교육사조 심리 논리 교육방법에 대한 이론과 실천을 연구한다.
		교련	210(6)	70 (2)	70 (2)	70 (2)		심신을 단련하고 군사에 관한 지식을 길러 국방력의 강화에 공헌한다.
		외국어 외국어(一)	525(15)	175(5)	175(5)	175(5)		어학을 통하여 외국문화를 연구 이해할 수 있는 기초능력을 기르며 일상생활에 필요한 회화의 능력도 기른다.
		외국어(二)	210(6)	–	105(3)	105(3)		초보에서 시작하여 문법 문장이해의 기초능력을 기른다.
	전문과정	실업 가정 간호조산 외국어 예능 교육	1260 ~700 (36) ~(200)	1260~700 (36)~(200)			(45) ~ (27)	내용 및 시간배당기준은 별지에 의함.
특별교육활동			350(10)	350(10)			(10)	

고등학교 교육과정 시간배당 기준표(1954. 4)

교과목			1년	2년	3년	내용
필수과목		국어(一)	140(4)	140(4)	105(3)	현대인의 국어생활을 중심으로하고 고전 일부를 넣음.
	사회	일반사회	105(3)	105(3)	35(1)	정치경제사회를 중심으로 하고 지리와 역사를 배경으로 하여 민주사회와 공민적 자질을 신장함.
		도덕	35(1)	35(1)	35(1)	윤리도덕을 중심으로 예의를 올바르게 지도함.
		국사	–	105(3)		문화를 중심으로 우리나라 역사를 연구함.
	수학		140(4)	–	–	일차함수, 이차함수, 대수함수, 삼각함수 등 기타 일반교양으로 필요한 일반수학의 기초를 연구함.
	과학		140(4)	–	–	물리, 화학, 생물, 지학 중 하나를 선택하여 필수로 과한다.
	체육		35(1)	35(1)	35(1)	건강에 필요한 사항의 연구와 도수, 육상, 경기, 구기, 기계체조, 수영, 율동, 체력검사 등의 실기지도.
	음악		140(4)			성악, 악기, 작곡, 감상에 대한 지도와 연구, 도화, 공작, 서도의 실기 및 그 감상에 대한 지도 연구.
	미술					
	실업가정		105(3)	105(3)	105(3)	실업가정에 관한 이론과 실기를 습득시킨다.
	소계		770(22)	490(14)	420(12)	
선택교과	보통과정	국어(二)	105(3)	105(3)	105(3)	현대문, 고전문, 어문학, 어학사, 문학사, 한문 등에 관하여 연구함.
		사회 세계사	105(3)			현대세계를 이해시키기 위하여 세계문화의 유형과 그 발전의 역사를 고찰함.
		지리	105(3)			인문지리를 중심으로 함.
		수학 해석	105~210(3~6)			수학(一)의 기초위에 해석을 연구함.
		기하	70~140(2~4)			수학(一)의 기초위에 기하를 연구함.

지리교육과정의 기원을 읽다

교과목 \ 시간수 \ 학년			1년	2년	3년	내용
선택교과	보통과정	과학 물리		140(4)		물체의 성질, 원자물리의 기초 지식에 관하여 연구함.	필수에서 선택하지 않는 교과중에서 선택한다.
		화학		140(4)		무기화학, 유기화학의 기초지식에 관하여 연구함.
		생물		140(4)		동물, 식물, 생리, 위생을 중심으로 생물전반에 관하여 연구함.
		지학		140(4)		지질, 광물을 중심으로 하고 천문, 기상, 해양도 함께 연구함.
		교련	140(4)	140(4)	140(4)	남자학생에게는 필수로 과함. 군사에 관한 지식과 기술에 훈련하여 아울러 심신의 단련을 꾀함.
		철학·교육	–	210(6)		윤리, 철학개론, 교육원리, 교육사, 교육심리학, 교육방법론 중에서 그 기초를 연구함.
		체육	0~210 (0~6)			체육, 음악, 미술 중에서 선택함.
		음악				
		미술				
		외국어 영어	0~175 (0~5)	0~175 (0~5)	0~175 (0~5)	영어, 독어, 불어, 중국어 중에서 하나 또는 둘을 선택하되 문장 방법에 대한 기초 능력, 회화능력 및 각국의 문화를 이해하는 능력을 기른다.
		독일어				
		불란서어				
		중국어				
	전문과정	실업 기타 전문에 관한 교과	0~420 (0~12)	0~700 (0~22)	0~770 (0~22)	
특별활동			70(2)	70(2)	70(2)	
총계			1190~1365 (34~39)	1191~1365 (34~39)	1190~1365 (34~39)	

* 괄호 내의 수는 매주 평균수업시간량을 나타낸 것임.

대학별·학과별 입학시험 과목(1964학년도)

대학	단과대 (계열)	학과 (학부)	정원	국어	영어	수학	국사	일반 사회	지리	세계사	물리	화학	생물	지학	기타	비고
서울대	공대		460	○	○	○	△	△			▲	▲			△	건축, 광산, 금속, 기계, 전기, 전자, 토목, 화공, 방직
	농대		300	○	○	○	△	△			▲	▲	▲		△	작물, 조림, 축산, 농업, 토목, 양잠
	문리대	문학부	275	○	○	○	▲	▲	▲	▲	△	△	△		△	독어, 불어, 중국어
	문리대	이학부	150	○	○	○	△	△	△	△	▲	▲	▲	▲	△	독어, 불어
	문리대	의예과	50	○	○	○	△	△	△	△		▲	▲		△	독어, 불어
	문리대	치의예과	50	○	○	○	△	△	△	△		▲	▲		△	독어, 불어
	미대		70	○	○		○								▲	지정선택: 실기 자유선택: 과별실기
	법대		160	○	○	○		△			△	△			▲	독어, 불어
	사범대	교육	20	○	○	○	▲	▲	▲	▲	△	△	△		▲	독어, 불어
	사범대	국어	20	○	○	○	▲	▲	▲	▲	△	△			▲	독어, 불어
	사범대	외국어	60	○	○	○	▲	▲	▲	▲	△	△			▲	독어, 불어
	사범대	사회	30	○	○	○	▲	▲	▲	▲					▲	독어, 불어
	사범대	수학	20	○	○	○	△	△		△	▲	▲	▲	▲	△	독어, 불어
	사범대	과학	50	○	○	○	△	△		△	▲	▲	▲	▲	△	독어, 불어
	사범대	체육	40	○	○	○	△	△		△	▲	▲		▲	△	체육이론, 실기
	사범대	가정	20	○	○	○	△	△		△	▲	▲		▲	△	독어, 불어, 가정
	상대		140	○	○	○		○			△	△			△	독어, 불어
	상대	경제학과	50	○	○	○		○			△	△			△	독어, 불어
	약대		80	○	○	○	△	△		△		○				
	음대		120	○	○		○								▲	실기
	의대	간호학과	40	○	○	○	△	△				▲	▲			
연세대	인문계		390	○	○	○	△	△							△	독어, 불어

대학	단과대 (계열)	학과 (학부)	정원	국어	영어	수학	국사	일반사회	지리	세계사	물리	화학	생물	지학	기타	비고
연세대	자연계		345	○	○	○					△	△	△			
	상경대		240	○	○	○	△	△							△	독어, 불어, 상업경제
		화학공학	60	○	○	○					△	△	△		△	독어, 불어, 응용화학
		전기공학	60	○	○	○					△	△	△		△	독어, 불어, 전기통론
		건축공학	45	○	○	○					△	△	△		△	독어, 불어, 구조역학
		토목공학	45	○	○	○					△	△	△		△	독어, 불어, 응용역학
		기계공학	45	○	○	○					△	△	△		△	독어, 불어, 재료역학
	예능계		80	○	○										○	음악통론, 코류붕겐 및 전공실기
고려대	법대		150	○	○	○	△	△		△					△	일반사회:정치생활, 경제생활/ 불어, 독어, 가정
	정경대		170	○	○	○	△	△		△					△	일반사회:정치생활, 경제생활/ 불어, 독어, 가정
	상대		175	○	○	○	△	△		△					△	일반사회:정치생활, 경제생활/ 불어, 독어, 가정
	문리대	문학부	270	○	○	○	△	△		△					△	일반사회:정치생활, 경제생활/ 불어, 독어, 가정
	이공대	이학부	150	○	○	○					△	△	△		△	불어, 가정, 독어
	이공대	공학부	120	○	○	○					△	△			△	응용화학, 역학, 독어, 불어, 가정
	농대		235	○	○	○	△	△		△	△	△	△		△	응용화학, 역학, 독어, 불어, 가정
부산대	문리대	인문계	80	○	○	○		○								
	문리대	자연계	125	○	○	○					△	△	△			
	법대		40	○	○	○		○								
	상대		145	○	○	○		△							△	상업경제
	공대		170	○	○	○					△	△			△	공업대의
	의대		80	○	○	○							○			
	약대		40	○	○	○							○			

대학	단과대(계열)	학과(학부)	정원	국어	영어	수학	국사	일반사회	지리	세계사	물리	화학	생물	지학	기타	비고
경북대	문리대	문학부	60	○	○	○	○					△	△	△		△	독어
	사범대	문학부	60	○	○	○	○					△	△	△		△	독어
	문리대	이학부	165	○	○	○	△	△	△		○					△	독어
	사범대	이학부	85	○	○	○	△	△	△		○					△	독어
	농대		105	○	○	○	△	△	△					○		△	독어, 농업통론
	법정대		40	○	○	○		○				△	△	△		△	독어
중앙대		문학부	680	○	○		○	○									
		법정대	90	○	○		○	○									
		이학부	335	○	○	○		○									
		약학부	90	○	○	○							○				
전남대	공대		140	○	○	○						△	△				
	농대		130	○	○	○								△		△	농업통론, 가정
	문리대	문학부	60	○	○	○	△	△		△						△	독어
	문리대	이학부	60	○	○	○						△	△	△			
	문리대	의예과	80	○	○	○						△	△	△			
	법대		25	○	○	○		△		△						△	독어
	상대	상학	20	○	○	○		△								△	상업경제, 부기
		경제학	20	○	○	○		△		△						△	독어
전북대	공대	기계공	25	○	○	○					○						
		전기공	30	○	○	○					○						
		토목공	20	○	○	○					○						
		건축공	20	○	○	○					○						
		화학공	30	○	○	○						○					
		광산학	20	○	○	○						○					
		금속공	20	○	○	○						○					
		섬유공	25	○	○	○						○					
	농대		110	○	○	○							○				
	문리대		105	○	○	○				○							세계사: 서양사
	법정대		40	○	○	○		○									
	상대		125	○	○	○		○									

지리교육과정의 기원을 읽다

대학	단과대(계열)	학과(학부)	정원	국어	영어	수학	국사	일반사회	지리	세계사	물리	화학	생물	지학	기타	비고
충남대	공대		90	○	○	○					△	△	△		△	방직, 건축
	농대		80	○	○	○					△	△	△		△	농업통론
	문리대		180	○	○	○	△	△			△	△				
외대			460	○	○	△			△	△					△	지리: 세계지리/불어, 중국어, 서반아어, 이태리어, 일어, 노어
조선대	인문계		235	○	○			○								
	자연계		300	○	○	○										
	약학계		60	○	○	○						○				
	예능체육계		70	○	○										○	실기
인하공대			545	○	○	○					△	△			△	기계, 전기, 건축, 토목
제주대			145	○	○			○		△			○		△	농업, 공업, 상업, 수산업, 가정
충북대			170	○	○	○					△	△	△		△	농업통론, 임업통론, 축산통론, 측량학
수도의대			80	○	○	○					△	△	△			
카톨릭의대			55	○	○	○					△	△	△			
대전대	인문계		45	○	○	○	△	△							△	독어, 불어
	이학계		50	○	○	○					△	△				
서강대	경상학부		50	○	○	○	△			△					△	상업, 독어, 불어
	문학부		115	○	○	○	△			△					△	상업, 독어, 불어
	이학부		120	○	○	○				△	△	△			△	독어, 불어
홍익대	미술학부		110	○	○		○								○	실기
	상경학부		80	○	○		○	○								

대학	단과대(계열)	학과(학부)	정원	국어	영어	수학	국사	일반사회	지리	세계사	물리	화학	생물	지학	기타	비고
이화여대			1,585	O	O	O	O	O	O	O	O	O	O		O	사회생활, 과학 등 통합 과목으로 시험. / 어문계열은 동일한 제2외국어, 예체능계는 실기
숙명여대	문리대	인문계	305	O	O		O									
	정경대		230	O	O		O									
	문리대	가정학	40	O	O							O				
	약대			O	O							O				원 자료 정원 누락
	음대		120	O	O										O	실기
동덕여대		응용미술 제외	390	O	O			O							△	독어, 불어
		응용미술	50	O	O			O					△		△	가정
서울여대			140	O	O	O										
동국대	불교대		55	O	O		△	△							△	독어, 불어
	문리대	문학부	100	O	O		△	△							△	독어, 불어
	법정대		150	O	O		△	△							△	독어, 불어
	문리대	이학부	120	O	O	△					△	△	△			
	경상대		155	O	O	△	△	△							△	독어, 불어, 상업
	농림대		170	O	O	△		△			△	△	△		△	농업, 임업
성균관대	문리대	문학부	220	O	O		△	△								
	법정대		80	O	O		△	△								
	문리대	이학부	115	O	O	O										
	경상대		150	O	O	△		△								
	약학대		60	O	O	O										
한양대	문리대	문학부	100	O	O											
	법정대		90	O	O											
	상경대		90	O	O											
	체육대		120	O	O											
	문리대	이학부	120	O	O	△					△	△				
	공대		800	O	O	△					△	△				
	음대		90	O	O											

지리교육과정의 기원을 읽다

대학	단과대 (계열)	학과 (학부)	정원	국어	영어	수학	국사	일반 사회	지리	세계사	물리	화학	생물	지학	기타	비고
경희대	문리대	문학부	115	○	○	△	△	○	△	△	△	△	△		△	독어, 불어, 중국어
	법대		55	○	○	△	△	○	△	△	△	△	△		△	독어, 불어, 중국어
	정경대		145	○	○	△	△	○	△	△	△	△	△		△	독어, 불어, 중국어
	문리대	이학부	150	○	○	○	△		△	△	△	△	△		△	
	음대		80	○	○										○	음악실기
	체대		130	○	○										○	체육실기
동아대	문리대	인문	140	○	○	○		○								
	법정대		240	○	○	○		○								
	농대		90	○	○	○							○			
	공대		255	○	○	○					○					
	문리대	이공	150	○	○	○					○					
단국대		상학	20	○	○		△	△								
		정치외교		○	○		△	△								원 자료 정원 누락
		국문	20	○	○		△	△								
		법률	20	○	○		△	△								
		영문	20	○	○		△	△								
		사학		○	○		△	△								원 자료 정원 누락
		수학	30	○	○	○										
		화공		○	○	○										
대구대		문학부	60	○	○	○		○								원 자료 정원 누락
		법정 학부	75	○	○	○		○								
		경상 학부	55	○	○	○		○								
	경상 학부	상학과	30	○	○	○		△							△	상업경제
	이공 학부		160	○	○	○					△	△				
	이공 학부	가정학과	30	○	○	○					△	△				
	이공 학부	약학과	60	○	○	○						○				

대학	단과대(계열)	학과(학부)	정원	국어	영어	수학	국사	일반사회	지리	세계사	물리	화학	생물	지학	기타	비고
덕성여대		가정	40	○	○	△	△	△		△		△	△		△	가정, 상업경제
		영양	40	○	○	△	△	△		△		△	△		△	가정, 상업경제
		상학과	40	○	○	△		△		△		△	△		△	가정, 상업경제
		약학	50	○	○	△						△	△			2과목 선택
효성여대	문학부		100	○	○			○	△						△	독어, 불어
	상학부		35	○	○			○	△						△	독어, 불어
	이학부	가정학과	60	○	○	○						△			△	가정
		약학	60	○	○	○						○				
		원예	40	○	○	○						△	△			
	예능학부		65	○	○			○							○	실기
부산수산대			190	○	○	○					△	△	△		△	수산통론
춘천농과대			110	○	○	○					△	△	△		△	농업, 임업, 축산업

주: 1) 대학순서는 신문에 게재된 순서임.

　2) 필수: ○, 지정선택: ▲, 선택: △

　3) 선택과목 또는 지정선택과목이 1과목만 있는 경우는 필수로 처리함.

　4) 국어1, 2, 수학1, 2의 경우는 따로 분류를 두지 않고 국어, 수학으로 분류함.(본 연구에서는 입학시험에서 국어와 수학을 난이도에 따라 구분하여 정리하는 것이 필요치 않다는 판단하에, 이를 구분하지 않았다. 대학별 자세한 과목 구분은 원자료(1963.12.30. 경향신문)에 상세하게 제시되어 있다.)

　5) 비고는 주로 '기타'에 해당하는 과목 및 그에 대한 설명이며, 일부 다른 입시과목에 대한 것도 포함되어 있음.

지리교육과정의 기원을 읽다